Leitfäden der angewandten Informatik

Herausgegeben von

Prof. Dr. Hans-Jürgen Appelrath, Oldenburg
Prof. Dr. Lutz Richter, Zürich
Prof. Dr. Wolffried Stucky, Karlsruhe

Die Bände dieser Reihe sind allen Methoden und Ergebnissen der Informatik gewidmet, die für die praktische Anwendung von Bedeutung sind. Besonderer Wert wird dabei auf die Darstellung dieser Methoden und Ergebnisse in einer allgemein verständlichen, dennoch exakten und präzisen Form gelegt. Die Reihe soll einerseits dem Fachmann eines anderen Gebietes, der sich mit Problemen der Datenverarbeitung beschäftigen muß, selbst aber keine Fachinformatik-Ausbildung besitzt, das für seine Praxis relevante Informatikwissen vermitteln; andererseits soll dem Informatiker, der auf einem dieser Anwendungsgebiete tätig werden will, ein Überblick über die Anwendungen der Informatikmethoden in diesem Gebiet gegeben werden. Für Praktiker, wie Programmierer, Systemanalytiker, Organisatoren und andere, stellen die Bände Hilfsmittel zur Lösung von Problemen der täglichen Praxis bereit; darüber hinaus sind die Veröffentlichungen zur Weiterbildung gedacht.

Software-Entwicklungswerkzeuge: Methodische Grundlagen

Von Dr. rer. pol. Frank Schönthaler
PROMATIS Informatik, Straubenhardt

und Dipl.-Wi.-Ing. Tibor Németh
PROMATIS Informatik, Straubenhardt

2., überarbeitete Auflage

B. G. Teubner Stuttgart 1992

Dr. rer. pol. Frank Schönthaler

1959 geboren in Birkenfeld (Enzkreis). Von 1980–1984 Studium des Wirtschaftsingenieurwesens, Fachrichtung Informatik/Operations Research, an der Universität Karlsruhe (TH). In dieser Zeit freier Mitarbeiter im Unternehmensbereich Datenverarbeitung der Schroff GmbH, Straubenhardt b. Pforzheim. Von 1985–1990 wissenschaftlicher Mitarbeiter im von der DFG geförderten Projekt INCOME am Institut für Angewandte Informatik und Formale Beschreibungsverfahren der Universität Karlsruhe (TH). 1989 Promotion bei W. Stucky. Seit April 1990 Geschäftsführer der PROMATIS Informatik, Straubenhardt.

Dipl.-Wirtschafts-Ing. Tibor Németh

1959 geboren in Heidelberg. Von 1980–1986 Studium des Wirtschaftsingenieurwesens, Fachrichtung Informatik/Operations Research, an der Universität Karlsruhe (TH). Seit 1986 wissenschaftlicher Mitarbeiter im von der DFG geförderten Projekt INCOME am Institut für Angewandte Informatik und Formale Beschreibungsverfahren der Universität Karlsruhe (TH). Seit Januar 1992 als Projektleiter CASE bei der PROMATIS Informatik, Straubenhardt.

Die Deutsche Bibliothek – CIP-Einheitsaufnahme

ISBN-13: 978-3-519-12417-7   e-ISBN-13: 978-3-322-89206-5
DOI: 10.1007/ 978-3-322-89206-5

Vorwort

„Was verstehen Sie unter Software Engineering?" Stellen Sie diese Frage zehn verschiedenen Personen, werden Sie sicher ebensoviele verschiedene Antworten bekommen. Der Grund liegt darin, daß sich in dieser vergleichsweise jungen Disziplin bisher weder eine einheitliche Begriffswelt noch eine allgemein anerkannte Menge von Grundlagenwissen ausgebildet hat. Problematisch ist auch die Kluft zwischen Forschung und Praxis, die eine zügige Weiterentwicklung des Software Engineering geradezu blockiert. Dies führt dazu, daß vielerorts in der Software-Entwicklung heute erst mit dem Einsatz von Methoden begonnen wird, die noch aus den 70er Jahren stammen und für moderne Software- und Hardware-Umgebungen völlig inadäquat sind.

Das vorliegende Buch möchte einen Beitrag zur Überbrückung dieses Gefälles liefern. Es beschäftigt sich mit den methodischen Grundlagen aktueller Software-Entwicklungswerkzeuge, die heute zumeist mit dem Begriff *CASE-Tool* bezeichnet werden. Um hier keine unnötigen sprachlichen Barrieren aufzubauen – auch die Definition von CASE ist nicht eindeutig –, haben wir auf diesen Begriff im Titel des Buches bewußt verzichtet.

Das Buch wendet sich an Fach- und Führungskräfte, die sich im Rahmen eines Innovationsprojekts oder auch in ihrer täglichen Arbeit mit Software-Entwicklungsmethoden und -werkzeugen beschäftigen. Es versteht sich aber auch als Grundlage für die praxisnahe Ausbildung von Studenten der Informatik und Wirtschaftsinformatik.

An dieser Stelle möchten wir uns bei all denen bedanken, die uns bei der Anfertigung dieses Buches unterstützt haben: Zunächst bei Andrea Geisel und Gudrun Volz, die unsere handschriftlichen Skizzen der Abbildungen und den Text mit Zeichen- und Textverarbeitungsprogrammen erfaßt haben. Desweiteren bei unserem Kollegen Andreas Oberweis für eine kritische Durchsicht des Manuskripts und eine Vielzahl wertvoller Hinweise.

Schließlich bei Prof. Wolffried Stucky, der als Mitherausgeber dieser Reihe und als unser Chef am Institut für Angewandte Informatik und Formale Beschreibungsverfahren der Universität Karlsruhe (TH) die Verwirklichung dieses Buchprojekts ermöglichte. Bedanken möchten wir uns aber auch für seine abschließende und, wie gewohnt, konstruktive Kritik.

Karlsruhe, im August 1990   F. Schönthaler

                                                              T. Németh

Vorwort zur zweiten Auflage

In den eineinhalb Jahren seit Erscheinen der ersten Auflage unseres Buchs hat sich die Einstellung zum Thema CASE grundlegend verändert: CASE hat sich vom Spielzeug für besonders innovationsfreudige Informatiker zum Muß für alle Systemanalytiker und -entwickler gewandelt. Als Berater bei der Einführung und Anwendung von CASE-Produkten spüren wir das in unserer täglichen Praxis ganz deutlich. Aber auch der Erfolg unseres Buchs scheint diese Ansicht zu bestätigen.

Für die nun vorliegende zweite Auflage wurden einige Korrekturen im Text vorgenommen. Außerdem wurden einige mißverständliche Formulierungen ersetzt, auf die wir aus der Leserschaft aufmerksam gemacht worden sind. Herzlichen Dank für diese wertvollen Hinweise.

Wir hoffen und wünschen, daß auch diese zweite Auflage unseres Buchs wieder mit Interesse aufgenommen wird. Sollte es uns gelingen, damit einen bescheidenen Beitrag zur Durchsetzung moderner CASE-Technologien in der Praxis leisten zu können, hätte sich unser Aufwand sicher gelohnt.

Karlsruhe/Straubenhardt, im März 1992   F. Schönthaler

                                                              T. Németh

Inhalt

1 Einleitung

Mit der zunehmenden Verbreitung und Komplexität rechnergestützter Informations- und Steuerungssysteme dreht sich auch die Software-Kostenspirale unaufhaltsam weiter: Software-Entwicklungsprojekte sprengen regelmäßig ihre Budgets, Terminüberschreitungen sind an der Tagesordnung. In [Bro87] werden die Projekte gar schon mit Werwölfen verglichen, die sich aus vertrauten Geschöpfen urplötzlich in schreckliche Ungeheuer verwandeln. Besonders eklatant sind Qualitätsmängel von Software-Produkten, die zu immens hohen Folgekosten führen. Bezeichnend hierfür das Zitat von S. Redwine (aus [Per89]): "Software and cathedrals are much the same – First we build them, then we pray."

1.1 CASE

Unter dem Begriff CASE[1] werden heute Methoden und Software-Werkzeuge (tools) angeboten, die interessante Ansätze zur Abschwächung der Kostenspirale, aber auch zur Verringerung der Entwicklungsrisiken bieten. Typisch für das Software Engineering, ist auch der Begriff CASE nicht eindeutig definiert und folglich heftig umstritten. Die Definition hängt wesentlich von der zugrundeliegenden Definition des Begriffs *Software* ab. Während Software vielfach lediglich als Programm-Code und CASE folglich als Menge moderner Programmier-Werkzeuge definiert wird, fassen wir den Begriff *Software* etwas weiter (vgl. [Boe76]): Wir verstehen darunter die Gesamtheit aller Objekte oder Dokumente, die während des *gesamten* Lebenszyklus eines Software-Produkts anfallen. Dazu gehören die Zielvorgaben, Programm- und Datenentwürfe ebenso wie Testprotokolle oder der Programm-Code selbst.

Damit definieren wir CASE als Oberbegriff für Methoden und Tools, die eine *ingenieurmäßige* – also sorgfältig geplante und gesteuerte – Vorge-

---

1 Computer-Aided Software Engineering, manchmal auch Computer-Assisted Software Engineering oder Computer-Aided Systems Engineering.

hensweise bei der Software-Entwicklung *unterstützen*. Die meisten Tools, die auf der Code-Ebene arbeiten (Code-level tools, z.B. Editoren, Compiler, Debugger) lassen sich deshalb nicht in diese Kategorie einordnen, obwohl dies in entsprechenden Werbebroschüren vielfach suggeriert wird. Dagegen können viele Tools, die nicht speziell für die Software-Entwicklung, sondern allgemein für die Systementwicklung eingesetzt werden, sehr wohl unter dem Begriff CASE eingeordnet werden.

Die Wurzeln von CASE lassen sich bis in die 70er Jahre zurückverfolgen: Damals wurden sogenannte *Life-Cycle-Modelle* definiert, die den Lebenszyklus eines Software-Produkts in verschiedene Phasen einteilen und so zu einer Strukturierung des Entwicklungsprozesses kommen. Ende der 70er Jahre folgten dann Methoden zur *strukturierten Analyse* und zum *strukturierten Entwurf*, die die Entwicklungsaktivitäten weg von den Phasen Implementation und Test hin zu Analyse und Entwurf verlagerten. Anfang der 80er Jahre wurden diese strukturierten Methoden dann zunächst durch Diagrammeditoren unterstützt, die in den folgenden Jahren um Analysekomponenten erweitert wurden. Diese ersten CASE-Tools – vielfach auch *Front-end CASE-Tools* – sind heute wesentliche Bestandteile aktueller Software-Entwicklungsumgebungen.

Die 90er Jahre werden durch Bestrebungen zur *Integration von CASE-Tools* geprägt sein. Zum einen werden zunehmend Werkzeuge angeboten, die die Weiterverwendung von Entwicklungsobjekten in nachfolgenden Phasen ermöglichen. Dazu gehören zunächst Datenbank- und Programm-Generatoren, die den Übergang vom Entwurf zur Implementation unterstützen, aber auch Reverse-Engineering-Tools, mit denen Implementationen in entsprechende Software-Entwürfe umgesetzt werden können.

Wesentliche Grundlage der Tool-Integration ist jedoch die Verfügbarkeit eines Repositories[1], in dem alle relevanten Objekte der Software-Entwicklung zusammen mit ihren Beziehungen und Regeln für ihre Bearbeitung abgelegt sind. Die Reaktionen auf die Ankündigung des Repositories der IBM geben einen Hinweis darauf, daß sich der konsequente Einsatz der CASE-Technologie (vor allem auch für große Projekte) nur auf der Basis eines leistungsfähigen Repositories verwirklichen läßt.

---

[1]   Häufig werden auch die Begriffe Projektbibliothek, (Design) Dictionary oder Enzyklopädie verwendet. Unterschiede, die teilweise in der Fachliteratur angeführt werden, wollen wir hier vernachläßigen.

1.2   Vorgehensmodelle – Methoden – Tools

Das Software Engineering konzentriert sich auf drei unterschiedliche Bereiche (siehe hierzu [SmO90]), die in diesem Buch näher beleuchtet werden sollen:

Vorgehensmodelle

Unter einem Vorgehensmodell (process model) verstehen wir die Beschreibung des Lebenszyklus eines Software-Produkts in Form von Aktivitäten (vgl. [ARS89]). Es wird festgelegt, in welcher Reihenfolge die Aktivitäten durchgeführt werden können und welche Überschneidungen zulässig sind. Das Vorgehensmodell liefert außerdem Informationen über die für eine Aktivität relevanten Objekte und die einzusetzenden Methoden und Tools.

Methoden

Im Gegensatz dazu wollen wir unter einer Methode eine Vorschrift zur Durchführung einer Aktivität und zur Repräsentation entsprechender Ergebnisse verstehen (vgl. [Boe88]). Im allgemeinen wird durch eine Methode die Verwendung einer oder mehrerer Sprachen (Spezifikations-, Entwurfs-, Programmiersprachen) für bestimmte Aktivitäten eines Entwicklungsprojekts geregelt.

Tools

Software-Werkzeuge oder (Software) Tools bieten die Unterstützung, die einen effizienten Einsatz von Vorgehensmodellen und Methoden erst möglich macht. Der Automatisierungsgrad, der durch die Tools erreicht wird, hängt dabei entscheidend vom Formalisierungsgrad der unterstützten Vorgehensmodelle und Methoden ab. Hier bietet sich ein Ansatzpunkt, an dem eine intensivere Zusammenarbeit zwischen Forschung und Praxis wesentliche Produktivitätsfortschritte im Software-Entwicklungsprozeß ermöglichen würde.

1.3   Grundlegende Entwicklungsstrategien

Sowohl Vorgehensmodelle als auch Methoden lassen sich in bezug auf die
Zeitpunkte klassifizieren, zu denen Teilprodukte des Entwicklungsprozesses entstehen und bestimmte Entscheidungen des Entwicklers[1] erforderlich
sind. Man unterscheidet eine Reihe grundlegender Entwicklungsstrategien,
die diese Zeitpunkte festlegen. Diese Strategien stellen üblicherweise den
Ausgangspunkt für die Definition spezieller Vorgehensmodelle und Methoden dar.

1.3.1   Abstraktion und Konkretisierung

Es sollen nun zunächst zwei Strategien behandelt werden, die eng mit dem
Prinzip der Abstraktion (siehe [Bal82]) verbunden sind: die Top-down- und
die Bottom-up-Strategie. Bei der Top-down-Strategie erfolgt die Entwicklung durch schrittweise Konkretisierung, während die Bottom-up-Strategie
durch eine schrittweise Abstraktion gekennzeichnet ist. Wir wollen die beiden Strategien zur Systementwicklung nun anhand der Abb. 1.3/1 erläutern.

Top-down-Strategie

Abbildung 1.3/1 beschreibt den Entwicklungsprozeß eines hierarchisch
strukturierten Systems. Bei der Top-down-Strategie beginnt die Entwicklung bei der sogenannten Benutzermaschine, d.h. bei einer Sicht auf die
Hauptfunktion des Systems. Durch schrittweise Zerlegung *(Dekomposition)*
in voneinander unabhängige Komponenten erfolgt die Entwicklung über
mehrere Zwischenebenen bis hin zur Basismaschine, die unmittelbar in
einer vorhandenen Umgebung ablauffähig ist. Dabei wird auf einer Ebene
jeweils von Details darunterliegender Ebenen abstrahiert.

Als Beispiel können wir uns eine Benutzermaschine vorstellen, die zur
Verwaltung der Kunden eines Unternehmens eingesetzt wird. Diese Hauptfunktion könnte in die beiden Teilfunktionen Aktualisieren Kundendaten und

---

[1] Für personenbezogene Substantive haben wir jeweils nur die maskuline Form gewählt.
Dies geschah ausschließlich zum Zweck der besseren Lesbarkeit des Textes und sollte
keinesfalls als Diskriminierung verstanden werden.

Drucken Kundenliste zerlegt werden. Für die Benutzermaschine wären dann nur solche Aspekte relevant, die beide Teilfunktionen betreffen, also z.B. die Kundendatei oder die Auswahl einer Teilfunktion der darunterliegenden Ebene. In unserem Beispiel würde die Basismaschine etwa durch Funktionen wie Lesen Kundenstammsatz oder Sortieren Kundendatei gebildet.

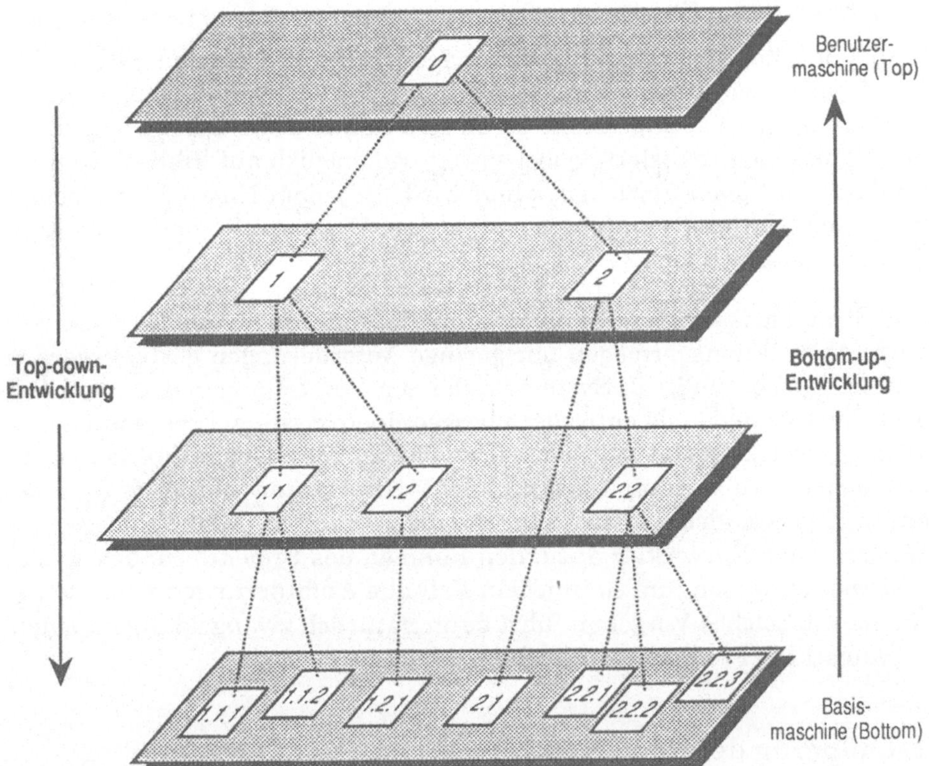

Abb. 1.3/1 Top-down- und Bottom-up-Strategie

Die Top-down-Strategie ist durch eine Folge von Entwurfsentscheidungen gekennzeichnet: in jedem Entwicklungsschritt wird entschieden, wie die im vorhergehenden Schritt gebildeten Komponenten durch einfachere, der Basismaschine näherliegende Komponenten realisiert werden können. Diese Entscheidungen sind angesichts der Komplexität des Gesamtsystems vergleichsweise einfach zu treffen, da der Entwickler stets den Überblick über das Gesamtsystem behält. Es besteht jedoch zum einen die Gefahr, daß aufgrund unzureichender Detailkenntnisse unzweckmäßige Dekompositionen

vorgenommen werden, zum anderen wird der Entwickler häufig dazu nei-
gen, notwendige Entscheidungen möglichst weit in tiefere Ebenen zu verla-
gern. Dies kann schließlich dazu führen, daß die Komponenten der Basismaschine inkompatibel bzw. unrealisierbar werden.

Bottom-up-Strategie

Bei der Bottom-up-Strategie wird zunächst aufgrund persönlicher Erfahrungen nach einer kurzen Analyse oder einfach intuitiv der Rahmen für das
Entwicklungsprojekt abgesteckt. In diesem Rahmen werden die benötigten
Grundfunktionen realisiert, wobei soweit wie möglich auf Bibliotheken mit
Standardfunktionen zurückgegriffen wird. In jedem Entwicklungsschritt
erfolgt eine Synthese von Komponenten einer Ebene zu Komponenten einer
darüberliegenden Ebene.

Diese Strategie ist zwar recht einfach anzuwenden, da an den Entwickler in
puncto Abstraktionsvermögen nur geringe Anforderungen gestellt werden;
sie führt jedoch häufig zu Systemen, die den Vorstellungen des Benutzers
nur bedingt genügen, da entweder übergeordnete Systemaspekte nur unzureichend berücksichtigt sind oder aber das aus den Grundfunktionen zusammengesetzte System letztlich nicht zur Lösung der Aufgaben des
Benutzers verwendet werden kann. Um dieser zweiten Gefahr zu begegnen,
tendieren viele Entwickler dazu, den Rahmen des Projekts zunächst möglichst weit zu fassen, um so in jedem Fall alle Anforderungen abdecken zu
können. Ein solches Vorgehen führt dann natürlich zwangsläufig zu einem
unerwünschten Produktivitätsverlust.

Verknüpfung der Strategien

Obgleich die Bottom-up-Strategie der Top-down-Strategie auf den ersten
Blick unterlegen scheint, ist es doch nicht möglich, ein allgemeingültiges
Votum für die Top-down-Strategie abzugeben. Insbesondere dann, wenn es
sich um die Entwicklung von Non-Standard-Systemen handelt, dürfte es
recht schwierig sein, überhaupt erst die Benutzermaschine festzulegen.
Entsprechend fehleranfällig werden dann natürlich auch die nachfolgenden
Dekompositionsentscheidungen sein.

Es liegt deshalb nahe, die beiden Strategien zu verknüpfen. Dabei kann so
vorgegangen werden, daß zunächst solange top-down entwickelt wird, bis

der Umfang der Basismaschine erkennbar wird. Danach wird in einer Bottom-up-Vorgehensweise von der Basismaschine bis zu dieser Ebene entwickelt. Wird dieser Wechsel zwischen Top-down- und Bottom-up-Strategie während eines Entwicklungsprojekts mehrfach vollzogen, spricht man auch von einem *Jo-Jo-Verfahren* (vgl. [KKS79]).

Häufig ist auch die sogenannte Middle-out-Strategie praktikabel, bei der von einem mittleren Abstraktionsniveau ausgehend nebeneinander top-down und bottom-up entwickelt wird.

Weiterführende Literatur

[Bal82], [KKS79], [Sho83]

1.3.2   Funktions- und Datenorientierung

Besonders bei umfangreichen Entwicklungsprojekten stellt sich immer wieder die Frage, ob zuerst die Funktionen oder die Daten des zu entwickelnden Systems betrachtet werden sollen (siehe [Vet88]).

Funktionsorientierte Strategie

Am weitesten verbreitet ist heute wohl noch die funktionsorientierte Strategie: Zunächst werden die für ein zu entwickelndes System relevanten Funktionen oder Tätigkeiten festgelegt. Davon ausgehend werden die erforderlichen Datenbestände bestimmt.

Da sich die Struktur der Datenbestände jedoch an den speziellen Funktionen orientiert, ist es oft nicht möglich, bereits vorhandene Datenbestände zu nutzen oder die zusätzlich erforderlichen Bestände in einer globalen Datenbank zu integrieren. Die Folge sind eine Vielzahl anwendungsspezifischer Datenbestände, die üblicherweise eine hohe Redundanz aufweisen.

Datenorientierte Strategie

Bei der datenorientierten Strategie stehen die Daten im Mittelpunkt der Betrachtungen. Zunächst wird auf hohem Abstraktionsniveau ein Daten-

modell entwickelt, das Zusammenhänge ganzer Unternehmensbereiche
oder besser sogar des ganzen Unternehmens widerspiegelt. Bei der Entwicklung eines konkreten Informationssystems werden Details dieses gro-
ben Datenmodells ausgearbeitet und nach erfolgter Abstimmung in einem
übergreifenden Detail-Datenmodell integriert. Dies führt nach und nach zu
einem Datenmodell, das im allgemeinen eine vergleichsweise hohe Stabilität aufweisen wird. Diese datenorientierte Strategie ist insbesondere dort
erfolgversprechend, wo auch eine individuelle Datenverarbeitung, etwa
durch Einsatz von Query-Sprachen, vorgesehen ist. Eine solche ist natürlich
nur dann möglich, wenn die Datenbestände unabhängig von einer bestimmten Verwendung existieren (vgl. [Mar84]).

Weiterführende Literatur

[Mar84], [Mar89], [Vet88]

1.4   Phasen eines Entwicklungsprojekts

Im Vorwort wurde bereits angedeutet, daß die Beschreibung der Methoden
und Sprachen in diesem Buch unabhängig von einem konkreten Vorgehensmodell erfolgt. Da die Methoden und Sprachen sich jedoch zumeist nur
für ganz bestimmte Aktivitäten eines Entwicklungsprojekts einsetzen lassen, wollen wir hier auf ein sogenanntes idealisiertes Life-Cycle-Modell
zurückgreifen (vgl. [Som89]), in dem die grundlegenden Aktivitäten beschrieben sind, denen die noch zu behandelnden Methoden und Sprachen
zugeordnet werden können.

Bereits recht früh kam man in der Software-Technik zu der Erkenntnis,
daß Software-Produkte, wie alle komplexen Gebilde, in mehreren Schritten
entwickelt werden müssen, um so deren Komplexität beherrschbar zu machen. Es wurden sogenannte *Life-Cycle-Modelle* konzipiert, in denen Phasen
des Lebenszyklus eines Software-Produkts identifiziert wurden. Die ersten
Life-Cycle-Modelle von Royce (siehe [Roy70]) und Boehm (siehe [Boe76,
Boe81]) sind dadurch charakterisiert, daß Ergebnisse einer Phase jeweils
Ausgangsbasis der nächsten Phase sind. Daher rührt auch der häufig verwendete Begriff *Wasserfall-Modell*.

Obgleich Wasserfall-Modelle im heutigen Umfeld der Software-Entwicklung
aufgrund ihrer geringen Flexibilität nur bedingt als Basis praktisch ein-

setzbarer Vorgehensmodelle verwendet werden können, wollen wir der Einfachheit halber doch ein solches als Referenz für die nachfolgende Beschreibung von Methoden und Sprachen vorstellen. Wir wollen es als *idealisiertes Life-Cycle-Modell* bezeichnen, da es einen durchaus wünschenswerten Lebenszyklus eines Software-Produkts beschreibt.

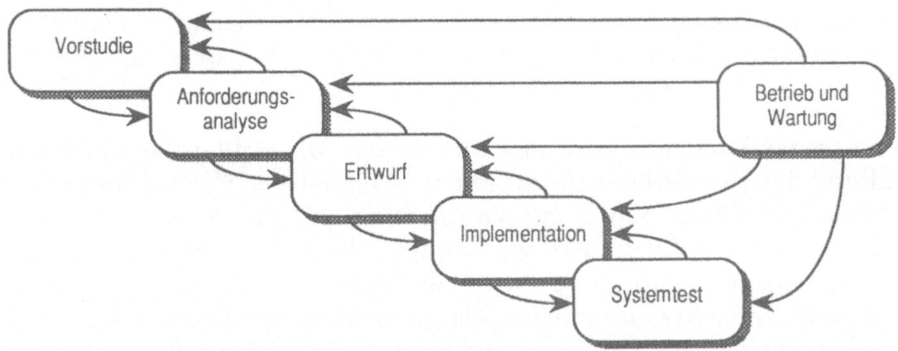

Abb. 1.4/1   Idealisiertes Life-Cycle-Modell

Das in Abb. 1.4/1 dargestellte Modell unterteilt den Lebenszyklus eines Software-Produkts oder allgemeiner eines Systems in sechs Phasen. Die Pfeile bezeichnen Informationsflüsse, also die Weitergabe von Phasenergebnissen. Da sich die Phasen zeitlich nicht eindeutig abgrenzen lassen, sind sie als überlagerte Rechtecke dargestellt.

Nachfolgend werden die einzelnen Phasen detaillierter erläutert.

Weiterführende Literatur

[Agr86], [Boe76], [Boe81], [Boe88], [Roy70], [Sho83], [Som89]

1.4.1   Vorstudie

Die Ausgangsbasis der Vorstudie (feasibility study) ist ein Projektvorschlag, in dem die zur Lösung anstehenden Probleme skizziert und das Entwicklungsprojekt begründet wird.

In der Vorstudie wird dann die Ausgangssituation im Umfeld des zu entwickelnden Systems qualitativ und in angemessener Weise auch quantitativ erfaßt. Dabei werden die Stark- und Schwachstellen des Ist-Zustandes herausgearbeitet und daraus konkrete Ziele abgeleitet, die mit dem neuen System erreicht werden sollen. Von dieser Zielsetzung ausgehend werden auf einem noch hohen Abstraktionsniveau erste Anforderungen an das System skizziert. Es folgt die Entwicklung eines oder mehrerer alternativer Grobkonzepte, die jeweils auf ihre technische und ökonomische Durchführbarkeit hin untersucht und verglichen werden. Für die bevorzugte Alternative wird daraufhin ein Projektplan erstellt.

Am Ende der Vorstudie wird geprüft, ob das vorgeschlagene System zur Erfüllung der gestellten Anforderungen geeignet ist. Boehm [Boe81] bezeichnet diese Überprüfung mit *Validierung* und umschreibt sie mit der Beantwortung der Frage "Are we building the right product?" Abhängig vom Ergebnis der Validierung wird über Weiterführung oder Abbruch des Entwicklungsprojekts entschieden. Gegebenenfalls wird auch verlangt, die Vorstudie vertieft oder mit geänderten Vorgaben, also z.B. einer erweiterten oder eingegrenzten Aufgabenstellung, fortzuführen.

1.4.2 Anforderungsanalyse

Im Rahmen der Anforderungsanalyse werden Eigenschaften und Einschränkungen des zu entwickelnden Systems ermittelt und möglichst präzise spezifiziert. Es handelt sich dabei ausschließlich um fachliche Anforderungen, die noch unabhängig von Aspekten der späteren Implementation betrachtet werden. Die Anforderungsspezifikation wird häufig auch als *Fachkonzept* und die Analysephase entsprechend als *Entwurf des Fachkonzepts* bezeichnet.

Der Einbeziehung des Endbenutzers[1] wird im Rahmen der Anforderungsanalyse große Bedeutung beigemessen. Nur durch seine intensive Mitwirkung läßt sich die Gefahr unvollständiger oder fehlerhafter Anforderungsspezifikationen vermindern.

---

[1] Unter dem *Endbenutzer* verstehen wir eine Person oder eine Gruppe von Personen, die mit den fachlichen Gegebenheiten im für das Entwicklungsprojekt relevanten Umfeld vertraut ist. Es muß sich dabei nicht notwendigerweise um spätere Nutzer des Systems handeln.

Bei der Anforderungsanalyse wird häufig so vorgegangen, daß zunächst der
Ist-Zustand in dem in der Vorstudie umrissenen Arbeitsfeld bestimmt wird.
Dieser Ist-Zustand bildet dann, zusammen mit der ebenfalls als Ergebnis
der Vorstudie vorliegenden Stark- und Schwachstellenanalyse sowie der
Zielsetzung des Entwicklungsprojekts, die Ausgangsbasis für die Ermitt-
lung und Spezifikation der Anforderungen an das neue System.

Die Anforderungsspezifikation ist zum Ende der Phase einer Validierung zu
unterziehen. Dabei muß sichergestellt werden, daß die Spezifikation keine
Widersprüche enthält, also konsistent ist. Hierzu sollte die verwendete Spezifikationssprache eine formal eindeutig definierte Syntax und Semantik
aufweisen, so daß die Konsistenzanalyse weitgehend automatisiert werden
kann. Aufgabe des Systementwicklers muß es sein zu überprüfen, ob die
Anforderungen realistisch sind, also mit der existierenden Software- und
Hardware-Technologie realisiert werden können.

Schwierigste Aufgabe im Rahmen der Validierung ist jedoch die Überprüfung der Spezifikation auf fachliche Korrektheit und Vollständigkeit. Diese
Aktivität kann nur in enger Zusammenarbeit aller Projektbeteiligten
durchgeführt werden. Das Problem liegt darin begründet, daß die Spezifikationssprache für eine Rechnerunterstützung möglichst formal sein sollte,
dieser formale Charakter jedoch das Verständnis der Spezifikation durch
den Endbenutzer erschwert. Ein Ansatz zur Lösung dieses Problems ist die
Anwendung von Prototyping-Techniken, die in Abschnitt 10.3 beschrieben
werden.

1.4.3 System- und Software-Entwurf

Die Entwurfsphase kann in einen System- und einen Software-Entwurf
unterteilt werden. Beim System-Entwurf wird auf der Basis der Anforderungsspezifikation das Gesamtsystem in Teilsysteme zerlegt, die jeweils
vollständig entweder mittels einer Hardware- oder Software-Lösung realisiert werden sollen. Jedem Teilsystem wird der relevante Ausschnitt der
Anforderungsspezifikation zugeordnet. Für alle durch Software zu realisierenden Teilsysteme wird dann ein Software-Entwurf durchgeführt.

Im Rahmen des Software-Entwurfs werden die Funktionen und Datenstrukturen eines Systems, die sich aus der Anforderungsspezifikation ablei-

ten lassen, in einer Form repräsentiert, die die unmittelbare Abbildung in eine konkrete Implementation ermöglicht.

Welche Methoden und Sprachen für den Software-Entwurf verwendet werden, wird sich deshalb stark an der geplanten Zielumgebung des Systems orientieren.

Am Ende des Entwurfs steht die *Verifikation*, mit der nachgewiesen werden muß, daß das entworfene System die spezifizierten Anforderungen erfüllt. Boehm sieht dies als Beantwortung der Frage: "Are we building the product right?" (vgl. [Boe81]).

Inwieweit die Verifikation automatisiert werden kann, hängt stark vom Formalisierungsgrad der für Anforderungsspezifikation und Entwurf verwendeten Sprachen ab und von der Granularität der Beziehungen zwischen Komponenten der beiden Beschreibungen.

1.4.4 Implementation und Komponententest

In der Praxis erweisen sich Implementation und Test häufig als die aufwendigsten Aktivitäten des Entwicklungsprozesses. In [Boe75] finden sich hierzu konkrete Zahlenangaben aus sechs unterschiedlichen Projekten, die diese Aussage untermauern. Die Angaben sind in Abb. 1.4/2 in Form eines Säulendiagramms dargestellt. Daraus läßt sich ersehen, daß für Implementation, Integration und Test insgesamt zwischen 54 und 67% des gesamten Entwicklungsaufwands anfallen. Diese Zahlen sind zwar schon mehr als zehn Jahre alt, sie spiegeln jedoch auch heute noch – zumindest in qualitativer Hinsicht – die Realität wider.

Wir wollen uns nun zunächst der Phase *Implementation und Komponententest* zuwenden. In dieser Phase werden die Software-Entwürfe durch Programmodule und Datenbankbeschreibungen realisiert. Für diese Komponenten sind *Testfälle* zu formulieren, die jeweils aus einer Beschreibung von Eingabedaten, der Funktion der Komponente und einer Beschreibung der erwarteten Ausgabedaten bestehen. Beim Komponententest wird die Komponente anhand dieser Testfälle auf Fehler hin überprüft. Die Korrektheit läßt sich durch Tests natürlich nicht nachweisen; dies könnte nur durch formale Programmverifikation geschehen, die sich in der Praxis jedoch im allgemeinen nicht durchführen läßt.

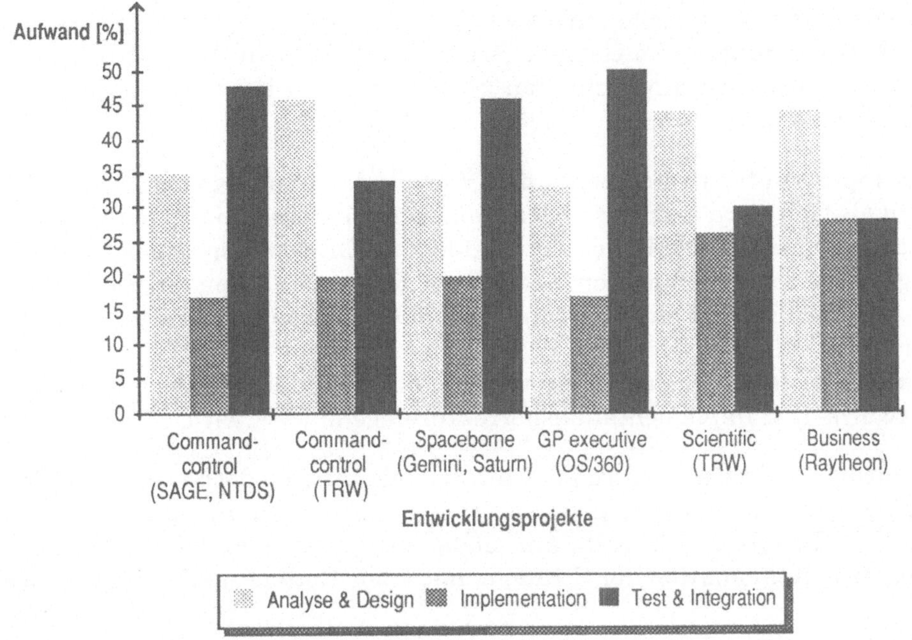

Abb. 1.4/2   Verteilung des Entwicklungsaufwands (Zahlenangaben aus [Boe75])

Testfälle sollten möglichst so gewählt werden, daß mit ihnen die Funktion einer Komponente sowohl für korrekte als auch für inkorrekte Eingabedaten überprüft werden kann. Nach Aufdeckung eines Fehlers wird dann häufig *Debugging* angewendet, eine Technik, mit der Fehler lokalisiert und korrigiert werden.

Üblicherweise unterscheidet man für Implementation und Test zwei prinzipielle Strategien, die in der Praxis zumeist kombiniert angewendet werden: eine Top-down- und eine Bottom-up-Strategie (vgl. auch Abschnitt 1.3.1). Im allgemeinen entspricht die Implementationsstrategie dabei der Teststrategie.

Top-down-Strategie

Die gesamte Implementation eines Software-Systems kann als hierarchisches Gebilde aufgefaßt werden. Bei der Top-down-Strategie beginnt die Implementation der Komponente auf der höchsten Abstraktionsebene. Die darunterliegende Ebene wird durch Komponenten gebildet, die bereits eine vollständige Schnittstelle aufweisen, deren Funktion jedoch zunächst erst durch ein rudimentäres Gerippe (stub) simuliert wird. Nachdem das Zusammenwirken der Komponenten getestet ist, werden diese in derselben Weise implementiert und getestet.

Die Top-down-Strategie besitzt den Vorteil, daß stets das betrachtete System als Ganzes getestet wird, was üblicherweise einen positiven psychologischen Effekt auf alle Projektbeteiligten hat. Entwurfsaspekte betreffen im allgemeinen nur die höheren Ebenen der Implementation; dagegen stellen die tieferen Ebenen lediglich eine zusätzliche Verfeinerung des Entwurfs dar. Daraus läßt sich folgern, daß bei einer Top-down-Strategie auch Entwurfsfehler relativ früh erkannt werden, und somit die Gefahr aufwendiger Entwurfs- und Implementationskorrekturen gemindert wird.

Probleme bereitet bei der Top-down-Implementation jedoch häufig die Entwicklung rudimentärer Implementationen, die zur Bereitstellung aussagekräftiger Testergebnisse recht aufwendig werden kann und dann die Ersetzung oder Kombination der Strategie mit einer Bottom-up-Strategie nahelegt.

Bottom-up-Strategie

Bei der Bottom-up-Strategie werden zunächst die elementaren Komponenten implementiert und, nach erfolgreichem Test, in den jeweils übergeordneten Komponenten integriert. Für den Test der Komponenten müssen jeweils Testtreiber oder Testmonitore bereitgestellt werden, die die übergeordneten Komponenten simulieren. Die Bottom-up-Strategie hat den Vorteil, daß die Definition von Testfällen recht einfach ist und sich die Testergebnisse leicht interpretieren lassen. Entwurfsfehler werden jedoch erst spät erkannt und ziehen deshalb oft aufwendige Änderungen in der bereits vorliegenden Implementation nach sich.

Eine allgemeingültige Entscheidung über die „beste" Implementations- und Teststrategie läßt sich nicht treffen. Sie kann nur unter Berücksichtigung der Gegebenheiten des konkreten Projekts getroffen werden. Wichtig jedoch ist es, daß im Rahmen dieser Strategien jeweils ein *inkrementeller Ansatz* (vgl. [YoC79]) zur Integration von Komponenten verfolgt wird, d.h. es wird zu einem Zeitpunkt immer nur *eine* neue Komponente in der übergeordneten Komponente hinzugefügt. Erst wenn das Zusammenspiel dieser Komponente mit den bereits integrierten Komponenten getestet ist, wird die nächste Komponente hinzugefügt. Dieser Ansatz trägt wesentlich zur Vereinfachung des Debugging bei.

Weiterführende Literatur

[Mye79], [Sho83]

1.4.5 Systemtest

Im Rahmen des Systementwurfs (vgl. Abschnitt 1.4.3) wurde das Gesamtsystem in Teilsysteme zerlegt, die entweder durch Hardware- oder Software-Komponenten zu realisieren waren. In der Phase Systemtest – häufig auch *Integrationstest* genannt – werden diese Teilsysteme nun integriert und als Gesamtsystem getestet. Auch hierbei empfiehlt sich, wie bei Implementation und Komponententest, eine inkrementelle Vorgehensweise. Der Systemtest erfolgt im allgemeinen bereits in der realen Umgebung. Er entspricht der letzten Validierungsphase vor Übernahme des Systems in den laufenden Betrieb. Im Gegensatz dazu weist der Komponententest der vorhergehenden Phase eher den Charakter einer Verifikation auf, da er üblicherweise nur in einer Testumgebung abläuft und somit nicht unbedingt Rückschlüsse auf die Erfülltheit fachlicher Anforderungen erlaubt.

Weiterführende Literatur

[Mye79], [Sho83]

1.4.6 Betrieb und Wartung

Die Phase *Betrieb und Wartung* ist im allgemeinen die längste Phase des Lebenszyklus eines Systems (oder sollte es zumindest sein). Sie beginnt unmittelbar nach Installation und Übernahme des Systems in den laufenden Betrieb.

Die Wartung läßt sich nach Boehm, [Boe81] in zwei Kategorien unterteilen:

- Aktualisierung und

- Reparatur.

Unter *Aktualisierung* werden Wartungsarbeiten verstanden, die aufgrund geänderter oder zusätzlicher funktionaler Anforderungen an das System erforderlich werden. Diese dienen der Anpassung an eine geänderte Systemumgebung (adaptive maintenance) bzw. der Verbesserung der Performance oder Wartbarkeit (perfective maintenance). Dagegen bleibt bei der *Reparatur* die funktionale Spezifikation unverändert. Diese Arbeiten werden zur Korrektur von Fehlern in der Implementation (corrective maintenance) durchgeführt.

Leider ist die Betriebs- und Wartungsphase allzuhäufig nicht nur die längste sondern auch die aufwendigste Phase des Lebenszyklus. Nicht selten fallen zwischen 30 und 50% der Gesamtkosten alleine für Wartungsarbeiten an. Daraus darf jedoch keineswegs gefolgert werden, daß Kostensenkungen vor allem durch verbesserte Techniken und Tools für die Wartungsphase erreicht werden können. Effektiver ist es, die Validierungs- und Verifikationsschritte während des Entwicklungsprozesses zu intensivieren, um so Fehler und Defizite des zu entwickelnden Systems möglichst bereits bei ihrer Entstehung aufdecken und beseitigen zu können.

1.5   Überblick

Im vorherigen Abschnitt wurden kurz die grundlegenden Phasen eines Entwicklungsprojekts behandelt. Im folgenden wollen wir uns ausschließlich mit Methoden und Sprachen beschäftigen, die in den Phasen Anforderungsanalyse und Entwurf zur Anwendung kommen. Eine intensive Unterstützung dieser beiden Phasen ist der Schlüssel zu einer produktiven Systementwicklung.

Die kritischen Projektphasen

In vielen Publikationen wird die Wichtigkeit dieser Phasen immer wieder betont. Sie werden häufig als *die* kritischen Projektphasen bezeichnet. Die Schaubilder aus Abb. 1.5/1 untermauern diese Aussage: Mehr als die Hälfte der Fehler in Software-Produkten gehen auf fehlerhafte oder unvollständige Anforderungen zurück; noch einmal über ein Viertel der Fehler resultieren aus Entwurfsfehlern. Darüber hinaus sind dies auch die mit Abstand teuersten Fehler: 95% der Kosten für die Fehlerbeseitigung entfallen allein auf Fehler, die ihren Ursprung in den Phasen Anforderungsanalyse und Entwurf haben.

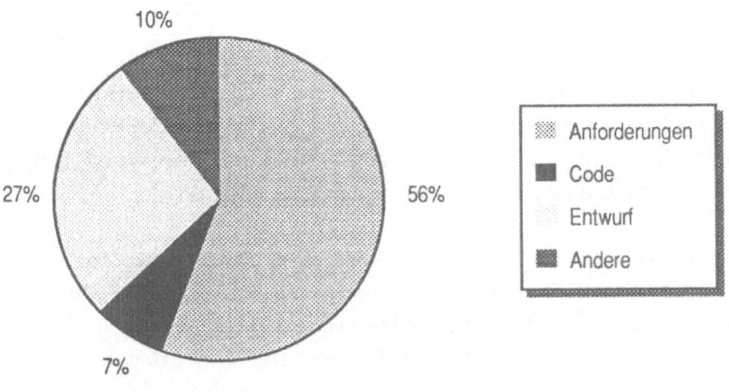

(a)   Ursprung der Fehler

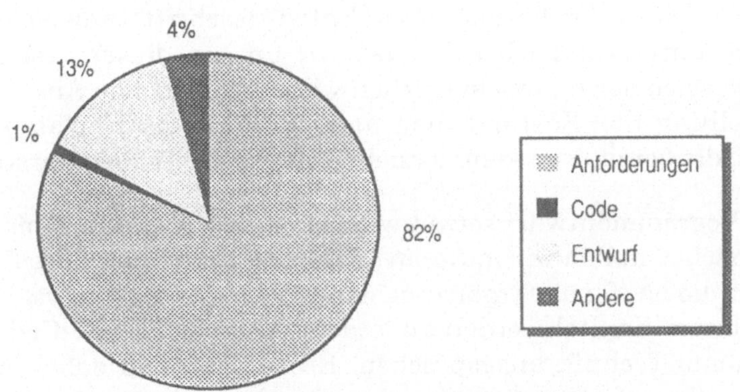

(b)   Kosten der Fehlerbeseitigung

Abb. 1.5/1   Fehler in Software-Produkten (T. DeMarco, 1976)

Gliederung

Das vorliegende Buch ist wie folgt gegliedert: Im Anschluß an die Einleitung werden in *Kapitel 2* Techniken vorgestellt, die im allgemeinen für unterschiedliche Projektphasen Anwendung finden. In *Kapitel 3* folgen Methoden und Sprachen für die strukturierte Analyse, die ihre Wurzeln in den späten 70er Jahren hat. Sie wird heute von einer Vielzahl kommerziell verfügbarer Tools unterstützt.

In *Kapitel 4* wenden wir uns dann der Datenmodellierung zu. Neben grundlegenden Konzepten werden zwei typische Vertreter semantischer Datenmodelle vorgestellt, denen vor allem bei der Anforderungsanalyse große Bedeutung zukommt. Ausgehend von diesen Modellen werden abschließend methodische Aspekte der Datenmodellierung behandelt.

In *Kapitel 5* betrachten wir Methoden und Sprachen zur Spezifikation dynamischer Systemaspekte, also des Verhaltens von Systemen. Im einzelnen wollen wir auf die Methode Structured Analysis/Real-Time von Hatley/Pirbhai bzw. Ward/Mellor eingehen – eine Erweiterung der Methoden aus Kapitel 3 – sowie auf die Verwendung von Petri-Netzen zur Systemspezifikation.

Möglichkeiten des Entwurfs von Benutzerschnittstellen werden in *Kapitel 6* beschrieben. Da in der Praxis dieser Entwurfsschritt zumeist noch nicht methodisch unterstützt wird, können wir uns an dieser Stelle auf eine kurze Diskussion der unterschiedlichen wissenschaftlichen Ansätze und auf die Vorstellung der Zustandsdiagramm-Technik nach Wasserman beschränken, die bereits von kommerziell verfügbaren Tools unterstützt wird.

Mit dem Programmentwurf setzen wir uns in den Kapiteln 7 bis 9 auseinander. Zunächst stellen wir in *Kapitel 7* die Methode Composite/Structured Design vor, die häufig als Ergänzung der strukturierten Analyse verwendet wird. In diesem Kapitel werden außerdem noch die Pseudo-Code- und die Struktogramm-Technik angesprochen. Es handelt sich dabei jeweils um Techniken, die auf einer funktionalen Top-down-Zerlegung der als Programmodule zu realisierenden Software-Komponenten beruhen.

Der datenorientierte Programmentwurf, wie er von Jackson oder Warnier/Orr vorgeschlagen wird, ist Gegenstand des *Kapitels 8*. Bei diesen Entwurfsmethoden wird für jedes Programmodul zunächst die Struktur der

Ein- und Ausgabedaten bestimmt. Ausgehend von diesen Datenstrukturen werden dann die Programmmodule entworfen.

Beim objektorientierten Entwurf, der in *Kapitel 9* behandelt wird, wird das Software-Produkt als eine Menge von Objekten betrachtet, die miteinander über Nachrichten kommunizieren. Objekte sind dabei als integrierte Einheiten von Daten und Operationen zu verstehen, die aufgrund bestimmter empfangener Nachrichten ausgeführt werden.

In *Kapitel 10* werden Ansätze aufgezeigt, die heute immer mehr in den Mittelpunkt des Interesses rücken. Sie führen im wesentlichen zu einer Abkehr von dem in Abschnitt 1.4 eingeführten idealisierten Life-Cycle-Modell hin zu einer größeren Flexibilität in der Durchführung der Entwicklungsaktivitäten. Neben einer Beschreibung der Ansätze wird auf deren Vorzüge gegenüber konventionellen Ansätzen, aber auch auf Gefahren bei ihrer Verwendung hingewiesen.

Art der Darstellung

Die Darstellung der Methoden und Sprachen erfolgt jeweils in einer Weise, die den Leser befähigen soll, diese für einfache Anwendungen unmittelbar in der Praxis einzusetzen. Darüber hinaus soll für ihn auch eine kritische Bewertung möglich sein. Hierzu werden die Methoden und Sprachen nicht, wie sonst häufig üblich, nur „kochrezeptartig" vorgestellt, vielmehr wird bewußt versucht, auch grundsätzliche Gedanken, die Ausgangspunkt für die Entwicklung einer Methode oder Sprache waren, mit einzubringen.

Um dem Leser darüber hinaus ein vertieftes Studium des Dargestellten zu ermöglichen, werden jeweils Referenzen auf die weiterführende Literatur angegeben (insbesondere auch auf die Originalliteratur).

Die behandelten Beispiele beziehen sich jeweils auf ein „typisches" mittleres Industrieunternehmen, im folgenden auch einfach Beispielunternehmen genannt. Leider war es nicht möglich, ein durchgängiges Beispiel zu verwenden, da dieses, um alle Methoden und Sprachen geeignet präsentieren zu können, eine außerordentlich hohe Komplexität aufgewiesen hätte.

Innerhalb der einzelnen Kapitel wurden jedoch weitgehend einheitliche Beispiele gewählt, um so dem Leser einen Vergleich der vorgestellten Techniken zu erleichtern. Auf eine subjektive Bewertung der Techniken durch die Verfasser wird bewußt verzichtet, da eine solche Bewertung besser durch den Leser selbst, unter Kenntnis der für ihn relevanten Bewertungsaspekte, vorgenommen wird. Dazu aber mehr im abschließenden Kapitel dieses Buches.

2 Universell einsetzbare Techniken

Wir wollen uns nun zunächst Techniken zuwenden, die sowohl für die Analyse als auch für Spezifikation und Entwurf verwendet werden können. Da sie häufig mit anderen Techniken kombiniert werden, werden wir sie im Rahmen dieses Buches immer wieder ansprechen.

2.1 Dekompositionsdiagramme

Eine Technik, die untrennbar mit strukturierter Analyse und Entwurf verbunden ist und unmittelbar auf der Top-down-Methode aufbaut, sind Dekompositionsdiagramme. Sie werden zur Analyse, Spezifikation und zum Entwurf der unterschiedlichsten hierarchischen Strukturen verwendet. Mit ihnen lassen sich Strukturen von Organisationen, Daten, Programmen, Reports und vielem anderem mehr beschreiben.

2.1.1 Graphische Repräsentation

In der Praxis finden sich verschiedene graphische Repräsentationsformen für Dekompositionsdiagramme. Einige der gebräuchlichsten sind in Abb. 2.1/1 angegeben (vgl. [MaM85a]). Die Diagramme zeigen die Dekomposition der Organisation Beispielunternehmen in verschiedene Funktionsbereiche. Die Dekomposition könnte hier natürlich weitergeführt werden, etwa bis zur Ebene von Prozessen, die in den Funktionsbereichen ausgeführt werden, oder sogar bis hin zu Prozeduren, über die die Prozesse realisiert sind.

In der Regel geht man davon aus, daß sich ein übergeordneter Knoten ausschließlich aus den hierarchisch untergeordneten Knoten zusammensetzt, also durch diese ersetzt werden könnte *(Ersetzungsprinzip)*. Insbesondere bei der Verwendung von Dekompositionsdiagrammen zum Programmentwurf wird von dieser Regel jedoch manchmal abgewichen (siehe Abschnitt

2.1.2): der übergeordnete Knoten enthält dann Teilfunktionen, die den Gebrauch der untergeordneten Knoten steuern.

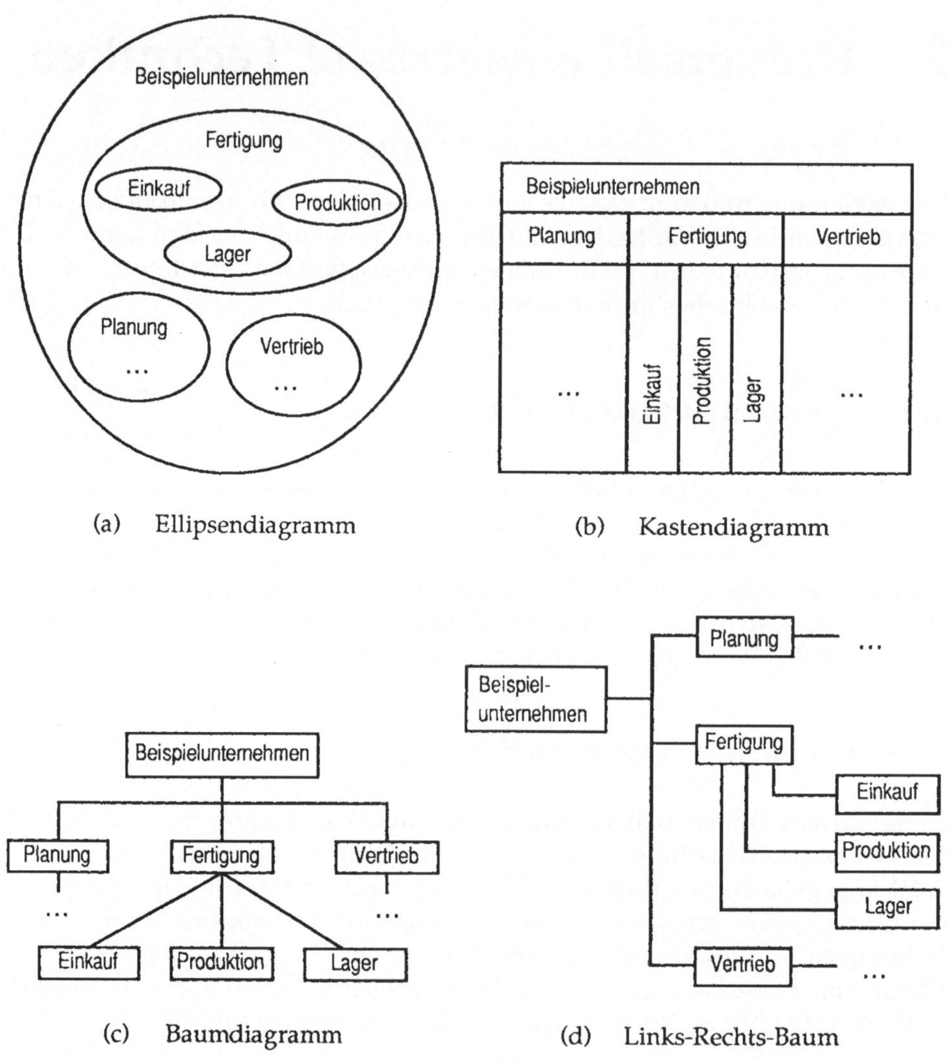

Abb. 2.1/1   Graphische Repräsentation von Dekompositionsdiagrammen \...

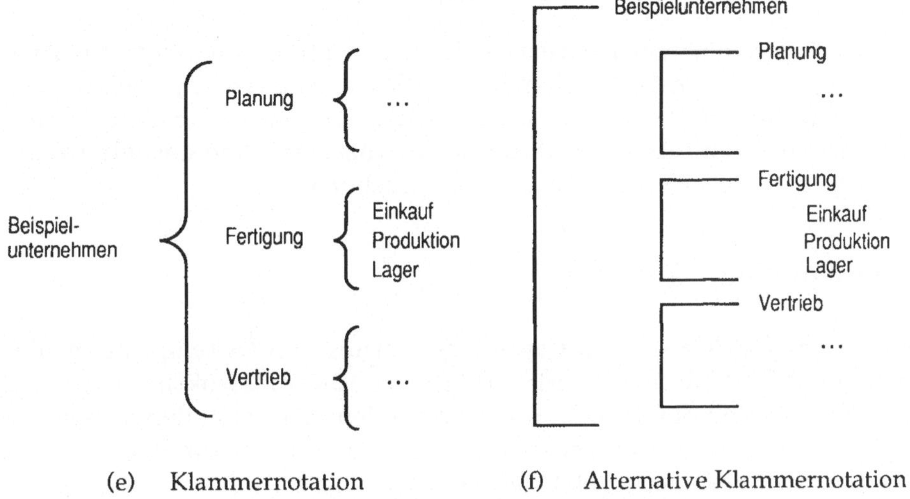

(e)   Klammernotation   (f)   Alternative Klammernotation

Abb. 2.1/1   Graphische Repräsentation von Dekompositionsdiagrammen

Beim Vergleich der unterschiedlichen graphischen Repräsentationsformen in Abb. 2.1/1 erkennt man unmittelbar die jeweils zugrundeliegende Intention: Ellipsen- und Kastendiagramme vermitteln einen Eindruck von der Einbettung der Funktionsbereiche, wobei das Kastendiagramm eine wesentlich kompaktere Darstellung ermöglicht. Hierarchische Beziehungen sind besonders gut im Baumdiagramm c erkennbar. Die Knoten können dabei entweder nur mit horizontalen und vertikalen oder auch mit schrägen Linien (oder gemischt wie in Abb. 2.1/1 c) verbunden sein.

Besonders für die Druckausgabe eignen sich Bäume, bei denen die Knoten einer Ebene nicht horizontal, sondern vertikal angeordnet sind. Teil d der Abbildung zeigt einen solchen Links-Rechts-Baum, wobei für die Dekomposition des Funktionsbereichs Fertigung eine besonders kompakte Darstellungsform gewählt wurde.

Die Klammernotationen (Abb. 2.1/1 e, f) werden vor allem bei der Dekomposition von Programmstrukturen verwendet, da sie unmittelbar einen Eindruck von der Struktur des zu entwickelnden Programmtextes vermitteln.

2.1.2 Gebräuchliche Erweiterungen

Dekompositionsdiagramme werden in der Praxis intensiv genutzt. Die Ausdrucksfähigkeit der bislang behandelten Diagramme reicht jedoch bestenfalls zur Beschreibung von Organisationsstrukturen aus. Zur Modellierung feinerer Strukturen (etwa von Daten oder Prozessen) sind deshalb im allgemeinen Erweiterungen der Technik gebräuchlich.

Martin-Notation

Martin (siehe [MaM85a]) sieht eine Erweiterung von Dekompositionsdiagrammen um Symbole zur Repräsentation von Kontrollstrukturen vor. Die Diagramme können damit nicht nur, wie bei den hier behandelten Beispielen, für Programm- und Prozeßstrukturen sondern auch zur Beschreibung von Datenstrukturen verwendet werden.

(1)   Sequenz

Für Dekompositionsdiagramme kann normalerweise keine Aussage über Reihenfolgebeziehungen zwischen Söhnen eines Vaters[1] getroffen werden. Insbesondere für den Programmentwurf ist es jedoch unerläßlich, eine Abarbeitungsreihenfolge der Knoten festzulegen. Martin trifft deshalb die Annahme, daß die Söhne eines Vaters defaultmäßig von links nach rechts (bei horizontaler Anordnung der Knoten) abgearbeitet werden. Die Reihenfolge kann aber auch explizit durch einen Pfeil ausgedrückt werden (siehe Abb. 2.1/2).

(2)   Selektion

Falls die Abarbeitung eines Knotens in Abhängigkeit von einer Bedingung erfolgt, kann dies graphisch durch einen Punkt ausgedrückt werden, der an unterschiedlichen Stellen eines Baums auftreten kann. Im Beispiel der Abb. 2.1/2 etwa bewirkt der Punkt oberhalb des Knotens Zollabwicklung, daß dieser Prozeß nur dann ausgeführt wird, wenn es sich um eine Exportlieferung

---

[1] Diese Begriffe werden, wie in der Graphentheorie gebräuchlich (vgl. etwa [Per81]), zur Bezeichnung von miteinander in einer Hierarchiebeziehung stehenden Knoten verwendet.

handelt, d.h. der Knoten ist optional. Die entsprechende Bedingung ist in der Abbildung unmittelbar bei dem Selektionssymbol angegeben. Häufig wird jedoch auch nur eine Referenz auf eine in der Legende des Diagramms angegebene Bedingung eingetragen, oder es wird ganz auf die Beschreibung der Bedingung verzichtet, wenn sie sich direkt aus dem Zusammenhang ergibt.

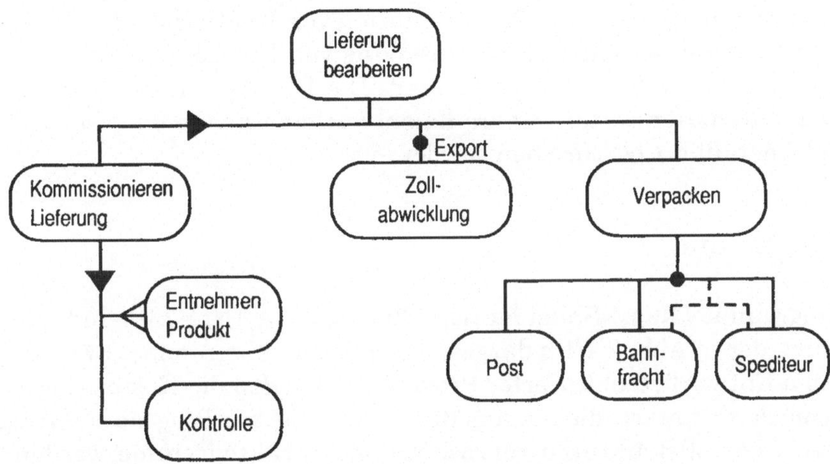

Abb. 2.1/2 Prozeßstruktur in Martin-Notation

Falls das Selektionssymbol unmittelbar unterhalb des Knotens Lieferung bearbeiten angegeben wäre, also noch vor der Verzweigung der Kanten, wären alle drei Komponenten des Knotens optional.

Die Abbildung zeigt auch ein Beispiel für eine Oder-Verknüpfung von Knoten: In Abhängigkeit einer Bedingung (hier die Versandart) wird genau einer der Prozesse Post, Bahnfracht und Spediteur ausgeführt. Es handelt sich also hierbei um ein exklusives Oder. Falls darüber hinaus die Möglichkeit des Versands per Bahnfracht *und* Spediteur vorgesehen werden soll, muß dies durch einen zusätzlichen Zweig angegeben werden, der in der Abbildung durch gebrochene Linien verdeutlicht wird.

(3) Iteration

Falls ein Knoten in einer Struktur wiederholt abgearbeitet werden soll, wird dies durch ein Krähenfuß-Symbol ausgedrückt. In unserem Beispiel

werden beim Kommissionieren einer Lieferung mindestens eines, eventuell
aber auch mehrere Produkte aus dem Lager entnommen. Bei Bedarf kann
das Krähenfuß-Symbol mit einem Selektionssymbol verknüpft werden, um
auch den Fall, daß ein Knoten nicht ausgeführt wird berücksichtigen zu
können.

Ähnliche Erweiterungen wie Martin sehen auch Jackson und Warnier/Orr
für ihre Dekompositionsdiagramme vor. Bei beiden Ansätzen werden die
Diagramme um Symbole zur Repräsentation von Kontrollstrukturen erweitert, um sie damit sowohl zur Beschreibung von Programmen als auch von
Datenstrukturen verwenden zu können. Die Diagramme werden im Rahmen von datenorientierten Programmentwurfsmethoden eingesetzt, die in
Kapitel 8 detailliert beschrieben werden.

Struktogramme

Struktogramme (Nassi-Shneiderman-Charts; siehe [NaS73]) sind eine Erweiterung der in Abb. 2.1/1 b dargestellten Kastendiagramme. Für den Einsatz beim Entwurf strukturierter Programme werden die Kastendiagramme
um Symbole erweitert, die die aus der strukturierten Programmierung bekannten Kontrollstrukturen repräsentieren. Struktogramme werden ausführlich in Abschnitt 7.3 behandelt.

Structure Charts

Große Bedeutung hat in der Praxis ein Typ von Dekompositionsdiagrammen erlangt, der ausschließlich zum Entwurf strukturierter Programme
eingesetzt wird: Structure Charts (siehe [YoC79]). Die Erweiterung besteht
hier in zusätzlichen Kontrollstrukturen (Selektion, Iteration) und in der Angabe von Kontroll- und Datenflüssen zwischen Knoten. Außerdem weisen
Knoten üblicherweise eine Funktionalität auf, die über die Kombination der
Funktionalität der untergeordneten Knoten hinausgeht (vgl. hierzu Abschnitt 2.1.1, Ersetzungsprinzip). Weitere Ausführungen zu Structure
Charts finden sich in Abschnitt 7.1.

Aktionsdiagramme

Eine Technik, bei der Pseudo-Code-Elemente mit Klammerdiagrammen
(vom Typ der Abb. 2.1/1 f) kombiniert werden, stellen Aktionsdiagramme
nach Martin dar (siehe [MaM85a]). Die Klammern werden dabei im wesentlichen zur Zusammenfassung von Programmteilen und Kontrollstrukturen
verwendet (siehe hierzu auch Abschnitt 7.2).

HOS-Diagramme

Die bislang vorgestellten Dekompositionsdiagramme zeigen nur jeweils
einen Aspekt einer Anwendung. Bei HOS-Diagrammen (siehe [HOS85] oder
auch [MaM85a]) wird diese Einschränkung aufgehoben, indem die Knoten
einer Prozeßstruktur mit den Typen der ein- und ausgegebenen Daten
beschriftet werden. Eine weitere Besonderheit ist die ausschließliche Verwendung *binärer Dekompositionen*, d.h. jeder Vaterknoten (parent) hat
genau zwei Söhne (offsprings). Der Vaterprozeß stellt den Sohnprozessen
die Eingabedaten zur Verfügung und erhält daraufhin die Ausgabedaten.
Das Ersetzungsprinzip besitzt hier volle Gültigkeit: die Funktionalität des
Vaterprozesses ergibt sich ausschließlich aus der Funktionalität der Sohnprozesse.

Mit HOS-Diagrammen können Kontrollstrukturen modelliert werden, die
den Ablauf der Söhne im Rahmen eines Vaterprozesses regeln. Die Kontrollstrukturen werden nun anhand der Abb. 2.1/3 erläutert, die die Dekomposition des Vaterprozesses P in die Sohnprozesse P.1 und P.2 zeigt:

- JOIN: Zunächst werden die Eingaben des Prozesses P durch P.1 verarbeitet. Die Ergebnisse gehen in Form lokaler Daten an P.2, der anschließend die Ausgabe erzeugt (siehe Abb. 2.1/3 a; gekennzeichnet
  durch den Buchstaben „J").

- INCLUDE: Die Sohnprozesse P.1 und P.2 werden unabhängig voneinander ausgeführt und arbeiten dabei mit unterschiedlichen Ein- und
  Ausgabedaten (siehe Abb. 2.1/3 b; gekennzeichnet durch den Buchstaben „I").

- OR: Es wird genau einer der Prozesse P.1 und P.2 ausgeführt (exklusives Oder). Die Selektion wird über eine boolesche Bedingung geregelt. (siehe Abb. 2.1/3 c; gekennzeichnet durch den Buchstaben „O")

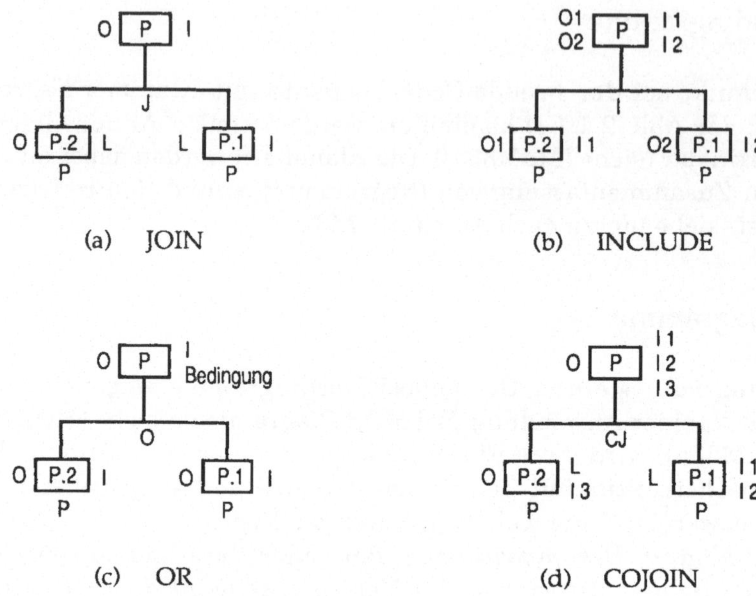

Abb. 2.1/3   HOS-Kontrollstrukturen

Zu diesen einfachen Kontrollstrukturen bietet HOS sogenannte CO-Strukturen, die prinzipiell dieselbe Wirkungsweise wie die jeweils zugrundeliegende einfache Struktur haben. Der Unterschied liegt in der Möglichkeit des flexibleren Gebrauchs der Ein- und Ausgabedaten des Vaters durch die Söhne. Abbildung 2.1/3 d zeigt als Beispiel eine COJOIN-Struktur (gekennzeichnet durch die Buchstaben „CJ"). Bei dieser Struktur werden die Prozesse P.1 und P.2 wie bei JOIN hintereinander ausgeführt. P.1 verarbeitet jedoch nur zwei der Eingaben von P, die dritte Eingabe wird von P.2 verwendet.

In Abb. 2.1/3 sind die Sohnprozesse jeweils mit dem Buchstaben „P" beschriftet, der den Typ der Prozesse angibt:

- „P" bezeichnet primitive Operationen, die die unterste Ebene einer Dekomposition bilden. Solche Operationen sind entweder in der zu HOS gehörenden Sprache AXES (siehe [Hac81]) mit mathematisch exakten Axiomen und logischen Beziehungen spezifiziert, oder sie liegen bereits in Form eines Programmtextes vor.

- „OP" steht für eine vom Anwender separat (ggf. auch durch ein HOS-Diagramm) definierte Operation oder Subroutine.

- „XO" repräsentiert den Aufruf einer externen Subroutine, die bereits in ausführbarer Form vorliegt.

- „R" identifiziert einen Prozeß, der von seinem Vaterprozeß wiederholt aufgerufen wird.

2.1.3 Praktische Anwendung

Dekompositionsdiagramme in ihren verschiedenen Ausprägungen sind wohl mit die gebräuchlichste Technik im Rahmen der rechnergestützten Software-Entwicklung. Häufig bilden sie als funktionale Dekompositionsdiagramme das Gerüst für umfangreiche Spezifikationen, in denen unterschiedliche Systemaspekte beschrieben sind. Hierzu werden den Knoten des Diagramms, die Organisationseinheiten, Funktionsbereiche, Prozesse oder Prozeduren repräsentieren, über Matrizen oder direkte Referenzen Detailspezifikationen zugewiesen. Der CASE*Designer von ORACLE etwa unterstützt über Matrizen eine Zuordnung von Datenbeschreibungen, Datenflußdiagrammen, Modulen etc. zu Knoten einer Funktionshierarchie. Mit IEF oder IEW können den Knoten darüber hinaus Aktionsdiagramme zugewiesen werden.

Dasselbe Ziel, mit Dekompositionsdiagrammen einen Überblick über komplexe Spezifikationen zu erhalten, wird auch im Rahmen der HIPO-Methode[1] von IBM (siehe [IBM74, Kat76]) verfolgt. Die Methode bietet drei verschiedene Arten von Diagrammen an, die sowohl zur Analyse als auch zum Entwurf von Systemen verwendet werden können: Übersichts- und Detaildiagramme (die sogenannten IPO- oder zu deutsch EVA (Eingabe-Verarbeitung-Ausgabe)-Diagramme), in denen auf verschiedenen Abstraktionsstufen dargestellt wird, wie ausgehend von den Eingaben eines Teilsystems die Ausgaben erzeugt werden, und Dekompositionsdiagramme (Visual Table of Contents oder kurz VTOC), die den hierarchischen Aufbau des Systems aus seinen funktionalen Komponenten zeigen. Über die Knoten dieses VTOCs erfolgt dann der Zugriff auf Übersichts- und Detaildiagramme.

---

1   HIPO ist ein Akronym für <u>H</u>ierarchy plus <u>I</u>nput-<u>P</u>rocess-<u>O</u>utput

In der Praxis findet sich eine Vielzahl von Tools, die Dekompositionsdiagramme nach Jackson (vgl. [Jac75]) anbieten. Am weitesten geht dabei wohl das JSP-Tool, das kombiniert mit dem Tool Speedbuilder den gesamten Entwicklungsprozeß basierend auf den Methoden JSD und JSP (vgl. Abschnitt 8.1) von M. Jackson unterstützt. Aus dem Dekompositionsdiagramm kann dann entweder ein JSP-spezifischer Pseudo-Code oder kompilierbarer Quellcode etwa in C, Cobol, Pascal oder Pl/1 generiert werden.

Auch das Tool case/4/0 unterstützt die Jackson-Notation (jedoch nicht die Jackson-Methoden) sowohl für Prozeß- als auch für Datenstrukturen. Nur für Prozeßstrukturen wird die Notation dagegen vom Tool Deft angeboten; Datenstrukturen werd n dort mit Entity-Relationship-Diagrammen (siehe Abschnitt 4.3) modelliert. Bei Software through Pictures werden mit Jackson-Diagrammen ausschließlich Datenstrukturen beschrieben, die in Datenflußdiagrammen oder Structure Charts referenziert werden. Nach Erweiterung dieser Beschreibungen um Datentypen und Integritätsbedingungen können dann Datenbeschreibungen in Backus-Naur-Form (vgl. Abschnitt 3.2.3), aber auch bereits Typ- und Variablendeklarationen für Programmiersprachen wie Ada, C oder Pascal generiert werden.

Tools, die Structure Charts, Struktogramme oder Aktionsdiagramme unterstützen, werden an dieser Stelle nicht berücksichtigt. Diese werden in Kapitel 7 dieses Buches eingehend behandelt.

Stattdessen wollen wir kurz auf die beiden Tools BOIE und USE.IT eingehen, die Dekompositionsdiagramme intensiv für alle Phasen des Entwicklungsprozesses einsetzen.

BOIE besteht zunächst aus einem graphischen Editor, mit dem Dekompositionsdiagramme eingegeben und modifiziert werden können. Zusätzlich können Knoten des Diagramms durch Beziehungen, die Hierarchiegrenzen überschreiten, verbunden werden. BOIE kann zur Unterstützung bestimmter Methoden konfiguriert werden, die jedoch auf eine Top-down-Zerlegung von Prozessen oder Daten zurückführbar sein müssen (z.B. JSP, Structured Analysis, Structured Design). Dieser Konfiguration entsprechend können Dokumentationen oder aber – falls die Diagramme Prozeßstrukturen repräsentieren – Quellcodes in verschiedenen Zielsprachen generiert werden.

USE.IT ist das Tool zur Unterstützung der Systementwicklung mit HOS-Diagrammen. Das System wird mit USE.IT durch binäre Dekomposition soweit zerlegt, bis die Quellcode-Generierung in Cobol, Fortran oder Pascal möglich wird. Die Arbeit mit HOS-Diagrammen wird durch Bibliotheken unterstützt, in denen vordefinierte Datentypen sowie Operationen der unterschiedlichen Typen (primitive, vordefinierte, externe) abgelegt sind, die in die Spezifikation eingefügt werden können. Die Spezifikation wird dann in die Sprache AXES übersetzt, die eine Vielzahl interner Analysen ermöglicht. Selbstverständlich kann der erfahrene Entwickler aber auch direkt mit AXES arbeiten.

Weiterführende Literatur

[HOS85], [IBM74], [Jac75], [Kat76], [MaM85a], [Orr77], [Roe90], [War81]

2.2   Entscheidungstabellen und -bäume

Entscheidungstabellen werden bereits seit Mitte der 50er Jahre für die Analyse fachlicher Anforderungen verwendet. Mittlerweile hat sich ihr Einsatzgebiet bis hin zum Programmentwurf erweitert. In der Praxis finden sich heute eine Reihe von Tools, die das Arbeiten mit Entscheidungstabellen unterstützen. Beispiele sind EPOS, ISYET oder Libelle. Die Tools bieten dabei Editoren zur interaktiven Erfassung und Modifikation von Entscheidungstabellen sowie Komponenten für verschiedene interne Analysen an. Werden Entscheidungstabellen, wie etwa bei ISYET oder Libelle, auch für den Programmentwurf eingesetzt, stehen außerdem Code-Generatoren zur Verfügung.

Darüber hinaus werden Entscheidungstabellen im Rahmen der heute bereits weit verbreiteten Methode Structured Analysis/Real-Time (siehe Abschnitte 2.3 und 5.2) für die Beschreibung des Verhaltens von Real-Time-Systemen verwendet.

2.2.1   Grundlagen der Entscheidungstabellen-Technik

Entscheidungstabellen setzen sich aus einer Menge von in einer bestimmten Situation relevanten Entscheidungsregeln zusammen. Eine *Entscheidungsregel* bestimmt dabei eine Aktion bzw. eine Folge von Aktionen, die für eine bestimmte Kombination erfüllter Bedingungen ausgeführt werden sollen. Die Menge solcher Entscheidungsregeln wird dann etwa wie in Tab. 2.2/1 dargestellt.

Tabellen- name		Regeln			
	1	2	...	n – 1	n
Bedingungsteil			Bedingungsanzeigeteil		
Aktionsteil			Aktionsanzeigeteil		

Tab. 2.2/1   Schema einer Entscheidungstabelle

Eine Entscheidungstabelle besteht aus vier Teilen:

- dem Bedingungsteil, in dem die für die Entscheidungssituation relevanten Bedingungen aufgeführt sind;

- dem Aktionsteil, der eine Liste aller möglichen Aktionen enthält;

- dem Bedingungsanzeigeteil, der die Kombinationen der für die Bedingungen möglichen Zustände beinhaltet;

- und dem Aktionsanzeigeteil, in dem sich die jeweils auszuführenden Aktionen bestimmen lassen.

Weihnachts- geschenke	Regeln				
	1	2	3	4	5
$0 < BW \leq 5.000$	J	N	N	N	N
$5.000 < BW \leq 20.000$	N	J	J	N	N
$20.000 < BW$	N	N	N	J	J
Anti-Alkoholiker	–	J	N	J	N
Glückwunschkarte	X	X	X	X	X
Weinpräsent			X		X
Buchpräsent		X		X	
Persönlicher Anruf				X	X

Tab. 2.2/2   Entscheidungstabelle Weihnachtsgeschenke

In Tab. 2.2/2 ist eine Entscheidungssituation beschrieben, die in unserem Beispielunternehmen kurz vor Weihnachten relevant sein dürfte: In Abhängigkeit vom Wert der über das Jahr erteilten Bestellungen erhalten die Kunden des Unternehmens Weihnachtsgeschenke. Dabei muß darauf geachtet werden, daß erklärte Alkoholgegner anstelle eines Weinpräsents mit einem Buchpräsent bedacht werden.

Die Logik einer Regel läßt sich in der Tabelle nun, links oben beginnend, im Uhrzeigersinn ablesen. Für Regel 1 etwa:

J   *Wenn* der Bestellwert im Bereich (0, 5.000]

N   *und* nicht im Bereich (5.000, 20.000] liegt

N   *und* nicht mehr als 20.000 beträgt

–   *und* der Kunde entweder Anti-Alkoholiker oder nicht ist

        dann

X   schicke ihm eine Glückwunschkarte.

Eine Entscheidungstabelle dieses Typs, die im Bedingungsanzeigeteil nur die Symbole „J"(a), „N"(ein) und „–" (Irrelevanz) sowie im Aktionsanzeigeteil nur „X" aufweist, wird im allgemeinen als *begrenzte Entscheidungstabelle* bezeichnet.

Dabei ist zu beachten, daß eine Regel, die einen Irrelevanzanzeiger enthält – eine sogenannte *komplexe Regel* –, durch zwei einfache Regeln ersetzt werden könnte, die für die entsprechende Bedingung einmal ein „J"- und das andere Mal ein „N"-Symbol aufweisen. Der Aktionsanzeigeteil der einfachen Regeln wäre dann identisch.

Falls eine Entscheidungstabelle Regeln enthält, die wie in unserem Beispiel zu einer komplexen Regel zusammengefaßt werden können, so sollte dies zur besseren Übersicht auch getan werden. Man spricht dann vom *Verdichten* oder *Konsolidieren* einer Entscheidungstabelle. Ein Beispiel für die Zusammenfassung von Regeln zeigt das folgende Tabellen-Segment:

	R1	R2
B1	J	J
B2	J	N
A	X	X

⇒

	R(1+2)
B1	J
B2	–
A	X

Es ist hier offensichtlich, daß der Zustand der Bedingung B2 als Voraussetzung für die Ausführung der Aktion A irrelevant ist.

Ein Vorteil der Entscheidungstabellen-Technik ist in den Möglichkeiten zur internen Analyse zu sehen. Man unterscheidet dabei üblicherweise drei verschiedene Analysen:

Vollständigkeitsanalyse

Bei der Vollständigkeitsanalyse wird die Tabelle daraufhin untersucht, ob alle möglichen Entscheidungsregeln berücksichtigt sind. Für begrenzte Tabellen ist dies der Fall, wenn für n Bedingungen 2^n Regeln angegeben sind. Dabei ist zu beachten, daß komplexe Regeln mit einem Irrelevanzanzeiger doppelt gezählt werden müssen. Die Vollständigkeitsanalyse ergäbe für unser Beispiel aus Tab. 2.2/2 mit vier Bedingungen also ein Defizit von $10 = (2^4 - 6)$ Regeln.

Voraussetzung für die Vollständigkeitsanalyse ist das Fehlen von Redundanzen und Widersprüchen in der Tabelle. Eine sinnvolle Interpretation des Resultats einer Vollständigkeitsanalyse ist nur dann möglich, wenn die Bedingungen unabhängig sind. Im Beispiel der Tab. 2.2/2 ist dies für die ersten drei Bedingungen nicht der Fall.

Redundanzanalyse

Von redundanten Entscheidungsregeln spricht man, wenn Entscheidungsregeln im Bedingungsanzeigeteil und im Aktionsanzeigeteil inhaltlich identische Einträge aufweisen. Ein Beispiel zeigt die folgende Konstellation:

	R1	R2	R3
B1	J	J	J
B2	N	J	–
A	X	X	X

In diesem Fall sind die Regeln R1 und R2 jeweils redundant zur Regel 3 und könnten deshalb ohne Informationsverlust aus der Tabelle entfernt werden.

Widerspruchsanalyse

Entscheidungsregeln schließen sich gegenseitig aus, d.h. sie sind durch ein exklusives Oder verknüpft. Ein Widerspruch liegt folglich dann vor, wenn Regeln einen inhaltlich identischen Bedingungsanzeigeteil, aber einen unterschiedlichen Aktionsanzeigeteil aufweisen. Einen Widerspruch zeigt etwa das folgende Tabellensegment:

	R1	R2
B1	J	J
B2	N	–
A1	X	
A2		X

2.2.2 Erweiterungen

Bisher haben wir stets begrenzte Entscheidungstabellen betrachtet. In der Praxis hat sich jedoch gezeigt, daß diese zur Beschreibung realer Entscheidungssituationen nur bedingt geeignet sind. Der Grund liegt vor allem in der extrem hohen Anzahl von Regeln, die zur vollständigen Beschreibung einer Entscheidungssituation erforderlich sind. Bereits für das kleine Beispiel aus Tab. 2.2/2 mit vier Bedingungen würden wir für eine vollständige Tabelle bereits $16 = 2^4$ Regeln benötigen.[1]

ELSE-Spalten

In Tab. 2.2/2 wurde auf insgesamt 10 Regeln verzichtet, da sie ohnehin unlogisch gewesen wären. Dies rührt daher, daß die ersten drei Bedingungen, die alle den Bestellwert betreffen, abhängig sind und sich gegenseitig ausschließen. Um dies auch in der Entscheidungstabelle abbilden zu können, wird eine ELSE-Spalte verwendet, die einer Regel entspricht, die genau dann erfüllt ist, wenn keine der anderen Regeln erfüllt werden kann. Als Aktion wird dieser Regel eine neue Aktion mit der Bezeichnung „unlogisch"

---

[1]   Da die ersten drei Bedingungen nicht unabhängig voneinander sind, wäre eine vollständige Tabelle hier nicht sinnvoll.

oder „inkonsistent" zugewiesen. Die sich ergebende Entscheidungstabelle zeigt die Tab. 2.2/3.

Weihnachts-geschenke	Regeln					
	1	2	3	4	5	ELSE
$0 < BW \leq 5.000$	J	N	N	N	N	
$5.000 < BW \leq 20.000$	N	J	J	N	N	
$20.000 < BW$	N	N	N	J	J	
Anti-Alkoholiker	–	J	N	J	N	
Glückwunschkarte	X	X	X	X	X	
Weinpräsent			X		X	
Buchpräsent		X		X		
Persönlicher Anruf				X	X	
unlogisch						X

Tab. 2.2/3   Vollständige Entscheidungstabelle Weihnachtsgeschenke

Die Verwendung von ELSE-Spalten kann natürlich nicht nur zur Berücksichtigung unlogischer bzw. inkonsistenter Situationen sinnvoll sein, sondern generell zur Zusammenfassung einer Menge von Regeln, die alle dieselbe Aktion auslösen.

Erweiterte Entscheidungstabellen

Eine Möglichkeit, Entscheidungstabellen kompakter zu gestalten, ist auch die Verwendung erweiterter Bedingungs- und Aktionsanzeiger. Bislang wurden als Anzeiger nur die einfachen Symbole „J", „N", „–" und „X" benutzt. Bei erweiterten Entscheidungstabellen werden dagegen Teile von Aussagen oder Aktivitäten in den Bedingungs- und Aktionsanzeigeteil übernommen. Tabelle 2.2/4 zeigt die für unser Beispiel erstellte Tabelle.

Die drei abhängigen Bedingungen für den Bestellwert wurden zu einer Bedingung zusammengefaßt, die jedoch im Bedingungsteil nur unvollständig beschrieben ist. Dafür sind die zugehörigen Intervalle für den Bestellwert jetzt im Bedingungsanzeigeteil angegeben. Außerdem wurden die beiden

Aktionen Buchpräsent und Weinpräsent zur Aktion Präsent zusammengefaßt, die nun durch den Eintrag im Aktionsteil und die entsprechenden Einträge im Aktionsanzeigeteil angegeben ist.

| Weihnachts- | Regeln | | | | |
geschenke	1	2	3	4	5
Bestellwert	(0, 5.000]	(5.000, 20.000]	(5.000, 20.000]	>20.000	>20.000
Anti-Alkoholiker	–	J	N	J	N
Glückwunschkarte	X	X	X	X	X
Präsent		Buch	Wein	Buch	Wein
Persönlicher Anruf				X	X

Tab. 2.2/4   Gemischte Entscheidungstabelle Weihnachtsgeschenke

Eine Tabelle, wie sie in Tab. 2.2/4 dargestellt ist, wird als *gemischte Entscheidungstabelle* bezeichnet, da sie sowohl erweiterte als auch einfache Einträge enthält. Zur besseren Übersicht empfiehlt es sich jedoch, in einer Zeile einheitlich entweder nur erweiterte oder nur einfache Anzeiger zu verwenden.

Aufteilung von Entscheidungstabellen

Ein in der Praxis häufig angewendetes Verfahren zur Arbeit mit umfangreichen Entscheidungstabellen ist deren formale Aufteilung. Hierzu gibt es zwei verschiedene Ansätze, die nun anhand der Tab. 2.2/5 erläutert werden sollen.

Die Entscheidungstabelle ET in Teil a enthält als zusätzliche Aktion einen Sprung zu einer Tabelle ET', der dann ausgeführt wird, wenn keine der drei Regeln in ET erfüllt werden kann. Die beiden Tabellen ET und ET' stehen auf einer Ebene; durch die GOTO-Aktion wird lediglich eine Auslagerung der zwei Regeln 4 und 5 in die zusätzliche Tabelle ET' erreicht.

Durch eine Aufteilung mit GOTO kann die Anzahl der Spalten einer Tabelle reduziert werden. Wird statt dessen eine Aufteilung wie in Tabelle b vorgenommen, kann darüber hinaus auch die Anzahl der Zeilen verringert werden. Falls Regel 3 erfüllt wird, wird die Tabelle ET.1 aufgerufen. Dort werden die Bedingungen B3 und B4 geprüft und entsprechende Aktionen ausgeführt. ET.1 bleibt solange aktiv, bis Regel 6 erfüllt werden kann, der als Aktion der Rücksprung zur Tabelle ET zugeordnet ist. Dort wird dann mit A4 die zweite Aktion zur Regel 3 ausgeführt.

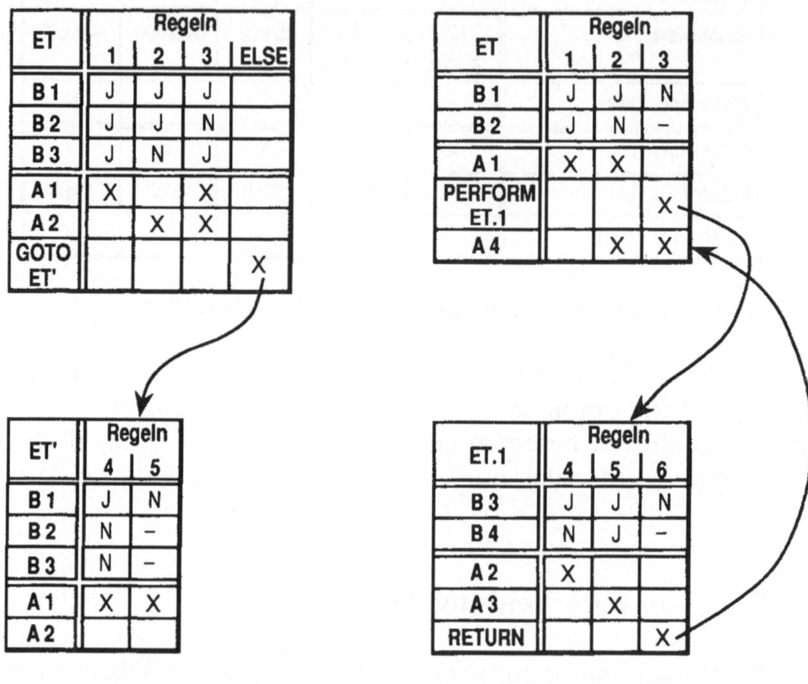

ET	Regeln			
	1	2	3	ELSE
B 1	J	J	J	
B 2	J	J	N	
B 3	J	N	J	
A 1	X		X	
A 2		X	X	
GOTO ET'				X

ET'	Regeln	
	4	5
B 1	J	N
B 2	N	–
B 3	N	–
A 1	X	X
A 2		

ET	Regeln		
	1	2	3
B 1	J	J	N
B 2	J	N	–
A 1	X	X	
PERFORM ET.1			X
A 4		X	X

ET.1	Regeln		
	4	5	6
B 3	J	J	N
B 4	N	J	–
A 2	X		
A 3		X	
RETURN			X

(a)   Aufteilung mit GOTO   (b)   Aufteilung mit PERFORM

Tab. 2.2/5   Formale Aufteilung von Entscheidungstabellen

Modifikation der Standardlogik

Entscheidungstabellen liegen logische Verknüpfungen von Bedingungen, Aktionen und Regeln zugrunde, die als *Logik der Tabelle* bezeichnet werden. Für praktische Anwendungen ist es manchmal sinnvoll, die bisher vorausgesetzte Standardlogik zu modifizieren.

Bedingungen sind, der Standardlogik entsprechend, durch Konjunktionen verknüpft, d.h. für die Gültigkeit einer Regel müssen *alle* in der Spalte angegebenen Bedingungen erfüllt werden. In [Elb73] wird nun vorgeschlagen, Bedingungen in bestimmten Regeln durch ein inklusives Oder zu verknüpfen, um so die Anzahl der benötigten Regeln zu verringern. Hierzu wird den Bedingungsanzeigern ein Symbol „/" zugeordnet, das die Oder-Verknüpfung mit dem in der nächsten Zeile stehenden Bedingungsanzeiger angibt.

Aktionen einer Tabelle sind durch Konjunktionen verknüpft, wobei die Ausführungsreihenfolge der Aktionen von oben nach unten vorausgesetzt wird. Diese Standardreihenfolge kann durch die Ersetzung der einfachen Aktionsanzeiger durch Zahlen geändert werden. Dadurch könnte in unserem Beispiel aus Tab. 2.2/2 etwa erreicht werden, daß speziell für die Regel 5 von der Standardreihenfolge abgewichen wird und vor dem Zusenden einer Glückwunschkarte (Anzeiger 2) und eines Weinpräsentes (Anzeiger 2) zuerst ein persönlicher Anruf (Anzeiger 1) erfolgt.

Die Regeln einer Entscheidungstabelle sind durch ein exklusives Oder verknüpft, d.h. es kann stets nur eine der Regeln erfüllt werden. Zu einer erheblichen Reduzierung der benötigten Regeln kann es führen, wenn statt dessen eine Verknüpfung durch ein inklusives Oder zugrunde gelegt wird. Dabei ist jedoch zu beachten, daß dann in jeder Situation stets alle Regeln geprüft werden müssen.

2.2.3   Entscheidungsbäume

Strukturierte Entscheidungen lassen sich neben der tabellarischen auch in graphischer Form veranschaulichen. Hierzu werden Entscheidungsbäume verwendet. Mit ihnen läßt sich nicht nur die in Entscheidungstabellen enthaltene Information abbilden, sondern darüber hinaus auch die Reihenfolge, in der Bedingungen einer Regel überprüft werden. Entscheidungsbäume sind wesentlich besser verständlich als entsprechende Tabellen; sie werden jedoch selbst für wenig komplexe Anwendungen rasch sehr umfangreich, so daß in der Praxis zumeist die kompaktere Beschreibung mit Entscheidungstabellen bevorzugt wird. Abbildung 2.2/1 zeigt den Entscheidungsbaum für das bereits im vorherigen Abschnitt behandelte Beispiel. Üblicherweise werden Entscheidungsbäume in horizontaler Ausrichtung dargestellt.

Der Ausgangspunkt der Entscheidungssequenzen ist die Wurzel des
Baums, von der aus zunächst zu den drei möglichen Intervallen für den Bestellwert verzweigt wird. Ein Zweig des Baums repräsentiert dann jeweils
eine Serie von Entscheidungen, die in der durch die Baumstruktur vorgegebenen Reihenfolge getroffen werden müssen. Die Blätter des Baums sind
die Aktionen, die jeweils für eine bestimmte Kombination von Entscheidungen in der Reihenfolge von oben nach unten ausgeführt werden.

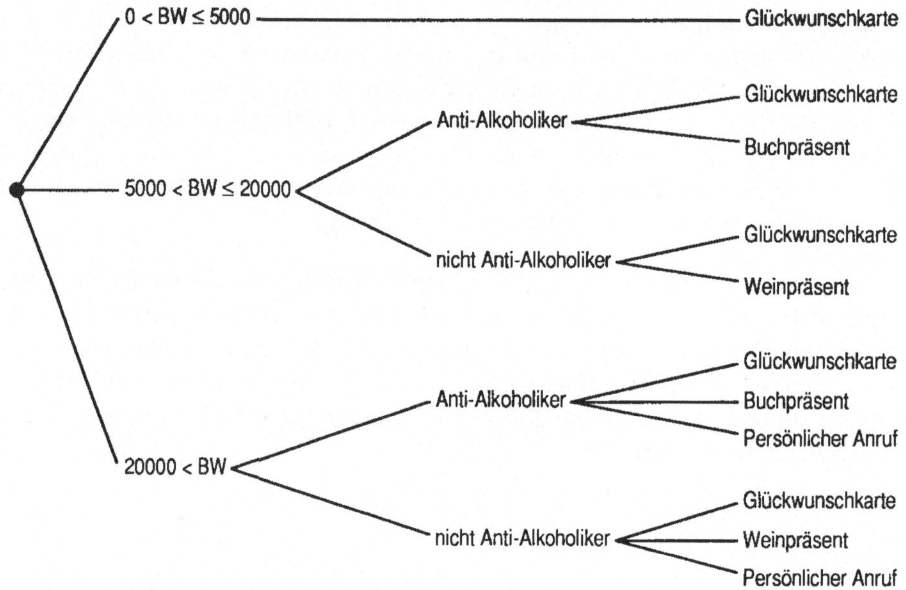

Abb. 2.2/1   Entscheidungsbaum Weihnachtsgeschenke

In dieser Baumdarstellung werden zuerst die Bedingungen geprüft und
danach die Aktionen ausgeführt. Kendall und Kendall schlagen dagegen in
[KeK88] Entscheidungsbäume vor, in denen Bedingungen und Aktionen
durch unterschiedliche Knoten repräsentiert werden und Aktionen dann
nicht nur als Blätter des Baums auftreten können. Damit lassen sich auch
Situationen beschreiben, in denen ein Teil der Bedingungen erst dann
geprüft wird, wenn bereits erste Aktionen in Abhängigkeit anderer Bedingungen ausgeführt worden sind.

Weiterführende Literatur

[Elb73], [Mor82], [Pla83], [Sen84]

2.3 Endliche Automaten

Eine einfache Möglichkeit zur Beschreibung des Verhaltens von Systemen
bieten endliche Automaten (siehe etwa [Har78]). Unter einem endlichen
Automaten ist eine hypothetische Maschine zu verstehen, die sich zu einem
gewissen Zeitpunkt stets in einem bestimmten aus einer Menge endlich
vieler Zustände befindet. Ein endlicher Automat ist gegeben durch (vgl.
[Har78]):

- eine endliche, nicht-leere Menge von Zuständen,

- eine endliche, nicht-leere Menge von Eingaben,

- eine Zustandsübergangsfunktion, die einen Zustand und eine Eingabe auf einen neuen Zustand abbildet,

- einen Anfangszustand und

- eine Menge von Endzuständen.

Endliche Automaten wurden zunächst überwiegend zur Spezifikation
systemnaher Software, wie Netzwerkprotokolle oder Telefonvermittlungs-
systeme, eingesetzt. Sie bilden die Grundlage einer Vielzahl von Spezifikationssprachen (z.B. RSL [BeB76] oder SDL [RoS82]). Heute werden sie
jedoch vor allem als Bestandteil der weit verbreiteten Methode Structured
Analysis/Real-Time (siehe Abschnitt 5.2) zur Spezifikation unterschiedlichster Real-Time-Systeme verwendet. Sie bilden darüber hinaus auch eine
adäquate Grundlage für die Beschreibung von Benutzerschnittstellen (siehe
Abschnitte 6.3 und 6.4).

Endliche Automaten lassen sich in zwei Gruppen unterteilen (vgl. [HaP88]):
in kombinatorische und sequentielle Automaten. Sie unterscheiden sich
lediglich in ihrer Zustandsübergangsfunktion: während sich bei kombinatorischen Automaten der neue Zustand unabhängig vom aktuellen Zustand
nur aufgrund der Eingabe ergibt, hängt der neue Zustand bei sequentiellen
Automaten zusätzlich vom aktuellen Zustand, also auch von früheren Eingaben, ab.

Kombinatorische Automaten

Ein einfaches Beispiel für einen kombinatorischen Automaten ist das Zahlenschloß eines Koffers. Dieses System hat zwei Zustände: das Schloß ist entweder offen oder zu. Der Zustand offen wird dann erreicht, wenn alle Zahlenräder des Schlosses richtig eingestellt sind, im anderen Fall liegt der Zustand zu vor. Dieses Beispiel zeigt deutlich, daß der mittels der Zustandsübergangsfunktion zu bestimmende neue Zustand jeweils unabhängig vom aktuellen Zustand ist.

Kombinatorische Automaten lassen sich recht einfach durch Entscheidungstabellen darstellen. Tabelle 2.3/1 zeigt die Entscheidungstabelle für das System Zahlenschloß, wenn die richtige Zahlenkombination 786 lautet.

Eingabe			Neuer Zustand
Ziffer 1	Ziffer 2	Ziffer 3	
7	8	6	offen
andere Kombinationen			zu

Tab. 2.3/1   Entscheidungstabelle Zahlenschloß

Sequentielle Automaten

Die meisten in praktischen Anwendungen auf endliche Automaten abzubildenden Systeme fallen in die Kategorie der sequentiellen Automaten. Da die Ergebnisse bei der Anwendung der Zustandsübergangsfunktion bei solchen Automaten nicht nur von der aktuellen, sondern auch von früheren Eingaben abhängen, die ja jeweils durch den aktuellen Zustand repräsentiert werden, bezeichnet man die Zustände auch als *Gedächtnis* des Automaten.

Sequentielle Automaten werden üblicherweise entweder als Zustandsdiagramme (state transition diagrams, STD), in Tabellen- (state transition tables, STT) oder in Matrixform (state transition matrices, STM) dargestellt.

Zustandsdiagramme

In Zustandsdiagrammen werden Zustände durch Kreise und Zustandsübergänge durch Pfeile repräsentiert, die Zustände miteinander verknüpfen. Die Pfeile werden mit Eingaben beschriftet, die Voraussetzung für den jeweiligen Zustandsübergang sind. Wir betrachten hier endliche Automaten mit Ausgabe, d.h. es existiert eine Ausgabefunktion, die die Menge der Eingaben und die Menge der Zustände in die Menge der möglichen Ausgabezeichen abbildet. Die mit einem Zustandsübergang verbundenen Ausgaben werden ebenfalls an die Pfeile geschrieben.

Üblicherweise wird bei der Spezifikation von Systemen jedoch nicht von Eingaben, sondern von Ereignissen (events) gesprochen, die den Übergang herbeiführen. Außerdem wird in diesem Zusammenhang meist auch nicht von Ausgaben, sondern von Aktionen gesprochen, die beim Zustandsübergang durch das System ausgeführt werden.

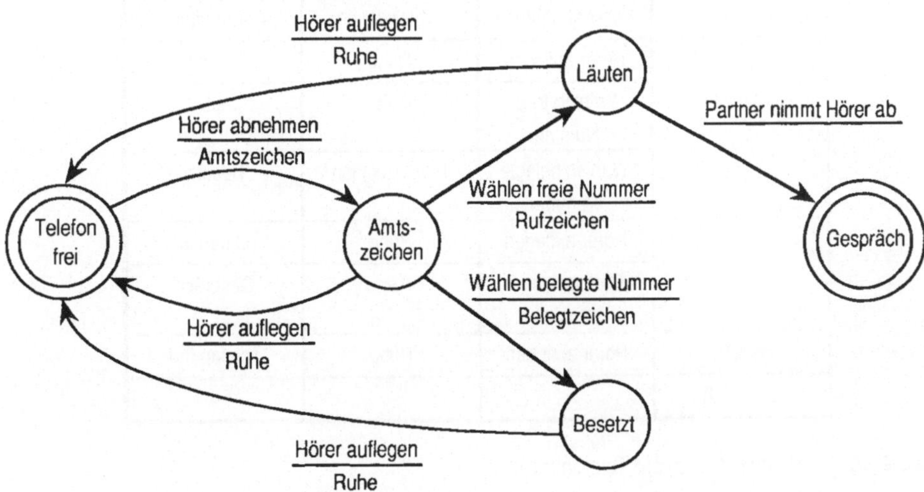

Abb. 2.3/1   Zustandsdiagramm Telefonanruf

Abbildung 2.3/1 zeigt ein STD, das die Zusammenhänge bei der Durchführung eines Telefonanrufs (vgl. hierzu [Dav88]) beschreibt: Ausgehend vom Anfangszustand Telefon frei wird der Hörer abgenommen, und das Amtszeichen ertönt. In diesem Zustand kann der Automat drei Ereignisse (bzw. Eingaben) verarbeiten: das Auflegen des Hörers, das Wählen der Nummer eines freien oder eines belegten Anschlusses. Bei den entsprechenden Zustandsübergängen werden jeweils Aktionen ausgeführt, die in der Pfeilbeschriftung durch waagrechte Striche von den Ereignissen abgetrennt sind. Der Automat weist zwei Endzustände auf: Telefon frei, der gleichzeitig Anfangszustand ist, und Gespräch. Anfangs- und Endzustände werden in der gewählten Darstellungsform jeweils durch Doppelkreise repräsentiert.

Zustandstabellen

Zustandsdiagramme sind ein sehr anschauliches Mittel zur Beschreibung sequentieller Automaten. Für komplexe Systeme werden sie jedoch schnell unhandlich. Eine andere Darstellungsmöglichkeit ist eine Zustandstabelle, wie sie Tab. 2.3/2 für unser Beispielsystem zeigt.

Aktueller Zustand	Ereignis	Aktion	Folgezustand
Telefon frei	Hörer abnehmen	Amtszeichen	Amtszeichen
Amtszeichen	Hörer auflegen	Ruhe	Telefon frei
	Wählen freie Nummer	Rufzeichen	Läuten
	Wählen belegte Nummer	Belegtzeichen	Besetzt
Läuten	Hörer auflegen	Ruhe	Telefon frei
	Partner nimmt Hörer ab	–	Gespräch
Besetzt	Hörer auflegen	Ruhe	Telefon frei
Gespräch	–	–	–

Tab. 2.3/2   Zustandstabelle Telefonanruf

Die Zustandstabelle weist vier Spalten auf: In Spalte eins stehen die aktuellen Zustände, die durch die jeweils in Spalte zwei angegebenen Ereignisse in Folgezustände der Spalte vier überführt werden. Beim Zustandsübergang werden die in Spalte drei aufgeführten Aktionen ausgeführt.

Zustandsmatrizen

Häufig werden sequentielle Maschinen auch in Matrixform dargestellt, wobei die Zeilen der Matrix sich auf die Zustände und die Spalten auf die Ereignisse beziehen. Tabelle 2.3/3 zeigt die Zustandsmatrix für unser Beispielsystem.

Anhand dieser Matrix läßt sich eine weitere Kategorisierung sequentieller Maschinen in Mealy- und Moore-Maschinen (vgl. [Boo67, HoU79]) erläutern. Für Mealy-Maschinen müssen für alle Matrixelemente (wie in Tab. 2.3/3) jeweils ein Folgezustand und eine Aktion angegeben werden, d.h. die Aktionen werden in Abhängigkeit von den jeweiligen Zustandsübergängen ausgeführt. Bei Moore-Maschinen sind die Aktionen dagegen lediglich Funktionen der Zustände, so daß für alle von einem bestimmten Zustand ausgehenden Übergänge dieselbe Aktion ausgeführt wird.

Ereignis ———— Zustand	Hörer abnehmen	Hörer auflegen	Wählen freie Nummer	Wählen belegte Nummer	Partner nimmt Hörer ab
Telefon **frei**	Amtszeichen Amtszeichen				
Amts- **zeichen**		Ruhe Telefon frei	Rufzeichen Läuten	Belegtzeichen Besetzt	
Läuten		Ruhe Telefon frei			– Gespräch
Besetzt		Ruhe Telefon frei			
Gespräch					

Tab. 2.3/3   Zustandsmatrix Telefonanruf

Weiterführende Literatur

[Boo67], [Dav88], [Har78], [HoU79]

3 Methoden und Sprachen für die Strukturierte Analyse

3.1 Structured Analysis

Im folgenden wollen wir uns nun einer Methode für die Analyse und Spezifikation fachlicher Anforderungen zuwenden, die bereits seit Anfang der 70er Jahre eingesetzt wird und in den letzten Jahren die Bedeutung eines Quasi-Standards erlangt hat. Diese Methode wird im allgemeinen als *Strukturierte Analyse* oder *Structured Analysis (SA)* bezeichnet.

SA ermöglicht es, vorliegende Gedanken bezüglich eines zu entwickelnden Systems zu sammeln, zu strukturieren und einem breiten Interessentenkreis zu vermitteln (vgl. hierzu [Ros77, RoS77]). Dies kann jedoch nur durch die Verwendung einer Sprache erreicht werden, die einfach und natürlich zu gebrauchen und vor allem sehr einfach zu lesen und zu verstehen ist.

Eine Sprache, die diesen Anforderungen genügt, sind *Datenflußdiagramme*, die sich durch eine geringe Anzahl von Sprachelementen mit großer Aussagekraft auszeichnen. Mit ihnen läßt sich die funktionale Architektur sowohl bestehender als auch noch zu entwickelnder Systeme darstellen. Unter der *funktionalen Architektur* ist dabei eine Hierarchie von Systemaktivitäten zusammen mit ihren Schnittstellen untereinander sowie zur Umgebung des Systems zu verstehen. Aktivitäten des Systems können manuell, automatisierbar oder auch teilweise automatisierbar sein.

Datenflußdiagramme bieten ein anschauliches Abbild des Systems aus der Sicht der Daten, d.h. sie zeigen, welche Daten durch das System fließen, welche Prozesse bzw. Transformationen die Daten durchlaufen und welches die Ein- und Ausgaben dieser Prozesse sind. Von Aspekten der technischen Realisierung wird dabei jedoch bewußt abstrahiert, um das Denken nicht bereits frühzeitig auf eine ausgewählte Problemlösungsklasse einzuschränken. Vielmehr soll die mit SA entwickelte Spezifikation Grundlage für das Aufzeigen alternativer Lösungsmöglichkeiten im Rahmen des Systementwurfs sein.

T. DeMarco unterscheidet in [DeM79] sieben Teilschritte der strukturierten Analyse:

(1) **Ist-Analyse**
Üblicherweise bildet ein bereits vorliegendes System die Grundlage für die Entwicklung eines neuen Systems. Es empfiehlt sich daher, zunächst diesen Ist-Zustand zu analysieren und in einem Datenflußdiagramm, dem *physischen Ist-Datenflußdiagramm*, zu dokumentieren. Das Problem dieses Teilschritts liegt in der Umsetzung von Gedanken des Benutzers, die üblicherweise algorithmischer Natur sind, in eine entsprechende deklarative Spezifikation aus der Sicht der relevanten Daten. Dieser Umsetzungsprozeß wird durch die Verwendung entsprechender physischer Namen (Abteilungs-, Programm-, Datei-, Formularbezeichner u.ä.) für die Elemente des Datenflußdiagramms unterstützt.

(2) **Entwurf einer logischen Sicht**
Die aus der Ist-Analyse resultierende Sicht wird auf eine logische Ebene transformiert und im *logischen Ist-Datenflußdiagramm* dokumentiert.

(3) **Logischer Entwurf des neuen Systems**
Im aktuellen logischen Datenflußdiagramm werden die in der der Analyse vorausgehenden Vorstudie geforderten Verbesserungen berücksichtigt. Die Spezifikation des neuen Systems erfolgt im *logischen Soll-Datenflußdiagramm*.

(4) **Bestimmung physischer Eigenschaften**
Das spezifizierte System wird in automatisierbare und manuelle Bestandteile zerlegt. Hierzu ist in der Regel eine Modifikation des in Teilschritt 3 erstellten Datenflußdiagramms erforderlich. Das Resultat ist das sogenannte *vorläufige physische Soll-Datenflußdiagramm* bzw. eine Menge solcher Diagramme, falls − wie in diesem Teilschritt üblich − mehrere alternative Lösungsmöglichkeiten aufgezeigt werden.

(5)   Kosten/Nutzen-Analyse
Die in Teilschritt 4 vorgeschlagenen Lösungsmöglichkeiten werden einer Kosten/Nutzen-Analyse unterzogen.

(6)   Auswahl einer Option
Auf der Basis der in Teilschritt 4 ermittelten Kosten und Nutzwerte wird eine der aufgezeigten Lösungsmöglichkeiten ausgewählt. Als Ergebnis liegt das *physische Soll-Datenflußdiagramm* vor.

(7)   Dokumentation
Das physische Soll-Datenflußdiagramm und alle zugehörigen Dokumente werden aufbereitet und in der sogenannten *Strukturierten Spezifikation* zusammenfaßt.

Die Bezeichnung dieser Teilschritte unterstreicht nochmals die Bedeutung der Datenflußdiagramm-Technik für die strukturierte Analyse: sie ermöglicht nicht nur die Spezifikation relevanter Aspekte, sondern erzwingt darüber hinaus auch eine Hierarchisierung und Modularisierung der Spezifikation.

In der Praxis wird SA von einer Vielzahl von Software-Entwicklungs-Tools unterstützt. Die Unterstützung beschränkt sich jedoch allzuoft auf die Bereitstellung graphischer Datenflußdiagramm-Editoren. Am gebräuchlichsten sind die Notationen nach DeMarco [DeM79], Gane und Sarson [GaS79] sowie Ross (SADT, [Ros77, RoS77]). Die folgende Aufstellung soll einen Überblick über einige Tools bzw. Tool-Pakete zur Unterstützung von Datenflußdiagrammen geben, ohne sie jedoch einer Bewertung zu unterziehen. Dies würde sicherlich den Rahmen dieses Buches sprengen.

Analyst/Designer Toolkit	Kanga Tool/SAT
AUTO-MATE PLUS	MacAnalyst
BLUES	MacBubbles
CASE*Designer	PowerTools
case/4/0	ProKit*Workbench
Deft	ProMod
DesignAid	SIGRAPH-SET-SA
Design/IDEF	Software through Pictures
Excelerator	SPECIF-X
IEF	Teamwork/SA
IEW	TurboCASE
INNOVATOR/RAD	Visible Analyst Workbench

Einige der aufgeführten Tools unterstützen nur eine Notation, andere dagegen erlauben die Auswahl zwischen verschiedenen Notationen.

Im folgenden wollen wir nun die Datenflußdiagramm-Techniken von DeMarco und Gane/Sarson behandeln. Im Anschluß daran wird mit der Objektflußdiagramm-Technik (siehe [NSS88, SNS89]) eine Vereinfachung von SADT vorgestellt.

Zur Demonstration der verschiedenen Techniken wollen wir die Zusammenhänge beim Erfassen der Aufträge in unserem Beispielunternehmen zugrunde legen: Das Unternehmen bietet auf dem Markt eine bestimmte Produktpalette an. Bestellungen für diese Produkte werden entweder schriftlich oder fernmündlich entgegengenommen. Eine Bestellung kann sich dabei auf eines oder mehrere lieferbare Produkte beziehen. Die Bestellungen werden nach ihrem Eingang auf Vollständigkeit und Korrektheit der kundenbezogenen Informationen wie Kundennummer, Kundenname, Anschrift usf. geprüft. Danach werden die produktbezogenen Informationen (Artikelbezeichnung, Mengeneinheit etc.) der Bestellung überprüft. Bei Unstimmigkeiten wird beim Kunden rückgefragt und die Bestellung gegebenenfalls korrigiert. Für die Prüfung stehen eine Kunden- und eine Produktdatei zur Verfügung. Die korrekten Bestellungen werden anschließend im Auftragsbestand erfaßt. Täglich wird für alle neuen Aufträge jeweils ein Satz Auftragspapiere (Auftragsbestätigung, Lieferschein, Rechnung) gedruckt. Die Auftragsbestätigung wird direkt an den Kunden weitergegeben, die übrigen Papiere gehen zur weiteren Bearbeitung an die Vertriebsabteilung.

Weiterführende Literatur

[DeM79], [RoS77]

3.2 Datenflußdiagramme nach DeMarco

3.2.1 Graphische Elemente

Die Notation von DeMarco, die auch von Yourdon und Constantine [YoC79]
verwendet wird, sieht vier verschiedene graphische Elemente vor, die alle
mit Namen versehen werden können:

- Datenflüsse (gerichtete Kanten),

- Prozesse (Kreise),

- Dateien (Linien),

- Datenquellen und -senken (Kasten).

Aus diesen Elementen werden Netzwerke aufgebaut, die als *Datenflußdiagramme*, oft auch als *Datenflußgraphen* oder *Bubble Charts* bezeichnet werden. Wir wollen diese graphischen Elemente nun im einzelnen erläutern.

Datenflüsse

Datenflüsse repräsentieren Schnittstellen zwischen den Komponenten eines
Systems, also zwischen Prozessen, zwischen Prozessen und Dateien oder
zwischen Prozessen und Datenquellen bzw. -senken. Ein Datenfluß muß als
ein Pfad verstanden werden, auf dem Informationseinheiten bekannter Zusammensetzung transportiert werden. Die Richtung des Datenflusses ergibt
sich dabei aus der Richtung der für ihn gezeichneten Kante.

Die Abb. 3.2/1 zeigt den Prozeß PRÜFEN PRODUKTDATEN zusammen mit seinen Ein- und Ausgabedatenflüssen.

Datenflüsse sind mit eindeutigen Namen[1] beschriftet, die eine Referenz auf
den Typ der fließenden Daten darstellen. Namen sollen dabei nicht nur
Rückschlüsse auf die Zusammensetzung, sondern vor allem auf die Semantik der Daten erlauben. In unserem Beispiel weisen die Bestellung und eine
geprüfte Bestellung zwar dieselbe Zusammensetzung auf, ihre Semantik ist

---

1   Namen werden stets mit Großbuchstaben geschrieben. Besteht ein Name aus
    mehreren Worten, werden diese – wie im Beispiel der Name GEPRÜFTE-BESTELLUNG –
    durch Bindestriche verknüpft.

jedoch unterschiedlich, weshalb auch unterschiedliche Namen gewählt wurden. Zu beachten ist weiterhin, daß auf eine Beschriftung der Datenflüsse von und zu Dateien verzichtet wird, da der Typ der fließenden Daten aus dem Dateinamen abgeleitet werden kann.

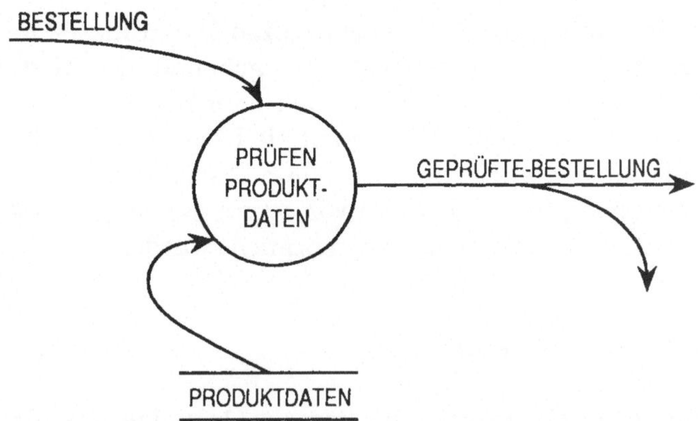

Abb. 3.2/1   Ausschnitt des Datenflußdiagramms BESTELLUNGEN PRÜFEN

Unser Beispiel zeigt den Datenfluß GEPRÜFTE-BESTELLUNG, der durch eine divergierende Kante dargestellt wird. Das bedeutet, daß ein Datenfluß zu unterschiedlichen Elementen vorliegt. Analog werden konvergierende Kanten verwendet, wenn ein Datenfluß verschiedene Quellen aufweist.

Prozesse

Prozesse sind die aktiven Elemente eines Systems. Sie führen die *Transformation* eingehender in ausgehende Datenflüsse durch. Prozesse werden mit Namen beschriftet, die dem Benutzer eine Vorstellung von der Bedeutung des Prozesses vermitteln sollen. Häufig enthält der Name deshalb auch Angaben über die jeweils ein- und ausgehenden Datenflüsse (z.B. PRÜFEN PRODUKTDATEN). Üblicherweise werden den Prozessen zusätzlich noch eindeutige Nummern zugewiesen (siehe auch Abschnitt 3.2.2).

Dateien

Eine Datei wird nach [DeM79] einfach als Ablage von Daten verstanden, egal ob auf Platte, Band, in einem Ordner oder in einem Papierkorb. In diesem Sinne wird auch eine ganze Datenbank als Datei interpretiert.

Die Richtung eines mit einer Datei verknüpften Datenflusses zeigt dabei, ob Daten gelesen oder geschrieben werden. Gegebenenfalls wird ein Doppelpfeil verwendet. Lesen von Daten lediglich zum Zwecke ihrer Aktualisierung wird in diesem Zusammenhang nicht als Lesezugriff modelliert, so daß in diesem Fall nur ein einfacher Pfeil vom Prozeß zur Datei gezeichnet wird. Ein Lesevorgang liegt nur dann vor, wenn die Eingabedaten auch für eine Transformation in Ausgabedaten gebraucht werden.

Datenquellen und -senken

Eine Datenquelle repräsentiert eine Person, Organisation oder allgemein ein System, das Daten an das im Datenflußdiagramm beschriebene System sendet. Entsprechend ist eine Datensenke ein außerhalb des Systems angesiedelter Datenempfänger.

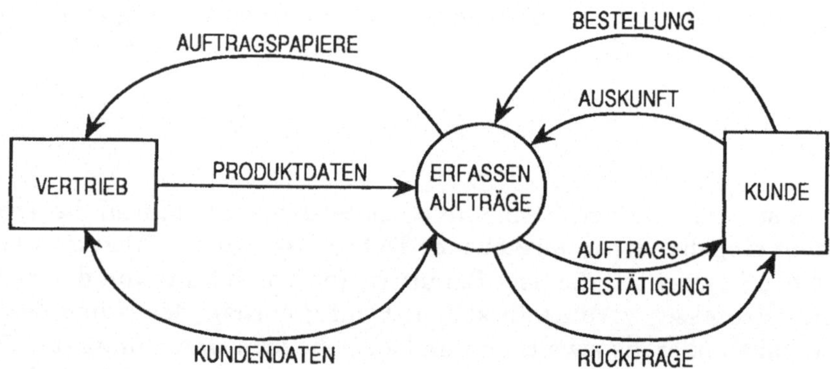

Abb. 3.2/2   Kontextdiagramm

Das in Abb. 3.2/2 dargestellte Diagramm zeigt die Person bzw. Organisation KUNDE und das System VERTRIEB, die beide sowohl Datenquelle als auch -senke sind. Man mache sich klar, daß das System VERTRIEB in einem Datenflußdiagramm, das etwa das ganze Unternehmen beschreibt, ebenso wie das System ERFASSEN AUFTRÄGE als Prozeß repräsentiert würde.

Prozedurale Beschriftungen

Betrachten wir nun nochmals das Diagramm aus Abb. 3.2/2: Es spiegelt lediglich die Information wider, daß eine Menge von Eingabedaten in eine Menge von Ausgabedaten transformiert wird. Wir können jedoch nicht erkennen, daß vom Kunden für einen Transformationsprozeß entweder eine Bestellung oder eine Auskunft, niemals aber beide zur Verfügung stehen; oder daß bei einem Transformationsprozeß entweder eine Auftragsbestätigung erzeugt wird, falls die Bestellung korrekt ist, im anderen Fall jedoch eine Rückfrage. Auf der anderen Seite läßt sich auch nicht ablesen, daß bei der Erzeugung einer Auftragsbestätigung stets auch Auftragspapiere erzeugt werden. Zur graphischen Repräsentation solcher logischer Verknüpfungen von Datenflüssen können Symbole zwischen den partizipierenden Datenflüssen angegeben werden:

*   für die UND-Verknüpfung (Konjunktion),

⊕   für die exklusive ODER-Verknüpfung (Disjunktion) und

+   für die inklusive ODER-Verknüpfung.

DeMarco rät jedoch in seinem Buch dringend von der Verwendung solcher zusätzlicher Symbole ab, da sie die Lesbarkeit der Diagramme erheblich verringern und andererseits auch zu Redundanzen mit später anzufertigenden Prozeßspezifikationen (siehe Abschnitt 3.2.3) führen. Mit derselben Begründung sind eigentlich alle Erweiterungen einfacher Datenflußdiagramm-Techniken mit Vorsicht zu gebrauchen (siehe etwa [HHK77, KPM85, TsP87]).

3.2.2 Ebenenbildung

Bislang haben wir stets Datenflußdiagramme betrachtet, die einen nur geringen Umfang aufwiesen. Für Dokumentationszwecke ist es in jedem Fall sinnvoll, Diagramme so zu gestalten, daß sie auf einer DIN-A4-Seite abgebildet werden können. Darüber hinaus sollten wir uns jedoch auch bewußt machen, daß der Mensch nur relativ wenige graphische Symbole gleichzeitig erfassen kann. Als eine Obergrenze wird häufig die Zahl Sieben genannt (siehe etwa [Mil56]), so daß demnach versucht werden sollte, nicht mehr als sieben Prozesse in einem Diagramm abzubilden.

Nun werden Datenflußdiagramme natürlich auch für mittlere und große Systeme angewendet, so daß wir eine Technik benötigen, um die Systeme hierarchisch beschreiben zu können. Wir gehen dabei so vor, daß wir zunächst ein sogenanntes *Kontextdiagramm* anfertigen (für unser Beispiel das Diagramm in Abb. 3.2/2), das nur einen Prozeß enthält — nämlich das zu spezifizierende System — und die Schnittstellen des Systems zur Außenwelt aufzeigt.

Dieser „Superprozeß" wird nun schrittweise top-down in Subsysteme zerlegt, die sich jeweils durch ebenenweise anzuordnende Datenflußdiagramme beschreiben lassen. Die Zerlegung endet, wenn auf der untersten Ebene nur noch Prozesse auftauchen, denen primitive Funktionen entsprechen, für die eine weitere Zerlegung keinen Sinn macht. Das Ergebnis ist eine Hierarchie von Diagrammen, die nicht nur top-down entwickelt wurde, sondern auch top-down gelesen werden kann. Es wird dann häufig so sein, daß für einen Überblick nur das Kontextdiagramm und das Diagramm der Ebene 0^1 betrachtet werden müssen, während den Entwickler eines Subsystems insbesondere die detaillierten Diagramme der unteren Ebenen interessieren.

Abbildung 3.2/3 zeigt das Diagramm der Ebene 0 für die Auftragserfassung in unserem Beispielunternehmen. Wir sehen, daß der Prozeß ERFASSEN AUFTRÄGE in drei Teilprozesse mit den Nummern 1 bis 3 zerlegt wurde, für die jeweils die Schnittstellen untereinander und zur Außenwelt angegeben sind. Dagegen wurde auf die Angabe der Datenquellen und -senken aus dem Kontextdiagramm verzichtet. Sollte es in einem konkreten Fall aus didaktischen Gründen jedoch erforderlich sein, Elemente wie Prozesse, Datenquellen, -senken oder Dateien aus einem hierarchisch übergeordneten Diagramm zu übertragen, so ist dies möglich. Man spricht dann von einem *erweiterten (expanded) Datenflußdiagramm.*

Wie wir sehen, tauchen im Diagramm alle Datenflüsse auf, die auch im Kontextdiagramm verwendet wurden, d.h. es wurde lediglich der Prozeß, nicht aber die Datenflüsse zerlegt. Üblicherweise werden jedoch auch die Datenflüsse zerlegt, um so die Lesbarkeit der Diagramme auf tieferen Ebe-

---

[1]   Die Numerierung der Ebenen entspricht der üblichen Praxis beim Einsatz von Datenflußdiagrammen.

nen zu verbessern. Es muß dann sichergestellt werden, daß Datenflüsse auch tatsächlich in ihre Komponenten zerlegt werden, die sich aus der Spezifikation im Data Dictionary (siehe Abschnitt 3.2.3) ergeben.

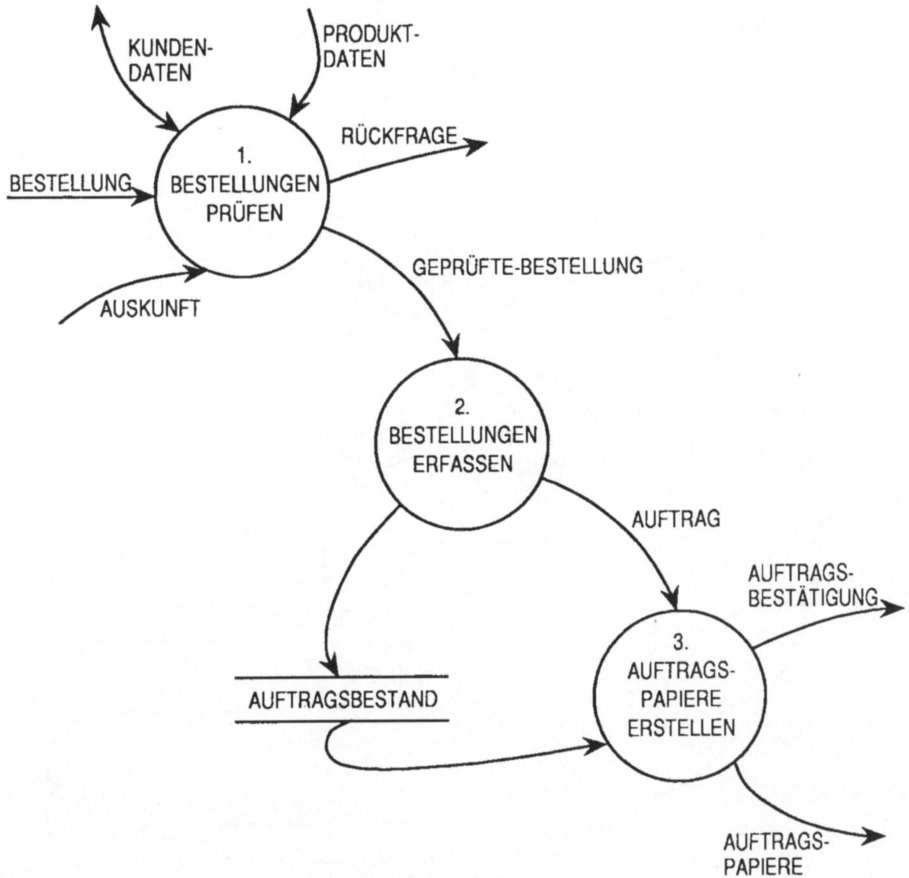

Abb. 3.2/3   Datenflußdiagramm ERFASSEN AUFTRÄGE

Das Diagramm in Abb. 3.2/3 zeigt eine sogenannte *lokale Datei*, auf die lediglich von den Prozessen in diesem Diagramm zugegriffen wird. In unserem Beispiel steht also die Datei AUFTRAGSBESTAND außerhalb des Auftragserfassungssystems nicht zur Verfügung. Es muß aber beachtet werden, daß alle Zugriffe auf eine Datei stets in dem Diagramm berücksichtigt werden müssen, in dem sie zum ersten Mal auftaucht.

Die Prozesse des Diagramms 0 erscheinen alle so komplex, daß sie einer
weiteren Zerlegung bedürfen. Es ist durchaus auch möglich, nur einzelne
Prozesse eines Diagramms zu zerlegen. Es sollten aber Spezifikationen
vermieden werden, bei denen einzelne Prozesse eines Diagramms nicht zerlegt sind, während andere Prozesse desselben Diagramms über mehr als
eine Stufe zerlegt sind.

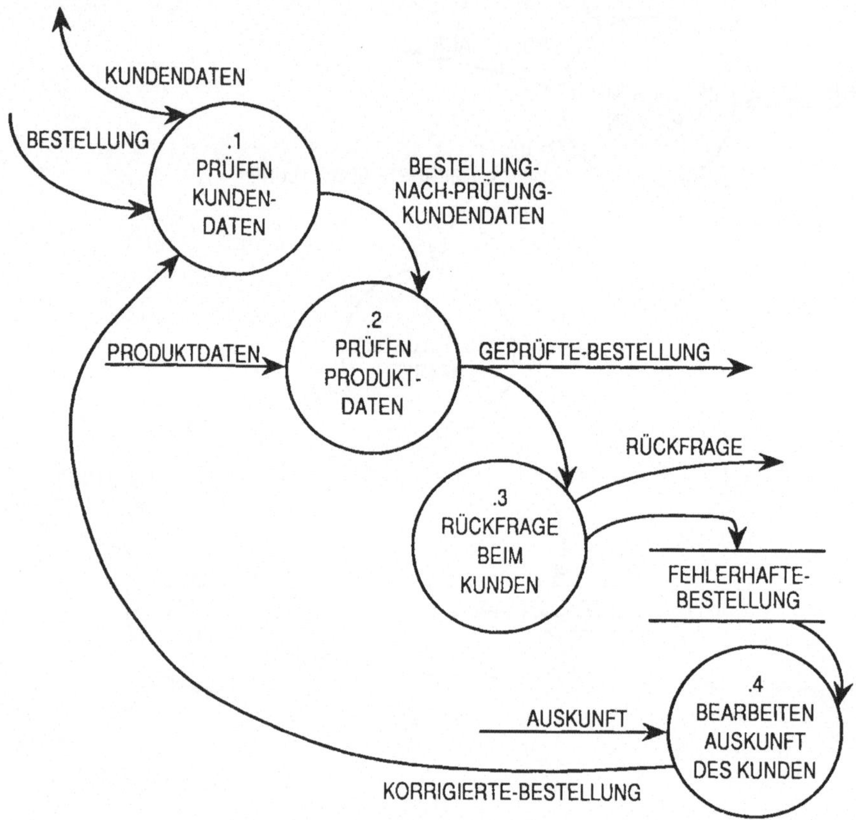

Abb. 3.2/4   Datenflußdiagramm BESTELLUNGEN PRÜFEN

Abbildung 3.2/4 zeigt das Datenflußdiagramm, das den Prozeß BESTELLUN-
GEN PRÜFEN beschreibt. Um die Zuordnung der im Diagramm angegebenen
Teilprozesse zum übergeordneten Prozeß mit der Nummer 1 deutlich zu
machen, werden den Teilprozessen lokale Nummern zugewiesen, die mit
der Nummer des übergeordneten Prozesses verknüpft werden, also 1.1 bis

1.4. Bei langen Nummern wird häufig auch nur, wie in unserem Beispiel, die lokale Nummer angegeben.

3.2.3 Detailspezifikation von Prozessen und Daten

Ergebnis der strukturierten Analyse ist eine strukturierte Spezifikation, die neben einer Hierarchie von Datenflußdiagrammen ein sogenanntes Data Dictionary (vgl. [DeM79]) enthält, in dem Daten und Prozesse detailliert beschrieben sind.

Prozeßspezifikation

Prozesse sind entweder durch ein Datenflußdiagramm oder durch eine *Mini-Spezifikation (mini-spec)* beschrieben. Eine Faustregel besagt, daß Prozesse so lange zerlegt werden, bis für die Teilprozesse Mini-Spezifikationen formuliert werden können, die auf einer DIN-A4-Seite Platz finden. Dies dürfte z.B. für alle Prozesse der Abb. 3.2/4 der Fall sein.

Mini-Spezifikationen ermöglichen es, solche Details in der Spezifikation zu berücksichtigen, die in der graphischen Darstellung bislang bewußt vernachlässigt wurden (vgl. Abschnitt 3.2.1). Es handelt sich dabei um Regeln, wie Eingangsdaten in Ausgangsdaten transformiert werden. Dabei sollte jedoch noch keine Implementation der Regeln angegeben werden.

Für Mini-Spezifikationen wird üblicherweise eine Pseudo-Code-Notation (siehe Abschnitt 7.2) auf relativ hoher Ebene verwendet *(structured English)*. Falls komplexe Entscheidungsvorgänge formuliert werden müssen, werden jedoch auch Entscheidungstabellen und -bäume eingesetzt (siehe Abschnitt 2.2).

Da alle diese Notationen an anderer Stelle des Buches detailliert behandelt werden, kann hier auf eine weitere Betrachtung verzichtet werden.

Datenspezifikation

Das Data Dictionary enthält Informationen über die Zusammensetzung der für das System relevanten Daten. Die Beschreibung der Daten weist dabei, wie die Beschreibung der Prozesse, eine hierarchische Struktur auf.

Neben Einträgen für Datenflüsse und Dateien können im Data Dictionary auch Datenelemente aufgeführt sein, die lediglich als Komponenten der Spezifikationen von Datenflüssen und Dateien benötigt werden, selbst aber keine Entsprechung im Datenflußdiagramm haben. So wird sicherlich für die Spezifikation des Auftrags eine Auftragsnummer benötigt, die jedoch ein so detailliertes Datenelement darstellt, daß sie in keinem Datenflußdiagramm berücksichtigt ist.

Die Zusammensetzung von Daten aus Komponenten wird in einer auf der Backus-Naur-Form (siehe etwa [Bac60, Sch81]) basierenden Notation mit folgender Bedeutung angegeben:

=   Äquivalenz

+   Sequenz, Aneinanderreihung von zwei oder mehr Komponenten;

[ ]   Auswahl[1] einer aus zwei oder mehr Möglichkeiten;

{ }   Wiederholung[2] der in der Klammer eingeschlossenen Komponente (0 oder mehrmals);

( )   die in der Klammer eingeschlossene Komponente ist optional, kann also gegebenenfalls entfallen.

Diese Notation wird nun anhand einiger Beispiele erläutert (siehe hierzu auch Abb. 3.2/4).

```
(a)    KUNDENDATEN = {KUNDE}
(b)    KUNDE = KD# + NAME + ANSCHRIFT
(c)    ANSCHRIFT = PLZ + ORT + LAND  (*nur für ausländische
                                          Kunden *)
```

$$
\text{(d)}\quad \text{RÜCKFRAGE} = \begin{bmatrix} \text{RÜCKFRAGE-KUNDENDATEN} \\ \text{RÜCKFRAGE-PRODUKTDATEN} \\ \text{RÜCKFRAGE-KUNDENDATEN} + \\ \text{RÜCKFRAGE-PRODUKTDATEN} \end{bmatrix}
$$

```
(e)    ANTWORT-AUF-RÜCKFRAGE = AUSKUNFT
```

Bsp. 3.2/1   Datenspezifikation

---

1   Die Optionen können entweder übereinander oder nebeneinander und abgetrennt durch senkrechte Striche angegeben werden.

2   Für die Anzahl Wiederholungen können gegebenenfalls Ober- und Untergrenzen angegeben werden: $^{Max}_{Min}\{...\}$ oder $Min\{...\}Max$.

Beispiel 3.2/1 a zeigt eine für eine Datei typische Beschreibung: die Kundendatei besteht aus einer Folge von Datenelementen gleichen Typs (hier KUNDE), deren Zusammensetzung sich gemäß Bsp. 3.2/1 b als Sequenz dreier Komponenten ergibt. Als Sequenzen sind auch Daten vom Typ ANSCHRIFT aufgebaut, wobei hier die dritte Komponente für inländische Kunden entfallen kann. Zu beachten ist hierbei auch die Möglichkeit zur Ergänzung der Spezifikation um Kommentare.

Beispiel 3.2/1 d zeigt die Zusammensetzung von Rückfragen: es handelt sich dabei wahlweise um Rückfragen, die sich auf Kundendaten oder auf Produktdaten beziehen oder aber um aus beidem kombinierte Rückfragen. Die Struktur der verschiedenen Rückfragen müßte nun natürlich noch weiter spezifiziert werden.

Häufig ist es auch sinnvoll, mit *Aliasnamen* zu arbeiten, d.h. Synonymen für die Bezeichnung eines Datenelements. Solche Aliasnamen lassen sich einfach, wie in Bsp. 3.2/1 e gezeigt, unter Verwendung des Äquivalenzsymbols definieren.

Diese Notation stellt für die Spezifikation von Datenflüssen zweifellos ein geeignetes Hilfsmittel dar, obgleich auch hier eine graphische Notation wesentliche Vorteile bringen könnte. Problematisch ist jedoch, daß sich Dateien lediglich als eine Menge von Datenelementen beschreiben lassen. Zusätzliche Beziehungen zwischen den Datenelementen oder zwischen Komponenten dieser Datenelemente lassen sich dagegen überhaupt nicht abbilden. Dies ist aber unverzichtbar insbesondere dann, wenn es sich nicht um einfache Dateien, sondern um Datenbanken handelt. Es bietet sich deshalb an, Beschreibungen solcher komplexer Daten mittels eines Datenmodells vorzunehmen (siehe Kapitel 4). So sehen auch die meisten kommerziell verfügbaren Entwicklungswerkzeuge eine Verknüpfung mit einem Entity-Relationship-Modell vor.

Weiterführende Literatur

[DeM79], [YoC79]

3.3 Datenflußdiagramme nach Gane und Sarson

Eine Alternative zur DeMarco-Datenflußdiagramm-Technik schlagen Gane und Sarson in [GaS79] vor. Diese Diagramme werden häufig *logische Datenflußdiagramme* genannt, um zu betonen, daß sie Symbole und Konzepte für die Beschreibung von Zusammenhängen auf logischer Ebene zur Verfügung stellen.

Die Unterschiede zur DeMarco-Technik beschränken sich auf die verwendeten Symbole und den Aufbau des Data Dictionaries. Die grundlegenden Konzepte, die ja zumeist in der strukturierten Analyse begründet sind, dekken sich dagegen weitgehend, so daß sie an dieser Stelle nicht mehr diskutiert werden müssen.

Wir wollen uns nun zunächst den graphischen Elementen der Datenfluß-diagramm-Technik zuwenden. Data-Dictionary-Aspekte wollen wir im folgenden nicht weiter betrachten. Es ist lediglich wichtig zu wissen, daß wie bei DeMarco auch hier eine Datenspezifikations-Hierarchie entwickelt wird. Gane und Sarson sehen jedoch wesentlich mehr Informationen zu den Datenelementen vor, die insbesondere für die spätere Implementation von Bedeutung sind (Wertebereiche, Codierung, Editiervorschriften etc.). In der Praxis werden jedoch Datenaspekte zumeist auch unter Verwendung des Entity-Relationship-Modells separat spezifiziert.

3.3.1 Graphische Elemente

Logische Datenflußdiagramme sind als Netzwerke aus vier grundlegenden graphischen Elementen aufgebaut:

- Externe Entities,
- Datenspeicher,
- Datenflüsse,
- Prozesse.

Die Semantik dieser Elemente entspricht weitgehend der Semantik entsprechender Elemente der DeMarco-Notation.

Externe Entities

Externe Entities (Datenquellen und -senken) repräsentieren logische Klassen von Personen, Organisationen oder Systemen, die außerhalb des betrachteten Systems angesiedelt sind und mit denen durch Ausführung von Prozessen des Systems Daten ausgetauscht werden.

Externe Entities werden graphisch als Quadrate dargestellt, deren oberen und linken Seiten jeweils mit doppelter Strichstärke gezeichnet werden (siehe Abb. 3.3/1). Die Referenzierung erfolgt über kleine Buchstaben, die in der linken oberen Ecke angegeben werden, oder über einen sprechenden Namen (in unserem Beispiel VERTRIEB und KUNDE).

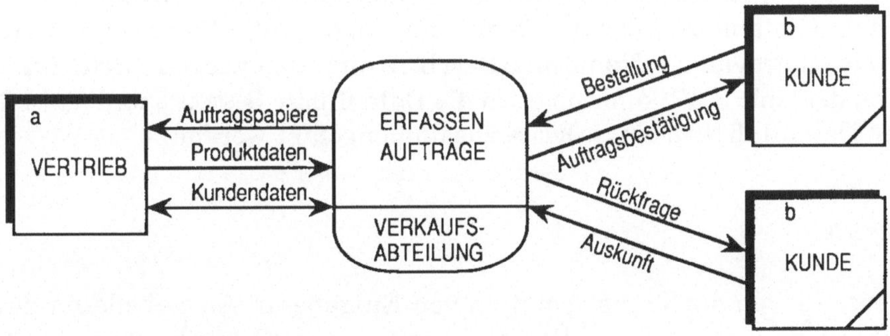

Abb. 3.3/1   Kontextdiagramm

Abbildung 3.3/1 zeigt auch eine Möglichkeit zur graphischen Entflechtung von Datenflußdiagrammen: zur Vermeidung sich überkreuzender Datenflüsse kann dasselbe Entity mehrfach gezeichnet werden.[1] Dies wird durch eine Linie in der rechten unteren Ecke des Quadrats vermerkt. Falls zusätzlich ein anderes externes Entity dupliziert werden müßte, erhielten dessen Instanzen jeweils zwei Linien usf.

---

[1]   Eine Duplizierung des externen Entities KUNDE wäre in diesem Fall natürlich nicht erforderlich gewesen, dies geschah lediglich aus didaktischen Gründen.

Datenflüsse

Datenflüsse werden als Pfeile von den jeweiligen Ursprungs- zu den Zielelementen gezeichnet. Falls ein Datenfluß in beide Richtungen verläuft (im Beispiel aus Abb. 3.3/1 die Kundendaten), wird ein Doppelpfeil verwendet. Der Inhalt des Datenflusses wird durch eine Beschriftung ausgedrückt, die eine Referenz auf die fließenden Datenelemente ermöglicht. Dabei hat sich als sinnvoll erwiesen, Datenflüsse vor ihrer Definition im Data Dictionary in der üblichen Groß-/Kleinschreibung zu beschriften (bzw. im Englischen nur mit Kleinbuchstaben). Nach ihrer Definition sollten dann ausschließlich Großbuchstaben verwendet werden.

Das Data Dictionary kann auch dazu benutzt werden, die Komplexität der Datenflußdiagramme zu vermindern, indem mehrfache Datenflüsse mit gleichem Umfang und Ziel durch einen einzigen Datenfluß ersetzt werden, dem ein aggregierter Name als Beschriftung zugewiesen wird. Im Diagramm der Abb. 3.3/1 könnten etwa die Datenflüsse Bestellung und Auskunft zu einem Datenfluß Nachricht von Kunde zusammengefaßt werden.

Prozesse

Prozesse führen die Transformation von Eingabe- in Ausgabedaten durch. Graphisch werden sie durch Rechtecke mit abgerundeten Kanten repräsentiert, die sich sicherlich besser als die von DeMarco verwendeten Kreise zur Beschriftung eignen.

Prozesse werden mit einem imperativen Satz beschriftet, der die Funktion des Prozesses, jedoch nicht seine Implementation, widerspiegelt. Der Satz wird aus einem aktiven Verb (etwa berechnen, überprüfen, eingeben) und einem Objekt gebildet, das sich häufig auf einen oder mehrere Datenflüsse bezieht. Optional sind die Angabe einer identifizierenden Nummer im oberen Teil und einer Referenz auf die Implementation des Prozesses (z.B. Abteilung, Programmmodul) im unteren Teil des Symbols.

Für den Prozeß aus Abb. 3.3/1 wurde auf eine identifizierende Nummer verzichtet. Dagegen wurde bereits eine Referenz auf die Abteilung des Unternehmens eingetragen, die mit der Auftragserfassung betraut werden soll. Im allgemeinen erfolgt diese Angabe jedoch erst zum Ende der Analysephase.

Datenspeicher

Datenspeicher sind Stellen eines Systems, an denen die Inhalte von Datenflüssen abgelegt werden können. Dabei wird von der konkreten Realisierung des Datenspeichers (als sequentielle Datei, Indexdatei, Datenbank, als Ordner, Buch o.ä.) während der Analyse zunächst abstrahiert.

Datenspeicher werden jeweils durch eine Nummer identifiziert, der ein „D" vorangestellt wird. Zusätzlich erhalten sie noch einen sprechenden Namen. Graphisch werden sie durch an der rechten Seite offene Rechtecke repräsentiert.

Abbildung 3.3/2 zeigt den Prozeß PRÜFEN PRODUKTDATEN, der Daten aus dem Datenspeicher PRODUKTDATEN liest. Im Unterschied zur DeMarco-Notation werden Datenflüsse von und zu Datenspeichern hier üblicherweise beschriftet, falls der Name des Datenflusses vom Namen des Datenspeichers abweicht. Dies ist dann der Fall, wenn nur Teile des Datenspeicher-Inhalts bearbeitet werden. In unserem Beispiel werden nicht die gesamten Produktdaten, sondern lediglich die Produktnummer und die Bezeichnung benötigt.

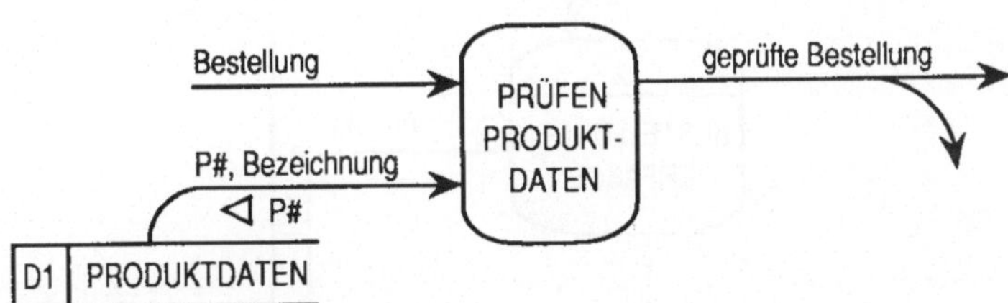

Abb. 3.3/2   Ausschnitt des Datenflußdiagramms BESTELLUNGEN PRÜFEN

Unser Beispiel zeigt eine weitere Besonderheit der Gane/Sarson-Notation: soll der Zugriff auf den Datenspeicher mittels eines Sucharguments (hier die Produktnummer) erfolgen, kann dieses zusammen mit einem Pfeil, der die Richtung der Argumentübergabe anzeigt, als weitere Beschriftung des entsprechenden Datenflusses angegeben werden.

Wie für externe Entities gibt es auch für Datenspeicher die Möglichkeit des mehrfachen Zeichnens. Tritt ein Datenspeicher im Diagramm doppelt auf, erhalten alle seine Instanzen eine zusätzliche Linie parallel zur linken Seitenlinie des Symbols. Bei dreimaligem Auftreten werden sie mit zwei zusätzlichen Linien gekennzeichnet usf.

3.3.2 Ebenenbildung

Die Gane/Sarson-Technik ermöglicht eine *Verfeinerung* (explosion) von Prozessen durch neue Diagramme, die dann ebenenweise angeordnet werden können. Die Zuordnung von Teilprozessen zu den verfeinerten Prozessen kann über die Vergabe der identifizierenden Prozeßnummern erleichtert werden, d.h. Prozeß P wird durch die Prozesse P.1 bis P.n verfeinert usf.

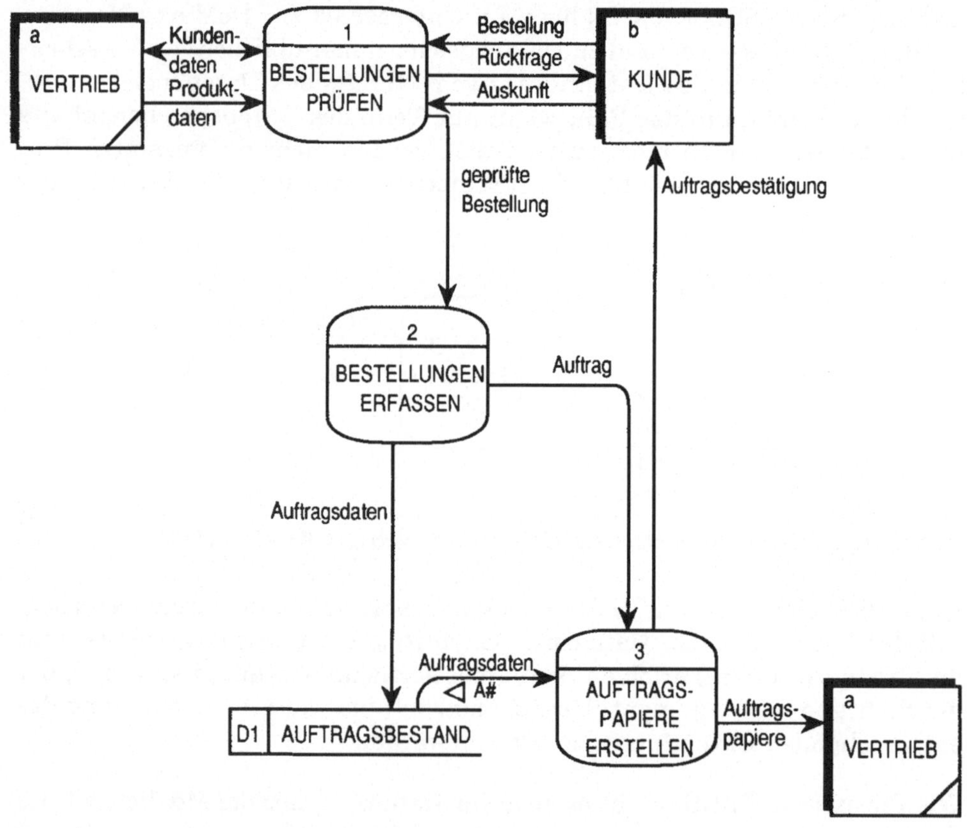

Abb. 3.3/3   Datenflußdiagramm ERFASSEN AUFTRÄGE

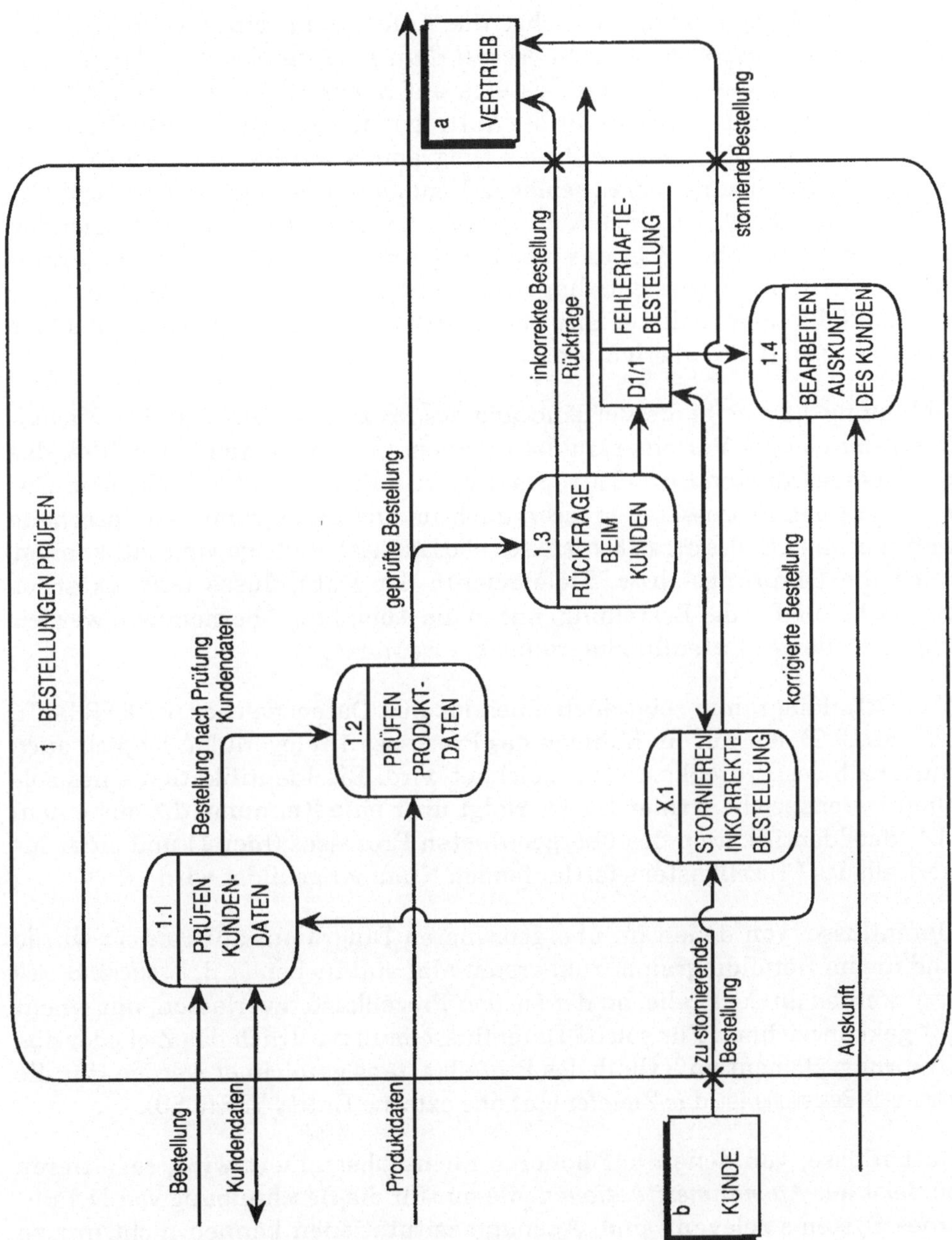

Abb. 3.3/4   Datenflußdiagramm BESTELLUNGEN PRÜFEN

Gane und Sarson sehen zunächst die Anfertigung eines Datenflußdiagramms vor – des sogenannten *overall data flow diagrams* –, das die Zusammenhänge des gesamten Systems auf hoher Ebene beschreibt (Abb. 3.3/3 zeigt dieses Diagramm für die Auftragserfassung in unserem Beispielunternehmen). Die Prozesse dieses Diagramms werden dann schrittweise zerlegt. In Ergänzung hierzu schlagen Kendall und Kendall (siehe [KeK88]) zunächst das Zeichnen eines Kontextdiagramms vor (für unser Beispiel das Diagramm aus Abb. 3.3/1), das einen „Superprozeß" und alle externen Entities enthält. Im Übersichtsdiagramm und den Detaildiagrammen kann dann auf die Angabe dieser Entities verzichtet werden. Wir wollen uns hier jedoch eng an [GaS79] orientieren.

Abbildung 3.3/4 zeigt die Verfeinerung des Prozesses 1 aus dem Übersichtsdiagramm. Diese Verfeinerung ist in einem großen Kasten abgebildet, das den übergeordneten Prozeß 1 repräsentiert. Alle ein- und ausgehenden Datenflüsse des Prozesses 1 müssen auch im Detaildiagramm entsprechend auftauchen (z.B. Bestellung, Kundendaten, Produktdaten). Falls gewünscht, können auch die Ursprungs- bzw. Zielelemente der Datenflüsse (z.B. externes Entity KUNDE für die Bestellung) mit in die Abbildung übernommen werden (vgl. erweitertes Datenflußdiagramm bei DeMarco).

Das Detaildiagramm zeigt auch einen lokalen Datenspeicher (FEHLERHAFTE BESTELLUNG), der nur im Rahmen des Prozesses 1 relevant ist, folglich auch innerhalb des Prozeßkastens gezeichnet wird. Die Identifikation eines solchen Datenspeichers (hier D1/1) erfolgt über eine Kennung, die aus einem „D", der Identifikation des übergeordneten Prozesses (hier 1) und einer innerhalb des Prozeßkastens fortlaufenden Nummer gebildet wird.

Datenflüsse, von denen im übergeordneten Diagramm abstrahiert wurde und die im Detaildiagramm zum ersten Mal auftauchen (z.B. inkorrekte Bestellung) werden an der Stelle, an der sie den Prozeßkasten verlassen, mit einem „X" gekennzeichnet. Für solche Datenflüsse muß natürlich das Ziel oder das Ursprungselement außerhalb des Prozeßkastens gezeichnet werden (für die inkorrekte Bestellung ist das Zielelement das externe Entity VERTRIEB).

Datenflüsse, von denen auf höherer Ebene abstrahiert wird, resultieren zumeist aus *Ausnahmesituationen*, die nur für die Beschreibung von Details eines Systems relevant sind. Ausnahmesitutationen können nicht nur zu zusätzlichen Datenflüssen, sondern auch zu zusätzlichen Prozessen für ihre Behandlung führen. Da solche Prozesse zwar repräsentiert werden sollen, jedoch von echten Teilprozessen abzugrenzen sein müssen, erhalten sie eine

Identifikation, die sich aus einem „X" und einer innerhalb des Prozeßkastens fortlaufenden Nummer zusammensetzt. Selbstverständlich können auch solche Prozesse weiter verfeinert werden.

Auf eine weitere Verfeinerung von Prozessen durch Datenflußdiagramme wird dann verzichtet, wenn sich die einem Prozeß zugrundeliegende Logik in einfacherer Weise spezifizieren läßt. Hierzu schlagen Gane und Sarson (wie auch DeMarco) die Verwendung von strukturiertem Englisch, Entscheidungstabellen und -bäumen vor. Bevor solche Prozeßspezifikationen formuliert werden können, müssen jedoch zunächst alle relevanten Datenelemente spezifiziert sein, um sie korrekt referenzieren zu können.

Weiterführende Literatur

[GaS79]

3.4   Objektflußdiagramme

In den letzten beiden Abschnitten haben wir gesehen, daß Datenflußdiagramme ein anschauliches Mittel zur Spezifikation fachlicher Anforderungen an ein zu entwickelndes System darstellen. Leider wird bei diesen Techniken nicht konsequent von Aspekten der späteren Implementation abstrahiert, wie dies in der Analysephase wünschenswert wäre (siehe [DeM79]). Ein Beispiel ist das Konzept des Datenspeichers: die Entscheidung über die Zuordnung abzuspeichernder Datenelemente auf verschiedene Datenspeicher kann erst ein Ergebnis des Datenentwurfs sein, der der Implementation unmittelbar vorausgeht.

In diesem Abschnitt wollen wir nun mit Objektflußdiagrammen eine Technik vorstellen, bei der ausschließlich fachliche Anforderungen abgebildet werden können. Vom Erscheinungsbild her erinnert sie stark an das bereits erwähnte SADT (siehe [Ros77, RoS77]. Objektflußdiagramme zeichnen sich durch ihre Einfachheit und Kompaktheit aus, die durch eine geringe Anzahl unterschiedlicher graphischer Symbole erreicht wird, die in fest abgegrenzten Diagrammen angeordnet werden.

Da mit Objektflußdiagrammen – wie auch mit den bereits vorgestellten Datenflußdiagrammen – keineswegs alle für die Entwicklung eines Informationssystems relevanten Aspekte abgebildet werden können, werden sie üblicherweise mit formalen Techniken zur Spezifikation von Datenbankaspekten und dynamischen Aspekten kombiniert (siehe [LaS84, NSM87, NSS88, LNO89]).

3.4.1 Graphische Elemente

Objektflußdiagramme sind ausschließlich aus Rechtecken und Pfeilen aufgebaut. Damit lassen sich

- Diagramme,
- Objektspeicher,
- Prozesse und
- Objektflüsse

graphisch darstellen. In einem Glossar werden zusätzlich informale textliche Beschreibungen für Prozesse und Objektflüsse erfaßt, die für das Verständis der Objektflußdiagramme – insbesondere durch den Endbenutzer – unerläßlich sind.

Wir wollen uns nun den einzelnen Konzepten zuwenden.

Diagramme

Diagramme bilden den Rahmen für die Beschreibung von Teilsystemen. Sie werden graphisch durch große Rechtecke dargestellt, in die jeweils die Prozesse und Objektflüsse des Teilsystems eingeschlossen sind.

Die vertikalen Diagrammkanten repräsentieren die Schnittstellen des Teilsystems zur Außenwelt. Die linke Kante wird dann als Ursprung, die rechte Kante als Ziel von Objektflüssen verwendet.

Objektspeicher

Zu jedem Diagramm existiert genau ein Objektspeicher, in dem Objekte abgelegt und wieder gelesen werden können. Der Speicher kann dabei Objekte beliebigen Typs aufnehmen.

Graphisch wird der Objektspeicher durch die horizontalen Diagrammkanten repräsentiert, wobei die untere Kante für Lesezugriffe und die obere Kante für Schreibzugriffe vorgesehen ist. Ein Lesezugriff liegt jedoch (wie bei DeMarco, siehe Abschnitt 3.2.1) nur dann vor, wenn die gelesenen Objekte auch für eine Transformation benötigt werden.

Prozesse

Prozesse sind die aktiven Elemente des Systems. Sie führen Transformationen von Eingabeobjekten in Ausgabeobjekte durch. Graphisch werden sie durch Rechtecke repräsentiert, wobei die vertikalen Kanten jeweils die Schnittstellen des Prozesses zur Außenwelt darstellen. Eingehende Objektflüsse werden dann mit der linken und ausgehende Objektflüsse mit der rechten Kante des Rechtecks verbunden.

Prozesse werden mit einer identifizierenden Nummer und einem Satz[1] beschriftet, der einen Hinweis auf die Funktion des Prozesses gibt. Diese Funktion wird dann detaillierter im Glossar beschrieben, wobei möglichst Redundanz mit den aus dem Objektflußdiagramm zu extrahierenden Informationen vermieden werden sollte. Für die Beschreibung existieren keine allgemeinen Formvorschriften; im praktischen Einsatz (vgl. [NSS88]) hat es sich jedoch als sinnvoll erwiesen, an die Gegebenheiten des aktuellen Entwicklungsprojekts angepaßte Richtlinien vorzugeben. Dagegen hat sich die Verwendung formaler bzw. semi-formaler Notationen wie Pseudo-Code oder Entscheidungstabellen nicht bewährt, da die Objektflußdiagramme zumeist von dem in der Analyse involvierten Endbenutzer selbst erstellt werden.

Objektflüsse

Objektflüsse sind Pfade zur Weitergabe von Objekten zwischen Elementen eines Objektflußdiagramms. Es kann sich dabei um Formulare, Dokumente, Objekte aus Datenbanken, Ordner aber auch z.B. um Materie oder mündliche Nachrichten handeln. Objektflüsse werden mit einem Namen beschriftet, der den Typ der fließenden Objekte angibt. Eine Identifikation des Objektflusses über diesen Typ ist jedoch nicht möglich, da es sicherlich

---

1   Hier hat sich die Verwendung imperativer Sätze bewährt, die aus einem aktiven Verb und einem Objekt gebildet werden (siehe Abschnitt 3.3.1).

häufig vorkommen wird, daß Objekte gleichen Typs über unterschiedliche Objektflüsse weitergegeben werden. Die Identifikation eines Objektflusses kann deshalb nur durch Angabe seines Ursprungs und Ziels sowie des zugeordneten Typs erfolgen.

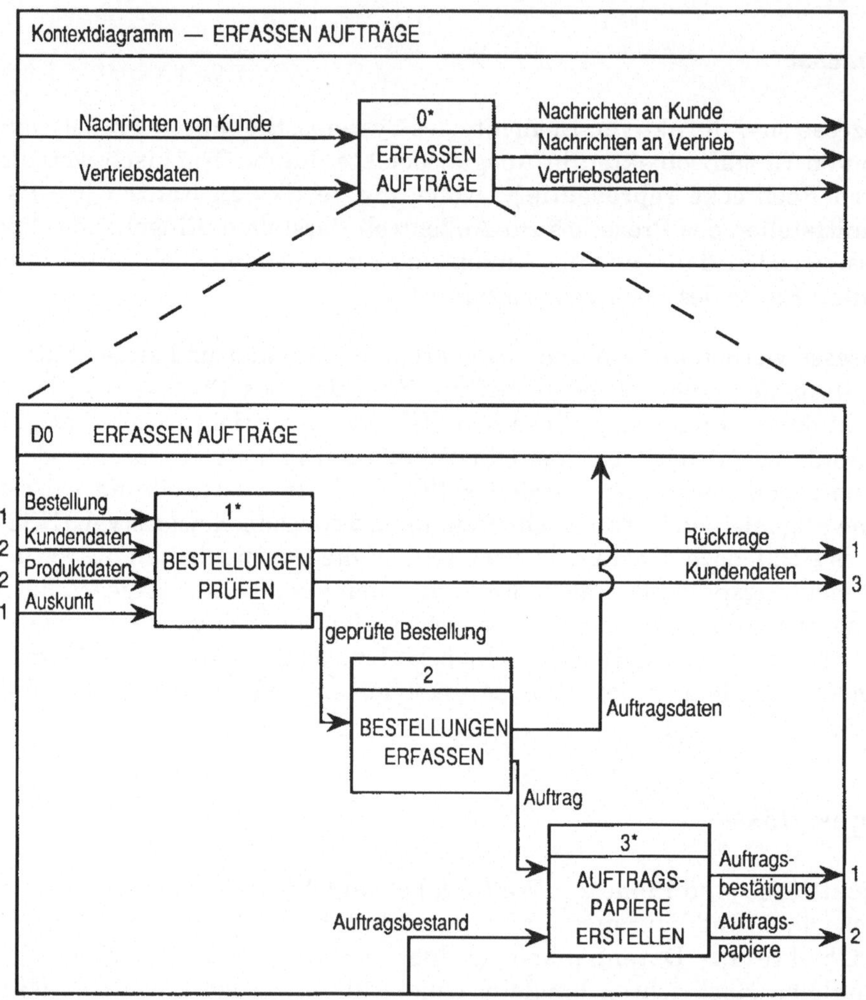

Abb. 3.4/1   Kontextdiagramm und Übersichtsdiagramm

Abbildung 3.4/1 zeigt zwei Diagramme, die eine Reihe unterschiedlicher Objektflüsse enthalten: Im Diagramm D0 sind vier Objektflüsse von der linken

Diagrammkante zum Prozeß 1 dargestellt, d.h. es handelt sich hier um Objektflüsse, über die Objekte an den Prozeß 1 übergeben werden, die ihren Ursprung außerhalb des im Diagramm dargestellten Teilsystems haben. Diese Eingabeobjekte werden durch den Prozeß in Ausgabeobjekte transformiert, die teilweise an einen Empfänger außerhalb des Teilsystems gegeben werden (Rückfrage, Kundendaten); die geprüften Bestellungen gehen dagegen direkt zur Erfassung (Prozeß 2).

Bei der Erfassung der Bestellungen in Prozeß 2 werden aus den geprüften Bestellungen Aufträge und Auftragsdaten erzeugt. Die Aufträge werden dann direkt zur Erstellung der Auftragspapiere in Prozeß 3 gegeben. Bei den Auftragsdaten wird ein indirekter Objekttransfer bevorzugt: die Daten eines Auftrags werden jeweils vom Prozeß 2 in den Objektspeicher geschrieben, um dann von Prozeß 3 – gebündelt als Auftragsbestand – wieder gelesen zu werden.

Objektflüsse können im Glossar in Textform beschrieben werden. Selbstverständlich wäre aber auch, wie etwa bei DeMarco, die Verwendung einer Backus-Naur-ähnlichen Form möglich. Es hat sich jedoch bewährt, alle Objektflüsse graphisch unter Verwendung eines semantisch-hierarchischen Objektmodells (siehe Abschnitt 4.2) zu beschreiben. Dies hat zudem den Vorteil, daß diese Beschreibungen im Rahmen der konzeptuellen Modellierung weiterverwendet werden können.

3.4.2 Ebenenbildung

Objektflußdiagramme unterstützen die Top-down-Vorgehensweise bei der strukturierten Analyse, indem sie Möglichkeiten zur Verfeinerung sowohl von Prozessen als auch von Objektflüssen durch neue Diagramme bereitstellen. Den Diagrammen wird dann jeweils der Name des verfeinerten Prozesses zugewiesen. Durch die Beschränkung der Anzahl von Prozessen pro Diagramm auf sechs wird eine Verfeinerung geradezu erzwungen. Eine ähnliche Restriktion gilt auch für Objektflüsse: ein Prozeß muß mindestens jeweils einen, darf aber höchstens jeweils sechs Eingabe- und Ausgabeobjektflüsse aufweisen.

Die Beziehung von Teilprozessen zum verfeinerten Prozeß wird über die identifizierende Nummer hergestellt, d.h. Teilprozeß P.i $(1 \leq i \leq 6)$ detailliert den Prozeß P. Zur Vereinfachung werden in der graphischen Darstellung nicht immer die vollständigen Prozeßnummern verwendet, sondern jeweils nur eine Nummer von eins bis sechs, die zusammen mit der Diagrammnummer den Prozeß identifiziert.

Ausgangspunkt einer Objektflußdiagramm-Hierarchie ist ein *Kontextdiagramm*, wie es für unser Beispiel in Abb. 3.4/1 dargestellt ist. Das Kontextdiagramm enthält immer genau einen Prozeß, der das Gesamtsystem repräsentiert. Die Objektflüsse zeigen die Schnittstellen zur Außenwelt; einen Objektspeicher stellt das Kontextdiagramm nicht zur Verfügung. Die Namensgebung für die Objektflüsse dieses Diagramms sollte möglichst so sein, daß die sendenden oder empfangenden externen Entities (vgl. Abschnitt 3.2) erkennbar sind; im anderen Fall muß das Glossar als Ergänzung hinzugezogen werden.

Rechts neben der Prozeßnummer 0 ist ein „*" angegeben, der besagt, daß für diesen Prozeß und die damit verknüpften Objektflüsse ein Detaildiagramm mit der Kennung D0 existiert, nämlich das in Abb. 3.4/1 ebenfalls dargestellte Übersichtsdiagramm.

Wie bereits erwähnt ist eine Zuordnung von Teilprozessen zum verfeinerten Prozeß problemlos möglich. Wie aber werden Objektflüsse des Detaildiagramms den Eingabe- und Ausgabeobjektflüssen des verfeinerten Prozesses zugeordnet? Diese Zuordnung erfolgt über die Nummern, die an der linken bzw. rechten Diagrammkante angegeben sind. Die den Objektflüssen Bestellung und Auskunft zugewiesene 1 stellt eine Referenz auf den ersten Eingangsobjektfluß (Nachrichten von Kunde) des verfeinerten Prozesses dar; über die 2 werden die Vertriebsdaten referenziert. Analog erfolgt die Zuordnung für die Objektflüsse zur rechten Diagrammkante. Objektflüsse aus und in Objektspeicher sind keine Verfeinerungen von Objektflüssen im übergeordneten Diagramm und erhalten deshalb keine Zuordnungsnummer. Würde nun jedoch zum Prozeß 2 ein Diagramm D2 erstellt, würde auch der Objektfluß Auftragsdaten verfeinert und entsprechend von Objektflüssen des Diagramms D2 referenziert.

Die in Abb. 3.4/1 dargestellten Diagramme zeigen, wie in den beiden Diagrammen sowohl für Prozesse als auch für Objektflüsse jeweils Namen gewählt wurden, die sich auf demselben Abstraktionsniveau befinden. Es wäre z.B. nicht sinnvoll, im selben Diagramm einen Prozeß Auftragsabwicklung und einen Prozeß Prüfen Bonität des Kunden anzugeben. Entsprechend sollten z.B. auch die Objektflüsse Vertriebsdaten und Auftragsnummer nicht im selben Diagramm auftauchen. Dies kann natürlich, wie in Abb. 3.4/1, dazu führen, daß der Ausgabeobjektfluß Vertriebsdaten nur durch einen Objektfluß Kundendaten detailliert wird. Diese Konvention erscheint zunächst vielleicht wenig sinnvoll, sie erleichtert jedoch wesentlich die Lesbarkeit von Objektflußdiagrammen höherer Ebenen.

Wie bei den zuvor behandelten Datenflußdiagramm-Techniken kann auch für Objektflußdiagramme keine feste Regel für die Detaillierungstiefe angegeben werden. Im allgemeinen wird jedoch nur so tief verfeinert, daß zwischen den Prozessen noch zusammengehörige Objekte (z.B. Auftrag) und nicht nur Komponenten von Objekten (z.B. Auftragsnummer) fließen.

4 Datenmodellierung

4.1 Grundlagen der Datenmodellierung

Die betriebliche Informationsverarbeitung ist heute durch den Einsatz von Datenbanksystemen geprägt, wobei der Aufbau der Anwendungs-Software sehr stark vom verwendeten Datenbanksystem abhängt. Im Software-Entwicklungsprozeß müssen diese Gegebenheiten entsprechend berücksichtigt werden.

Datenorientierte Ansätze zur Software-Entwicklung (vgl. Abschnitt 1.3.2) gewinnen deshalb immer mehr an Bedeutung. Leider wird aber in Software-Entwicklungsumgebungen, die etwa die Methode Structured Analysis unterstützen, diesem Trend nur unzureichend Rechnung getragen. Es werden zwar sprachliche Mittel zur Beschreibung von Datenbankstrukturen bereitgestellt, die methodische Integration von Funktions- und Datenmodellierung muß jedoch häufig als unzureichend bezeichnet werden.

Bevor diese methodischen Aspekte in Abschnitt 4.4 weiter vertieft werden, sollen in diesem Abschnitt zunächst Grundlagen der Datenmodellierung und anschließend exemplarisch zwei semantische Datenmodelle beschrieben werden.

4.1.1 Ebenenarchitektur eines Datenbanksystems

Heutige Datenbanksysteme weisen eine Architektur auf, die erstmals in [ANS75] vorgeschlagen wurde (siehe hierzu [ISO82] und [ScS83]). Das Verständnis dieser Ebenenarchitektur ist Voraussetzung für die folgenden Ausführungen zur Datenmodellierung.

Die Architektur weist drei Ebenen auf:

- die logische Gesamtsicht der Unternehmensdaten (konzeptuelle Ebene),

- die physische Datenorganisation (interne Ebene),

- die Sicht einzelner Anwendungsprogramme bzw. Benutzergruppen (externe Ebene).

Abbildung 4.1/1 zeigt die wesentlichen Komponenten der Ebenenarchitektur, die den Ebenen entsprechend benannt sind.

Konzeptuelles Modell

Das konzeptuelle Modell ist der zentrale Bezugspunkt des Datenbanksystems. In ihm wird festgelegt, welche Objekte und Beziehungen in den Unternehmensdaten existieren können. Darüber hinaus sollte es noch Informationen über die Verwendung der Datenbestände enthalten (Definition zulässiger Operationen, Zugriffsrechte, Integritätsbedingungen, Zuständigkeiten). Die sprachliche Beschreibung des konzeptuellen Modells mittels einer Datenbeschreibungssprache (data description language – DDL) wird als *Konzeptuelles Schema* bezeichnet.

Internes Modell

Das interne Modell beschreibt, wie die im konzeptuellen Modell festgelegten Daten physisch im Speicher abgelegt werden und welche Zugriffsmöglichkeiten existieren. Für die Verwendung der Daten in Anwendungsprogrammen ist das interne Modell nicht relevant[1] *(physische Datenunabhängigkeit)*, so daß eine Änderung des internen Modells nicht zwangsläufig Änderungen in den Anwendungsprogrammen nach sich zieht.

---

1   Für zeitkritische Anwendungen gilt diese Behauptung nicht. Dort kann es sehr wohl wichtig sein, das Anwendungsprogramm auf die physische Datenorganisation abzustimmen (Tuning von Datenbankanwendungen).

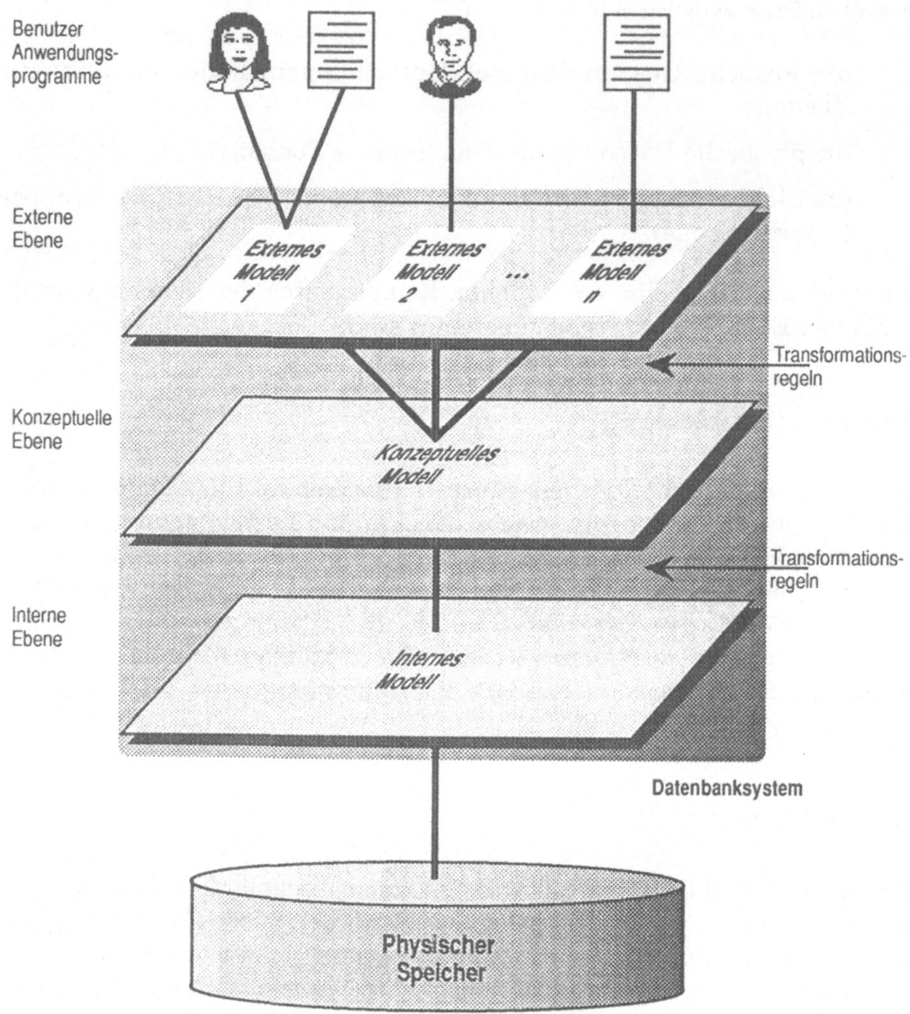

Abb. 4.1/1   Ebenenarchitektur eines Datenbanksystems (vgl. [ScS83])

Externes Modell

Die Verwendung der Daten durch die Benutzer bzw. die Anwendungsprogramme erfolgt im allgemeinen nicht direkt über das konzeptuelle Modell,
sondern über spezielle Sichten (views) auf die Datenbestände, die in exter-

nen Modellen festgelegt sind. Externe Modelle beschreiben die Daten so, wie sie ein bestimmter Benutzer bzw. eine Benutzergruppe zu sehen wünscht. Externe Modelle können sich in der Art der Repräsentation der Datenbestände unterscheiden (z.B. in Bildschirmmasken oder Cobol-Tabellen), vor allem aber auch in den zugrundeliegenden Datenbeständen. Das heißt, im externen Modell wird beschrieben, welchen Teil der Datenbestände ein Benutzer sehen darf bzw. möchte.

Transformationsregeln

Die Verknüpfung zwischen den Modellen verschiedener Ebenen erfolgt über Transformationsregeln. Sie legen fest, auf welche Art und Weise Objekte eines Modells aus Objekten des tieferliegenden Modells gebildet werden. Die Regeln sind entweder implizit im Datenbanksystem vorhanden (z.B. Datenkonvertierungen beim Übergang vom internen zum konzeptuellen Modell) oder sie müssen explizit definiert werden. Als Beispiel könnte eine Transformationsregel externes/konzeptuelles Modell festlegen, wie die für das externe Modell relevante Teilmenge der Datenbestände gebildet wird.

Logisches Modell

In der Praxis zeigt es sich, daß es recht schwierig ist, konzeptuelle Modelle so zu beschreiben, daß zum einen die Transformationsregeln einfach zu definieren und effizient zu implementieren sind, zum anderen aber auch alle relevanten Realweltaspekte abgebildet werden können. Dieses Ziel wird heute nur von Datenbanksystemen erreicht, die auf ganz spezielle Anwendungsgebiete hin zugeschnitten sind (etwa Datenbanksysteme für Entwurfsaufgaben).

Im allgemeinen unterscheidet man deshalb zwischen konzeptuellem und logischem Modell. Das konzeptuelle Modell stellt eine möglichst umfassende, implementationsunabhängige Beschreibung der Realwelt dar, während das logische Modell – das implementierte konzeptuelle Modell – die für das eigentliche Datenbanksystem relevanten Aspekte beschreibt. Die Transformation konzeptueller Modelle in logische Modelle wird heute häufig bereits durch geeignete Software-Werkzeuge unterstützt.

Weiterführende Literatur

[ISO82], [ScS83]

4.1.2 Prinzipien der Konzeptuellen Modellierung

Die Entwicklung eines konzeptuellen Modells – die konzeptuelle Modellierung – stellt eine schwierige Analyse- und Planungsarbeit dar. Es ist häufig recht problematisch zu unterscheiden, welche Modellierungsalternative günstig ist und welche nicht. Dies um so mehr, da im konzeptuellen Modell nicht nur bereits fertige oder sich in Entwicklung befindliche, sondern auch zukünftige Anwendungen berücksichtigt werden müssen.

Problematisch ist auch die Frage, welche Aspekte im konzeptuellen Modell überhaupt berücksichtigt werden sollten. Dies läßt sich nicht eindeutig beantworten. Generell empfiehlt es sich, nur solche Aspekte zu berücksichtigen, die eine geringe Änderungshäufigkeit aufweisen, um so die Stabilität des Modells zu erhöhen. Außerdem sollten die Aspekte möglichst für den gesamten Anwendungsbereich Gültigkeit besitzen. Sich häufig ändernde oder für bestimmte Anwendungen spezifische Aspekte sollten dagegen in den entsprechenden externen Modellen oder in den Anwendungsprogrammen selbst berücksichtigt werden.

Einen Anhaltspunkt geben zwei grundlegende Prinzipien der konzeptuellen Modellierung, die in [ISO82] angegeben sind:

- 100%-Prinzip
  Im konzeptuellen Schema sollten *alle relevanten* statischen und dynamischen Aspekte beschrieben sein.

- Konzeptualisierungs-Prinzip
  Ein konzeptuelles Schema sollte stets nur *konzeptuell relevante* Aspekte der Realwelt enthalten; von Aspekten der späteren Implementation ist dagegen zu abstrahieren.

Das *100%-Prinzip* ergibt sich unmittelbar aus der Notwendigkeit, die Beschreibungen statischer und dynamischer Aspekte unabhängig von speziellen Anwendungsprogrammen an einer zentralen Stelle abzulegen. Damit vereinfacht sich nicht nur die Verwaltung der Beschreibungen selbst, vielmehr läßt sich auch die Einhaltung von Regeln und Bedingungen durch alle auf der Datenbank arbeitenden Anwendungsprogramme erzwingen. Führt man sich in diesem Zusammenhang die zunehmende Verbreitung von – teilweise sogar endbenutzergeeigneten – Datenabfrage- und Datenmanipulationssprachen zur individuellen Datenverarbeitung vor Augen, erkennt man unmittelbar die Bedeutung des 100%-Prinzips.

Das *Konzeptualisierungs-Prinzip* stellt sicher, daß im konzeptuellen Schema von Aspekten wie der Repräsentation von Daten in Benutzersichten, Aspekten der Maschineneffizienz oder der physischen Datenorganisation sowie von organisatorischen Aspekten abstrahiert wird. Daraus ergeben sich Vereinfachungen sowohl bei der konzeptuellen Modellierung als auch bei der Anwendungsentwicklung selbst.

Weiterführende Literatur

[ISO82], [ScS83]

4.1.3 Datenmodelle

Für die konzeptuelle Modellierung wird ein formaler Rahmen benötigt, der die Beschreibung aller relevanten Aspekte ermöglicht. Dieser formale Rahmen wird im allgemeinen als Datenmodell bezeichnet (siehe hierzu und für die folgenden Ausführungen [Bro84, ScS83]). Datenmodelle werden jedoch nicht nur für die Beschreibung konzeptueller bzw. logischer Modelle verwendet, sondern auch zur Beschreibung externer Modelle. Dabei ist es durchaus üblich, daß für die Modelle der verschiedenen Ebenen auch unterschiedliche Datenmodelle benutzt werden.

Datenmodelle sollten sprachliche Mittel zur Beschreibung statischer und dynamischer Aspekte sowie entsprechender Integritätsbedingungen anbieten:

- eine Datenbeschreibungssprache (data description language – DDL),

- eine Datenmanipulationssprache
  (data manipulation language – DML),

- eine Abfragesprache (query language – QL).

Die bekanntesten Datenmodelle sind die klassischen Modelle: hierarchisches, Netzwerk- und Relationenmodell.[1] In hierarchischen und Netzwerkmodellen werden Datenobjekte in Segmenten oder Records repräsentiert, die durch einen einheitlichen Typ von Beziehungen als Knoten in Bäumen bzw. Netzwerken organisiert werden. Für diese Datenmodelle werden lediglich primitive Lese- und Schreiboperationen sowie record-orientierte Navigationsmöglichkeiten angeboten. Relationale Datenmodelle basieren auf dem mathematischen Konzept der Relation, wobei Datenobjekte als Tupel in Relationen repräsentiert werden. Eine Besonderheit sind mengenorientierte Zugriffsoperationen auf der Basis des Relationenkalküls oder der Relationenalgebra.

Den meisten der heute auf dem Markt verfügbaren Datenbanksystemen liegen o.g. klassische Datenmodelle zugrunde. Für die konzeptuelle Modellierung sind sie jedoch aufgrund ihrer geringen semantischen Ausdrucksfähigkeit nur wenig geeignet. Ihre Verwendung beschränkt sich auf das logische Modell, während daneben für das konzeptuelle Modell semantische Datenmodelle (für einen Überblick siehe [HuK87, PeM88]) eingesetzt werden.

Dieses bieten umfangreiche Möglichkeiten zur direkten Abbildung von Beziehungen und semantischen Integritätsbedingungen. Außerdem stehen im allgemeinen auch Konzepte für die Abstraktion, Vererbung und zur Behandlung unstrukturierter Datenobjekte zur Verfügung. Dynamische Aspekte werden dagegen nur von wenigen Modellen berücksichtigt (z.B. Event Model [KiM84], SHM+ [BrR84], TAXIS [BMW84], THM [Sch83]). Einige Ansätze kombinieren statt dessen ein Datenmodell zur Beschreibung statischer Aspekte mit einer Sprache zur Spezifikation der Systemdynamik (z.B. IMC/IML [RiD82], INCOME [Lau87, NSS88, LNO89], DIKOS[Stu87]).

Im folgenden wird zunächst das dem INCOME-Ansatz zugrundeliegende Datenmodell beschrieben, das sich sowohl für das konzeptuelle als auch für das externe Modell eignet und daran anschließend das wohl bekannteste Modell – das Entity-Relationship-Modell, das primär für die konzeptuelle Modellierung eingesetzt wird. In jüngster Zeit werden jedoch auch Datenbanksysteme angeboten, die das Entity-Relationship-Modell direkt auf der konzeptuellen Ebene unterstützen.

---

1   Für eine Beschreibung dieser Modelle siehe etwa [TsL82] oder [ScS83].

Weiterführende Literatur

[Bro84], [ScS83], [TsL82]

4.2   Semantisch-hierarchisches Objektmodell

Das semantisch-hierarchische Objektmodell (SHO) geht auf die Arbeiten von Smith und Smith [SmS77a, b], sowie Brodie und Ridjanovic [BrR84] zurück. Es kombiniert relationale Konzepte mit vier wichtigen Beziehungen semantischer Netze.

Grundlegendes Prinzip des Datenmodells ist die Abstraktion. Unter der *Abstraktion eines Systems* versteht man in Anlehnung an [SmS77b] ein Modell dieses Systems, in dem bestimmte Details bewußt nicht berücksichtigt sind. Da in der Praxis häufig Systeme vorkommen, die zu viele relevante Details aufweisen, um sie in ihrer Gesamtheit inhaltlich erfassen zu können, ermöglicht das hier behandelte Datenmodell die Zerlegung des Systems in *Abstraktionshierarchien*. Diese haben den weiteren Vorteil, daß das Modell auf unterschiedlichen Abstraktionsniveaus präsentiert werden kann. Außerdem kann eine verbesserte Stabilität des Modells erreicht werden, da Änderungen von Details häufig keinerlei Auswirkungen auf Zusammenhänge höherer Abstraktionsebenen haben.

4.2.1   Abstraktionen

Ausgangspunkt der Datenmodellierung sind konkrete oder abstrakte Objekte der Realwelt. Es kann sich dabei um Objekte handeln, die bereits existieren, oder um solche, die irgendwann existieren könnten und somit auch bei der Datenmodellierung berücksichtigt werden müssen.

Beispiele für konkrete Objekte könnten sein: der Artikel Tretroller, der Kunde Müller, der Auftrag A1, der Name Müller oder die Auftragsnummer A1. Die beiden letztgenannten Objekte können nur im Zusammenhang mit anderen Objekten – dem Kunden Müller bzw. dem Auftrag A1 – existieren. Man nennt solche Objekte im allgemeinen *Attribute*. In SHO werden Attribute und eigenständige Objekte – im Gegensatz zu anderen Datenmodellen (z.B. dem Entity-Relationship-Modell) – gleich behandelt.

Beziehungen zwischen Objekten werden als spezielle abstrakte Objekte interpretiert und dann ebenso wie konkrete Objekte behandelt. Ein Beispiel wäre die Beziehung zwischen dem Artikel Tretroller und dem Auftrag A1, die besagt, daß mit dem Auftrag A1 auch ein Tretroller bestellt wird.

Klassifikation (instance-of relationship)

Die Klassifikation ist der grundlegende Abstraktionsmechanismus des Objektmodells. Sie ermöglicht es, Objekte, die einander nach gewissen Kriterien ähnlich sind, zu Klassen zusammmmenzufassen. Die Objekte können jedoch innerhalb der Klasse eindeutig identifiziert werden.

Objektklassen werden graphisch durch einen Kringel dargestellt, der mit einer eindeutigen Bezeichnung für die Objektklasse beschriftet ist (siehe Abb. 4.2/1).

Kunde   Name   Auftragsposition

O   O   O

Abb. 4.2/1   Klassifikation

Im Zusammenhang mit der Klassifikation werden häufig die Begriffe Typ und Instanz verwendet. Unter dem *Typ eines Objekts* versteht man die Aussage, daß ein Objekt Mitglied einer bestimmten Klasse ist, d.h. das konkrete Objekt Kunde Müller ist vom Typ Kunde. Zur Vereinfachung werden die Begriffe Klasse und Typ oft auch synonym verwendet. Der Kunde Müller ist dann eine *Instanz* oder Ausprägung der Klasse bzw. des Typs Kunde.

Generalisierung (is-a relationship)

Der Abstraktionsmechanismus der Generalisierung ähnelt dem der Klassifikation. Die Generalisierung wird jedoch zur Strukturierung auf der Klassenebene benutzt. Objektklassen werden als abstrakte Objekte interpretiert und lassen sich als *Subtypen* unter einem *generischen Supertyp* zusammenfassen, falls sie nach gewissen Kriterien ähnliche Eigenschaften aufweisen.

Graphisch wird die Generalisierung durch ein Quadrat repräsentiert, das durch gerichtete Kanten mit den Subtypen und dem Supertyp verbunden ist. Die Richtung der Kanten spiegelt dabei die Vererbungsrichtung von Eigenschaften wider (siehe Abschnitt 4.2.2). Das Quadrat ist mit dem Symbol „∨" für die logische Disjunktion beschriftet.

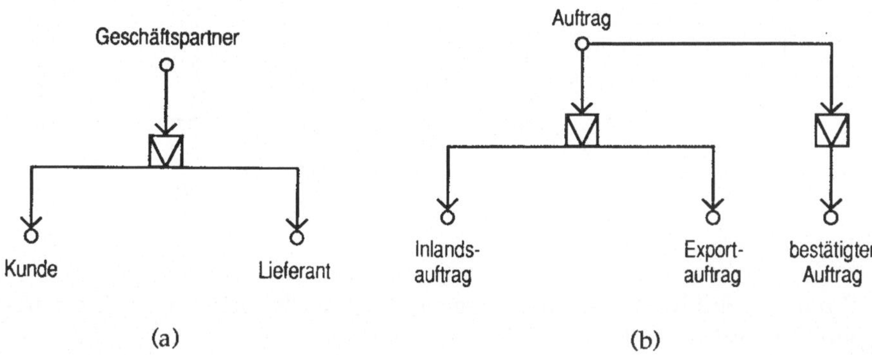

Abb. 4.2/2   Generalisierung

Abbildung 4.2/2 zeigt Beispiele für Generalisierungen. In 4.2/2 a sind die Subtypen Kunde und Lieferant unter dem Supertyp Geschäftspartner zusammengefaßt. Dabei wird deutlich, daß es sich bei dem Oder-Symbol um ein inklusives Oder handelt, d.h. ein Geschäftspartner kann entweder nur Kunde oder Lieferant oder aber beides sein. In Teil b der Abbildung ist Auftrag Supertyp zweier Generalisierungen. Es empfiehlt sich nicht, diese Generalisierungen zu einer einzigen mit drei Subtypen zusammenzufassen, da dann ja die Information verlorengeht, daß die Generalisierung jeweils nach verschiedenen Kriterien erfolgt.

Aggregation (part-of relationship)

Die Aggregation ermöglicht es, Beziehungen zwischen Objekten als (abstrakte) Objekte höherer Abstraktionsebenen zu betrachten. Man bezeichnet den Typ eines solchen aggregierten Objekts auch als *Aggregattyp* und die Komponenten des Objekts als *Komponententypen*.

Graphisch wird die Aggregation wieder durch ein Quadrat repräsentiert, das durch gerichtete Kanten mit dem Aggregattyp und den Komponententypen verbunden ist. Die Richtung der Kanten entspricht in diesem Fall sowohl der Vererbungsrichtung als auch der hierarchischen Anordnung der Objekttypen. Abbildung 4.2/3 zeigt zwei Beispiele für Aggregationen.

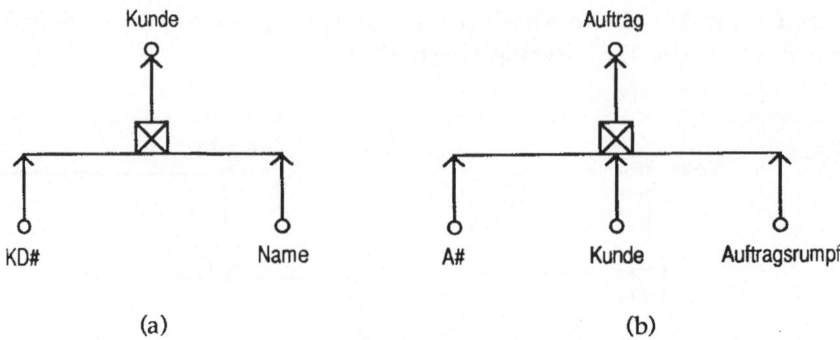

Abb. 4.2/3   Aggregation

Teil a der Abbildung zeigt den Aggregattyp Kunde mit seinen Komponententypen KD# und Name. Es handelt sich dabei um elementare Objekttypen, also um Attribute. Teil b zeigt eine Aggregation, die sowohl elementare (A#) als auch nicht-elementare Komponententypen aufweist. Kunde z.B. ist, wie gesehen, selbst wieder ein Aggregattyp.

Gruppierung (association, member-of relationship)

Die Gruppierung ermöglicht die Modellierung von Objekttypen, deren Instanzen Mengen von Instanzen hierarchisch untergeordneter Objekttypen sind. Der übergeordnete Objekttyp wird dann als *Mengentyp*, der untergeordnete Typ als *Elementtyp* bezeichnet.

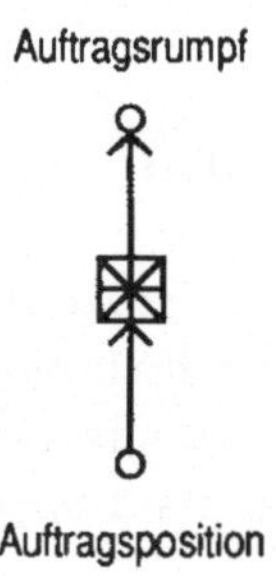

Abb. 4.2/4   Gruppierung

Für die graphische Darstellung werden ein beschriftetes Quadrat und gerichtete Kanten verwendet, wobei die Richtung sowohl die Vererbungsrichtung als auch die hierarchische Anordnung der Objekttypen widerspiegelt.

Abbildung 4.2/4 zeigt eine Gruppierung mit Mengentyp Auftragsrumpf und
Elementtyp Auftragsposition, d.h. der Rumpf eines Auftrags besteht aus einer
Menge von Auftragspositionen.

Top-down-Interpretation

Bisher wurden die Abstraktionen stets anhand ihrer Bottom-up-Interpreta-
tion erklärt. Insbesondere für Zwecke des Entwurfs wird jedoch häufig auch
eine Top-down-Interpretation der Abstraktionen sinnvoll sein. Die Entsprechung der verschiedenen Interpretationen ergibt sich aus folgender Aufstellung:

Bottom-up	**Top-down**
Klassifikation	Instanz
Generalisierung	Spezialisierung
Aggregation	Dekomposition
Gruppierung	Auflösung

Bei SHO werden für beide Interpretationen die gleichen graphischen Symbole verwendet. Es ändert sich also lediglich die Sichtweise des Entwurfs.

4.2.2 Vererbung

Eines der wohl wichtigsten Charakteristika semantisch-hierarchischer Datenmodelle, zu denen auch SHO gehört, ist das Konzept der Vererbung von
Eigenschaften *(property inheritance)*. Im folgenden werden wir uns auf die
Vererbung von Wertebereichen konzentrieren. Für jeden Objekttyp läßt
sich ein Wertebereich angeben. Er ist entweder elementar, oder er ergibt
sich aus den für die verschiedenen Abstraktionen definierten Vererbungs-
regeln. Grundlegend ist dabei die Vererbungsrichtung, die in der graphischen Repräsentation des Objektmodells der Richtung der Kanten zwischen
Objekttypen und Quadraten entspricht.

Klassifikation

Die Klassifikation unterstützt eine sogenannte *Abwärtsvererbung* (down-
wards inheritance), d.h. die Instanzen eines Objekttyps erben jeweils den
Wertebereich des Objekttyps.

Elementaren Objekttypen – Objekttypen, die Attributen entsprechen, also weder Subtyp, Aggregat- oder Mengentyp sind – werden Wertebereiche direkt zugeordnet. Dies können entweder atomare Typen sein, wie INTEGER, CHAR oder STRING, oder zusammengesetzte. Hierzu gehören indizierte Felder, Mengen, Texte, Bilder u.ä.

Als Beispiel könnten den Objekttypen KD# und Name aus Abb. 4.2/3 die Wertebereiche INTEGER bzw. STRING zugewiesen sein. Mögliche Instanzen wären dann:

    KD#: 1,2,1000.
    Name: Maier, Müller.

Aggregation

Im Gegensatz zur Klassifikation unterstützt die Aggregation eine *Aufwärtsvererbung* (upwards inheritance), bei der die Wertebereiche der Komponententypen an den Aggregattyp vererbt werden.

Formal ausgedrückt, ermittelt sich der Wertebereich $W(O)$ eines Aggregattyps O als das kartesische Produkt[1] der Wertebereiche seiner Komponententypen $O_1, ..., O_n$:

$$W(O) = W(O_1) \times ... \times W(O_n).$$

Für die Beispiele aus Abb. 4.2/3 ergibt sich somit:

(a) $W(Kunde) = W(KD\#) \times W(Name) = INTEGER \times STRING.$

Mögliche Instanzen des Objekttyps Kunde sind:[2]

Kunde	KD#	Name
1	Maier
2	Müller

(b) $W(Auftrag) = W(A\#) \times W(Kunde) \times W(Auftragsrumpf).$

---

1   Daher rührt auch das Abstraktionskennzeichen „×".
2   Die Instanzen werden in einer Tabellenschreibweise angegeben, die vom Relationenmodell her bekannt ist.

Für die Berechnung des Wertebereichs für den Objekttyp Auftrag müssen zunächst die Wertebereiche der nicht-elementaren Komponententypen bestimmt werden.

Gruppierung

Wie die Aggregation unterstützt auch die Gruppierung eine Aufwärtsvererbung von Wertebereichen. Da eine Instanz des Mengentyps jeweils aus einer Menge von Instanzen des Elementtyps besteht, ergibt sich der Wertebereich des Mengentyps als die Potenzmenge[1] des Wertebereichs des Elementtyps.

Für das Beispiel aus Abb. 4.2/4 ergibt sich der Wertebereich des Objekttyps Auftragsrumpf als:

$$W(\text{Auftragsrumpf}) = \wp(W(\text{Auftragsposition})).$$

Wenn wir für den Wertebereich des Elementtyps Auftragsposition

$$W(\text{Auftragsposition}) = W(\text{Artikel}) \times W(\text{Menge}) = \text{STRING} \times \text{INTEGER}$$

annehmen, sind die in folgender Tabelle angegebenen Objekte mögliche Instanzen des Objekttyps Auftragsrumpf:

Auftrags- rumpf	Auftragsposition	
	Artikel	**Menge**
	Tretroller	10
	Fahrrad	5
	Bobby Car	15

---

1   In der Informatik wird im Zusammenhang mit Potenzmengen ($\wp$; „beliebig oft" u.ä.) häufig das Symbol „*" verwendet. Deshalb wurde es auch hier als Abstraktionskennzeichen gewählt.

Generalisierung

Generalisierungen unterstützen die Abwärtsvererbung von Wertebereichen, d.h. Subtypen erben den Wertebereich des Supertyps. Formal ergibt sich der Wertebereich des Subtyps Kunde aus Abb. 4.2/2 a dann wie folgt:

$$W(Kunde) = W(Geschäftspartner).$$

Zusammensetzung von Wertebereichen

Üblicherweise erbt ein Objekttyp Wertebereiche nicht nur über eine Abstraktion. Zur Berechnung seines vollständigen Wertebereichs wird deshalb das kartesische Produkt aller geerbten Wertebereiche gebildet.

Als Beispiel wollen wir nochmals den Objekttyp Kunde betrachten. In Abb. 4.2/2 ist er Subtyp einer Generalisierung, über die er den Wertebereich des Objekttyps Geschäftspartner erbt. Abbildung 4.2/3 zeigt Kunde als Aggregattyp, der die Wertebereiche der Komponententypen KD# und Name erbt. Damit ergibt sich der gesamte Wertebereich für Kunde wie folgt:

$$W(Kunde) = W(Geschäftspartner) \times W(KD\#) \times W(Name).$$

4.2.3   Identifikation von Objekten

Objekte eines Modells müssen eindeutig identifizierbar sein. Dies wird zum einen dadurch erreicht, daß ihr Typ bekannt ist, zum anderen müssen Kriterien existieren, die das Objekt in seiner Klasse eindeutig identifizieren.

Instanzen eines Aggregattyps können häufig über die Kombination von Instanzen zugehöriger Komponententypen identifiziert werden. Bei Generalisierungen ermöglicht überlicherweise das Vererben des identifizierenden Kriteriums des Supertyps eine Identifikation von Instanzen der Subtypen. Im Fall eines Mengentyps könnte die Identifikation mittels eines Prädikats über Instanzen des Elementtyps erfolgen. Da ein solches identifizierendes Kriterium problematisch zu handhaben ist, wird vorausgesetzt, daß der Mengentyp über ein anderes Kriterium, also in einer Eigenschaft als Aggregat- oder Subtyp, identifiziert werden kann.

In der Realität finden sich häufig Objekttypen, deren identifizierendes Kriterium nur durch zusätzliche Verwendung der identifizierenden Kriterien anderer Objekttypen definiert werden kann. Diese Objekttypen werden im folgenden *Weak-Objekttypen* genannt. Zusätzliche Verwendung können dabei jedoch nur die identifizierenden Kriterien solcher Objekttypen finden, deren Element-, Komponenten- oder Subtyp der Weak-Objekttyp ist.

Graphisch kann dieser Sachverhalt dadurch veranschaulicht werden, daß zur Darstellung der Kante, deren Quelle (bei Aggregationen und Gruppierungen) bzw. Senke (bei Generalisierungen) der Weak-Objekttyp ist, eine geschlossene Pfeilspitze verwendet wird. Eine doppelte geschlossene Pfeilspitze wird für Kanten verwendet, deren Quelle Komponententyp ist und als Teil des identifizierenden Kriteriums des Aggregattyps ausgewiesen werden soll.

Damit kann der Wertebereich Key(O) des identifizierenden Kriteriums (im folgenden auch Schlüssel genannt) eines Objekttyps O wie folgt definiert werden:

(a)   Ist O elementarer Objekttyp, ergibt sich Key(O) = W(O)

(b)   Ist O nicht-elementarer Objekttyp, ergibt sich Key(O) als das kartesische Produkt der Wertebereiche der identifizierenden Kriterien aller als Schlüssel gekennzeichneten Komponententypen sowie der identifizierenden Kriterien der Objekttypen, bezüglich derer O als weak ausgewiesen ist.

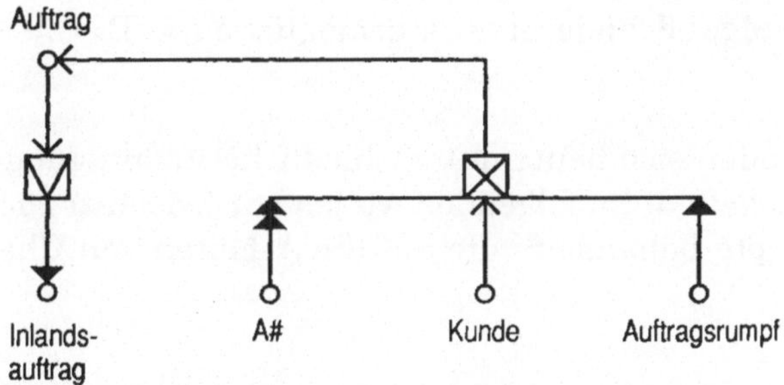

Abb. 4.2/5   Schlüsselbestimmung

Für das in Abb. 4.2/5 angegebene Beispiel berechnen sich die Wertebereiche der identifizierenden Kriterien der Objekttypen wie folgt:

$$Key(A\#) = W(A\#),$$
$$Key(Kunde) = W(Kunde),$$
$$Key(Auftragsrumpf) = W(Auftrag),$$
$$Key(Auftrag) = W(A\#),$$
$$Key(Inlandsauftrag) = Key(Auftrag) = W(A\#).$$

Falls die identifizierenden Kriterien der Objekttypen für einen Sachverhalt nicht von Interesse sind, wird aus Gründen der Übersichtlichkeit der Abbildungen auf deren graphische Darstellung verzichtet.

Weiterführende Literatur

[BrR84], [ScS83], [SmS77a], [SmS77b]

4.3   Entity-Relationship-Modelle

Entity-Relationship-Modelle werden heute von den meisten auf dem Markt verfügbaren Software-Entwicklungsumgebungen unterstützt. Dazu gehören Umgebungen, die auf dem Information Engineering nach J. Martin aufbauen (z.B. IEF, IEW), ebenso wie Umgebungen für die strukturierte Analyse (z.B. Analyst/Designer Toolkit, Excelerator, Teamwork). Darüber hinaus werden auch datenbankorientierte Entwicklungsumgebungen angeboten, die eine enge Verknüpfung zwischen konzeptuellem Modell einerseits und logischem und externem Modell andererseits ermöglichen (z.B. CASE*, ER-Designer, PREDICT CASE).

In der Praxis finden sich heute unterschiedliche Ausprägungen von Entity-Relationship-Modellen. Im folgenden wollen wir jedoch zunächst die grundlegenden Konzepte behandeln, die auf die Arbeiten von Chen [Che76] zurückgehen.

4.3.1   Grundlegende Konzepte

Im Gegensatz zu SHO wird bei Entity-Relationship-Modellen (ER-Modellen, ERM) eine klare Unterscheidung zwischen Objekten (hier: Entities), Beziehungen (relationships) und Attributen vorgenommen. Diese verschiedenen Elemente werden im folgenden behandelt:

Entities

Unter einem Entity können wir ein eigenständiges Objekt der Realwelt verstehen, dessen Existenz prinzipiell unabhängig von anderen Objekten ist.[1] Für die Modellierung werden Entities, die einander nach gewissen Kriterien ähnlich sind, zu Klassen oder Entity-Typen (entity set) zusammengefaßt. Dies entspricht der Klassifikation in SHO. Im allgemeinen ist zur Vereinfachung der Sprechweise auch für Entity-Typen der Begriff Entity gebräuchlich, da sich üblicherweise aus dem Kontext ableiten läßt, ob von eigentlichen Entities oder Entity-Typen die Rede ist.

Abbildung 4.3/1 zeigt Beispiele für die graphische Darstellung von Entity-Typen.

| Kunde | Auftrag | Geschäftspartner |

Abb. 4.3/1   Entity-Typen

Die Zugehörigkeit eines Entities zu einem Entity-Typ ist nicht eindeutig, wie bereits diese Beispiele zeigen: ein konkretes Entity kann sowohl vom Typ Kunde als auch vom Typ Geschäftspartner sein. Zur Identifikation eines konkreten Entities der Realwelt müssen also stets der Entity-Typ zusammen mit einer Reihe von Prädikaten angegeben werden, die das Entity in der entsprechenden Klasse identifizieren. Es reicht z.B. nicht, nach dem Entity Müller zu suchen, sondern es muß explizit nach dem Kunden Müller oder dem Geschäftspartner Müller gesucht werden.

Relationships

Wie Entities werden auch Beziehungen (relationships) zwischen Entities zu Klassen zusammengefaßt. Man spricht dann von Relationship-Typen (relationship set) oder auch hier vereinfacht von Relationships.

---

1   Die Abhängigkeit von der Existenz anderer Entities kann jedoch über referentielle Integritätsbedingungen modelliert werden (vgl. [ScS83]).

Graphisch werden Relationship-Typen wie in Abb. 4.3/2 durch beschriftete
Rauten repräsentiert. Die Entities, die an der Beziehung partizipieren, sind
über Kanten mit der Raute verbunden.

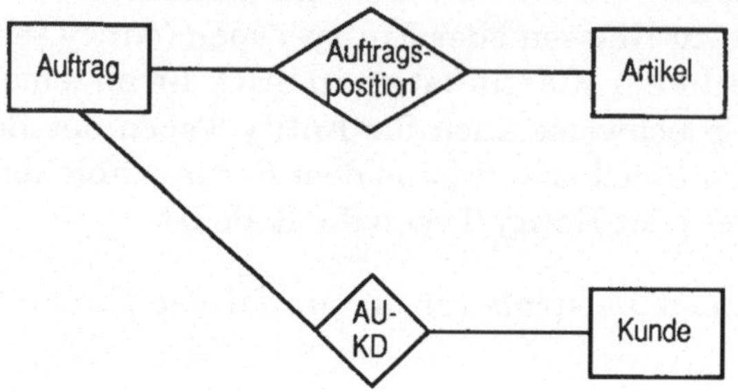

Abb. 4.3/2   Relationship-Typen

In unserem Beispiel existieren Beziehungen zwischen Aufträgen und Artikeln sowie zwischen Aufträgen und Kunden. In ER-Modellen sind selbstverständlich auch Beziehungen zwischen mehr als zwei Entities möglich.
Außerdem können Entities in mehr als einer Beziehung miteinander stehen.

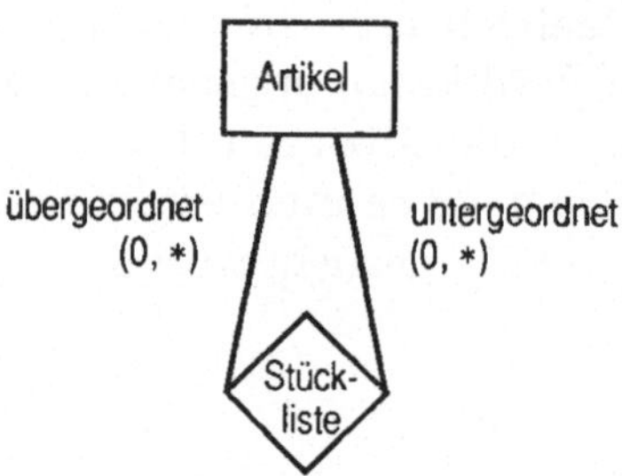

Abb. 4.3/3   Rekursive Beziehungen

Das ERM bietet die Möglichkeit, durch die Verwendung von *Rollennamen*
als Kantenbeschriftungen die Aussagekraft der Diagramme zu erhöhen.
Eine Beschriftung der Kante zwischen Entity-Typ Auftrag und Relationship-
Typ AU-KD mit dem Literal wird erteilt von´ beschreibt die Rolle, die Aufträgen
in konkreten Beziehungen zwischen Aufträgen und Kunden zukommt. In
diesem Beispiel ist die Verwendung von Rollen nicht besonders sinnvoll.
Ganz anders verhält es sich jedoch, wenn man rekursive Beziehungen zwi-

schen Entities modellieren möchte. Abbildung 4.3/3 zeigt mit der Stückliste eine bekannte rekursive Beziehung zwischen Artikeln. Hier ist offensichtlich die Verwendung von Rollennamen angezeigt.

Im allgemeinen wird in ER-Diagrammen, wie in Abb. 4.3/3, auch die *Komplexität* (mapping property, manchmal auch Kardinalität) von Beziehungen angegeben. Gebräuchlich sind hierfür unterschiedliche Notationen (vgl. [ScS83]). Wir wollen auf die sogenannte Min-Max-Notation zurückgreifen, bei der angegeben wird, in wieviel konkret vorhandenen Beziehungen ein Entity mindestens und höchstens vorkommt. Kann ein Entity in beliebig vielen konkreten Beziehungen stehen, wird dies durch das Symbol „*" ausgedrückt. In Abb. 4.3/3 kann ein Artikel sowohl in seiner Rolle als übergeordneter wie auch als untergeordneter Artikel beliebig oft an einer Stücklistenbeziehung partizipieren. Die Angabe von „0" als Minimum besagt, daß Entities nicht notwendigerweise in einer solchen Beziehung stehen müssen.

Attribute

Sowohl Entity-Typen als auch Relationship-Typen können Attribute zugewiesen werden. Sie entsprechen Abbildungen zwischen Entity- bzw. Relationship-Typen und Wertebereichen. In ER-Diagrammen werden Wertebereiche durch beschriftete Ellipsen repräsentiert. Die Verknüpfung zwischen Entity- bzw. Relationship-Typen und Wertebereichen wird durch Pfeile hergestellt (dem Abbildungssymbol nachempfunden), die mit dem Bezeichner des Attributs beschriftet sind.

Abbildung 4.3/4 zeigt das um Komplexitäten, Attribute und Wertebereiche erweiterte Diagramm aus Abb. 4.3/2. Entities vom Typ Kunde wird über das Attribut Name ein String zugeordnet, über das Attribut Name ein zusammengesetzter Wertebereich PLZ × Ort × Straße und über das Attribut KD# der Wertebereich KD#. Zur Vereinfachung kann auf die Angabe des Attributnamens verzichtet werden, falls er dem Wertebereich entspricht.

Die Attribute des Entity-Typs Kunde könnten als Abbildungen wie folgt angegeben werden:

KD#: Kunde → KD#
Name: Kunde → STRING
Anschrift: Kunde → PLZ × Ort × Straße

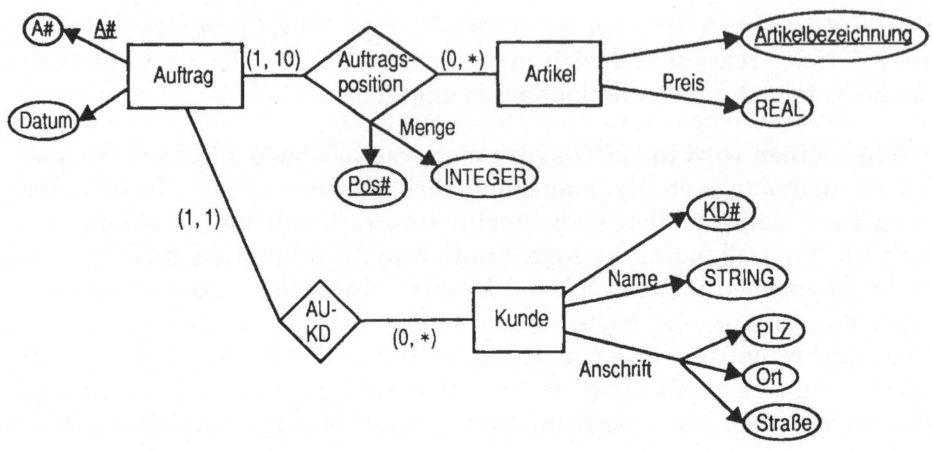

Abb. 4.3/4   Attribute und Wertebereiche

In Abb. 4.3/4 sind einige der Attribute mit einem Unterstrich gekennzeichnet.[1] Damit sind sie als Schlüsselattribute ausgewiesen, d.h. über die Werte
dieser Attribute sind Entities innerhalb ihrer Klasse identifizierbar. Zur
Identifikation von Relationships müssen die direkt zugeordneten Schlüsselattribute um sogenannte *Fremdschlüssel* erweitert werden. Darunter
versteht man die Schlüsselattribute der an der Beziehung beteiligten Entities. In unserem Beispiel ist eine Auftragsposition über die Positionsnum-
mer (Pos#), kombiniert mit den Schlüsselattributen der Entity-Typen Auftrag
und Artikel, identifizierbar.

Weak Entity-Typen

In Abb. 4.3/4 werden Auftragspositionen als Beziehungen zwischen Aufträgen und Artikeln modelliert. Dies ist problematisch, wenn Auftragspositionen selbst in Beziehung zu anderen Entities gesetzt werden sollen. Als Beispiel hierfür könnten wir uns eine Beziehung Auftragseingang/Artikel vorstellen,
die Artikel mit allen zugehörigen Auftragseingängen einer bestimmten Pe-
riode in Beziehung setzt.

---

1   Falls aufgrund der Namensgleichheit von Attributen und Wertebereichen auf eine Angabe des Attributnamens verzichtet wird, erhält der Wertebereichsbezeichner einen
Unterstrich.

Ein erster Ansatz zur Lösung des Problems ist, Auftragspositionen als Entities aufzufassen und Beziehungen zwischen Auftragspositionen und Aufträgen sowie zwischen Auftragspositionen und Artikeln einzuführen. Dabei geht jedoch unerwünschterweise Semantik verloren: In der Lösung aus Abb. 4.3/4 ist die Existenz einer Auftragsposition abhängig von einem bestimmten Auftrag. Bei dem angesprochenen Ansatz dagegen könnten Auftragspositionen auch unabhängig von der Existenz eines Auftrags existieren.

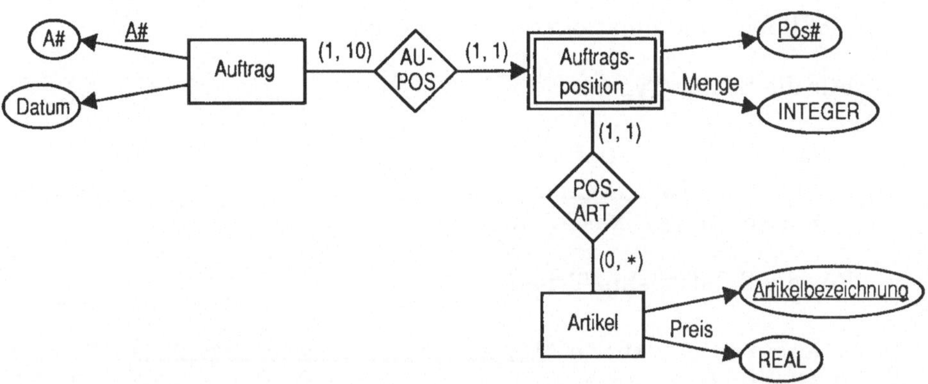

Abb. 4.3/5   Weak Entity-Typ

Eine Möglichkeit zur Abbildung der gewünschten Semantik bieten sogenannte *Weak Entity-Typen*, die graphisch als doppelte Rechtecke dargestellt werden. Um die Existenzabhängigkeit von einem bestimmten Entity eines anderen Typs auszudrücken, wird als Kante zur Verbindung des Weak Entity-Typs mit dem Beziehungstyp, der die Abhängigkeit repräsentiert, ein Pfeil verwendet (siehe Abb. 4.3/5). Zu beachten ist dabei, daß ein Weak Entity nur über den Schlüssel des Entities identifiziert werden kann, von dem es abhängt. In unserem Beispiel könnte eine Auftragsposition also nur durch Erweiterung ihres Schlüssels um einen Fremdschlüssel, den Schlüssel des zugehörigen Auftrags, identifiziert werden (vgl. hierzu die Verwendung von Fremdschlüsseln für Beziehungen).

Abbildung des ER-Modells in das Relationenmodell

Das ERM kombiniert und erweitert Konzepte des Netzwerk- und des Relationenmodells und läßt sich deshalb auch sehr gut gemeinsam mit diesen klassischen Modellen verwenden (siehe hierzu auch [Che76]). Dies ist wohl der wichtigste Grund für die weite Verbreitung des ER-Modells. Ein in der Praxis gebräuchlicher Ansatz ist, zur konzeptuellen Modellierung zunächst das ER-Modell zu verwenden und das sich ergebende konzeptuelle Schema dann in ein entsprechendes logisches Schema auf der Basis des Relationenmodells zu transformieren. Dieser Transformationsschritt wird von den meisten der zu Beginn dieses Abschnitts angegebenen Werkzeugen unterstützt.

Für das ER-Diagramm aus Abb. 4.3/4 würden sich in Klammernotation (vgl. [ScS83]) folgende Relationstypen ergeben:

- Für die Entity-Typen:

```
Auftrag (A#, Datum),
Artikel (Artikelbezeichnung, Preis),
Kunde (KD#, Name, Anschrift1).
```

- Für die Relationship-Typen:

```
Auftragsposition (A#, Artikelbezeichnung, Pos#, Menge),
AU-KD (A#, KD#).
```

Bereits dieses kleine Beispiel zeigt, daß ein schematischer Transformationsprozeß nicht zwangsläufig gute Ergebnisse liefert. An den Komplexitäten der Beziehung zwischen Auftrag und Kunde läßt sich erkennen, daß ein Kunde mehrere Aufträge erteilen kann, andererseits ein Auftrag genau einem Kunden zugeordnet ist. Da die Beziehung AU-KD keine weiteren Attribute aufweist, könnte AU-KD auch über ein zusätzliches Attribut KD# direkt in der Auftrags-Relation berücksichtigt werden:

```
Auftrag (A#, Datum, KD#).
```

Weiterführende Literatur

[Che76], [ScS83], [TsL82]

---

1   Dieses Attribut könnte auch noch weiter in seine Komponenten PLZ, Ort und Straße aufgespalten sein.

4.3.2 Krähenfuß-Notation

Das ER-Modell weist, etwa im Vergleich zu semantisch-hierarchischen Datenmodellen, insbesondere in bezug auf die Möglichkeiten zur Abstraktion einige Schwächen auf. Deshalb findet man in der Praxis das ER-Modell nur selten in der in Abschnitt 4.3.1 beschriebenen Grundform vor. Einige der gebräuchlichen Erweiterungen werden in Abschnitt 4.3.3 anhand eines ER-Modells behandelt, das in [MaM85a] beschrieben wird. Die graphische Repräsentation erfolgt in der sogenannten *Krähenfuß-Notation*, die wir in ähnlicher Weise bereits in Abschnitt 2.1.2 für Dekompositionsdiagramme verwendet haben.

In der Krähenfuß-Notation werden Entity-Typen wie gewohnt als Rechtecke dargestellt. Relationship-Typen (associations) werden durch Kanten repräsentiert, die an ihren Ausgangs- und Endpunkten abhängig von der Komplexität der Beziehungen mit speziellen Symbolen versehen sein können. Abbildung 4.3/6 zeigt das ER-Diagramm aus Abb. 4.3/4 in Krähenfuß-Notation (ohne Attribute).

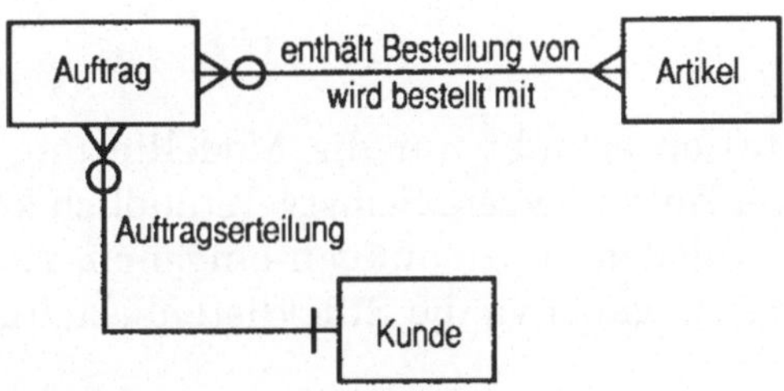

Abb. 4.3/6   ER-Diagramm in Krähenfuß-Notation

Komplexitäten

In Abb. 4.3/7 werden die Min-Max-Notation aus Abschnitt 4.3.1 und die Krähenfuß-Notation einander gegenüber gestellt. Dabei ist zu beachten, daß die Komplexitätsaussage bezüglich eines Entities A stets auf der Seite des damit in Beziehung stehenden Entities B abzulesen ist. Da im allgemeinen natürlich auch die Komplexität bezüglich dieses zweiten Entities B interessant ist, finden sich Komplexitätskennzeichen sowohl am Kantenanfang als auch am Kantenende (siehe Abb. 4.3/6).

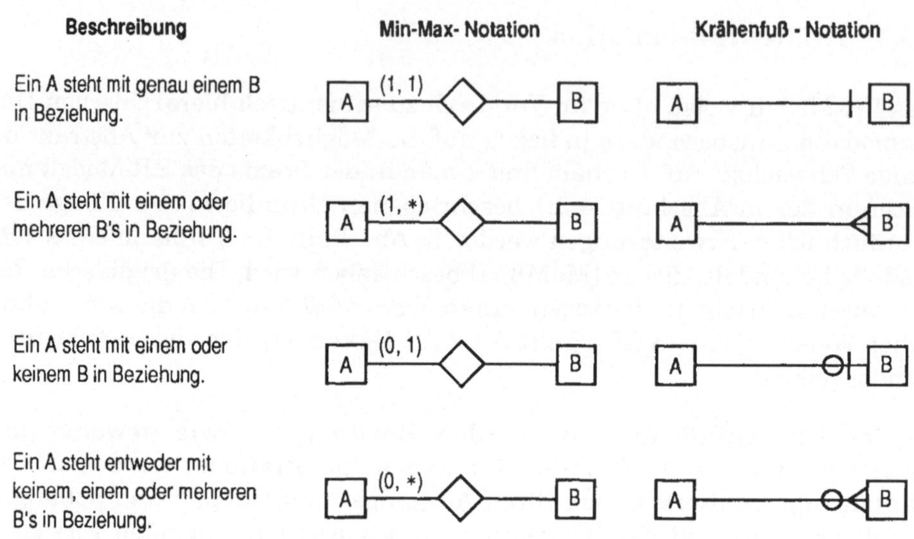

Abb. 4.3/7   Repräsentation von Komplexitäten in ER-Diagrammen

Relationships

Die Krähenfuß-Notation erlaubt nur die Modellierung von Beziehungen zwischen jeweils zwei Entity-Typen. Selbstverständlich können aber Entity-Typen mehrere verschiedene Beziehungen eingehen. Außerdem sind auch rekursive Beziehungen, wie etwa die Stücklistenbeziehung aus Abb. 4.3/3, möglich.

Üblicherweise werden Beziehungstypen mit Bezeichnungen versehen. Dabei kann entweder für beide Beziehungsrichtungen eine einheitliche Bezeichnung vergeben werden (z.B. Auftragserteilung) oder aber eigene Bezeichnungen für jede Beziehungsrichtung. Diese entsprechen dann gerade den Rollen aus Abschnitt 4.3.1. Für die Zuordnung der Rollen ist folgende Konvention gebräuchlich: Bei horizontalen Kanten bezieht sich die Bezeichnung oberhalb der Kanten auf den links stehenden Entity-Typ, die Bezeichnung unterhalb auf den rechts stehenden. Verlaufen Kanten vertikal, bezieht sich die links von der Kante angegebene Bezeichnung auf den oben stehenden Entity-Typ, die Bezeichnung rechts auf den unten stehenden.

Attribute

Zur besseren Übersichtlichkeit wird auf eine graphische Repräsentation der Attribute in ER-Diagrammen häufig verzichtet. Wird diese jedoch gewünscht, können Attribute, wie in Abb. 4.3/8, als beschriftete Ellipsen angegeben werden. In [MaM85a] wird mit den Inverted L Charts eine weitere graphische Möglichkeit zur Repräsentation von Attributen und darüber hinaus auch Wertebereichen und Details von Beziehungen angegeben. Wir wollen an dieser Stelle aus Platzgründen auf die Beschreibung dieser Diagrammtechnik verzichten.

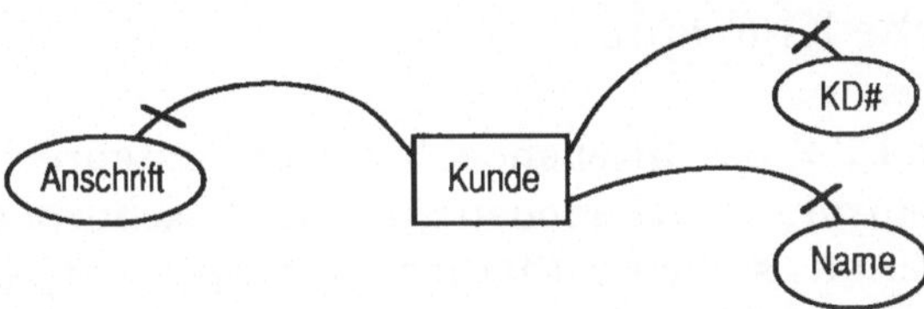

Abb. 4.3/8   Attribute

Verkettete Entity-Typen

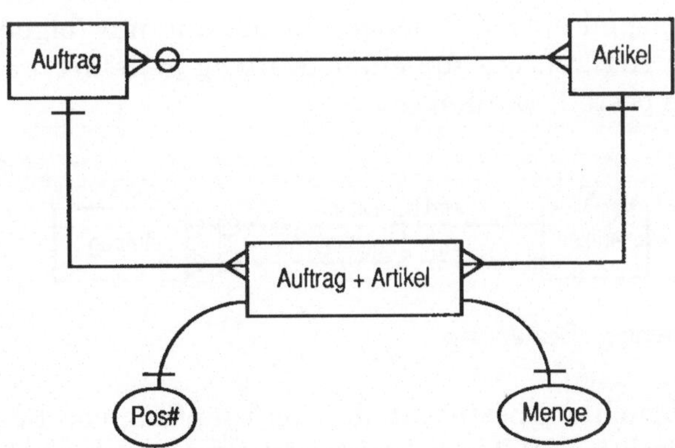

Abb. 4.3/9   Verkettete Entity-Typen

Die Krähenfuß-Notation ermöglicht es nicht, Beziehungstypen mit Attributen zu versehen, wie dies z.B. in Abb. 4.3/4 für den Beziehungstyp Auftragsposition sinnvoll war. Es handelte sich dabei um die Attribute Pos# und Menge, die sich weder allein auf einen Auftrag noch allein auf einen Artikel beziehen. Man bildet in einem solchen Fall einen sogenannten *verketteten Entity-Typ* Auftrag + Artikel, dem dann solche Attribute zugewiesen werden, die sich auf die Kombination der beiden verketteten Entity-Typen beziehen (siehe Abb. 4.3/9).

Weiterführende Literatur

[MaM85a]

4.3.3 Zusätzliche Konzepte

Die in Abschnitt 4.3.2 beschriebenen Konzepte entsprechen weitgehend denen der Grundform des ER-Modells, die in Abschnitt 4.3.1 behandelt wurde. Darüber hinaus stehen zusätzliche Konzepte zur Verfügung, die im folgenden behandelt werden.

Beziehungen zwischen Relationships

Die erste Möglichkeit, Relationships zueinander in Beziehung zu setzen, ist die Modellierung von *Teilmengen-Beziehungen* (subset associations). In Abb. 4.3/10 ist als Beispiel eine Teilmengen-Beziehung mit folgender Semantik angegeben: alle Artikel, die für einen Auftrag geliefert werden, müssen auch mit diesem bestellt worden sein.

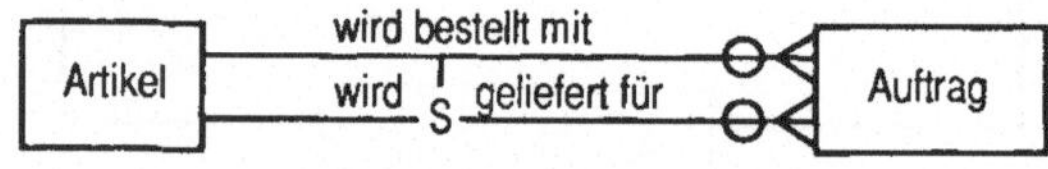

Abb. 4.3/10 Teilmengen-Beziehung

Eine weitere Möglichkeit besteht in der Verknüpfung von Beziehungstypen durch eine Disjunktion. Dabei kann sowohl ein inklusives als auch ein exklusives Oder modelliert werden. In Abb. 4.3/11 a steht ein Auftrag entweder mit Fertigungsaufträgen oder Einkaufsaufträgen oder mit beidem in Beziehung, abhängig davon ob die bestellten Artikel im Unternehmen gefertigt oder über Lieferanten bezogen werden. Falls alle bestellten Artikel am Lager verfügbar sind, existiert weder eine Beziehung des einen noch des anderen Typs.

Teil b der Abb. 4.3/11 modelliert ein exklusives Oder: falls ein Auftrag bereits fakturiert wurde, steht er abhängig vom Sitz des Kunden entweder mit einer Exportrechnung oder mit einer Inlandsrechnung in Beziehung.

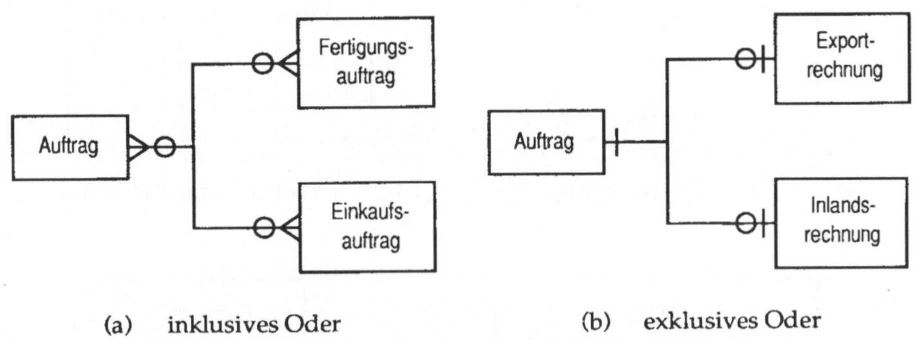

Abb. 4.3/11   Logische Verknüpfung von Beziehungstypen

Entity-Subtypen

Ein Konzept, das der Generalisierung bzw., in der Top-down-Interpretation, der Spezialisierung aus SHO ähnlich ist, ist die Bildung von Subtypen. Im Gegensatz zur Spezialisierung in SHO ist sie jedoch ausschließlich auf Entity-Typen anwendbar. Ziel der Subtypen-Bildung ist die Definition von Teilmengen eines Entity-Typs, falls Entities dieser Teilmengen unterschiedliche Beziehungen zu anderen Entities oder unterschiedliche Attributmengen aufweisen. Dagegen steht bei SHO die Abstraktion im Vordergrund.

Abbildung 4.3/12 a zeigt die Zerlegung des Entity-Typs Geschäftspartner in die Subtypen Kunde und Lieferant (vgl. auch Abb. 4.2/2). Entity-Subtypen können wie normale Entity-Typen verwendet werden. In Abb. 4.3/12 a etwa sind den Entity-Subtypen Beziehungen zugeordnet. Außerdem weisen Entity-Subtypen auch Attribute auf. Von *klassifizierenden Attributen* wird gesprochen, wenn die Werte dieser Attribute für ein konkretes Entity zur Bestimmung des zugehörigen Subtyps verwendet werden können.

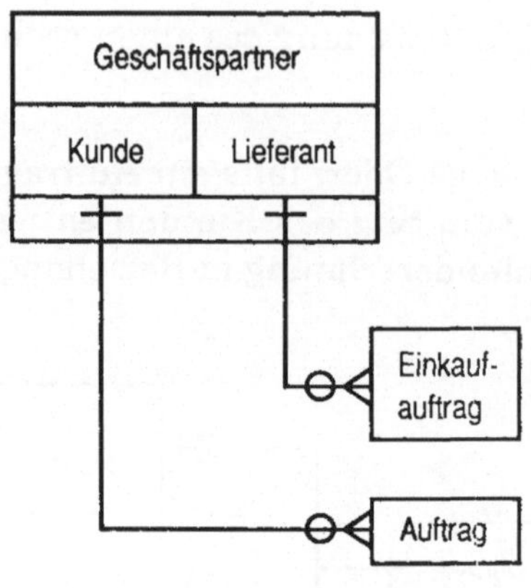

(a)   vollständige Zerlegung

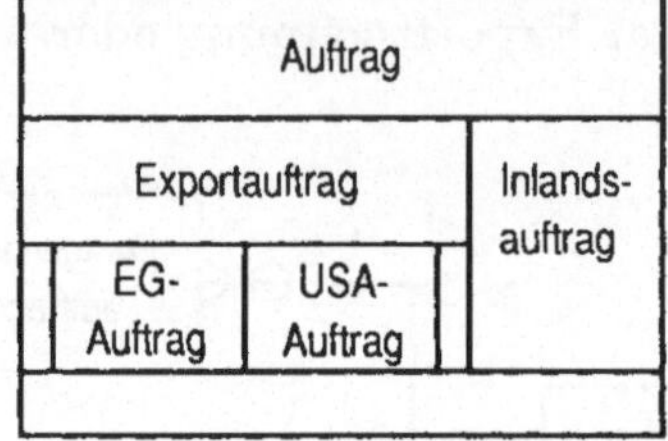

(b)   unvollständige Zerlegung

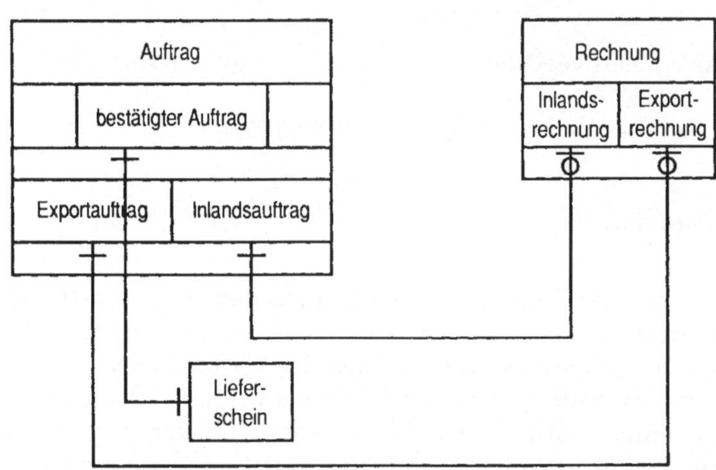

(c)   mehrfache Subtyp-Bildung

Abb. 4.3/12 Entity-Subtypen

Teil a der Abb. 4.3/12 zeigt eine *vollständige Zerlegung* des Entity-Typs Geschäftspartner, d.h. ein Geschäftspartner ist entweder ein Kunde oder ein Lieferant. Teil b zeigt ein Beispiel für eine unvollständige Zerlegung: Die Menge der Exportaufträge läßt sich nicht vollständig in die Mengen der EG- und USA-Aufträge zerlegen; es existieren darüber hinaus Entities vom Typ

Exportauftrag, die weder EG- noch USA-Aufträge sind. Dies wird graphisch durch nicht-beschriftete Subtyp-Felder ausgedrückt.

Es wurde bereits erwähnt, daß Entity-Subtypen wie Entity-Typen verwendet werden können. Sie können insbesondere, wie Abb. 4.3/12 b zeigt, auch weiter in Subtypen zerlegt werden, wodurch dann ganze *Subtyp-Hierarchien* entstehen.

Wie die Spezialisierung in SHO ermöglicht auch das Konzept der Entity-Subtypen eine Zerlegung nach unterschiedlichen Kriterien. In Abb. 4.3/12 c wurde für den Entity-Typ Auftrag einmal der Subtyp bestätigter Auftrag gebildet, zum anderen aber auch die Subtypen Exportauftrag und Inlandsauftrag. Dies bedeutet insbesondere, daß es sowohl bestätigte Export- als auch bestätigte Inlandsaufträge geben kann. Um eine Verwechslung mit Subtyp-Hierarchien zu vermeiden, werden die nach verschiedenen Kriterien gebildeten Subtypen in der graphischen Darstellung durch ein Leerfeld getrennt.

Weiterführende Literatur

[MaM85a]

4.4 Methodische Aspekte

Nachdem in den vorausgegangenen Abschnitten dieses Kapitels Grundlagen der Datenmodellierung und exemplarisch zwei semantische Datenmodelle behandelt wurden, wollen wir uns nun methodischen Aspekten der Datenmodellierung zuwenden. Zunächst werden wir der Frage nachgehen, wie sich die Datenmodellierung in Life-Cycle-Modellen integrieren läßt. Daran anschließend werden verschiedene Ansätze zur Informationsbedarfsanalyse, dem grundlegenden Schritt der Datenmodellierung, behandelt. Den Abschluß bilden Ausführungen zur strategischen Informationsplanung.

4.4.1 Die Datenmodellierung im Life-Cycle-Modell

Die Datenmodellierung ist grundlegender Bestandteil der Aktivitäten zur Entwicklung von Datenbankanwendungen. Sie umfaßt neben der konzeptuellen Modellierung auch die Aufstellung des logischen und des internen Modells sowie der externen Modelle. Abbildung 4.4/1 zeigt, wie diese einzelnen Aktivitäten im idealisierten Life-Cycle-Modell aus Abschnitt 1.4 eingeordnet werden können.

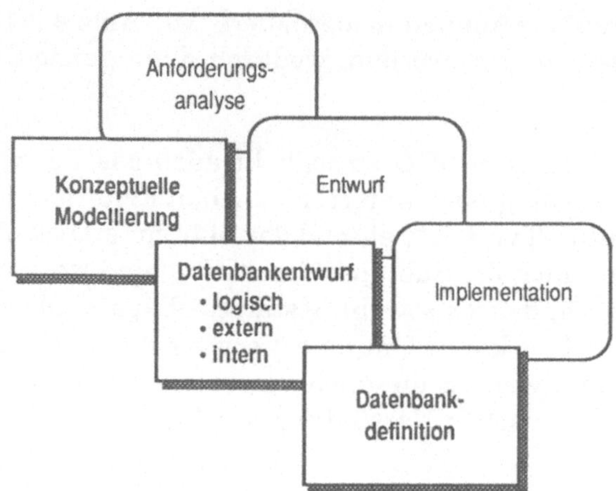

Abb. 4.4/1   Entwicklung von Datenbankanwendungen

Konzeptuelle Modellierung

Die konzeptuelle Modellierung wird hier als Bestandteil der Anforderungsanalyse gesehen. Häufig wird sie jedoch auch, ihrer Bedeutung entsprechend, als expliziter Schritt zwischen Anforderungsanalyse und Entwurf ausgewiesen. Im Rahmen der konzeptuellen Modellierung wird der Informationsbedarf für die zu entwickelnde Anwendung ermittelt und mittels eines geeigneten Datenmodells – im allgemeinen eines semantischen – formalisiert. Ziel ist die Schaffung eines möglichst stabilen konzeptuellen Modells als Ausgangs- und Bezugspunkt für alle nachfolgenden Datenmodellierungsaktivitäten. Und nicht nur dafür, auch für alle anderen Aktivitäten im Life-Cycle-Modell – etwa den Funktionsentwurf – kommt dem konzeptuellen Modell grundlegende Bedeutung zu.

Datenbankentwurf

Die logische, externe und interne Modellierung sind typische Entwurfsaktivitäten und lassen sich entsprechend auch im Life-Cycle-Modell einordnen. Wir wollen die Aktivitäten unter dem Begriff Datenbankentwurf zusammenfassen. Für den Datenbankentwurf muß, im Gegensatz zur konzeptuellen Modellierung, die Entscheidung für ein bestimmtes Datenbanksystem bereits gefallen sein.

Die Entwurfsaktivitäten umfassen hauptsächlich Abbildungsschritte, die sich sehr gut durch Software-Werkzeuge unterstützen lassen. Insbesondere relationale Datenbanksysteme bieten eine ganze Reihe von Tools, die hier verwendet werden können: zur externen Modellierung stehen Formular- und Report-Generatoren zur Verfügung, zur logischen Modellierung interaktive Schemaeditoren und Normalisierungs-Tools. Die interne Modellierung wird durch Vorgabe eines Default-Modells und Tools zur interaktiven Modifikation des internen Modells unterstützt. Alle diese Tools setzen im allgemeinen jedoch auf dem logischen Modell auf. Es bleibt die Aufgabe, das konzeptuelle Modell in ein adäquates logisches Modell zu transformieren. Hierfür bieten aber wiederum Software-Entwicklungsumgebungen oder Dictionaries geeignete Tool-Unterstützung an, so daß der Datenbankentwerfer von aufwendigen Routinearbeiten weitgehend entlastet wird.

Datenbankdefinition

Die Datenbankdefinition, mit anderen Worten das Anlegen einer Datenbank oder die Definition des logischen, des internen und der externen Modelle, erfolgt zumeist implizit durch Anwendung der vom verwendeten Datenbanksystem zur Verfügung gestellten Tools für den Datenbankentwurf. Es werden jedoch auch Möglichkeiten für eine explizite Datenbankdefinition angeboten. Wir wollen an dieser Stelle exemplarisch die Datenbanksprache SQL[1] betrachten, die neben Anweisungen zur Abfrage und Modifikation relationaler Datenbanken auch Anweisungen zur Modelldefinition auf allen drei Ebenen der Datenbankarchitektur beinhaltet.

In Abschnitt 4.3.1 wurden für das ER-Diagramm aus Abb. 4.3/4 entsprechende Relationstypen angegeben. Die Relation `Auftragsposition` als Teil des logischen Modells könnte mit SQL wie folgt definiert werden.

---

1   In der Praxis sind eine Reihe von SQL-Derivaten gebräuchlich. Wir beziehen uns hier auf das vom Datenbanksystem ORACLE unterstützte Derivat (siehe etwa [FKU89]), das einer Obermenge des SQL-Standards (vgl. [Dat87]) entspricht.

```
CREATE TABLE Auftragsposition
   (  A# NUMBER (4,0) NOT NULL,
      Artikelbezeichnung CHAR (20) NOT NULL,
      Pos# NUMBER (4,0) NOT NULL,
      Menge NUMBER)
```

Für Definitionen externer Modelle steht in SQL das CREATE-VIEW-Kommando zur Verfügung. Falls ein Benutzer in seiner Selektion auf die Relation Auftragsposition nur die Tupel zu sehen wünscht, die sich auf Aufträge mit einer Nummer zwischen 1000 und 1200 beziehen (Selektion), und falls ihn nur jeweils die Attribute A# und Artikelbezeichnung interessieren (Projektion), kann dies wie folgt definiert werden:

```
CREATE VIEW AUPOS AS
    SELECT A#,Artikelbezeichnung
      FROM Auftragsposition
      WHERE A# BETWEEN 1000 AND 1200
```

Neben den Anweisungen zur Definition von Relationen und Views stehen auch entsprechende Anweisungen zum Ändern und Löschen von Relationen und Views zur Verfügung.

Für das interne Modell bietet SQL Anweisungen zur Definition von Clustern und Indexen. Zur Vereinbarung eines Index mit eindeutigen Werten (als Ersatz für einen Primärschlüssel) für die Relation Auftragsposition könnte folgende CREATE-INDEX-Anweisung verwendet werden:

```
CREATE UNIQUE INDEX Aupos-Key
    ON Auftragsposition(A#, Artikelbezeichnung, Pos#)
```

Diese Anweisung kann ohne die UNIQUE-Klausel etwa auch für Sekundärschlüssel angewendet werden.

4.4.2 Informationsbedarfsanalyse

Die Analyse des Informationsbedarfs ist unbestritten eine der Schlüsselaktivitäten in Entwicklungsprojekten. Leider wird diese Aktivität in der Praxis häufig nicht mit einer ihrer Bedeutung gerecht werdenden Sorgfalt durchgeführt. Dies hat zur Folge, daß Teile des Informationsbedarfs erst in späteren Projektphasen als fehlend oder inkorrekt erkannt werden und so umfangreiche Nacharbeiten erforderlich machen, die zu einem erheblichen Produktivitätsverlust im Entwicklungsprozeß führen. Daneben zeigt sich auch immer wieder, daß ein Großteil der Wartungsarbeiten aufwendigster Sorte aus Unzulänglichkeiten in der Informationsbedarfsanalyse herrühren.

Die wichtigsten Gründe für solche Unzulänglichkeiten lassen sich rasch ausmachen: Zum einen liefert die Informationsbedarfsanalyse nicht unmittelbar greifbare Ergebnisse, so daß sich ein hoher Zeitaufwand gegenüber dem Auftraggeber nur sehr schwer rechtfertigen läßt. Zum anderen stellt die Informationsbedarfsanalyse ganz erhebliche Anforderungen an den Durchführenden: Er muß nicht nur ein fundiertes Verständnis für die aufbau- und ablauforganisatorischen Gegebenheiten im relevanten Arbeitsgebiet entwickeln und darüber hinaus eine ausgeprägte Kommunikationsfähigkeit besitzen, um den Endbenutzer in die Analysearbeiten einzubinden, sondern er muß auch die eingesetzten formalen Hilfsmittel (Datenmodelle) voll beherrschen. Beherrschen bedeutet hier nicht nur das Verstehen des Datenmodells, sondern vielmehr das Denken in den Konzepten des Datenmodells. Nur so ist es dem Analytiker möglich, den Informationsbedarf weitgehend vollständig und korrekt zu erfassen und im Datenmodell abzubilden.

Im folgenden wollen wir kurz einige der wichtigsten Techniken zur Ermittlung des Informationsbedarfs behandeln (vgl. hierzu auch [Vet87]):

- Realitätsbeobachtung und Befragung,

- Formularanalyse,

- Datenbestandsanalyse,

- Funktionsanalyse.

Realitätsbeobachtung und Befragung

Für die Informationsbedarfsanalyse können alle Beobachtungs- und Befragungstechniken angewendet werden, die in den einschlägigen Lehrbüchern zur Systemanalyse beschrieben werden (siehe etwa [LST83, KeK88]). Sowohl bei der Beobachtung als auch bei der Befragung ist dabei das bereits erwähnte „Denken im Datenmodell" von entscheidender Bedeutung, da nur so eine effektive Steuerung des Analyseprozesses hin zu einem stabilen konzeptuellen Modell möglich ist.

Um ein möglichst vollständiges und konsistentes Bild des Informationsbedarfs zu erhalten, muß darauf geachtet werden, daß zum einen alle tan-
gierten Unternehmensbereiche gehört werden, zum anderen aber auch
Vertreter aller Ebenen der Unternehmenshierarchie (siehe hierzu [TsL82]).
Fragen, die sich vor allem in Gesprächen mit dem Top Management klären
lassen, sind etwa Fragen nach strategischen Zielsetzungen sowie aktuellen
und zukünftigen Entwicklungen im Umfeld der im Projekt involvierten
Organisationsbereiche. Entscheidungsträger mittlerer Hierarchieebenen
sind die geeigneten Ansprechpartner zur Abgrenzung der für die Analyse
relevanten Aufgabengebiete sowie für detaillierte Fragen zur Unterneh-
menspolitik. Außerdem lassen sich die angestrebten Charakteristika der zu
entwickelnden Anwendung (Reaktionszeiten, Zuverlässigkeit, Robustheit,
Sicherheit, Geheimhaltung) erfragen. Detailliertere Informationen hierzu,
über die Verwendung und das Volumen von Datenbeständen sowie über
Aufbau und Ablauf von Transaktionen können darüber hinaus Gespräche
mit den involvierten Sachbearbeitern liefern. Semantische Datenmodelle,
ergänzt um unformatierte Textfragmente, sind geeignete Hilfsmittel, um
die im Rahmen von Beobachtungen und Befragungen ermittelten Anforderungen zu dokumentieren. Problematisch ist jedoch die Abbildung der informalen und ungeordneten Informationen in die formalen Konzepte des
Datenmodells. In [VeV82] wird mit NIAM ein Ansatz zur Formalisierung
dieses Abbildungsprozesses beschrieben. NIAM geht von einem Satzmodell
aus, das die Zerlegung von Sätzen informaler Beschreibungen in ihre Bestandteile und deren Abbildung in einem Datenmodell ermöglicht. Dieser
Ansatz konnte sich jedoch – vermutlich aufgrund des hohen Aufwands für
seine Durchführung – in der Praxis nicht durchsetzen.

Es läßt sich feststellen, daß teilweise recht große Unterschiede in der Eignung verschiedener Datenmodelle für die Informationsbedarfsanalyse
bestehen. So zeigen sich Entity-Relationship-Modelle dort überlegen, wo ein
bereits vorhandenes Grundwissen im Anwendungsbereich ein Top-down-
Vorgehen ermöglicht. In sogenannten Non-Standard-Bereichen, die ein –
zumindest teilweises – Bottom-up-Vorgehen bzw. ein Jo-Jo-Verfahren (siehe
Abschnitt 1.3.1) erforderlich machen, weisen dagegen semantisch-hierarchische Datenmodelle wie SHO Vorteile auf, da für deren Abstraktionskon-
zepte sowohl Top-down- als auch Bottom-up-Interpretationen existieren.
Ein weiterer Vorteil begründet sich darin, daß eine in Non-Standard-Bereichen in einer frühen Phase schwierig zu treffende Unterscheidung von Entities, Beziehungen und Attributen entfällt. Es kann so zumeist auf sonst
laufend notwendige, aufwendige Umstrukturierungen verzichtet werden.

Formularanalyse

Eine Analysetechnik, für die sich insbesondere semantisch-hierarchische Datenmodelle eignen, ist die Formularanalyse. Die Ausgangsbasis dieser Technik bilden die in den relevanten Organisationsbereichen verwendeten oder bereits vorab neu konzipierten Formulare. Unter einem Formular ist in diesem Zusammenhang nicht nur die ausgedruckte und gegebenenfalls ausgefüllte Version eines Datenobjekts zu verstehen. Vielmehr bezeichnet der Begriff des Formulars hier alle visuellen Erscheinungsformen eines Datenobjekts oder einer Menge verknüpfter Datenobjekte. Dazu gehören Bildschirmmasken, Reports (am Bildschirm oder auf Papier), gedruckte Formulare, Briefe etc.

Die Formularanalyse läuft in drei Schritten ab:

(1)   Interpretation von Formularen als externe Modelle (Sichten, views).

(2)   Beschreibung der Strukturen und erkennbaren Integritätsbedingungen mittels eines Datenmodells.

(3)   Integration der externen Modelle (view integration).

(1)   Interpretation von Formularen als externe Modelle

Im ersten Schritt werden Formulare als externe Modelle bzw. Sichten auf die zu entwickelnde Datenbank interpretiert. Das heißt, man geht jetzt einen umgekehrten Weg: die externen Modelle werden nicht aus dem konzeptuellen Modell abgeleitet, sondern das konzeptuelle Modell aus der Gesamtheit der externen Modelle. Dies ist ein sinnvoller Ansatz, da das konzeptuelle Modell ja so gestaltet sein muß, daß aus ihm alle externen Modelle gebildet werden können. Da im konzeptuellen Modell darüber hinaus auch zukünftige externe Modelle berücksichtigt werden müssen, sollte die Formularanalyse mit anderen Analysetechniken kombiniert werden.

(2)   Beschreibung mittels eines Datenmodells

In Schritt 2 werden die Strukturen und Integritätsbedingungen, die sich aus den Formularen ergeben, mit den Konzepten eines Datenmodells beschrieben. Für den Integrationsprozeß in Schritt 3 ist es günstig, wenn die externen Modelle und das konzeptuelle Modell mit demselben Datenmodell

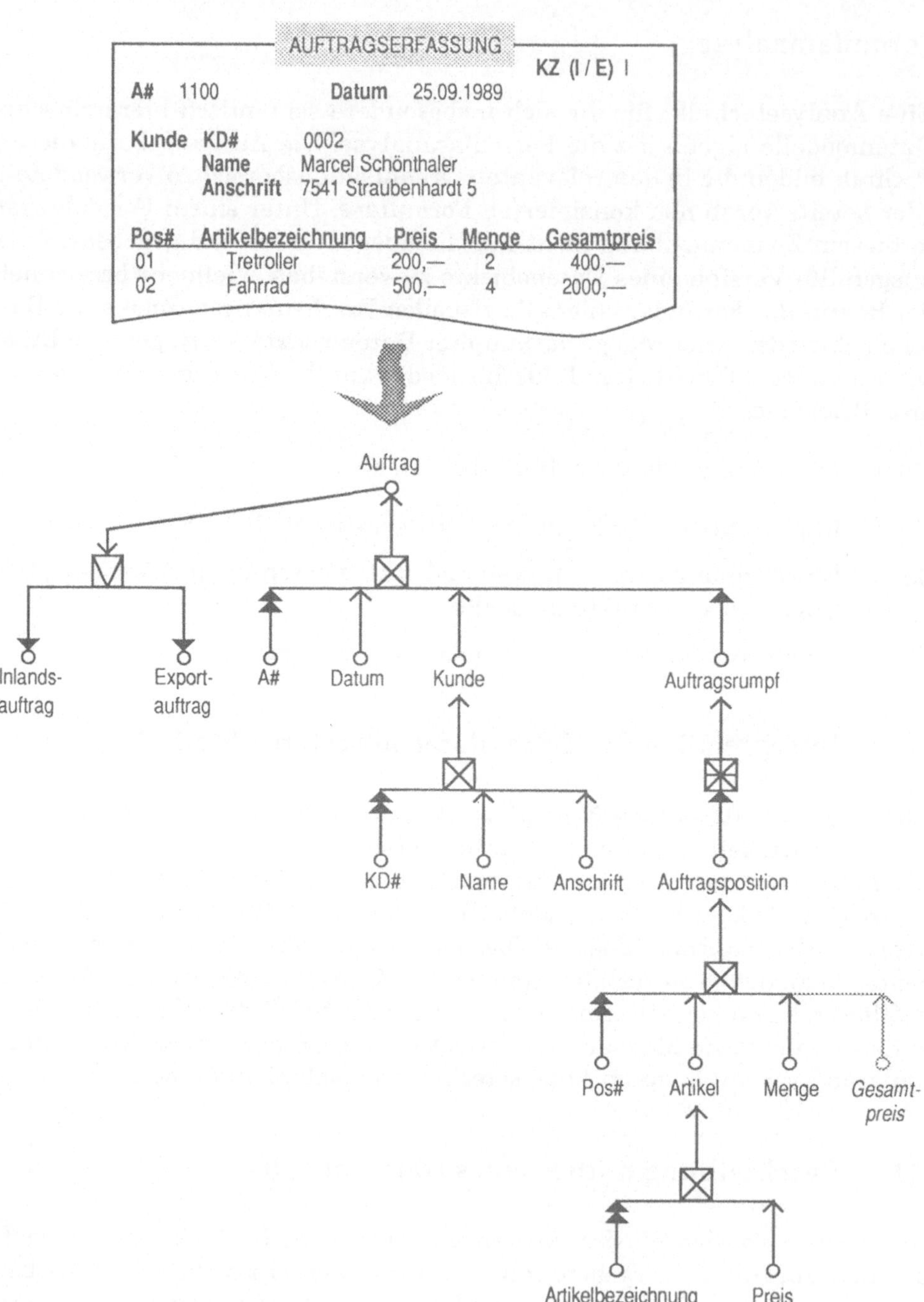

Abb. 4.4/2   Formularanalyse

beschrieben werden können. Da es sich bei den Formularstrukturen im allgemeinen um hierarchische Strukturen handelt, weisen semantisch-hierarchische Datenmodelle hier deutliche Vorteile gegenüber ER-Modellen auf. In Frage kommen auch Dekompositionsdiagramme mit Erweiterungen für die Abbildung von optionalen Teilstrukturen und Wiederholungsgruppen (etwa Jackson-Diagramme, Martin-Diagramme oder Warnier/Orr-Diagramme; vgl. Abschnitt 2.1 und Kapitel 8).

Abbildung 4.4/2 zeigt ein Beispiel für die Abbildung einer Formularstruktur (hier einer Bildschirmmaske) in SHO (siehe hierzu auch [Sch89]). Wie an diesem Beispiel gut erkennbar, kann der Abbildungsprozeß nicht vollständig formalisiert und somit automatisiert werden. So muß der Analytiker selbst erkennen, daß das Auftragskennzeichen (I oder E) in der rechten oberen Ecke des Formulars auf eine Spezialisierung in Inlands- und Exportaufträge hindeutet. Andernfalls würde er das Kennzeichen wohl als Komponententyp des Auftrags abbilden. Über die direkt aus dem Formular ableitbaren Strukturen hinaus wurde durch Einführung der Objekttypen Auftragsrumpf und Artikel auch eine weitere Hierarchisierung vorgenommen. Interessant ist die Berücksichtigung des Attributs Gesamtpreis, dessen Wert sich unmittelbar aus dem Einzelpreis und der Menge errechnen läßt. Um Redundanz zu vermeiden, empfiehlt es sich, dieses Attribut, falls erforderlich, in einem externen Modell, nicht aber im konzeptuellen Modell, zu berücksichtigen. Deshalb sollte es, wie in Abb. 4.4/2, speziell gekennzeichnet oder auch ganz vernachlässigt werden.

(3)   Integration der externen Modelle

Im letzten Schritt der Formularanalyse werden die externen Modelle zu einem konzeptuellen Modell integriert (vgl. [BLN86, Sch87]). Um die Komplexität dieses Integrationsschritts auf ein vertretbares Maß zu reduzieren, empfiehlt sich eine inkrementelle Vorgehensweise, bei der die bereits vorliegenden Bestandteile des konzeptuellen Modells jeweils nur um ein zusätzliches externes Modell erweitert werden.

In SHO steht hierfür ein formal definierter Verknüpfungsoperator (siehe [Sch89]) zur Verfügung, mit dem jeweils zwei Objektstrukturen miteinander verknüpft werden können. Abbildung 4.4/3 zeigt ein Beispiel für die Anwendung dieses Operators.

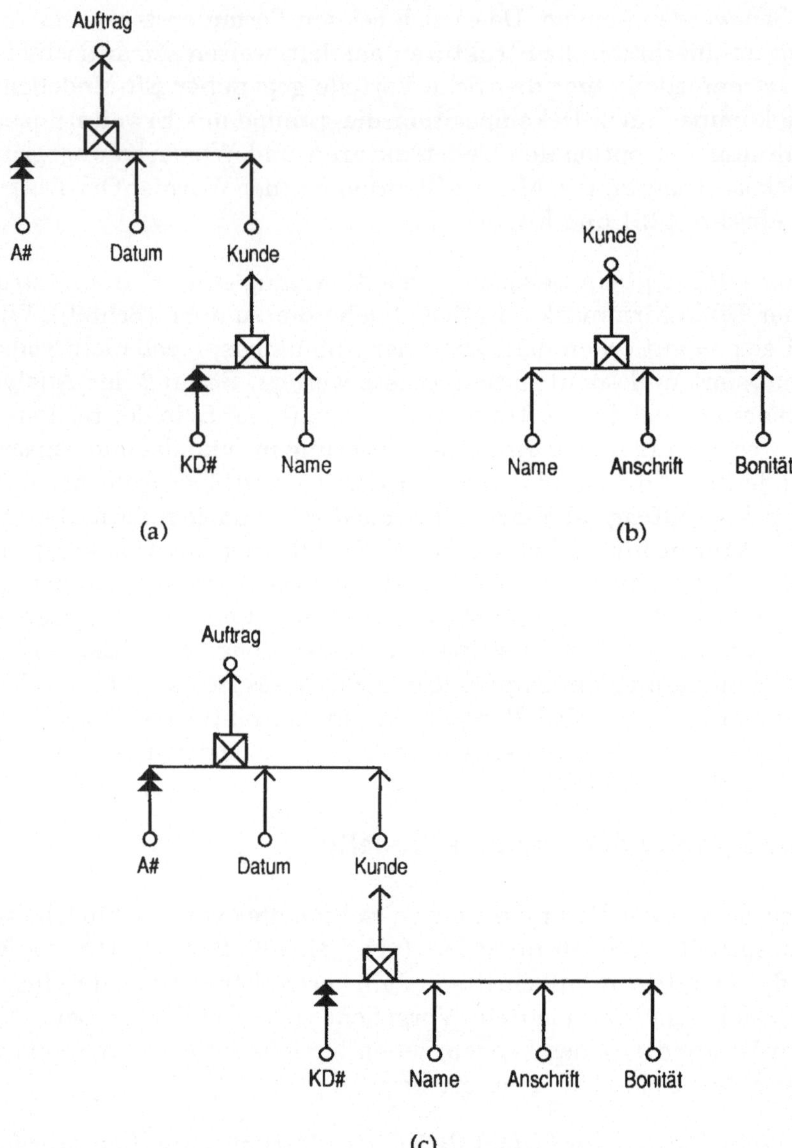

Abb. 4.4/3 Anwendung des SHO-Verknüpfungsoperators

In Abb. 4.4/3 c liefert die Anwendung des Verknüpfungsoperators auf die in a und b dargestellten Strukturen genau das gewünschte Ergebnis, was leider nicht immer der Fall ist. Bei der Sichtenintegration treten im allgemeinen Probleme auf, die in der Fachliteratur bereits ausgiebig diskutiert wurden (siehe etwa [Con86]). Zwei der für die Praxis wichtigsten Probleme wollen wir hier kurz ansprechen: das Problem der Namensvergabe und das Problem inkompatibler Strukturen.

Problem der Namensvergabe

In der Praxis werden in verschiedenen Kontexten für ein und dieselbe Sache unterschiedliche Namen verwendet. Als Beispiel könnten wir uns vorstellen, daß in der Verkaufsabteilung von Kunden, in der Finanzbuchhaltung jedoch von Debitoren gesprochen wird. Debitor wäre dann ein *Aliasname* oder ein *Synonym* für Kunde. Da die Integration im allgemeinen jedoch bzgl. gleicher Namen durchgeführt wird, könnten die externen Modelle des Verkaufs und der Finanzbuchhaltung nicht verknüpft werden.

Probleme bereiten auch sogenannte *Homonyme*, d.h. Begriffe, die in unterschiedlichen Kontexten unterschiedliche Bedeutungen haben. Stellen wir uns etwa den Begriff Auftrag vor, der in der Verkaufsabteilung den Auftrag eines Kunden, in der Einkaufsabteilung jedoch den Auftrag an einen Lieferanten bezeichnet. Die Integration der beiden entsprechenden Modelle würde zu einer Vermengung von Einkaufs- und Verkaufsaufträgen führen, was sicher nicht dem gewünschten Ergebnis entspräche.

Inkompatible Strukturen

Ein anderes Problem stellen inkompatible Strukturen dar. Dieses Problem tritt bei der Modellierung mit SHO z.B. dann auf, wenn Objekttypen in unterschiedlichen externen Modellen durch unterschiedliche Abstraktionen verbunden sind. Ein Beispiel zeigt die Abb. 4.4/4, bei der die Anschrift in der Struktur a Komponententyp von Kunde, in b jedoch Elementtyp ist. In einem solchen Fall muß entschieden werden, ob für einen Kunden tatsächlich mehrere Anschriften möglich sein sollen oder nicht.

Falls für die Formularanalyse ein ER-Modell verwendet wird, werden inkompatible Strukturen recht häufig auftreten und auch zu teilweise aufwendigen Umstrukturierungen führen. Dies ist deshalb der Fall, da hier eine strikte Unterscheidung von Entities, Beziehungen und Attributen vor-

genommen werden muß, die in Abhängigkeit vom jeweiligen Kontext oft zu
ganz unterschiedlichen Ergebnissen führen wird.

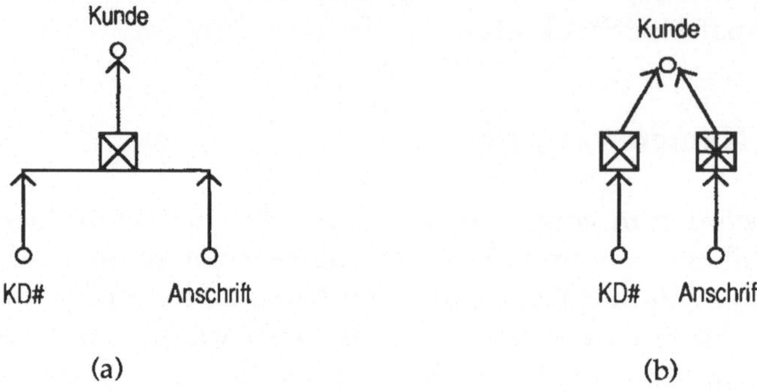

Abb. 4.4/4   Inkompatible Strukturen

Datenbestandsanalyse

Mehr eine Ergänzung als eine Alternative zur Formularanalyse stellt die
Datenbestandsanalyse dar. Die im Unternehmen vorhandenen Datenbestände werden daraufhin untersucht, ob sie im neu zu entwickelnden Anwendungssystem verwendet werden können, d.h. ob der Informationsbedarf
auch diese Datenbestände mit einschließt, was natürlich – zumindest für
Teilbestände – in der Praxis häufig der Fall sein wird.

Ausgangsbasis für die Datenbestandsanalyse sind im allgemeinen logische
Modelle der vorhandenen Datenbestände, die mittels klassischer Datenmodelle beschrieben sind. Ein Weg besteht darin, die relevanten Ausschnitte
dieser logischen Modelle direkt als Teil des für die neue Anwendung zu
entwickelnden konzeptuellen Modells zu übernehmen, um so den anschließenden logischen Datenbankentwurf abzukürzen. Dies hat zum einen den
Nachteil, daß große Teile der Semantik, die aufgrund der Unzulänglichkeiten klassischer Datenmodelle nicht direkt im logischen Modell, sondern in
bereits vorhandenen Anwendungsprogrammen abgebildet sind, bei der Informationsbedarfsanalyse vernachlässigt werden. Zum anderen lassen sich
die wiederverwendeten Teile nur sehr schlecht mit den neu hinzugekom-
menen Teilen des konzeptuellen Modells in Beziehung setzen.

Vorteilhaft ist es natürlich, wenn für die vorhandenen Datenbestände jeweils nicht nur das implementierte logische Modell, sondern darüber hinaus auch ein, mittels eines semantischen Datenmodells erstelltes, konzeptuelles Modell verfügbar ist. Dies ist im allgemeinen dann der Fall, wenn neben dem Datenbanksystem selbst auch ein leistungsfähiges Dictionary oder Repository eingesetzt wird, in dem das konzeptuelle Modell verwaltet wird.

Zumeist wird heute jedoch noch ein anderer Ansatz zur Datenbestandsanalyse erforderlich sein: die Datenbestände werden – ähnlich wie die Formulare in der Formularanalyse – mittels eines semantischen Datenmodells nachdokumentiert und in dieser Form für die konzeptuelle Modellierung weiterverwendet (vgl. hierzu auch Abschnitt 10.2.4, Reverse Engineering).

Im Gegensatz zur Formularanalyse weist für die Datenbestandsanalyse das ER-Modell deutliche Vorteile gegenüber semantisch-hierarchischen Datenmodellen auf, insbesondere dann, wenn es sich um relationale Datenbestände handelt. Zur Abbildung von Konzepten des Relationenmodells in Konzepte des ER-Modells müssen die Relationen in zwei Klassen unterteilt werden, abhängig davon, ob sie Entities oder Beziehungen repräsentieren. Im allgemeinen läßt sich diese Unterteilung recht einfach vornehmen, wobei die Untersuchung auf Fremdschlüsssel wichtige Anhaltspunkte liefert. Auf ein Beispiel kann an dieser Stelle verzichtet werden, da in Abschnitt 4.3.1 bereits ein Beispiel für die Umkehrabbildung, also die Abbildung von ER-Konzepten in relationale Konzepte, behandelt wurde.

Funktionsanalyse

Eine weitere Technik zur Informationsbedarfsanalyse ist die Funktionsanalyse. Hierbei wird zunächst festgestellt, welche Funktionen im neu zu entwickelnden Anwendungssystem enthalten sein werden, welche Eingabedaten sie benötigen und welche Ausgabedaten sie erzeugen. Danach werden die Daten detailliert beschrieben und zueinander in Beziehung gesetzt. Als Ergebnis liegt der Informationsbedarf für die Gesamtheit der betrachteten Funktionen vor.

Aufgrund der Nachteile eines solchen funktionsorientierten Ansatzes, die bereits in Abschnitt 1.3.2 diskutiert wurden, empfiehlt es sich, die Funktionsanalyse mit anderen Analysetechniken zu kombinieren. Ein solcher Ansatz wird im Rahmen der INCOME-Methode verwirklicht (siehe [NSM87, NSS88]).

Ausgangspunkt der Funktionsanalyse mit INCOME ist eine Objektflußdiagramm-Hierarchie (siehe Abschnitt 3.4), in der die Funktionen des zukünftigen Anwendungssystems, zusammen mit den für sie relevanten Ein- und Ausgabeobjektflüssen, abgebildet sind. Die Funktionsanalyse läuft dann in vier Schritten ab:

(1)   Interpretation der Objektflüsse als Objekttypen

(2)   Bildung lokaler Strukturen

(3)   Bildung von Schemaausschnitten

(4)   Integration von Schemaausschnitten

(1)   Interpretation der Objektflüsse als Objekttypen

Im ersten Schritt werden die Objektflüsse der Diagramm-Hierarchie als Objekttypen gleichen Namens interpretiert. Aus der sich ergebenden Objekttyp-Menge werden soweit möglich alle Homonyme entfernt und Synonyme entsprechend gekennzeichnet. Daraus entsteht die Grundmenge der Objekttypen des konzeptuellen Modells, das in den folgenden Schritten mit SHO beschrieben wird.

(2)   Bildung lokaler Strukturen

In Objektflußdiagramm-Hierarchien lassen sich Beziehungen zwischen Objektflüssen erkennen, die Rückschlüsse auf Strukturen des zu entwickelnden konzeptuellen Modells erlauben. Es handelt sich dabei um Verfeinerungsbeziehungen und um Vorgänger/Nachfolger-Beziehungen. Die strukturelle Semantik der Beziehungen wird in sogenannten *lokalen Strukturen* mit den von SHO zur Verfügung gestellten Konzepten modelliert.

Abbildung 4.4/5 zeigt ein Beispiel für die Modellierung einer Vorgänger/Nachfolger-Beziehung bezüglich der nicht weiter verfeinerten Funktion Auftragserfassung. Die strukturelle Semantik dieser Beziehung ist das Zusammenfassen (Aggregieren) von Teilkomponenten zu einem Auftrag. Hier bietet sich folglich die Verwendung einer Aggregation an. Wie dieses Beispiel zeigt, werden bei der Bildung lokaler Strukturen bei Bedarf auch zusätzli-

che Objekttypen (A#, Auftragsrumpf) eingeführt. Die INCOME-Methode läßt
dem Analytiker hier völlige Freiheit, die sich ergebende lokale Struktur um
zusätzliche Objekttypen und Beziehungen zu ergänzen, die etwa aufgrund
von Formular- oder Datenbestandsanalysen ermittelt wurden.

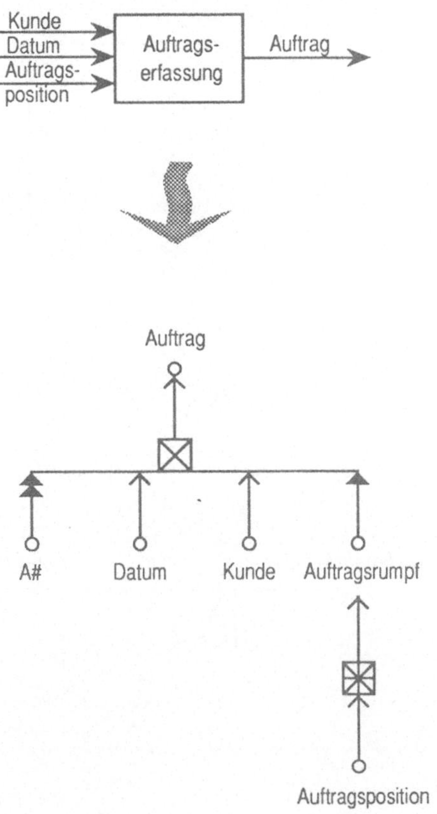

Abb. 4.4/5   Modellierung einer Vorgänger/Nachfolger-Beziehung

Die Modellierung einer Verfeinerungsbeziehung zeigt Abb. 4.4/6. In diesem
Beispiel wird die Beziehung als Spezialisierung mit Supertyp Auftrag und
Subtypen Inlandsauftrag und Exportauftrag abgebildet.

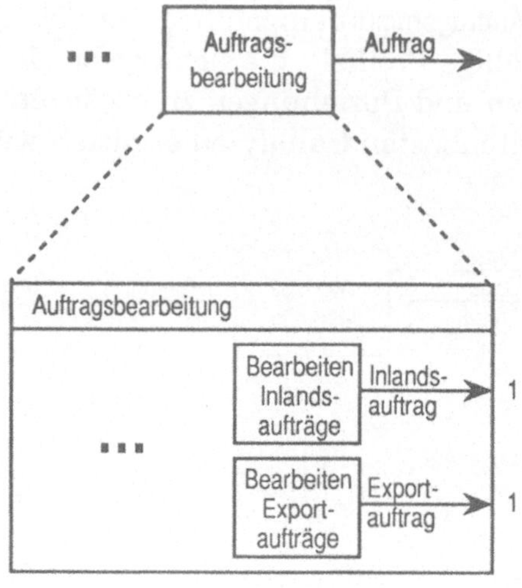

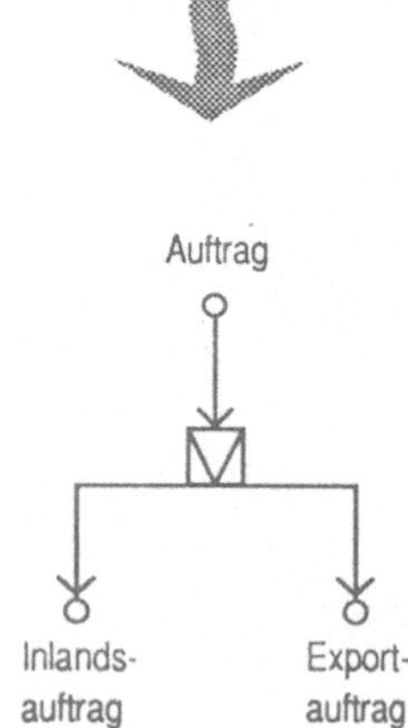

Abb. 4.4/6 Modellierung einer Verfeinerungsbeziehung

(3) Bildung von Schemaausschnitten

In Schritt 3 werden die lokalen Strukturen aus 2 nach einem speziellen Algorithmus, unter Anwendung des im Zusammenhang mit der Formularanalyse behandelten Operators, zu sogenannten Schemaausschnitten verknüpft. Schemaausschnitte werden für die Ausgabeflüsse aller verfeinerten

Funktionen gebildet und enthalten alle lokalen Strukturen und Schemaausschnitte, die sich auf entsprechende Detailfunktionen beziehen.

(4)   Integration von Schemaausschnitten

Im abschließenden Schritt 4 werden die Schemaausschnitte inkrementell zu
einem Gesamtschema integriert. Dieses Schema beschreibt dann ein konzeptuelles Modell, das den Informationsbedarf der in der Objektflußdiagramm-Hierarchie berücksichtigten Funktionen widerspiegelt.

Für die INCOME-Funktionsanalyse hat sich SHO, vor allem aufgrund seiner Möglichkeiten zur Abbildung von Verfeinerungsbeziehungen und der
Verfügbarkeit eines formal definierten Verknüpfungsoperators, bewährt.
Die Funktionsanalyse könnte jedoch durchaus auch mit einem ER-Modell
durchgeführt werden, falls dieses zumindest die Bildung von Subtypen ermöglicht.

Prototyping

Die Ausführungen dieses Abschnitts haben gezeigt, daß bei der Informationsbedarfsanalyse – vielleicht noch viel mehr als bei allen anderen Analy-
setätigkeiten – eine Einbeziehung des Endbenutzers von entscheidender
Bedeutung für die Qualität des Analyseergebnisses – hier des konzeptuellen
Modells – ist.

Da semantische Datenmodelle jedoch zwangsläufig einen für den Endbenutzer zu formalen Charakter aufweisen, als daß er sie voll verstehen
könnte, stellen sie keine optimale Kommunikationsbasis zwischen Analytiker und Endbenutzer dar. Verstehen bedeutet hier nicht nur das „Lesen
können" der Modelle, sondern vielmehr das volle Verständnis für die Implikationen, die sich aus dem erstellten konzeptuellen Modell für die spätere
Anwendung ergeben. Erfolgsberichte über den Einsatz der ER-Modells als
geeignete Kommunikationsbasis, die sich vor allem in Werbeunterlagen
finden, sind deshalb äußerst kritisch zu beurteilen.

Ein erfolgversprechender Weg scheint dagegen die Bereitstellung von Prototypen zu sein, anhand derer wichtige Implikationen sowohl struktureller
als auch dynamischer Art des konzeptuellen Modells bereits frühzeitig an
einem ablauffähigen System demonstriert werden können. Grundlagen des

Prototyping sowie verschiedene Ansätze werden in Abschnitt 10.3 dieses Buchs beschrieben, so daß an dieser Stelle auf weitere Ausführungen zu diesem Thema verzichtet werden kann.

Weiterführende Literatur

[LST83], [NSM87], [NSS88], [Sch89], [TsL82], [Vet87], [Vet88], [VeV82]

4.4.3 Strategische Informationsplanung

Bislang wurde die Datenmodellierung weitgehend projektbezogen betrachtet, d.h. insbesondere auch alle Aktivitäten zur konzeptuellen Modellierung wurden im Rahmen eines konkreten Anwendungsentwicklungsprojekts durchgeführt. Dabei besteht natürlich die Gefahr, daß die durch den Einsatz eines Datenbanksystems angestrebte Datenunabhängigkeit wieder eingebüßt wird.

In der Praxis versucht man dieser Gefahr durch die Aufteilung von Zuständigkeiten zu begegnen: Die Verantwortung für die Datenmodellierung liegt nicht in der eigentlichen Anwendungsentwicklungsgruppe, sondern bei einem sogenannten Datenadministrator, der den projektspezifischen Informationsbedarf möglichst projektübergreifend beurteilen und Maßnahmen zu seiner Befriedigung treffen sollte. Die konzeptuelle Modellierung im Rahmen des Entwicklungsprojekts läuft dann so ab, daß zunächst in einer Art Vorstudie untersucht wird, welcher Teil der bereits im Unternehmen vorhandenen Datenbestände für die neue Anwendung relevant sein könnte. Davon ausgehend wird der tatsächliche anwendungsspezifische Informationsbedarf ermittelt. Dabei kann insbesondere die in Abschnitt 4.4.2 beschriebene Datenbestandsanalyse wertvolle Dienste leisten. Das als Ergebnis entstehende konzeptuelle Modell wird dann vom Datenbankadministrator auf seine Verträglichkeit mit den bereits im Unternehmen implementierten Datenbanken hin überprüft, gegebenenfalls angepaßt und in geeigneter Weise mit diesen verknüpft. Das so entstandene konzeptuelle Modell bildet dann die Grundlage für die nachfolgenden Entwicklungsschritte.

Sicher ist dies ein gangbarer Weg. Allzuoft läßt sich die Integration eines neuen anwendungsspezifischen konzeptuellen Modells nur dadurch erreichen, daß die bereits vorhandenen Datenbanken entsprechend geändert werden. Da diese Änderungen auf der konzeptuellen Ebene (!) durchgeführt werden müssen, verhindert auch die Ebenenarchitektur nicht, daß dies im allgemeinen zu äußerst aufwendigen Wartungsarbeiten an aktiven Anwendungsprogrammen führt.

Das Ziel muß also sein, das unternehmensweite konzeptuelle Modell möglichst stabil zu halten. Dem kommt ein anderer Trend zugute, der sich in immer mehr Unternehmen zeigt: Informationen werden als grundlegende Unternehmensressource neben Finanzmitteln, Rohstoffen, Produktionsanlagen u.a. erkannt und deshalb in die strategische Planung einbezogen, d.h. der unternehmensweite Informationsbedarf wird auf einer hohen Ebene, losgelöst von konkreten Entwicklungsprojekten, strategisch geplant. Dies führt bei der Anwendungsentwicklung zu einer datenorientierten Vorgehensweise, wie sie bereits in Abschnitt 1.3.2 angesprochen wurde.

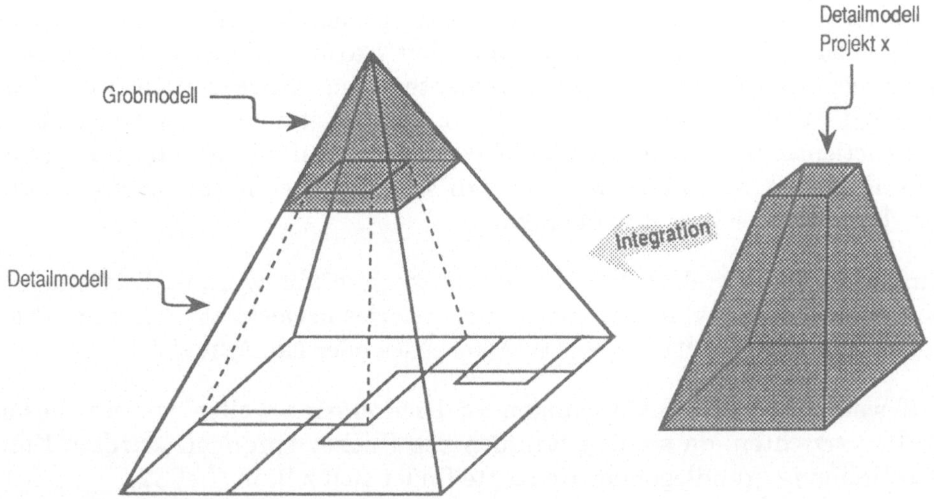

Abb. 4.4/7   Datenorientierte Vorgehensweise (vgl. [Vet88])

In Abb. 4.4/7 ist das unternehmensweite konzeptuelle Modell, wie in [Vet88], in Pyramidenform dargestellt. Der obere Teil repräsentiert das „grobe" konzeptuelle Modell, das strategisch geplant wird. Es beschreibt die grundlegenden Objekt- und Beziehungstypen des Unternehmens auf einer hohen Abstraktionsebene. Um eine hohe Stabilität des Grobmodells zu erreichen, müssen für seine Erstellung Informationen aus allen Unternehmensbereichen berücksichtigt werden. Ganz wichtig ist dabei auch die Aufstellung eines einheitlichen begrifflichen Rahmens, d.h. insbesondere, falls

Homonyme und Synonyme auftreten, müssen sie auch als solche gekennzeichnet sein.

Den Pyramidensockel bildet das Detailmodell, das sukzessive durch Verfeinerung des Grobmodells im Rahmen von Anwendungsentwicklungsprojekten entsteht. Bei der projektspezifischen konzeptuellen Modellierung muß also ein Detailmodell erstellt werden, das mit dem unternehmensweiten Grobmodell und mit bereits vorhandenen, gegebenenfalls überschneidenden Detailmodellen verträglich ist, so daß es problemlos in das Gesamtmodell integriert werden kann.

Es ist offensichtlich, daß sich eine strategische Informationsplanung nur mit Papier und Bleistift nicht realisieren läßt. Unverzichtbares Instrument ist ein leistungsfähiges Dictionary, mit dem alle Metadaten – also Daten über Daten – des Unternehmens zentral gespeichert werden können. Dazu gehören auch das unternehmensweite konzeptuelle Modell und seine Beziehungen zu vorhandenen logischen Modellen. Darüber hinaus enthalten Dictionaries Informationen über organisatorische Aspekte, Projekte, Programme, Zuständigkeiten u.v.a.m. Ganz wichtig ist dabei, daß die Struktur des Dictionaries, von der die Möglichkeiten zur Aufnahme von Informationen abhängen, an unternehmensspezifische Gegebenheiten angepaßt und gegebenenfalls erweitert werden kann.

Aufgrund ihrer vielfältigen Einsatzmöglichkeiten werden Dictionaries heute auch als Enzyklopädien oder Repositories bezeichnet. Bekannte Produkte sind z.B. CASE*Dictionary, DATAMANAGER oder PREDICT.

Auf weitergehende Ausführungen zu Dictionaries wollen wir an dieser Stelle verzichten, da sie den Rahmen des Buches sprengen würden. Eine Beschreibung grundlegender Konzepte findet sich z.B. in [LeP82].

Weiterführende Literatur

[Heu88], [LeP82], [Vet87], [Vet88]

5 Spezifikation des Systemverhaltens

5.1 Vorüberlegungen

In den letzten beiden Abschnitten haben wir Methoden und Sprachen behandelt, die die Spezifikation vorwiegend statischer Aspekte der zu entwickelnden Systeme ermöglichen. Eine umfassende Spezifikation sollte jedoch auch dynamische Aspekte beinhalten. Besondere Bedeutung kommt diesen Aspekten traditionell bei der Entwicklung von Systemen für die Prozeßautomatisierung zu. Dort handelt es sich zumeist um *eingebettete Systeme* (embedded systems), die sowohl aus Software- als auch Hardware-Komponenten aufgebaut sind und in eine Umgebung integriert werden müssen, in der auch Systemkomponenten zum Einsatz kommen, die nicht auf Computer-Technologien basieren. Für eingebettete Systeme ist es deshalb besonders wichtig, ihr externes Verhalten – also ihre Reaktion auf externe Ereignisse – bereits in der Spezifikation zu erfassen.

Mit dem weiteren Fortschreiten der verteilten Datenverarbeitung wird die Notwendigkeit der Spezifikation des Verhaltens eines zu entwickelnden Systems jedoch nicht auf die Prozeßautomatisierung beschränkt bleiben. Um die Vorteile der Realisierung von Systemen in vernetzten Rechner-Clustern voll ausnutzen zu können, müssen in den Spezifikationen auch Möglichkeiten zur Parallelisierung von Prozessen oder zum Ausschluß bzw. zur Behandlung von Konfliktsituationen zwischen Prozessen aufgezeigt werden.

In diesem Abschnitt wollen wir uns nun Techniken zur Spezifikation des Systemverhaltens zuwenden. In der Praxis finden sich zumeist Ansätze, die auf Entscheidungstabellen und -bäumen (siehe Abschnitt 2.2) oder endlichen Automaten (siehe Abschnitt 2.3) aufbauen. In Gebrauch sind auch verschiedene Petri-Netz-Varianten.

Im weiteren wollen wir zunächst die Methode Structured Analysis/Real-Time behandeln, die für die Beschreibung des Systemverhaltens sogenannte Kontrollflußdiagramme und endliche Automaten vorsieht. Danach folgt eine Einführung in Konzepte der Petri-Netz-Theorie.

Als Beispiel wollen wir ein System zur Steuerung einer Flaschenabfüllanlage[1] betrachten, die in Abb. 5.1/1 schematisch dargestellt ist.

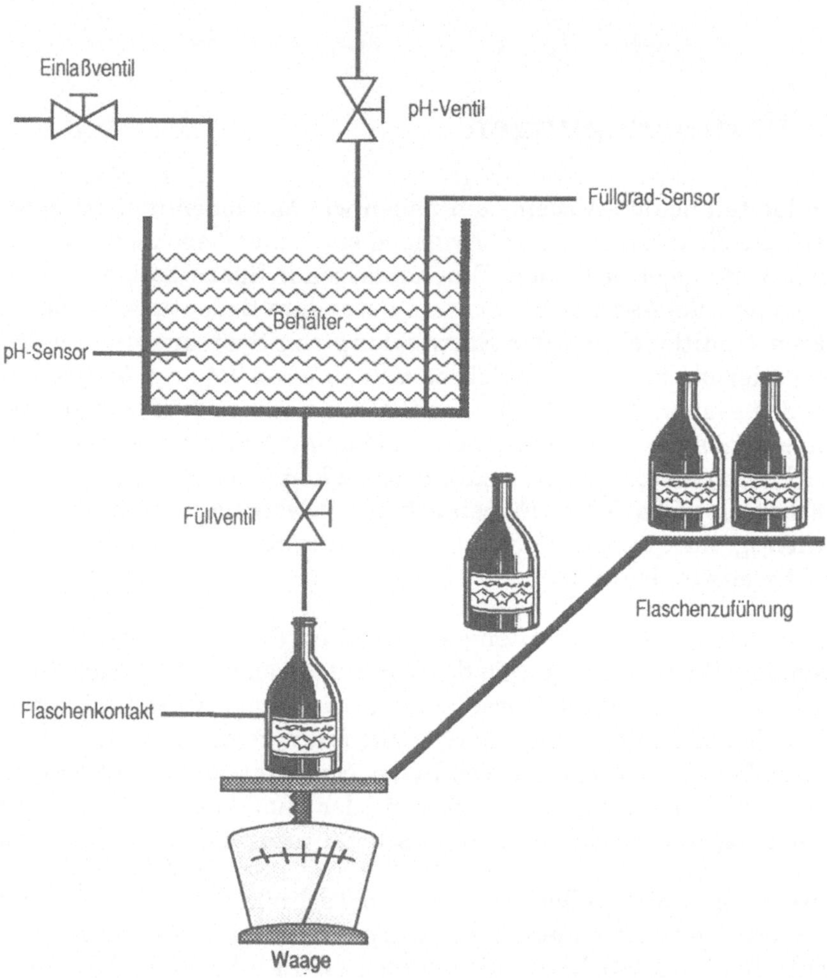

Abb. 5.1/1   Präsentationsdiagramm einer Flaschenabfüllanlage

---

1   Es handelt sich dabei um eine Modifikation des Beispiels aus [WaM85]).

Die abzufüllende Flüssigkeit befindet sich in einem Behälter, der durch Betätigung eines Einlaßventils nachgefüllt werden kann. Die Flüssigkeit muß einen bestimmten, vom Anlagenbediener vorgegebenen pH-Wert aufweisen, der über einen Sensor kontrolliert wird. Wird der pH-Wert durch Reaktion der Flüssigkeit mit der Umgebung unter- oder überschritten, wird der Flüssigkeit über ein pH-Ventil eine geringe Menge einer Chemikalie zugesetzt, die den pH-Wert wieder normalisiert.

Die Flüssigkeit wird in Flaschen konstanter Größe abgefüllt, die über eine Gleitbahn zugeführt werden. Sobald eine Flasche die Füllposition erreicht hat, wird über einen Sensor ein Kontakt ausgelöst und dann das Füllventil geöffnet. Das Ventil wird wieder geschlossen, sobald die Flasche voll ist, d.h. sobald die Flasche mit Inhalt ein bestimmtes Gewicht erreicht hat. Der Anlagenbediener verschließt dann die volle Flasche und entnimmt sie, so daß eine neue Flasche zugeführt werden kann.

5.2 Structured Analysis/Real-Time

Mit Structured Analysis/Real-Time (SA/RT) wird eine Methode bezeichnet, die auf der strukturierten Analyse nach DeMarco (siehe Abschnitte 3.1 und 3.2) aufbaut. Für die Systemspezifikation werden neben Datenflußdiagrammen Kontrollflußdiagramme sowie Zustandsdiagramme, -tabellen und -matrizen verwendet.

Für SA/RT existieren zwei verschiedene Ansätze, die beide hier behandelt werden sollen, da für sie jeweils kommerzielle Entwicklungswerkzeuge verfügbar sind. Es handelt sich dabei um den Ansatz von Hatley und Pirbhai (siehe [HaP88]), der die Grundlage für die Real-Time-Komponenten von Entwicklungsumgebungen wie ProMod, Software through Pictures und Teamwork bildet, und den Ansatz von Ward und Mellor (siehe [WaM85, WaM86, War86]), der etwa dem Analyst/Designer Toolkit, DesignAid, Excelerator und TurboCASE zugrunde liegt.

Wir wollen so vorgehen, daß wir zunächst den Ansatz von Hatley und Pirbhai detailliert beschreiben und anschließend die Unterschiede zum Ward/Mellor-Ansatz aufzeigen.

5.2.1 Der Ansatz von Hatley und Pirbhai

Hatley und Pirbhai sehen zur Spezifikation eines Systems zwei Modelle vor: das Anforderungsmodell (system requirements model) und das Architekturmodell (system architecture model). Im *Anforderungsmodell* werden die Anforderungen an das zukünftige System unter verschiedenen Blickwinkeln beschrieben. Das *Architekturmodell* dagegen zeigt, wie der nachfolgende Entwurf (z.B. mit Structured Design, vgl. Abschnitt 7.1) strukturiert sein muß, um die Anforderungen erfüllen zu können. Im Architekturmodell werden die Prozesse des Anforderungsmodells zu physischen Einheiten oder Modulen verknüpft, die darüber hinaus um bislang noch nicht berücksichtigte Prozesse zur Unterstützung der neuen sich ergebenden physischen Schnittstellen erweitert werden (z.B. Prozesse für das Window-Management oder Prozesse zur Behandlung von Redundanzen im System).

In der Praxis hat vor allem das Anforderungsmodell Beachtung gefunden, weshalb wir uns an dieser Stelle auch auf dessen Beschreibung beschränken wollen.

Das Anforderungsmodell

Das Anforderungsmodell gliedert sich in ein Prozeßmodell (process model), ein Steuerungsmodell (control model) und ein Informations- bzw. Datenmodell (information model). Das Prozeßmodell entspricht etwa der als Ergebnis einer Anforderungsanalyse nach DeMarco (vgl. Abschnitt 3.2) entstandenen strukturierten Spezifikation. Es besteht aus Datenflußdiagrammen, Mini-Spezifikationen (hier PSPEC genannt) und Einträgen in einem Data Dictionary (requirements dictionary), wobei für diese Einträge jeweils einige zusätzliche, für Real-Time-Systeme spezifische Attribute vorgesehen sind (z.B. physikalische Einheit, Genauigkeit). Für die Beschreibung konzeptueller Datenstrukturen kann diese Spezifikation mit einem Informationsmodell verknüpft werden, das unter Verwendung z.B. eines Entity-Relationship-Modells erstellt werden kann, wie dies auch von den oben genannten Entwicklungsumgebungen vorgesehen ist.

Das Prozeßmodell und das Informationsmodell beschreiben, welche Funktionen das System ausführt und welche Daten hierfür verwendet werden. Für viele Systeme, insbesondere für Real-Time-Systeme, ist es jedoch auch wichtig zu wissen, unter welchen Umständen Prozesse aktiviert und deaktiviert werden. Für unser Flaschenabfüllsystem etwa genügt es nicht, nur einen Prozeß Füllen der Flasche zusammen mit seinen Ein- und Ausgaben zu spezifizieren. Vielmehr muß auch spezifiziert werden, daß dieser Prozeß nur dann aktiv sein darf, wenn eine Flasche in Füllposition ist. Sobald eine Flasche voll ist, muß dieser Prozeß dann wieder deaktiviert werden. Aspekte dieser Art werden im *Steuerungsmodell* beschrieben.

Das Modell wird aus Kontrollflußdiagrammen (CFD), Spezifikationen von Steuerprozessen (CSPEC), Beschreibungen zeitlicher Anforderungen und Einträgen im Requirements Dictionary gebildet. Diese Bestandteile werden im folgenden eingehender behandelt.

Kontrollflußdiagramme

Kontrollflußdiagramme zeigen den Fluß der *Steuersignale* (Kontrollflüsse) durch das System. CFD's enthalten, mit Ausnahme der Datenflüsse, dieselben Elemente wie das ihnen aus dem Prozeßmodell zugeordnete Datenflußdiagramm (DFD): Prozesse, Datenspeicher und externe Entities. Darüber hinaus werden Kontrollflüsse, Kontrollspeicher und sogenannte CFD/CSPEC-Schnittstellen dargestellt.

(1)   Kontrollflüsse

Kontrollflüsse werden graphisch als gestrichelte Pfeile repräsentiert, die Elemente des CFD miteinander verbinden. Wie Datenflüsse werden auch Kontrollflüsse detailliert im Data Dictionary beschrieben. Kontrollflüsse sind Pfade für den Transport von Steuersignalen. Es handelt sich dabei um *diskrete Signale*, die eine endliche Anzahl signifikanter Werte ohne bestimmte relative Ordnung annehmen können. Signifikant bedeutet hier, daß die Änderung eines Wertes üblicherweise eine entscheidende Auswirkung auf das System haben wird. Im Unterschied dazu können *kontinuierliche Signale* eine im allgemeinen unbeschränkte Anzahl geordneter Werte annehmen, deren Signifikanz im oben genannten Sinne gering sein wird. Die Beschränkung auf diskrete Signale ist erforderlich, da die Steuersignale auch in den CSPEC's verwendet werden, die auf der Grundlage endlicher Automaten erstellt werden, die nur solche Signale verarbeiten können (vgl. Abschnitt 2.3).

Im allgemeinen ist es recht schwierig, eine Unterscheidung zwischen Daten- und Kontrollflüssen vorzunehmen. Hier können jedoch einige Faustregeln helfen: Kontrollflüsse haben vorrangig das Ziel, den Verarbeitungsmodus des Systems zu beeinflussen bzw. zu bestimmen, welche Prozesse aktiviert und deaktiviert werden sollen. Im Zusammenhang mit solchen Flüssen werden häufig Begriffe wie aktivieren, einschalten, starten, ausführen, ausschalten oder stoppen gebraucht. Dagegen handelt es sich bei Datenflüssen zumeist um kontinuierliche Signale, die vorrangig für Berechnungen sowie Ein- und Ausgabevorgänge benötigt werden.

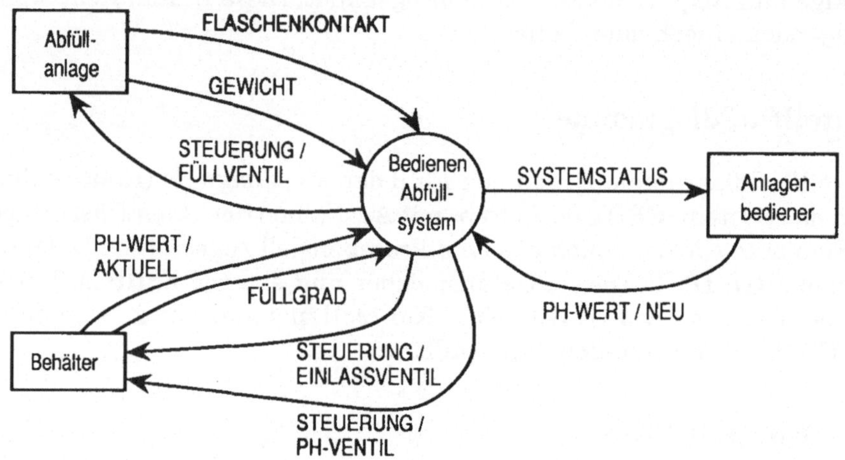

(a)   Daten-Kontextdiagramm

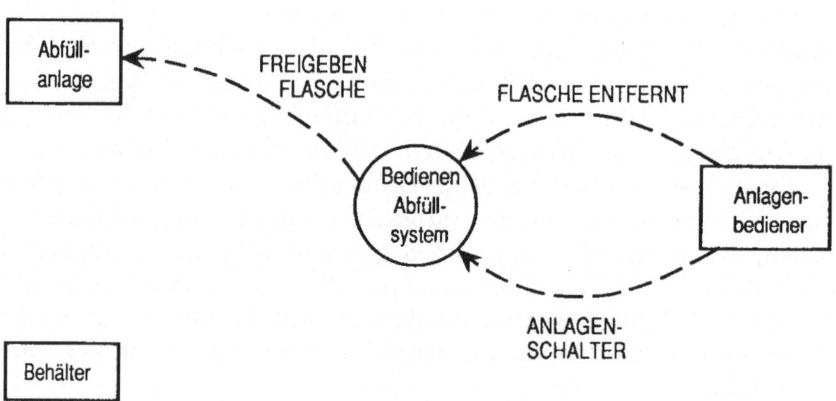

(b)   Steuerungs-Kontextdiagramm

Abb. 5.2/1   Kontextdiagramme des Abfüllsystems

In Abb. 5.2/1 ist ein Datenflußdiagramm und das zugehörige Kontrollflußdiagramm dargestellt. Es handelt sich dabei um die Kontextdiagramme unseres Beispielsystems.

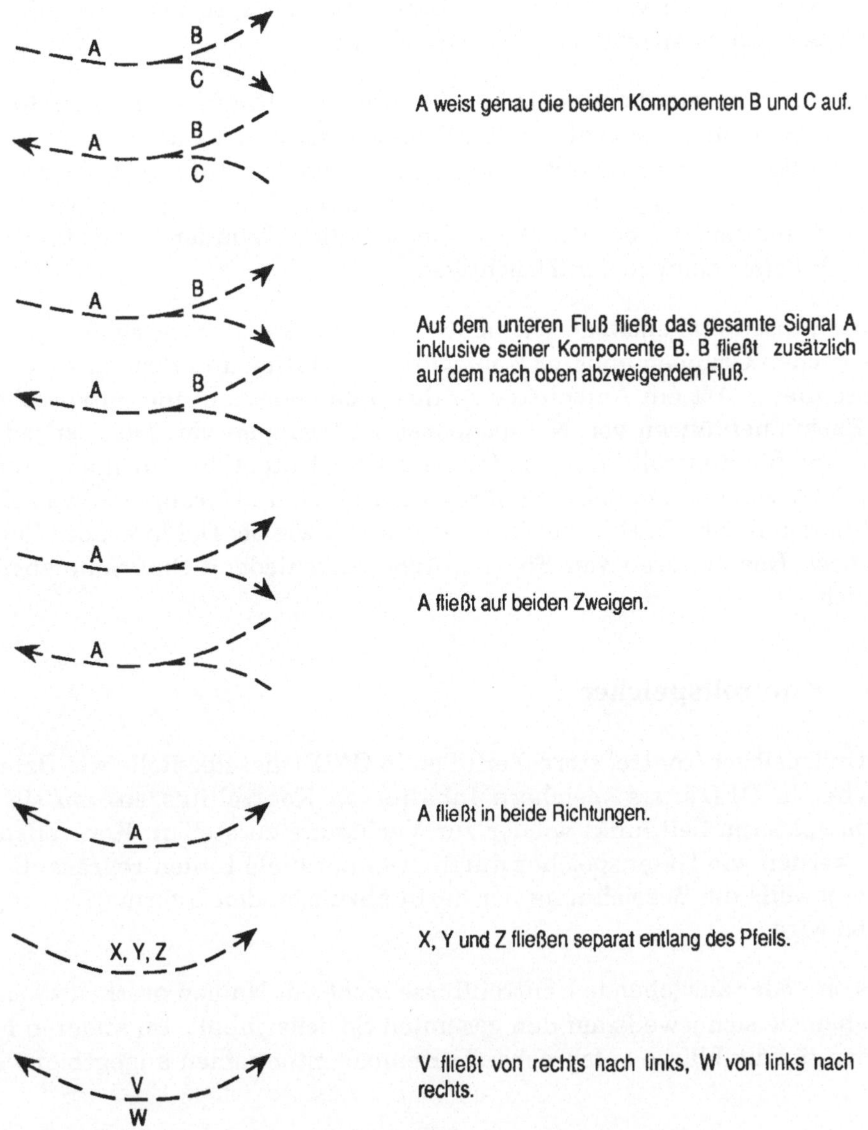

Abb. 5.2/2   Splitten und Gruppieren von Kontrollflüssen (vgl. [HaP88])

Das Steuerungs-Kontextdiagramm zeigt die Kommunikation des Abfüll-systems mit der Außenwelt. Als externe Entities treten jetzt nicht nur die für administrative Systeme typischen Organisationen und andere Software-systeme auf, sondern auch Entities wie Maschinen, Netzwerke oder Kommunikati-onskanäle. Natürlich verändern sich dann auch entsprechend die mit den externen Entities ausgetauschten Datenflüsse.

Dieses Beispiel zeigt bereits, daß die Trennung in Daten- und Kontrollfluß-diagramme keinen konzeptionellen Hintergrund hat, sondern lediglich der Vereinfachung der graphischen Repräsentation des Anforderungsmodells dient. Deshalb ist es auch möglich, die im Kontrollflußdiagramm enthalte-nen Informationen – eventuell aus didaktischen Gründen – zusätzlich im Datenflußdiagramm zu berücksichtigen.

Kontrollflüsse sind entweder elementar, d.h. nicht weiter zerlegbar, oder sie entsprechen Gruppen anderer Kontrollflüsse. Hatley und Pirbhai sehen für Flüsse dieser Art ein Aufsplitten in ihre Komponenten und entsprechend ein Zusammenführen von Komponenten zu Gruppen vor. Dies ist jedoch nicht nur für Kontrollflüsse sondern auch für Datenflüsse möglich. Abbil-dung 5.2/2 zeigt einige Beispiele für das Aufteilen und Gruppieren von Kon-trollflüssen in CFD's. Darüber hinaus ist auch, wie bei DeMarco, das Zerle-gen bzw. Kombinieren von Flüssen über verschiedene Diagrammebenen möglich.

(2)   Kontrollspeicher

Kontrollspeicher (control stores) erfüllen in CFD's dieselbe Rolle wie Daten-speicher in DFD's: sie speichern Inhalte von Kontrollflüssen, um sie zu einem späteren Zeitpunkt wieder zur Verfügung zu stellen. Kontrollspei-cher werden wie Datenspeicher durch zwei parallele Linien repräsentiert, in die jeweils die Bezeichnung der darin abzulegenden Information einge-tragen wird.

Falls ein- oder ausgehende Kontrollflüsse nicht mit Namen beschriftet sind, beziehen sie sich jeweils auf den gesamten Speicherinhalt. Im anderen Fall können für die Flüsse entsprechende Komponentennamen angegeben wer-den.

Speicher sind also Bestandteile von Daten- und Kontrollflußdiagrammen. Datenspeicher lassen sich in CFD's daran erkennen, daß sie mit keinen

Kontrollflüssen in Beziehung stehen. Es ist jedoch auch möglich, daß ein Speicher Daten- und Kontrollflüsse aufnehmen kann, so daß er sowohl im DFD als auch im CFD mit Flüssen verbunden ist.

(3)   CFD/CSPEC-Schnittstellen

Wie bereits zu Beginn dieses Abschnitts erwähnt, wird die Prozeßsteuerung in CSPEC's unter Verwendung endlicher Automaten beschrieben. Eingabe dieser Automaten sind Ereignisse, die Ausgaben sind Aktionen des Systems.

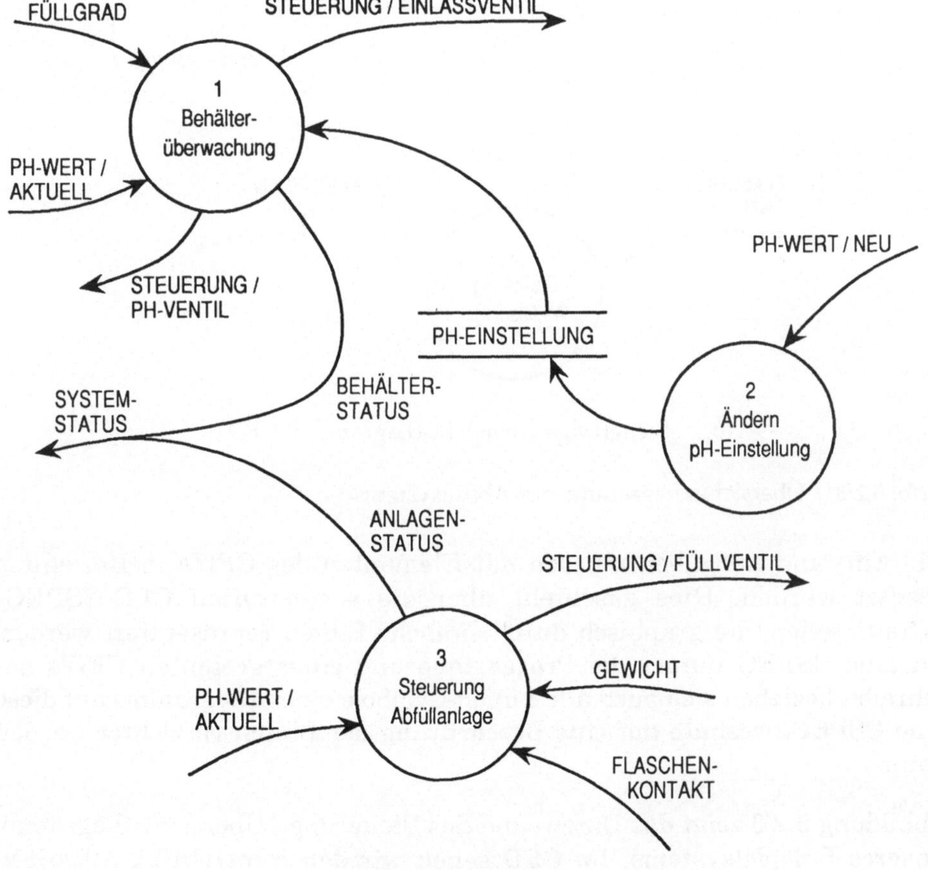

(a)   Daten-Übersichtsdiagramm / DFD 0

Abb. 5.2/3   Übersichtsdiagramme des Abfüllsystems \...

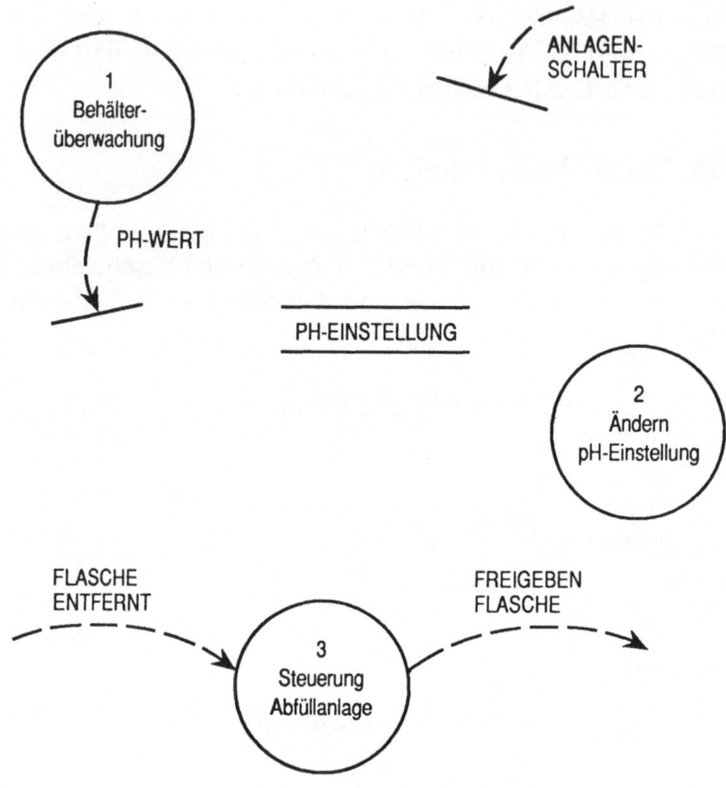

(b)   Steuerungs-Übersichtsdiagramm / CFD 0

Abb. 5.2/3   Übersichtsdiagramme des Abfüllsystems

Die Ein- und Ausgaben müssen mit Elementen des CFD's in Beziehung gesetzt werden. Dies geschieht über die sogenannten CFD/CSPEC-Schnittstellen, die graphisch durch einfache Linien repräsentiert werden. Da eine CSPEC immer die Prozeßsteuerung eines gesamten CFD's beschreibt, beziehen sich auch alle Linien-Symbole eines Diagramms auf diese eine CSPEC, weshalb auf eine Beschriftung der Linien verzichtet werden kann.

Abbildung 5.2/3 zeigt das Daten- und das Steuerungs-Übersichtsdiagramm unseres Beispielsystems. Im CFD sehen wir den Kontrollfluß ANLAGEN-SCHALTER, der mit seinen zwei möglichen Werten ON und OFF zwei in einer zugehörigen CSPEC weiter zu verarbeitende Ereignisse repräsentiert. Ursprung dieses Kontrollflusses ist der als externes Entity behandelte Anlagenbediener (vgl. Abb. 5.2/1 b).

Abbildung 5.2/3 b zeigt einen weiteren Kontrollfluß PH-WERT mit den möglichen Werten OK und OUT-OF-LIMIT, der im weiter zu zerlegenden Prozeß Behälterüberwachung erzeugt wird. Der Prozeß Steuerung Abfüllanlage hat jeweils einen Kontrollfluß als Ein- und Ausgabe, die jedoch beide für die Prozeßsteuerung auf dieser hohen Ebene noch nicht relevant sind, also auch nicht mit der CFD/CSPEC-Schnittstelle verbunden sind.

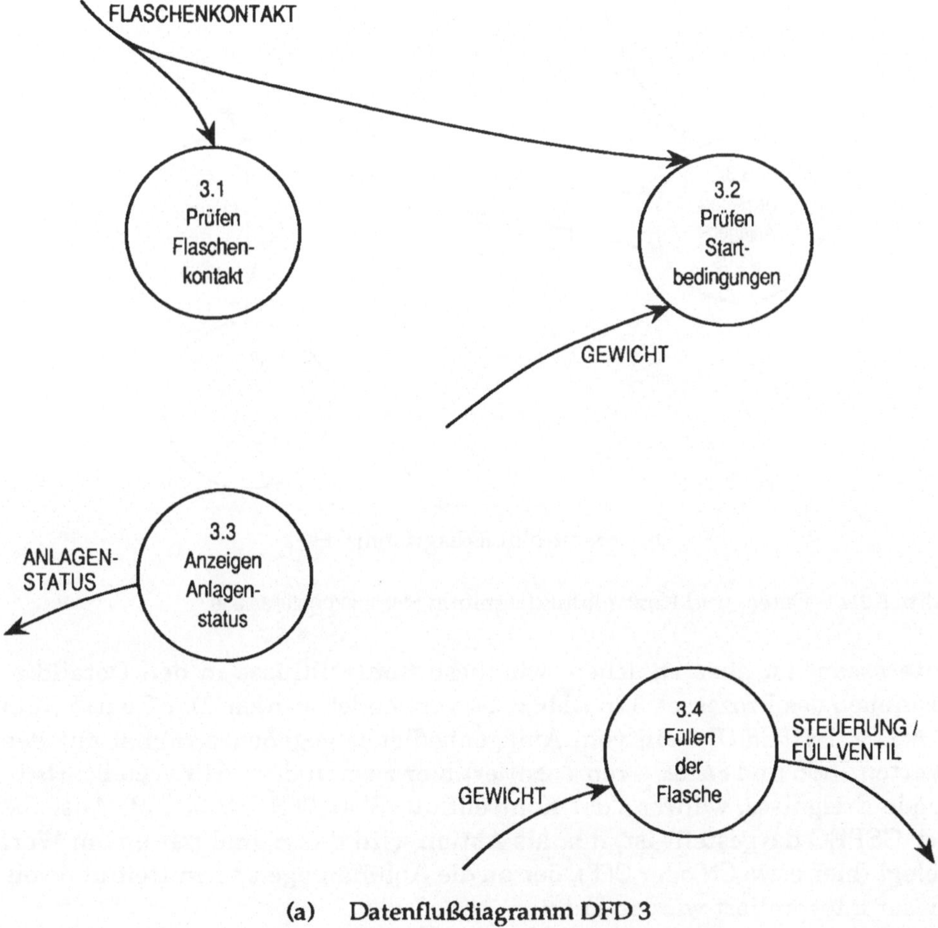

(a)   Datenflußdiagramm DFD 3

Abb. 5.2/4   Daten- und Kontrollflußdiagramm Steuerung Abfüllanlage \...

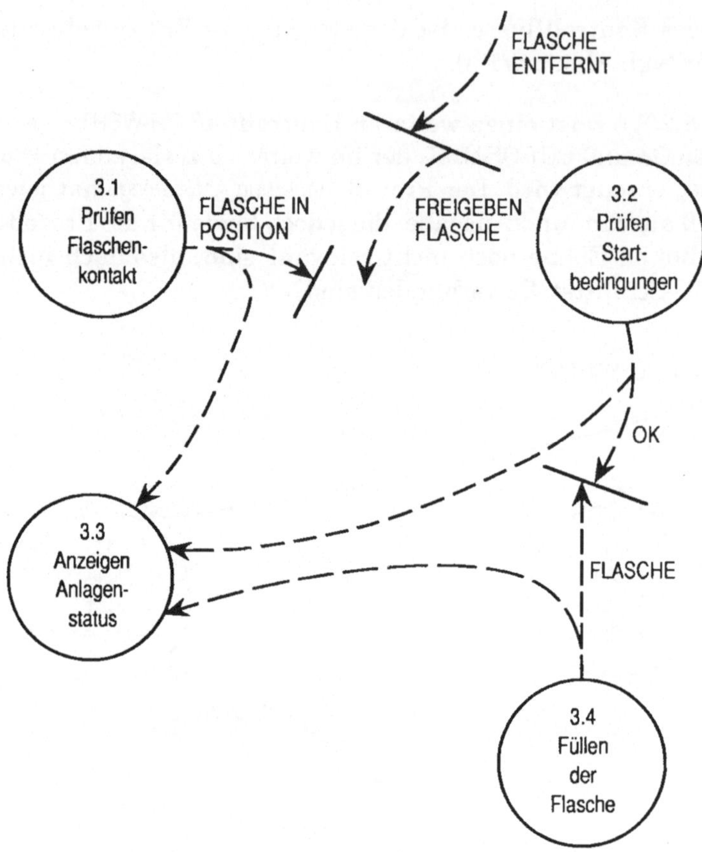

(b)   Kontrollflußdiagramm CFD 3

Abb. 5.2/4   Daten- und Kontrollflußdiagramm Steuerung Abfüllanlage

Interessant ist aber zu sehen, wie diese Kontrollflüsse in den Detaildiagrammen des Prozesses 3 in Abb. 5.2/4 verwendet werden. Der Kontrollfluß FLASCHE ENTFERNT – ein vom Anlagenbediener gegebenes Signal mit den Werten TRUE und FALSE – repräsentiert hier zwei in der CSPEC zu bearbeitende Ereignisse, während der Kontrollfluß FREIGEBEN FLASCHE als Ausgabe der CSPEC dargestellt ist, d.h. als Aktion wird das Signal mit einem Wert belegt (hier etwa ON oder OFF), der an die Abfüllanlage übermittelt und von dieser interpretiert werden kann.

In Abb. 5.2/4 b sind weitere Kontrollflüsse dargestellt, die Ausgaben von Prozessen sind. Da es sich hierbei um elementare Prozesse handelt, können wir folgern, daß die Inhalte dieser Kontrollflüsse Ergebnisse von Transformationsprozessen sind, die über entsprechende PSPEC's spezifiziert werden können.

Spezifikation der Steuerprozesse (CSPEC)

Wie ausgehende Kontrollflüsse können in den PSPEC's natürlich auch eingehende Kontrollflüsse referenziert werden. Es ist also möglich, in einer PSPEC die Verarbeitung in Abhängigkeit eingehender Steuersignale zu beeinflussen. Diese Prozeßsteuerung auf tiefer Ebene reicht jedoch für komplexe Anwendungen zumeist nicht aus. Wir benötigen Techniken zur Beschreibung grundlegender Änderungen des Verarbeitungsmodus des Systems sowie zur Aktivierung und Deaktivierung ganzer Prozesse oder Prozeßgruppen. CSPEC's werden durch endliche Automaten repräsentiert, die bereits in Abschnitt 2.3 detailliert beschrieben wurden. Eingabe der endlichen Automaten sind die Steuersignale, die in Richtung der CFD/CSPEC-Schnittstelle des zugehörigen CFD's fließen. Ausgabe (Aktionen) sind entweder die Belegung von aus der Schnittstelle ausgehenden Kontrollflüssen oder die Aktivierung bzw. Deaktivierung von Prozessen. Dabei können die Aktionen entweder, dem Mealy-Modell entsprechend, den Zustandsübergängen des endlichen Automaten oder aber nach dem Moore-Modell den Zuständen zugeordnet sein (siehe hierzu Abschnitt 2.3).

Zumeist sind CSPEC's aus mehreren miteinander verknüpften endlichen Automaten aufgebaut, wobei es sich sowohl um kombinatorische als auch sequentielle Automaten handeln kann. Bei komplexeren Steuerungen verhält es sich häufig so, daß im Mittelpunkt ein durch ein Zustandsdiagramm repräsentierter sequentieller Automat steht, dessen Übergangspfeile mit Ereignissen und Aktionen beschriftet sind, die nicht direkt mit Kontrollflüssen bzw. Prozeßaktivierungen in Beziehung gesetzt werden können. Man spricht dann von einer komplexen Ereignis- bzw. Aktionslogik, die über (gegebenenfalls mehrere) kombinatorische Automaten modelliert werden muß. Einige Beispiele sollen diese Vorgehensweise illustrieren.

Betrachten wir zunächst Tab. 5.2/1, die die Spezifikation der Prozeßsteuerung zum DFD 0 bzw. CFD 0 zeigt (vgl. Abb. 5.2/3). Die CSPEC enthält hier ausschließlich eine sogenannte *Prozeßaktivierungstabelle*, die anzeigt, für welche Kombinationen von Werten der Steuersignale welche Prozesse aktiviert (1) bzw. deaktiviert (0) werden. Ein Prozeß ist dann stets bis zum nächsten Zustandsübergang aktiviert, d.h. nach jedem Übergang wird erneut über den kombinatorischen Automaten geprüft, welche Prozesse aktiviert und deaktiviert werden müssen.

CONTROL INPUTS		PROCESS ACTIVATION		
ANLAGEN- SCHALTER	PH- WERT	Behälter- überwachung 1	Ändern pH-Einstellung 2	Steuerung Abfüllanlage 3
ON	OK	1	1	1
ON	OUT-OF-LIMIT	1	1	0
OFF		0	0	0

Tab. 5.2/1   CSPEC 0: Abfüllsystem

Das *Aktivieren* eines Prozesses darf jedoch nicht mit Anstoßen (Triggern) eines Prozesses verwechselt werden. Aktivieren bedeutet hier nur, daß der Prozeß nun, wie im Datenflußdiagramm vorgesehen, datengetrieben arbeitet, d.h. falls über die Eingangsflüsse des Prozesses ausreichend zu verarbeitende Signale zur Verfügung stehen, kann der Prozeß ausgeführt werden. Prozesse, die nicht über CSPEC's gesteuert werden, arbeiten defaultmäßig datengetrieben. *Deaktivierung* eines Prozesses hat zur Folge, daß der Prozeß – selbst wenn ausreichend Eingaben zur Verfügung stehen – solange nicht ausgeführt werden kann, bis er wieder aktiviert wird.

Prozeßaktivierung muß über mehrere Ebenen betrachtet werden. Ein Prozeß ist nur dann aktiv, wenn auch alle seine Vorfahren in übergeordneten Diagrammen aktiv sind. Auf unser Beispiel übertragen bedeutet dies, daß etwa der Teilprozeß 3.4 / Füllen der Flasche nur dann aktiv sein kann, wenn auch sein Vaterprozeß 3 / Steuerung Abfüllanlage aktiv ist.

Falls also ein Prozeß deaktiviert wird, werden gleichzeitig auch alle seine Teilprozesse deaktiviert, selbst jene, die ansonsten stets datengetrieben arbeiten.

Abbildung 5.2/5 und Tab. 5.2/2 zeigen als weiteres Beispiel einer CSPEC die Steuerung für die Diagramme DFD 3 und CFD 3 (vgl. Abb. 5.2/4). In Abb. 5.2/5 ist das Zustandsdiagramm dargestellt, das den Kern der CSPEC bildet. In diesem Diagramm sind als Ereignisse direkt Namen von Kontrollflüssen des CFD 3 referenziert, so daß auf eine Entscheidungstabelle verzichtet werden kann, in der die Ereignislogik abgebildet wird.

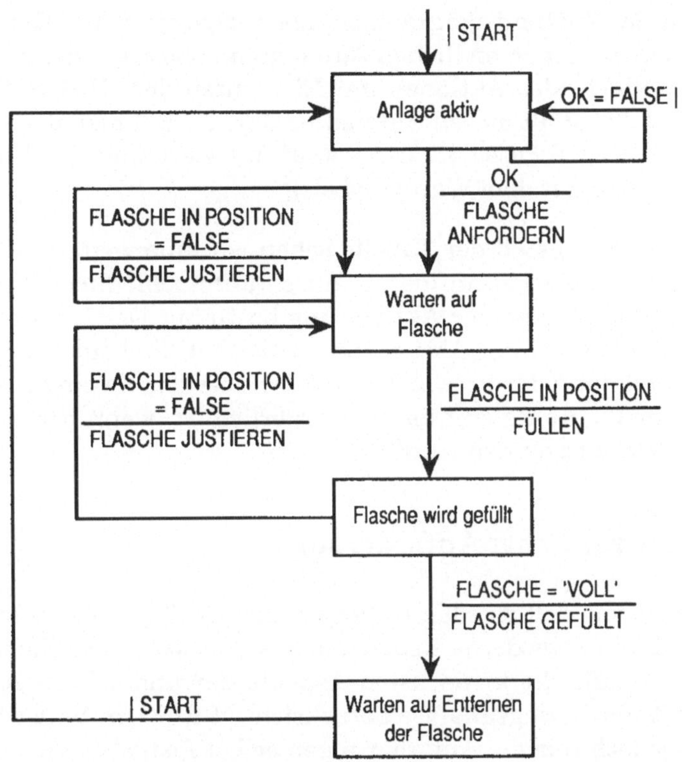

Abb. 5.2/5   CSPEC 3: Zustandsdiagramm

CONTROL	PROCESS ACTIVATION				OUTPUT
ACTION	Prüfen Flaschen- kontakt 3.1	Prüfen Startbe- dingungen 3.2	Anzeigen Anlagen- status 3.3	Füllen der Flasche 3.4	Frei- geben Flasche
Start	0	1	0	0	OFF
Flasche anfordern	2	0	1	0	ON
Füllen	2	0	1	1	OFF
Flasche justieren	2	0	1	0	OFF
Flasche gefüllt	0	0	1	0	OFF

Tab. 5.2/2   Steuerung des Prozesses Steuerung Abfüllanlage

Die Aktionen des Zustandsdiagramms haben dagegen keine Entsprechung im CFD, so daß wir einen endlichen Automaten benötigen, der die Aktionslogik repräsentiert, also Aktionen mit Elementen des CFD in Beziehung setzt. Tabelle 5.2/2 stellt diesen Automaten dar. Im Rahmen der Aktion Start etwa wird der Prozeß Prüfen Startbedingungen aktiviert und der Kontrollfluß FREIGEBEN FLASCHE mit dem Wert OFF belegt.

Im Prozeßaktivierungsteil der Tabelle sehen wir eine weitere Möglichkeit, die Prozeßsteuerung zu beeinflussen: durch unterschiedliche Zahlenangaben kann die Reihenfolge der Aktivierung bestimmt werden. So sollen für unser Beispiel etwa bei der Aktion Füllen zunächst die beiden Prozesse 3.3 und 3.4 und erst dann der Prozeß 3.1 aktiviert werden, da ein erneutes Prüfen des Flaschenkontakts erst dann erforderlich ist, wenn bereits mit dem Füllen der Flasche begonnen wurde.

Beschreibung zeitlicher Anforderungen

Im Anforderungsmodell wurden bislang keine zeitlichen Aspekte betrachtet. Insbesondere für moderne Real-Time-Systeme stellen zeitliche Restriktionen jedoch häufig die kritischsten Aspekte dar und sollten deshalb bereits bei der Anforderungsanalyse berücksichtigt werden. In der Spezifikation werden jedoch nur die Anforderungen selbst festgehalten. Die Lösung der Frage, wie die Anforderungen erfüllt werden können, ist dagegen erst Gegenstand des nachfolgenden Systementwurfs.

Hatley und Pirbhai betrachten deshalb nur *externe zeitliche Aspekte*, d.h. Zeitaspekte beziehen sich nur auf Signale, die mit externen Entities ausgetauscht werden. Es können zwei verschiedene Aspekte modelliert werden: Wiederholungsraten und Antwortzeiten.

Wiederholungsraten

Unter der Wiederholungsrate eines Signals versteht man eine Information darüber, wie oft pro Zeiteinheit ein Signal vom System empfangen (reception rate) oder erzeugt (recomputation rate) werden muß.

Wiederholungsraten werden für externe elementare Signale als spezielle Attribute im Data Dictionary vereinbart. Externe Signale sind dabei solche Signale, die mit externen Entities ausgetauscht werden. Zumeist sind sie nicht direkt aus den Kontextdiagrammen ersichtlich, da sie dort lediglich als Komponenten von Gruppenflüssen berücksichtigt sind.

Nicht vereinbart werden dagegen Wiederholungsraten für interne Signale, da diese erst im Rahmen des Systementwurfs von Interesse sind.

Antwortzeiten

Unter der Antwortzeit eines Systems versteht man die Zeitspanne zwischen dem Auftreten eines Ereignisses an der Eingabeschnittstelle und dem Auftreten eines Ereignisses an der Ausgabeschnittstelle des Systems. Mit anderen Worten: die Zeit, die zwischen einem für das System relevanten Ereignis der Außenwelt und einer entsprechenden Aktion des Systems verstreicht. Ereignissen entsprechen jeweils Werte elementarer Signale, die das System mit externen Entities austauscht. Die Antwortzeiten können deshalb wie in Tab. 5.2/3 in Tabellenform spezifiziert werden. Die ersten beiden Spalten beschreiben Ereignisse an der Eingabeschnittstelle, die Spalten drei und vier entsprechende Ereignisse an der Ausgabeschnittstelle. Für die Antwortzeiten ist entweder ein zulässiger Bereich oder ein Maximalwert angegeben.

EINGABE	EREIGNIS	AUSGABE	EREIGNIS	ANTWORTZEIT
PH-WERT/ NEU	neuer Wert liegt vor	STEUERUNG/ PH-VENTIL	wird ON	1 Sek. max.
FÜLL- GRAD	wird < 60 %	STEUERUNG/ EINLASS-VENTIL	wird ON	10 Sek. max.
	erreicht 100 %	STEUERUNG/ EINLASS-VENTIL	wird OFF	0,5 – 1 Sek.
FLASCHE ENTFERNT				keine zeitkriti- schen Ausgaben
		...		

Tab. 5.2/3   Zeitspezifikation

In Tab. 5.2/3 ist jeder Ausgabe genau eine Eingabe zugewiesen. Es wird jedoch häufig so sein, daß eine bestimmte Ausgabe das Resultat einer Kombination von Ereignissen an der Eingabeschnittstelle ist. Generell sollte es so sein, daß die Tabelle Angaben zu allen elementaren externen Eingabesignalen enthält, zumindest eine Bemerkung, daß zu dieser Eingabe keine zeit-

kritischen Ausgaben erwartet werden (siehe als Beispiel den Eintrag für
das Steuersignal FLASCHE ENTFERNT).

Das Anforderungsmodell im Überblick

Die Abb. 5.2/6 gibt nun nochmals einen Überblick über das gesamte Anforderungsmodell. Auf der einen Seite stehen die Datenflußdiagramme, für deren elementare Prozesse PSPEC's angefertigt werden. In diesen Prozeßspezifikationen werden ein- und ausgehende Datenflüsse des jeweiligen Prozesses sowie spezielle Kontrollflüsse referenziert, die als Datenbedingungen
bezeichnet werden.

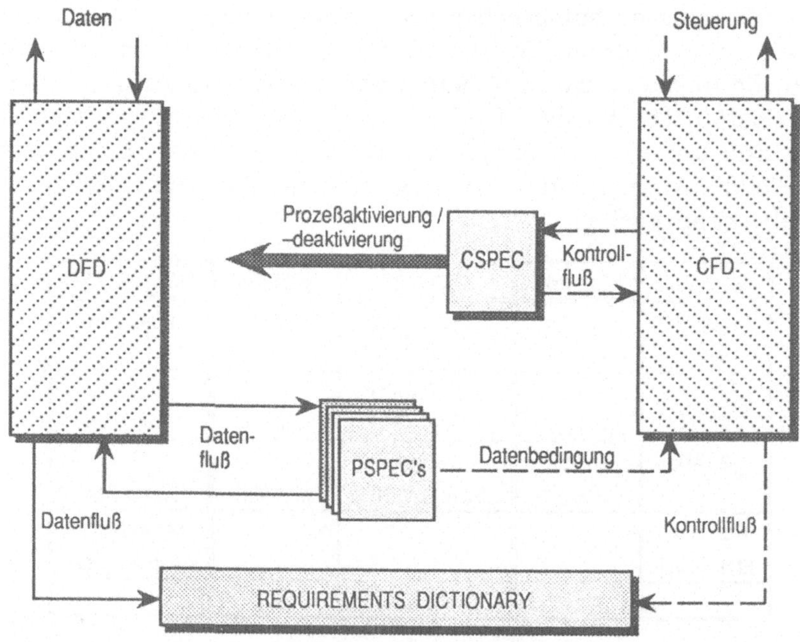

Abb. 5.2/6   Struktur des Anforderungsmodells (vgl. [HaP88])

Kontrollflußdiagramme illustrieren den Fluß der Steuersignale durch das
System. Üblicherweise wird für jedes DFD auch ein CFD angefertigt. CFD's
wiederum kann eine CSPEC zugewiesen werden, in der die Prozeßsteuerung beschrieben wird. In den CSPEC's werden Kontrollflüsse des CFD referenziert. Ergebnis der Prozeßsteuerung ist entweder die Belegung von

Kontrollflüssen im CFD oder die Aktivierung von Prozessen des entsprechenden DFD's.

Grundlegendes Element des Modells ist ein Dictionary, in dem sämtliche Daten- und Kontrollflüsse detailliert beschrieben sind. Die Dictionary-Einträge werden in nachfolgenden Entwicklungsphasen um weitere Attribute ergänzt.

Weiterführende Literatur

[DeM79], [HaP88]

5.2.2   Der Ansatz von Ward und Mellor

Nachdem im vorhergehenden Abschnitt der Ansatz von Hatley und Pirbhai detailliert beschrieben wurde, werden wir uns nun auf die Behandlung einiger weniger Aspekte beschränken, die den Ward/Mellor-Ansatz vom Hatley/Pirbhai-Ansatz unterscheiden.

Der Ward/Mellor-Ansatz basiert ebenfalls auf der strukturierten Analyse nach DeMarco (vgl. Abschnitt 3.1). Die dort vorgeschlagenen Datenflußdiagramme erweitern Ward und Mellor um zusätzliche für die Prozeßsteuerung relevanten Elemente (siehe hierzu auch Abb. 5.2/7): Steuerprozesse, Ereignisflüsse und Puffer.

Steuerprozesse

Steuerprozesse sind spezielle elementare Transformationsprozesse, die eingehende in ausgehende Ereignisflüsse transformieren. In einem Diagramm können möglicherweise mehrere Steuerprozessse verwendet werden, die gegebenenfalls über Ereignisflüsse verknüpft sind. Wie die Transformation in einem Steuerprozeß im einzelnen abläuft, wird über ein gemäß dem Mealy-Modell erstelltes Zustandsdiagramm spezifiziert. Bei Hatley und Pirbhai wird dagegen auf die explizite graphische Repräsentation von Steuerprozessen im CFD verzichtet. Dort wird vorausgesetzt, daß für ein Diagramm jeweils nur ein Steuerprozeß existiert, dessen Schnittstelle durch Linien-Symbole repräsentiert wird.

Ereignisflüsse

Steuerprozesse kommunizieren mit Daten- oder anderen Steuerprozessen über Ereignisflüsse. Auf diesen Flüssen werden Signale transportiert, die Ereignisse anzeigen oder Kommandos übermitteln. Sie sind mit Interrupts oder Impulsen zu vergleichen. Im Unterschied zu Kontrollflüssen ist der Inhalt von Ereignisflüssen nicht variabel.

Dieser Unterschied kann einfach anhand eines kleinen Beispiels erläutert werden: Aus Tab. 5.2/1 ist ersichtlich, daß der Kontrollfluß PH-WERT diskrete Signale trägt, die die beiden Werte OK und OUT-OF-LIMIT annehmen können. Jeder dieser Signalwerte steht hier für ein Ereignis und müßte deshalb nach Ward/Mellor über zwei Ereignisflüsse PH-WERT/OK und PH-WERT/OUT-OF-LIMIT modelliert werden.

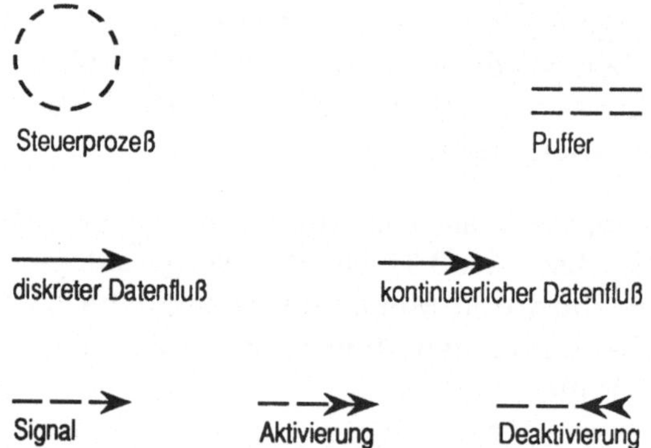

Abb. 5.2/7   Spezielle Symbole in Datenflußdiagrammen[1]

Ward/Mellor verwenden drei Typen von Ereignisflüssen (siehe auch Abb. 5.2/7), die unterschiedliche Informationen tragen:

* Signale:
  Signale werden von sendenden Prozessen dazu benutzt, andere Prozesse über Ereignisse zu benachrichtigen. Der Sender weiß jedoch

---

[1]   Bei Deaktivierungspfeilen ist der Empfänger der jeweils am Pfeilkopf angegebene Prozeß.

nicht, wie das Signal weiterverarbeitet wird. Beispiele für signaltragende Ereignisflüsse sind PH-WERT/OK oder PH-WERT/OUT-OF-LIMIT.

- Aktivierung:
  Durch das Senden eines Aktivierungssignals wird der Empfänger dazu veranlaßt, aktiv zu werden und Ausgaben zu erzeugen. Im Unterschied zum Hatley/Pirbhai-Ansatz, bei dem Signale dieser Art im CFD nicht berücksichtigt sind, ist der Empfänger nicht nur während eines Zustandsübergangs aktiv, sondern solange, bis er durch ein Deaktivierungssignal wieder „ausgeschaltet" wird.

- Deaktivierung:
  Das Senden eines Deaktivierungssignals verhindert weitere Ausgaben des empfangenden Prozesses.

Datenflüsse

In Datenflußdiagrammen werden verschiedene Typen von Datenflüssen verwendet:

- Diskrete Datenflüsse:
  Diskrete Datenflüsse tragen Informationseinheiten, die zu diskreten Zeitpunkten definiert sind. Ein Beispiel ist der Datenfluß PH-WERT/NEU (vgl. Abb. 5.2/1), der bei Bedarf vom Anlagenbediener mit einer Informationseinheit belegt wird.

- Kontinuierliche Datenflüsse:
  Es handelt sich hierbei um Datenflüsse, die während eines Zeitintervalls stets Informationseinheiten tragen. Beispiele sind die Flüsse PH-WERT/AKTUELL und FÜLLGRAD, die mit Sensoren verbunden sind, die fortlaufend (gegebenenfalls sich kontinuierlich ändernde) Werte liefern.

Puffer

Puffer sind spezielle Speicher, in denen Informationseinheiten abgelegt werden, die später von einem oder mehreren Transformationsprozessen weiterverarbeitet werden. Übertragen in die Realwelt entsprechen sie, im

Gegensatz zu Datenspeichern, nicht Dateien oder Datenbanken, sondern Datenstrukturen wie Queue oder Stack.

Unterschiede zwischen den SA/RT-Ansätzen ergeben sich auch bei der Spezifikation von Datenprozessen und in bezug auf methodische Aspekte.

Weiterführende Literatur

[HaP88], [WaM85], [WaM86], [War86]

5.3   Petri-Netze

Im vorangegangenen Abschnitt wurde mit SA/RT eine Methode zur Spezifikation des Systemverhaltens vorgestellt, die als Beschreibungsmittel Kontrollflußdiagramme und endliche Automaten vorsieht. In diesem Abschnitt wollen wir nun einige Konzepte der Petri-Netz-Theorie[1] vorstellen. Mit den verschiedenen Varianten von Petri-Netzen werden Beschreibungsmittel zur Spezifikation des Systemverhaltens zur Verfügung gestellt, die in ihren Ausdrucksmöglichkeiten über die von Kontrollflußdiagrammen und endlichen Automaten hinausgehen.[2]

Die Beschreibung eines Systems mit Petri-Netzen liefert ein Modell, das eine bestimmte Sicht auf dieses System widerspiegelt. Die Komponenten dieses Modells sind zum einen die Einheiten des Systems, die dessen Funktionen realisieren. Zwischen diesen Einheiten und zwischen dem System und seiner Umgebung werden Informationen ausgetauscht. Informationstragende Einheiten – also gewisse abstrakte Medien – bilden die zweite Gruppe der Modellkomponenten. Ein Modell besteht somit aus *aktiven* Komponenten – den informationsverarbeitenden Funktionen – und *passiven* Komponenten – den informationstragenden Medien.

In Analogie zur Begriffsnorm DIN 66200 bezeichnet Richter in [Ric83] die aktiven Komponenten als Instanzen und die passiven als Kanäle. *Kanäle* sind Träger von Informationen. Diese Informationen geben einen zu einem

---

1   Ausgangspunkt für diese Theorie, wie sie sich heute darstellt, war die Arbeit von C. A. Petri [Pet62].

2   J. L. Peterson vergleicht in [Pet81] einige der gängigen Beschreibungsmittel für die Darstellung von Systemdynamik bezüglich ihrer Ausdrucksmächtigkeit.

bestimmten Zeitpunkt bestehenden Zustand wieder. *Instanzen* führen gewisse Aktionen in Abhängigkeit von gewissen Zuständen aus. Dabei können sie den Zustand, der vor Ausführung dieser Aktion bestand, in einen neuen Zustand überführen.

Um auf diese Weise ein System modellieren zu können, müssen die Komponenten untereinander in Beziehung gesetzt werden. Die Unterscheidung zwischen aktiven und passiven Komponenten führt zu folgender Modellsicht: Zwischen den aktionsausführenden Instanzen können Informationen nur über Kanäle ausgetauscht werden. Information, die sich in einem Kanal befindet, kann nur mit Hilfe einer Instanz in einen anderen Kanal übertragen werden. Das bedeutet, daß ein Kanal nur mit Instanzen und eine Instanz nur mit Kanälen in direkte Beziehung gesetzt werden kann.

In Petri-Netzen werden Instanzen graphisch durch Rechtecke symbolisiert. Einige Darstellungsformen reduzieren das Symbol aber auch auf einen einfachen Strich. Kanäle werden durch runde bzw. ovale graphische Formen dargestellt. Verbindungen zwischen den Komponenten werden durch Pfeile repräsentiert. Man erhält so ein Netz mit zwei unterschiedlichen Arten von Knoten, wobei ein Knoten der einen Art jeweils nur mit Knoten der anderen verbunden ist. Mit einem solchen Netz können die statischen, strukturellen Eigenschaften eines Systems dargestellt werden. Um jedoch das Verhalten des Systems spezifizieren zu können, müssen darüberhinaus Konstrukte zur Modellierung von Dynamik vorhanden sein. Dazu lassen sich in ein Petri-Netz Objekte in Kanälen ablegen: Man erhält einen Anfangszustand des Systems. Regeln legen fest, wie durch die Instanzen die Objekte neu verteilt werden können, d.h. wie das System in einen Folgezustand überführt wird.

Die bisherige Beschreibung von Petri-Netzen legte eine sehr weit gefaßte Interpretation der Modellkomponenten zugrunde. Instanzen sind beliebige aktive Einheiten und Kanäle Medien für einen allgemeinen Informationsbegriff, die beliebige, nicht näher bestimmte Objekte aufnehmen können.[1] Für die konkrete Anwendung von Petri-Netzen werden im allgemeinen präziser gefaßte Interpretationen der Modellkomponenten vorgegeben. Im folgenden wollen wir die für die Spezifikation von Systemverhalten am häufigsten verwendeten Interpretationen kurz vorstellen.

---

[1]   Diese Netze werden auch als Kanal/Instanz-Netze bezeichnet.

5.3.1 Bedingungs/Ereignis-Netze

Zunächst wenden wir uns wieder unserem Beispiel einer Flaschenabfüllanlage aus Abb. 5.1/1 zu. Betrachten wir den Vorgang des Abfüllens, so lassen sich für die dabei verwendeten Flaschen drei Ereignisse ausmachen, die bei jedem Abfüllvorgang wieder eintreten: Flasche zuführen, Flasche abfüllen und Flasche entnehmen. Für den Eintritt der Ereignisse müssen bestimmte Voraussetzungen erfüllt sein. Zum Beispiel muß die Abfüllposition frei sein, bevor das Ereignis Flasche zuführen eintreten kann. Abbildung 5.3/1 zeigt ein Netz, das diese Zusammenhänge darstellt.

Hier werden die Voraussetzungen, die vor Eintritt eines Ereignisses erfüllt sein müssen, durch Bedingungen formuliert. Es entsteht so ein Netz aus Bedingungen und Ereignissen. Die zu Beginn des Abschnitts 5.3 eingeführten Komponenten erhalten jetzt eine neue Interpretation: Kanäle – die passiven Komponenten – sind *Bedingungen* und Instanzen – die aktiven Komponenten – sind *Ereignisse*.[1]

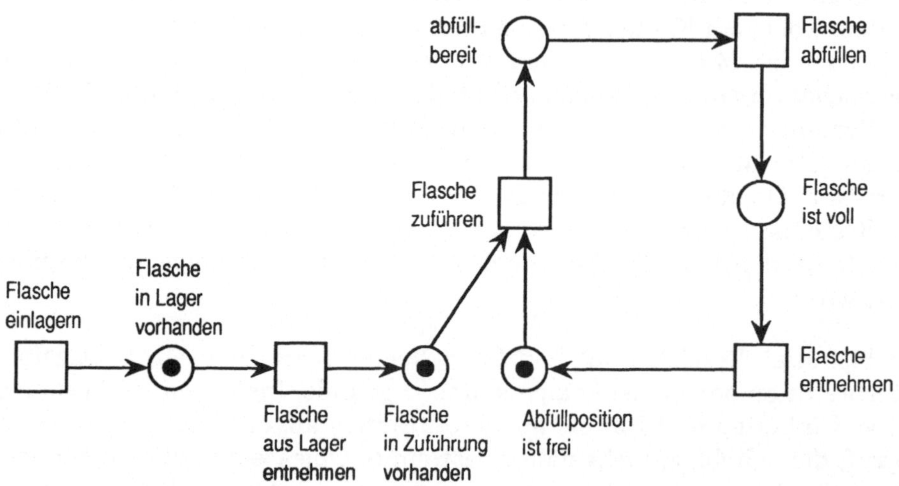

(a)   Netz vor Eintritt des Ereignisses Flasche zuführen

Abb. 5.3/1   Bedingungs/Ereignis-Netz vor und nach Eintritt eines Ereignisses \...

---

1   Im allgemeinen werden diese Netze als Bedingungs/Ereignis-Netze, Condition/Event-Nets oder C/E-Nets bzw. -Systeme bezeichnet.

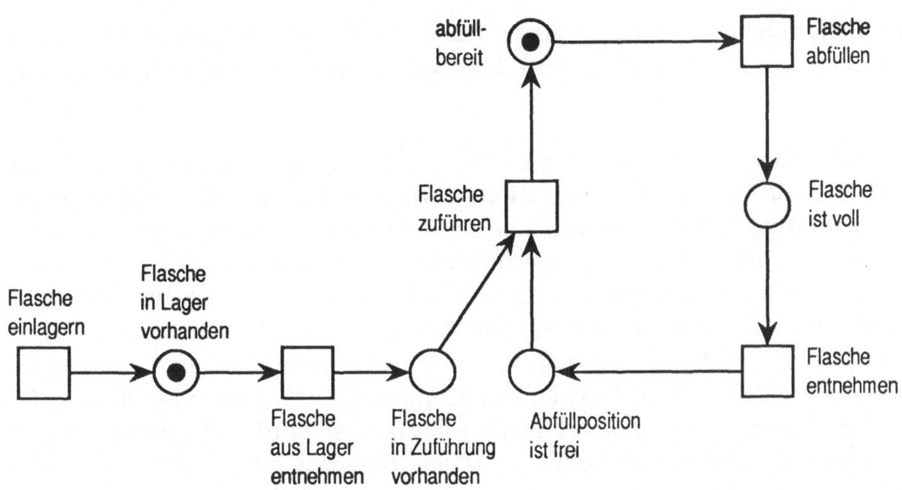

(b)   Netz nach Eintritt des Ereignisses Flasche zuführen

Abb. 5.3/1   Bedingungs/Ereignis-Netz vor und nach Eintritt eines Ereignisses

Das Ereignis Flasche zuführen kann nur dann eintreten, wenn die Bedingungen Abfüllposition ist frei und Flasche in Zuführung vorhanden erfüllt sind. Nach Eintritt dieses Ereignisses sind die Bedingungen Abfüllposition ist frei und Flasche in Zuführung vorhanden nicht mehr erfüllt, dagegen ist jetzt die Bedingung abfüllbereit erfüllt. Jetzt kann also das Ereignis Flasche abfüllen eintreten usw.

Die zu einem Zeitpunkt erfüllten Bedingungen in einem Netz werden jeweils durch eine *Marke* gekennzeichnet. Jedem können eine oder mehrere Vorbedingungen – durch eingehenden Pfeil verbunden – bzw. eine oder mehrere Nachbedingungen – durch ausgehenden Pfeil verbunden – zugeordnet sein. Vor Eintritt eines Ereignisses müssen alle seine Vorbedingungen eine Marke enthalten, d.h. erfüllt sein, und keine seiner Nachbedingungen darf eine Marke enthalten. Ein solches Ereignis heißt *aktiviert*. Ein aktiviertes Ereignis kann, muß aber nicht zwingend, eintreten. Nach Eintritt eines Ereignisses sind alle seine Nachbedingungen mit einer Marke versehen, und aus allen seinen Vorbedingungen sind die Marken entfernt.

Die Vorschrift, die angibt, wann ein Ereignis eintreten kann, wird *Transitionsregel* genannt. Das Einsetzen von Marken in ein Netz und die Angabe einer Transitionsregel ermöglichen die Darstellung dynamischer Aspekte eines Systems. Die Verteilung der Marken in einem Netz gibt den Zustand des Systems zu einem bestimmten Zeitpunkt wieder und macht damit eine

Aussage, welche Ereignisse eintreten können. Durch den Eintritt einiger oder aller dieser Ereignisse wird das System in einen neuen Zustand überführt.[1]

Ein wesentlicher Aspekt, der sich mit Petri-Netzen darstellen läßt, ist die Beschreibung von Konfliktsituationen. Im speziellen Fall der hier besprochenen Bedingungs/Ereignis-Netze können zwei Ereignisse in einem Konflikt miteinander stehen, wenn zunächst beide Ereignisse aktiviert sind, aber nach Eintritt des einen Ereignisses das zweite nicht mehr aktiviert ist, obwohl es nicht eingetreten ist. Die Ereignisse konkurrieren also um erfüllte bzw. zu erfüllende Bedingungen. Abbildung 5.3/2 zeigt ein Beispiel für einen *Verzweigungskonflikt*. Die Bedingung Anlagenbediener ist frei ist erfüllt und die Nachbedingungen der beiden Ereignisse sind nicht erfüllt. Es sind jetzt beide Ereignisse aktiviert. Tritt das Ereignis Flasche entnehmen ein, ist die Bedingung Anlagenbediener ist frei nicht mehr erfüllt und das Ereignis pH-Wert einstellen kann nicht mehr eintreten.

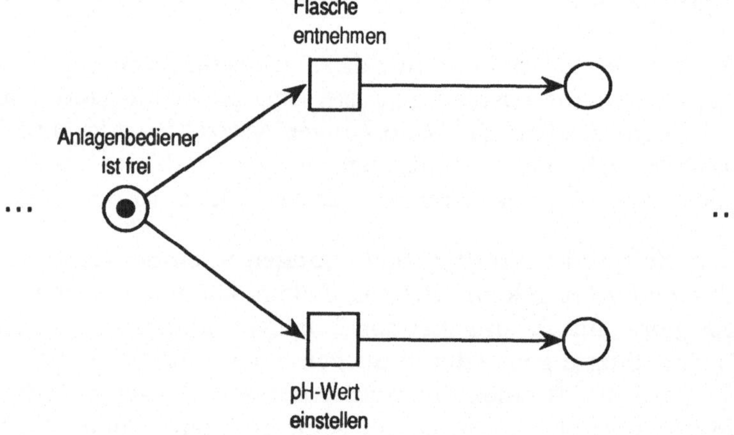

Abb. 5.3/2   Verzweigungskonflikt in einem Bedingungs/Ereignis-Netz

---

[1] Netze mit einer gegebenen Markierung und der Transitionsregel werden in der Literatur auch als *Systeme* bezeichnet und der Begriff *Netz* nur für die Modellierung der statischen Struktur verwendet (siehe z.B. [BeF86]).

In Abb. 5.3/3 sehen wir ein Beispiel für einen *Wettbewerbskonflikt*. Nach Eintritt eines der beiden Ereignisse ist die gemeinsame Nachbedingung erfüllt und das zweite Ereignis kann nicht mehr eintreten.

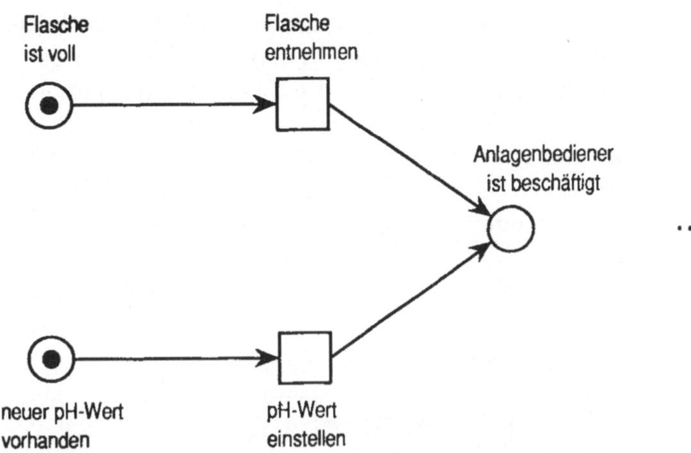

Abb. 5.3/3 Wettbewerbskonflikt in einem Bedingungs/Ereignis-Netz

Weiterführende Literatur

[Rei85], [Thi87]

5.3.2 Stelle/Transitions-Netze

In den Bedingungs/Ereignis-Netzen des vorangegangenen Abschnitts konnte jeweils eine Marke in einer Bedingung abgelegt werden, um auszudrücken, daß die entsprechende Bedingung erfüllt oder nicht erfüllt ist. Beim Eintritt eines Ereignisses wurde auch je betroffener Vor- bzw. Nachbedingung nur jeweils eine Marke entnommen bzw. hinzugefügt. Die in diesem Abschnitt vorgestellten Netze erweitern das Konzept der Bedingungs/Ereignis-Netze in zwei Punkten.

Den passiven Komponenten (Kanälen) können *Kapazitäten* zugeordnet werden. Diese Angabe bestimmt die Anzahl der maximal von einem Kanal zu einem Zeitpunkt aufnehmbaren Marken. Es dürfen sich jetzt also mehr als eine Marke gleichzeitig in einem Kanal befinden. Die zweite Erweiterung ist eine Zuordnung von *Gewichten* an die Pfeile. Diese Gewichte geben an, wieviele Marken bei einem Zustandsübergang des Systems aus einem Kanal entnommen bzw. in einem Kanal abgelegt werden.

Mit diesen Erweiterungen ergibt sich eine neue Interpretation für die Komponenten eines Netzes. Kanäle werden jetzt als *Stellen* bezeichnet und Instanzen als *Transitionen*.[1] In dieser gegenüber Bedingungs/Ereignis-Netzen allgemeineren Interpretation sind die passiven Komponenten Speicher für Objekte. Die aktiven Komponenten überführen das System von einem Zustand in einen neuen, indem sie Marken aus ihren Eingangsstellen konsumieren und Marken für ihre Ausgangsstellen produzieren. Transitionen können so Prozesse oder Transaktionen darstellen.

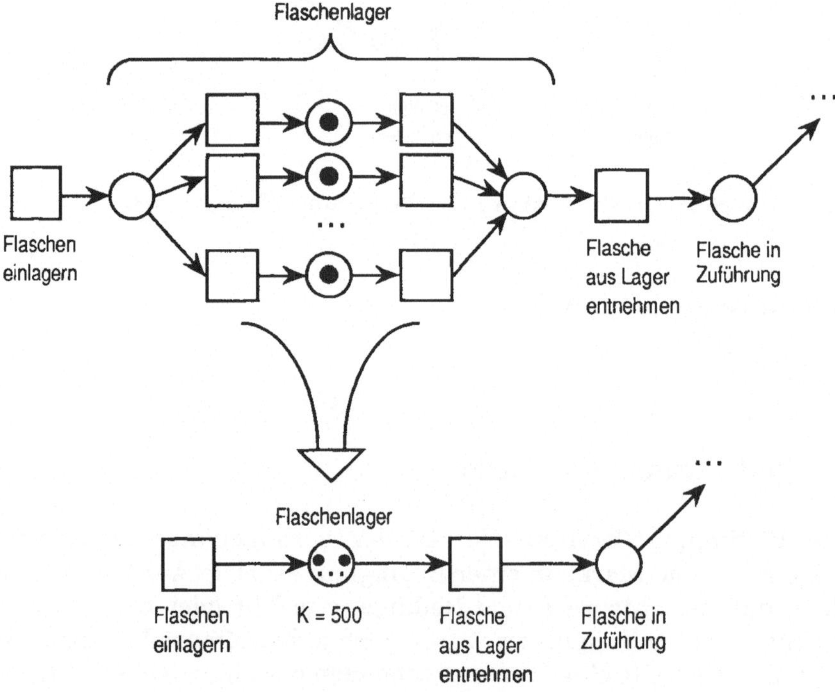

Abb. 5.3/4   Verwendung von Kapazitäten in Stelle/Transitions-Netzen

---

1   Netze mit diesen Komponenten werden Stelle/Transitions-Netze, Place/Transition-Nets oder P/T-Nets bzw. -Systeme genannt.

In Abb. 5.3/1 gibt es die Bedingung Flasche in Lager vorhanden, die Voraussetzung für den Eintritt des Ereignisses Flasche aus Lager entnehmen ist. Die Darstellung des Einlagerungsvorgangs mit jeweils nur einer Flasche, wie in Abb. 5.3/1, dürfte kaum der realen Situation entsprechen. In Bedingungs/Ereignis-Netzen ließe sich ein Lager mit größerer Kapazität durch Einfügung von zusätzlichen Bedingungen und Ereignissen darstellen. Abbildung 5.3/4 zeigt die Vereinfachung dieser Darstellung in Stelle/Transitions-Netzen.

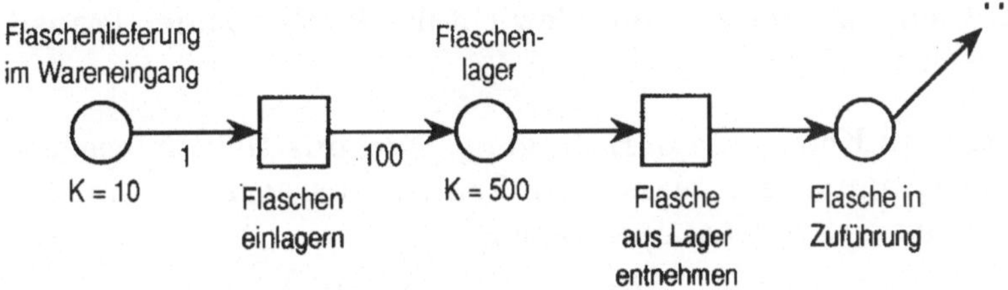

Abb. 5.3/5   Verwendung von Pfeilgewichten in Stelle/Transitions-Netzen

Der Prozeß des Einlagerns dürfte in der Realität nicht für jede gelieferte Flasche einzeln vorgenommen werden. Realistischer ist wohl die Einlagerung jeweils in Form größerer Gebinde zu etwa je 100 Stück. Dies läßt sich mit Hilfe von Pfeilgewichten, wie in Abb. 5.3/5 gezeigt, darstellen. Für die Beschriftung von Stelle/Transitions-Netzen gilt im allgemeinen die Vereinbarung, daß das Pfeilgewicht 1 nicht angegeben werden muß. Wird keine Stellenkapazität angegeben, so kann dies je nach Vereinbarung eine unbegrenzte Kapazität oder Kapazität 1 bedeuten. Im Wareneingang können damit maximal 10 Lieferungen vorliegen, wobei eine Lieferung ein Gebinde aus 100 Flaschen umfaßt. Bei einem Zustandsübergang, d.h. der Ausführung von Flasche einlagern, wird eine Lieferung – also eine Marke – aus der Eingangsstelle entnommen und 100 Flaschen bzw. Marken in der Stelle Flaschenlager abgelegt.

Aus diesem Beispiel ist jetzt auch die gegenüber Bedingungs/Ereignis-Netzen geänderte *Transitionsregel* erkennbar. Eine Transition in einem Stelle/Transitions-Netz ist aktiviert, wenn die beiden folgenden Bedingungen gelten:

- Für jede Eingangsstelle der Transition muß das Gewicht des Pfeils von der Stelle zur Transition kleiner oder gleich der Anzahl der Marken in dieser Stelle sein.

- Für jede Ausgangsstelle der Transition muß die Summe aus der Anzahl der Marken in der Stelle und dem Gewicht des Pfeils von der Transition zur Stelle kleiner oder gleich der Stellenkapazität sein.

Schaltet eine aktivierte Transition, so entnimmt sie aus jeder ihrer Eingangsstellen soviele Marken, wie durch das Gewicht des Pfeils von der Stelle zur Transition angegeben sind. In jede ihrer Ausgangsstellen legt sie soviele Marken ab, wie durch das Gewicht des Pfeils von der Transition zur Stelle angegeben wird.

Die Aussagen zu Konflikten in Bedingungs/Ereignis-Netzen lassen sich unter Berücksichtigung der geänderten Transitionsregel entsprechend auch auf Stelle/Transitions-Netze übertragen.

Weiterführende Literatur

[Rei85], [Rei86], [Rei87]

5.3.3 Prädikat/Transitions-Netze

In den beiden bisher vorgestellten Typen von Petri-Netzen werden Marken verwendet, um darzustellen, daß eine Bedingung erfüllt ist bzw. daß in einem Speicher eine gewisse Anzahl Objekte vorhanden ist. Was die Bedingung ist oder welche Art von Objekten gespeichert werden können, ergibt sich dabei aus der Beschriftung der Stellen. Die verwendeten Marken selbst sind nur „schwarze Punkte", die keine weitergehenden Informationen tragen. In Prädikat/Transitions-Netzen (Pr/T-Netzen) sind die Marken informationstragende Objekte. Diese Objekte können strukturiert aufgebaut sein. Durch eine ausgezeichnete Komponente oder Kombination von Komponenten sind die Objekte eindeutig identifizierbar.

In den passiven Komponenten eines Prädikat/Transitions-Netzes, die jetzt als *Prädikate* bzw *Prädikatstellen* bezeichnet werden, können also individuelle, unterscheidbare Objekte abgelegt werden. Eine passive Komponente wird in diesen Netzen als Prädikat – in Anlehnung an den Begriff aus der Mathematik bzw. Logik – interpretiert. Mit Objekten, die in einer solchen

Komponente vorliegen, wird ausgedrückt, daß das Prädikat (die Aussage) für diese Individuen gilt. Diese Objekte bilden die aktuelle Extension des Prädikats, oder – anders ausgedrückt – diese Objekte sind in der durch das Prädikat repräsentierten Multi-Relation enthalten.

Die aktiven Komponenten in Prädikat/Transitions-Netzen werden wieder als *Transitionen* interpretiert. Analog zu Stelle/Transitions-Netzen repräsentieren Transitionen Übergänge. Bei diesen Übergängen werden die Belegungen der Prädikate mit individuellen Objekten geändert. Das heißt, die Extensionen der mit einer einen Übergang darstellenden Transition verbundenen Prädikate werden verändert. Nach einem Übergang sind aus Eingangsprädikaten Objekte verschwunden und in Ausgangsprädikaten neue Objekte aufgetaucht. Wieviele und welche Objekte jeweils wie von einer Transition verbraucht oder erzeugt werden, wird durch Beschriftungen der Pfeile und Transitionen ausgedrückt. Die Beschriftungen der Pfeile mit Variablen oder formalen Summen von Variablen geben an, wieviele Objekte und in welcher Kombination bei einem Übergang von Prädikaten weg- bzw. zu Prädikaten hinfließen.

Durch die *Transitionsbeschriftung* können Bedingungen an die aus einem Eingangsprädikat kommenden Objekte gestellt werden. Es lassen sich also Vorbedingungen (Pre-Conditions) definieren, die für einen möglichen Zustandsübergang erfüllt sein müssen. Zudem lassen sich Bedingungen an die bei einem Zustandsübergang neu entstandenen Objekte stellen. Dies sind die von einem Zustandsübergang zu erfüllenden Nachbedingungen (Post-Conditions). Durch die Angabe von Vor- und Nachbedingungen kann der Ablauf eines Zustandsübergangs deklarativ beschrieben werden. Es wird nichts darüber ausgesagt, wie er abläuft, sondern welche Bedingungen vor und nach dem Übergang erfüllt sind. Abbildung 5.3/6 zeigt einen Ausschnitt eines Prädikat/Transitions-Netzes in einer Notation, wie sie auch vom Tool INCOME unterstützt wird.

In dem Netz der Abb. 5.3/6 sind aus Gründen der Übersichtlichkeit die Beschriftungen der Transitionen mit Vor- und Nachbedingungen zunächst weggelassen worden. In Abb. 5.3/6 sind drei Arten von Kanten zwischen den Knoten erkennbar. Pfeile mit einer Spitze geben den Verbrauch bzw. die Erzeugung von Objekten in Pfeilrichtung an. Pfeile mit je einer Spitze an beiden Enden bedeuten Entnahme und Ablage von Objekten im gleichen Prädikat bei einem Zustandsübergang. Bei diesen Doppelpfeilen muß die Position der Variablen zu der jeweiligen Pfeilspitze beachtet werden. Verbindungen zwischen Prädikaten und Transitionen ohne Pfeilspitzen drük-

ken eine Entnahme von Objekten aus dem Prädikat und eine unveränderte
Ablage der Objekte bei einem Übergang aus. Diese in [RiD82] vorgeschlagenen Konventionen erhöhen die Lesbarkeit von Prädikat/Transitions-Net-
zen.

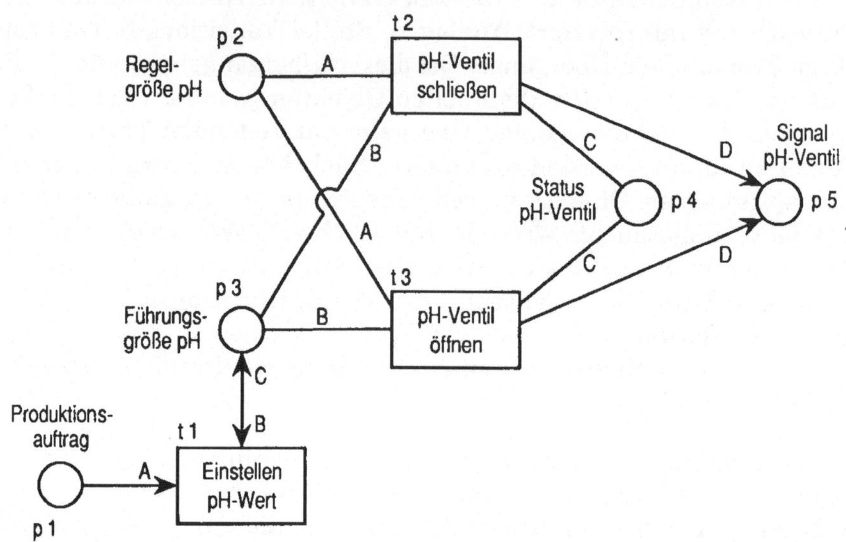

Abb. 5.3/6   Prädikat/Transitions-Netz

Transitionsbeschriftung

Für die Beschriftung von Prädikat/Transitions-Netzen werden in der Literatur und von den verfügbaren Tools unterschiedliche Sprachen angeboten.
So kann etwa in PACE die objektorientierte Programmiersprache Smalltalk
zur Transitionsbeschriftung eingesetzt werden.

Das Tool NET unterstützt eine der Programmiersprache Pascal ähnliche Notation. Die im Netz vorkommenden Objekte werden als Records dargestellt.
Transitionen können Sequenzen von Ausdrücken der Programmiersprache
zugeordnet werden.

Design/CPN ist ein Entwurfswerkzeug für Coloured Petri Nets[1], die im wesentlichen eine Variante der Prädikat/Transitions-Netze darstellen. Hier ist für die Beschriftung der Netze eine funktionale Programmiersprache vorgesehen, die von Standard ML der Universität Edinburgh abgeleitet ist.

INCOME erlaubt bisher die Beschriftung der Netze wahlweise mit Prolog oder mit SQL. Durch den Charakter dieser Sprachen wird die ursprüngliche Idee einer deklarativen Beschreibung der Transition unterstützt. In Abb. 5.3/7 ist für die Transition t3 des Netzes aus Abb. 5.3/6 die Beschriftung mit einer an Prolog angelehnten Notation und in Abb. 5.3/8 mit SQL angegeben. Für spezielle Anwendungen sind in INCOME aber auch andere Sprachen vorgesehen.

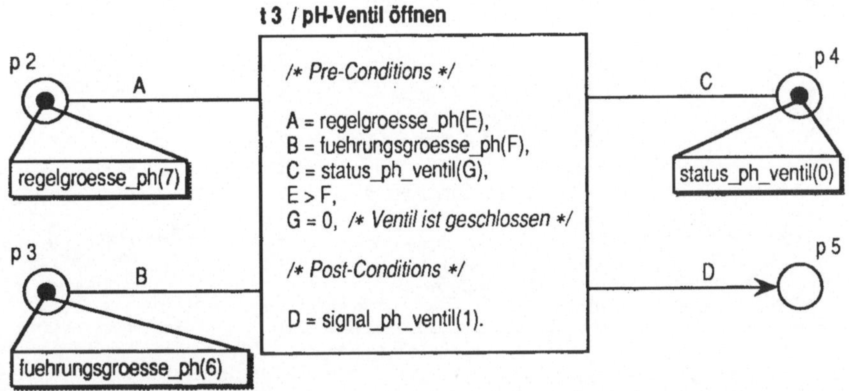

Abb. 5.3/7   Transitionsbeschriftung mit Prolog

Dynamik läßt sich in Prädikat/Transitions-Netzen wieder durch Einführung einer Startmarkierung und die Angabe einer Transitionsregel darstellen. In Prädikat/Transitions-Netzen werden als Markierung des Netzes individuelle Objekte, die konkrete Werte tragen, in den als Objektspeicher fungierenden Prädikaten abgelegt. In den Abb. 5.3/7 und 5.3/8 sind diese Objekte als Prolog-Fakten bzw. Tabellen dargestellt.

Bei einer gegebenen Markierung kann nun eine Transition schalten, wenn in den Eingangsprädikaten Objekte vorhanden sind, die die als Pre-Condition der Transitionsbeschriftung bezeichneten Aktivierungsbedingungen er-

---

1   Zu den Konzepten der Coloured Petri Nets siehe etwa [Jen87].

füllen. Gleichzeitig müssen die Ausgangsprädikate so markiert sein, daß die
als Post-Conditions der Transitionsbeschriftung bezeichneten Schaltbedingungen erfüllbar sind. Sind Aktivierungs- und Schaltbedingungen erfüllt, so
ist die Transition aktiviert und kann, aber muß nicht, schalten. In Abb.
5.3/8 werden über die Variablen A und B zunächst die Werte in den beiden
Tabellen verglichen. Ist der Wert im Prädikat p2 größer als der im Prädikat
p3 und der über die Variable C ermittelte Wert aus der Tabelle gleich null,
so sind die Aktivierungsbedingungen erfüllt.

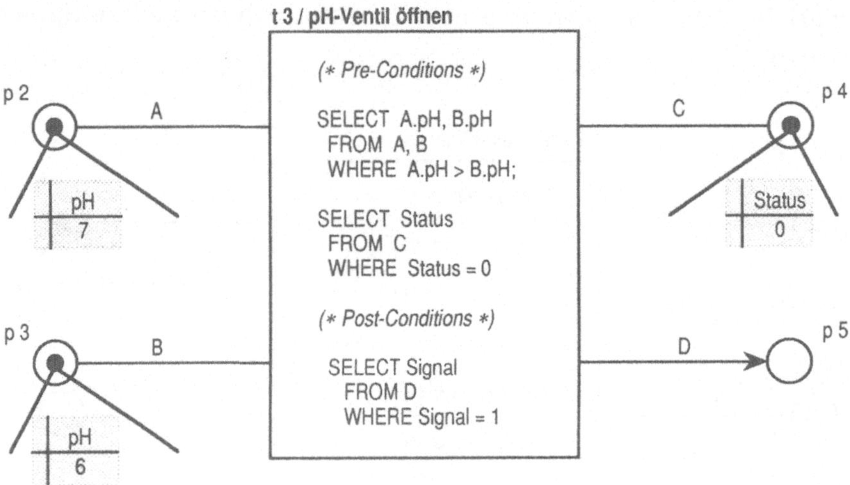

Abb. 5.3/8   Transitionsbeschriftung mit SQL

Beim Schalten einer Transition werden aus den Eingangsprädikaten entsprechend den verwendeten Pfeiltypen, der Beschriftung mit Variablen und
den Pre-Conditions Objekte entnommen. In den Ausgangsprädikaten liegen
nach Schalten der Transition die entsprechend spezifizierten neuen Objekte. Im Beispiel aus Abb. 5.3/8 würde eine Tabelle mit dem Wert „1" erzeugt und im Prädikat p5 abgelegt. Die Werte der Prädikate p2, p3 und p4
bleiben nach einem Schalten der Transition t3 unverändert erhalten, da sie
durch Kanten mit der Transition verbunden sind, die nur lesenden Zugriff
auf die Werte erlauben. In den Abschnitten 10.4.2 und 10.4.3 finden sich
weitere Anmerkungen und Beispiele zur Beschriftung und Ausführung von
Prädikat/Transitions-Netzen.

Weiterführende Literatur

[RiD82], [Gen87]

5.3.4 Spezifikation weiterer Systemaspekte

Exception Handling

Bei der Systemmodellierung werden üblicherweise Ausnahmesituationen
(exceptions) nicht berücksichtigt, um die Komplexität des entstehenden
Modells nicht zusätzlich zu steigern. Insbesondere bei der Spezifikation des
Verhaltens komplexer verteilter Systeme sollte aber nicht von Ausnahmesi-
tuationen abstrahiert werden, da diese einen wesentlichen Einfluß auf die
Konzeption des Systems haben.

In einem Prädikat/Transitionsnetz werden reale Systemabläufe in eine
Klasse möglicher Abläufe im Netz abgebildet. Durch entsprechende Restriktionen wird diese Klasse auf die Klasse der zulässigen Abläufe eingeschränkt. Zur Modellierung von Restriktionen werden Konstrukte sowohl
für Zustände als auch für Zustandsübergänge benötigt. Zustandsrestrik-
tionen lassen sich durch Fakt-Transitionen (Fakten) und Zustandsüber-
gangsrestriktionen durch ausgeschlossene Übergänge (excluded transitions)
modellieren (zur Darstellung dieser Konzepte siehe [HeR86, Vos87,
Obe89]).

Fakten sind spezielle Transitionen, die im Normalbetrieb des Systems
niemals aktiviert sein dürfen. Ein zulässiger Zustand ist also nur dann gegeben, wenn die Bedingung zum Schalten des Fakts nicht erfüllt ist. In
Abb. 5.3/9 wird mit dem Fakt Grenzwertüberschreitung eine Restriktion
modelliert, die Zustände ausschließt, in denen ein bestimmter Grenzwert
für die Abweichung der Regel- von der Führungsgröße überschritten wird.
Falls ein solcher Zustand – also eine Ausnahmesituation – eintritt, muß die
Ventilsteuerung „abgeschalten" werden. In unserem Beispiel werden hierzu
die Objekte Regelgröße und Führungsgröße aus den Eingangsprädikaten
der Prozesse für die Ventilsteuerung entfernt, so daß diese nicht mehr
schalten können. Jetzt muß die Ausnahmesituation behandelt und dabei
das System wieder in einen zulässigen Zustand gebracht werden. Dieses

Exception handling wird in einem separaten Prädikat/Transitions-Netz, das der Fakt-Transition zugeordnet ist, modelliert.

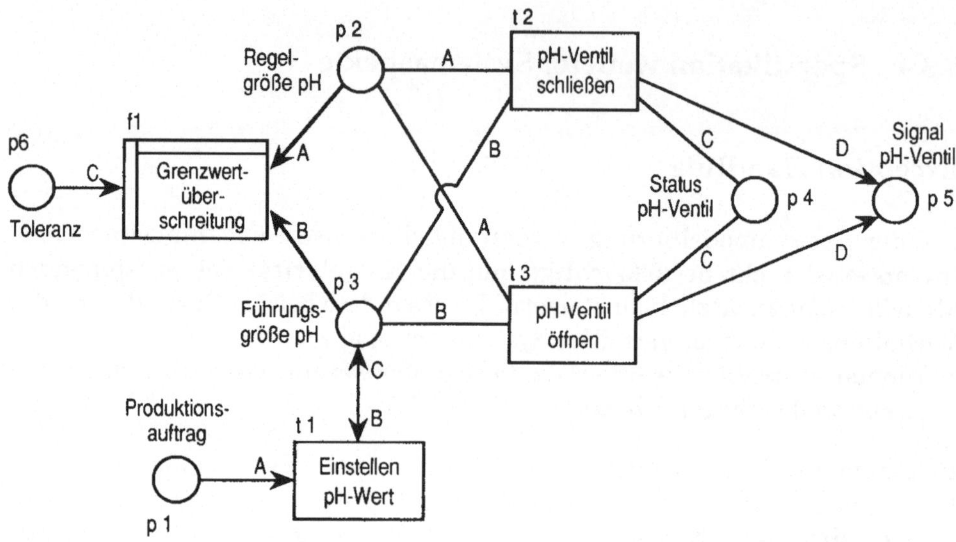

Abb. 5.3/9   Modellierung einer Zustandsrestriktion durch eine Fakt-Transition

In ähnlicher Weise können auch unzulässige Zustandsübergänge modelliert werden. Hierzu werden ausgeschlossene Übergänge verwendet, über die Zustände (Netzmarkierungen) miteinander verknüpft werden, zwischen denen kein Übergang stattfinden. darf. Dabei ist es gleichgültig, ob der Übergang in einem oder in mehreren Schritten erfolgt. Bei Verletzung einer Zustandsübergangsrestriktion – bei Aktivierung eines ausgeschlossenen Übergangs – wird das hierfür spezifizierte Exception handling durchgeführt.

Möglichkeiten zur Modellierung von Restriktionen und für ein entsprechendes Exception handling bietet das Tool INCOME.

Zeitaspekte

Ein weiterer wesentlicher Punkt bei der Spezifikation des Systemverhaltens ist die Modellierung von Zeitaspekten. Zeitliche Aspekte eines Systems können Zeitpunkte und Intervalle betreffen (vgl. [Obe90]). So kann es etwa notwendig sein, Startzeiten oder die minimale bzw. maximale Dauer von Prozessen anzugeben. In den Petri-Netz-Tools NET und PACE können über die Transitionsbeschriftung *Aktivierungszeiten* angegeben werden. Aktivierungszeiten definieren eine Verzögerung vom Zeitpunkt der Aktivierung einer Transition bis zu ihrer Ausführung. Während dieses Zeitraums können die Objekte in den Prädikaten von anderen Transitionen verbraucht werden, so daß eine derartig verzögerte Transition eventuell nie schaltet. Das Tool INCOME sieht ebenfalls die Angabe von Aktivierungszeiten vor. Im Gegensatz zu den beiden Tools NET und PACE können die betroffenen Objekte jedoch von der weiteren Verwendung im Netz ausgeschlossen werden. Nach Ablauf der Verzögerungszeit werden sie dann von der reservierenden Transition verbraucht.

Darüber hinaus erlaubt das Tool INCOME die Verknüpfung von Prozessen durch temporale Beziehungen mittels gegebener Konstrukte der Netztheorie. Es lassen sich relative zeitliche Beziehungen formulieren, wie z.B. gleichzeitiger oder überlappender Ablauf von Prozessen. Ist ein solcher Ablauf in einer konkreten Situation nicht möglich, weil eine der betreffenden Transitionen nicht aktiviert ist, tritt eine Ausnahmesituation ein, für die ein entsprechend spezifiziertes Exception handling durchgeführt wird.

In der Literatur finden sich weitere Überlegungen zur Beschreibung zeitlicher Aspekte mit Hilfe von Prädikat/Transitions-Netzen (siehe etwa [Ric85, ObL88, Obe90]). In den zur Zeit am Markt verfügbaren Tools sind diese Konzepte jedoch noch nicht realisiert. Zukünftige Entwicklungen, die die Ausdrucksmöglichkeiten der von den Tools unterstützten Petri-Netze erweitern, sollten jedoch auch immer unter dem Gesichtspunkt bewertet werden, ob die verwendeten Konzepte mit den Ergebnissen der Netztheorie verträglich sind. Denn nur dann können auch weiterhin Eigenschaften wie umfassende Analysemöglichkeiten und Ausführbarkeit von Petri-Netzen angeboten werden.

5.3.5 Anmerkungen zum Einsatz von Petri-Netzen

Die Beschreibung komplexerer Systeme mit einem graphischen Beschreibungsmittel ist im allgemeinen nicht in einem einzigen Dokument möglich. Datenflußdiagramme der strukturierten Analyse sehen daher eine Hierarchiebildung mit verfeinernden Diagrammen vor. Auch für die Modellierung mit Petri-Netzen werden für diesen Zweck entsprechende Konzepte angeboten.

- Durch die *Verfeinerung von aktiven Netzkomponenten* – also Ereignisse oder Transitionen – mit ihrer jeweiligen vollständigen Umgebung in einem untergeordneten Netz lassen sich Hierarchien von Netzen aufbauen. Dieses Konzept enspricht in etwa der Idee der verfeinernden Datenflußdiagramme und wird auch von den meisten Tools unterstützt. Abbildung 5.3/10 zeigt die Verfeinerung einer Transition in einem Netz.

- Analog zur *Verfeinerung aktiver Komponenten* ist auch eine Verfeinerung passiver Komponenten – Bedingungen, Stellen, Prädikate – denkbar. Diese Möglichkeit wird zur Zeit jedoch nur vom Tool Design/CPN angeboten.

- Um nicht nur Top-down-Entwicklungsstrategien zu unterstützen, ist auch eine entgegengesetzte Interpretation der Verfeinerung als *Vergröberung* möglich.

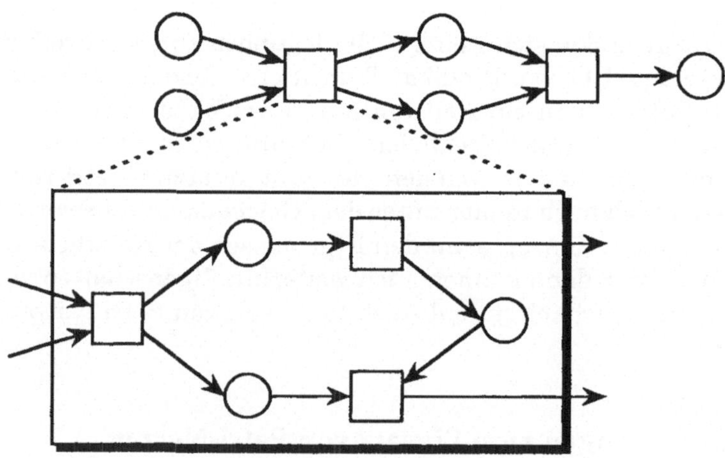

Abb. 5.3/10 Verfeinerung/Vergröberung aktiver Netzkomponenten

- Die *Fusion von Knoten* (vgl. [HJS89]) innerhalb eines Netzes unterstützt eine klare und übersichtliche graphische Darstellung. Das Konzept der Fusion erlaubt es, eine im Netz tatsächlich nur einmal existierende (aktive oder passive) Komponente in mehrfachen graphischen Ausprägungen zu verwenden. Hierdurch werden die Anzahl der Verbindungen zu einer einzelnen graphischen Komponente und die daraus resultierenden Überschneidungen verringert. Im Beispiel der Abb. 5.3/11 wird die Fusion auf die Stelle s1 des Netzes angewandt. Die Fusion passiver Netzkomponenten wird von den Tools INCOME und Design/CPN realisiert. Design/CPN bietet darüber hinaus auch die Möglichkeit der Fusion aktiver Netzkomponenten.

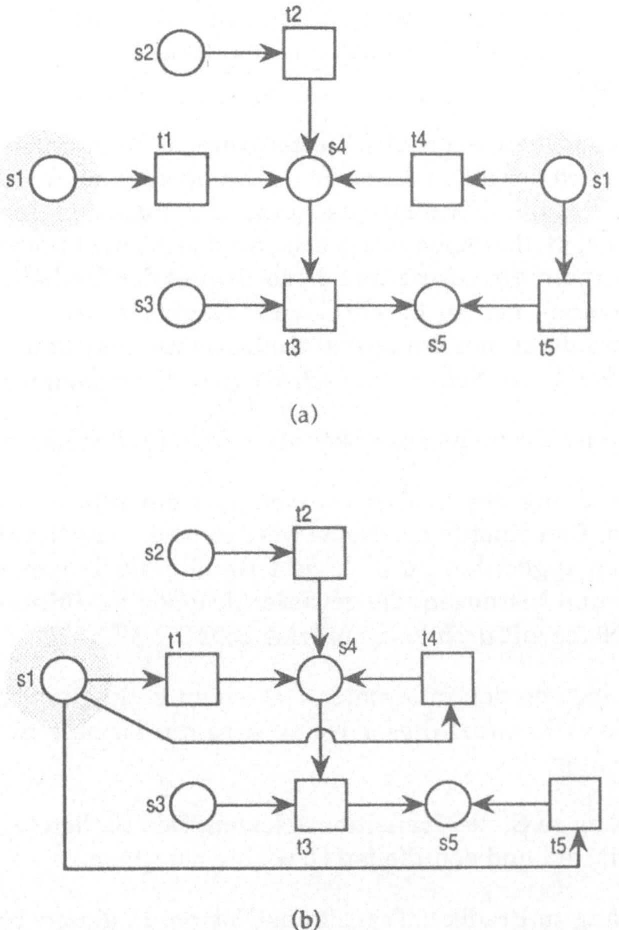

Abb. 5.3/11 Fusion passiver Netzkomponenten

- *Aufrufbare Netze* können für eine aktive Netzkomponente als untergeordnetes Netz angegeben werden. Dieses Konzept entspricht Prozedur-Aufrufen in Programmiersprachen. Analog zur Ersetzung formaler Parameter von Prozeduren durch aktuelle Parameter wird bei einem Aufruf des untergeordneten Netzes die aktuelle Markierung der Umgebung eines Ereignisses oder einer Transition an die entsprechende passive Komponente der untergeordneten Netze übergeben. Nach Abarbeitung dieses untergeordneten Netzes erhält die Umgebung der aufrufenden Komponente eine entsprechend geänderte Markierung (zu diesem Konzept siehe auch [HJS89]). Aufrufbare Netze lassen sich mit Hilfe der Tools Design/CPN und INCOME realisieren.

Die in den vorangegangenen Abschnitten vorgestellten Petri-Netz-Klassen unterscheiden sich vor allem durch den steigenden Grad an Formalisierung. Insbesondere Prädikat/Transitions-Netze mit formalen Beschriftungen, etwa mit Prolog, stellen hohe Ansprüche an das Abstraktionsvermögen der Entwickler. Aus diesem Grund und da zu Beginn des Modellierungsprozesses im allgemeinen der zu beschreibende Realweltausschnitt noch nicht ausreichend erfaßt ist, um ihn formal eindeutig darzustellen, empfiehlt sich beim Einsatz von Petri-Netzen eine schrittweise Formalisierung.

Diese schrittweise Formalisierung könnte z.B. in fünf Stufen erfolgen:

(1)   Beschreibung des Realweltausschnitts mit informal beschrifteten Netzen. Den Knoten der Netze werden noch keine formale Interpretationen zugeordnet, d.h. es gibt Kanäle als Träger von Informationen und Instanzen, die gewisse Aktionen ausführen können. Für diese Netze gilt noch keine präzise Schaltregel.

(2)   Übergang von den informalen Netzen zu Bedingungs/Ereignis-Netzen. Beim Entwurf dieser Netze wird die formale Schaltregel berücksichtigt.

(3)   Übergang zu Stelle/Transitions-Netzen. Den Stellen lassen sich jetzt Kapazitäten und den Pfeilen Gewichte zuordnen.

(4)   Übergang zu Prädikat/Transitions-Netzen. In diesem Schritt kommt es im allgemeinen zu einer signifikanten Vereinfachung der graphischen Darstellung, bedingt durch den höheren semantischen Gehalt

der Netzkomponenten. Die Transitionen sollten zunächst mit einer informalen bzw. semiformalen Beschriftung versehen werden.

(5)   Im letzten Schritt werden die Transitionen mit einer formalen Sprache beschriftet.

Insbesondere für den letzten Schritt ist eine wirkungsvolle Unterstützung des Entwicklers durch entsprechende Tools denkbar, etwa indem die Spezifikation von Pre- und Post-conditions nicht direkt in der Beschriftungssprache erfolgt, sondern die Beschriftung aus einer symbolbezogenen Interaktion mit dem Entwickler erzeugt wird.

5.3.6   Analyse

Ein wesentliches Bewertungskriterium für Petri-Netz-Tools sind die realisierten Analysemöglichkeit der entworfenen Netze. Durch den hohen Formalisierungsgrad sind Petri-Netze einer Reihe von Analysen, wie sie in der Literatur (z.B. in [Pet81, Rei86]) beschrieben werden, zugänglich. Zu den wichtigsten Analysemöglichkeiten zählen:

- Sicherheit (safeness, boundedness)
  Für Netze mit einer Anfangsmarkierung kann gefordert werden, daß für alle möglichen folgenden Markierungen eine obere Schranke für die Kapazitäten der passiven Komponenten nicht überschritten wird. Ein Netz ist k-sicher, wenn für alle passiven Komponenten eines Netzes eine Kapazitätsgrenze k eingehalten wird.

- Markenerhaltung (conservation)
  Ausgehend von einer Anfangsmarkierung im Netz soll die Anzahl der Marken für alle Folgemarkierungen konstant bleiben. Dies ist eine sehr restriktive Forderung, die nur für stark eingeschränkte Interpretationen von Netzen sinnvoll sein kann. In einer erweiterten Form können die Marken mit Gewichten versehen werden und es wird für alle Folgemarkierungen gefordert, daß die Summe der Gewichte konstant bleibt.

- Lebendigkeit (liveness)
  Hierbei wird untersucht, ob von einer gegebenen Anfangsmarkierung aus durch Folgemarkierung jede aktive Komponente aktivierbar ist. Aktive Komponenten, die nicht aktivierbar sind, werden als tote Transition bzw. totes Ereignis bezeichnet. In Abb. 5.3/12 ist

t3 eine tote Transition, da ausgehend von der gegebenen Markierung keine Markierung erreicht werden kann, so daß t3 aktiviert
wäre. Im Zusammenhang mit der Lebendigkeit kann auch die wichtige Eigenschaft von Verklemmungen (deadlocks) in einem Netz
untersucht werden. Ein Netz ist verklemmungsfrei, wenn es zu
jeder von einer Anfangsmarkierung ausgehenden Markierung des
Netzes mindestens eine aktive Komponente gibt, die schalten kann.
Eine aktive Komponente ist lebendig, wenn sie nicht verklemmt ist.
Abbildung 5.3/13 zeigt ein Beispiel für eine Verklemmungssituation.
Beim Übergang von der ersten zur zweiten Markierung wird ein
Zustand erreicht, in dem keine Transition mehr aktiviert bzw. akti-
vierbar ist.

- Erreichbarkeit (reachability)
  Bei den bisher erwähnten Punkten spielten immer die von einer Anfangsmarkierung erreichbaren Folgemarkierungen eine wesentliche
  Rolle. Für viele Fragestellungen im Zusammenhang mit Netzeigen-
  schaften ist es notwendig festzustellen, ob eine Markierung von einer gegebenen Markierung aus erreicht werden kann.

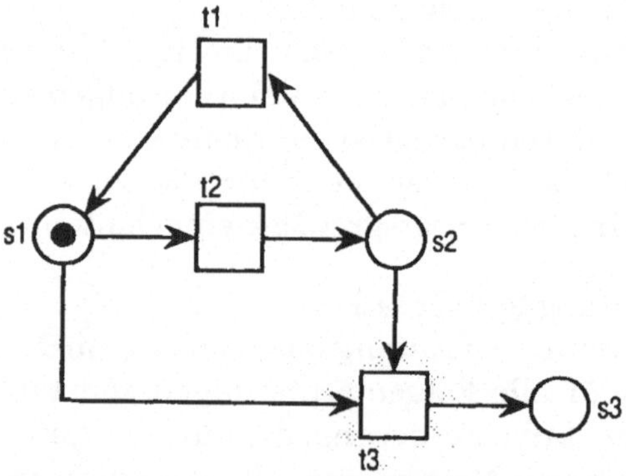

Abb. 5.3/12   Tote Transition (t3) in einem Netz

Petri-Netz-Tools sollten diese Analysen in einer für den Benutzer komfor-
tablen Form anbieten und die Ergebnisse der Analysen als Eigenschaften
der entworfenen Netze plausibel machen.

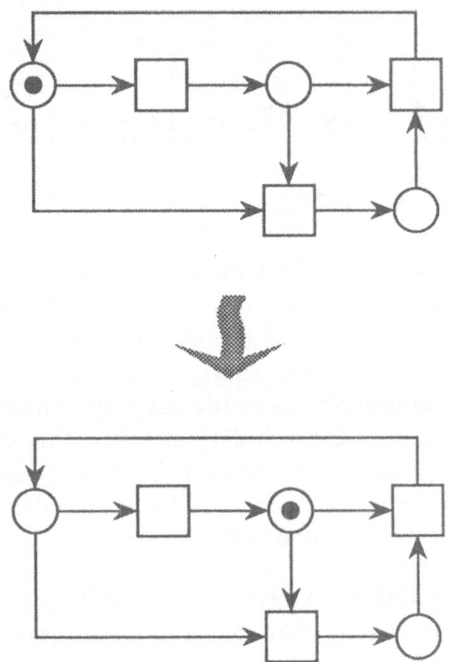

Abb. 5.3/13 Deadlock-Situation in einem Netz

Ein weiterer Vorteil der Petri-Netze, neben den vielfältigen Analysemöglichkeiten, ist ihre Ausführbarkeit. Diese Eigenschaft erlaubt die Simulation des durch das Netz beschriebenen Systemverhaltens. Die bisher angeführten Tools Design/CPN, INCOME, NET und PACE bieten jeweils Simulationsfunktionen an. Die Simulationen können dabei systemgesteuert oder auch durch Eingriffe des Entwicklers beeinflußt ablaufen. Unterstützt wird die Simulation durch Statistikfunktionen, die weitere Erkenntnisse über die Eigenschaften des modellierten Systems liefern. Zu weiteren Eigenschaften und Einsatzmöglichkeiten von Petri-Netzen und insbesondere des Tools INCOME finden sich in Abschnitt 10.4 einige Anmerkungen.

Weiterführende Literatur

[Bau90], [KöQ88], [Pet81], [Rei85], [Rei86], [Sch85]

6 Entwurf von Benutzerschnittstellen

In den vorangegangenen Kapiteln wurden Methoden und Sprachen vorgestellt, die sich zur Spezifikation unterschiedlicher Aspekte der zu entwikkelnden Systeme eignen. Ein wesentlicher Bestandteil aber, die Benutzerschnittstelle der zukünftigen Anwendung, läßt sich mit diesen Hilfsmitteln im allgemeinen nicht behandeln. Für die meisten Anwender stellt sich ein System jedoch über die Benutzerschnittstelle dar. Für sie ist die Benutzerschnittstelle weitgehend identisch mit dem System. Damit ist die Benutzerschnittstelle einer der entscheidenden Faktoren, die den Erfolg oder Mißerfolg der gesamten Anwendung ausmachen.

Ziel jeder Entwicklung sollte daher eine Benutzerschnittstelle sein, die eine allen Anwenderanforderungen genügende Bedienung eines Systems garantiert. Der Entwickler anwendungsadäquater Benutzerschnittstellen sieht sich jedoch mit einigen Schwierigkeiten konfrontiert. So haben sich bis heute noch nicht schlüssig alle Faktoren bestimmen lassen, die in einer solchen Benutzerschnittstelle realisiert sein müßten. Neue Angebote der Gerätetechnik, wie hochauflösende, graphikfähige Arbeitsplätze, diverse zusätzliche Eingabeeinheiten bzw. Angebote bei der Basis-Software, bieten das Potential zur qualitativen Verbesserung von Benutzerschnittstellen. Gleichzeitig erschweren diese Möglichkeiten aber auch die Realisierungsarbeit, da sie die Komplexität der gesamten Anwendung weiter vergrößern. Der Anteil am gesamten Programmcode einer Anwendung für die Benutzerschnittstelle wurde schon 1978 mit 60% beziffert [SuS78]. Um so wichtiger wird daher die Forderung, schon in den frühen Phasen der Entwicklung, vor der eigentlichen Programmierung, auch für diesen Aspekt des zukünftigen Systems geeignete Methoden und Sprachen zur Verfügung zu haben und sie einzusetzen.

Im folgenden Kapitel werden wir zunächst einige Anmerkungen zu Begriffen und Problemstellungen der Thematik Benutzerschnittstellen machen. Daran anschließend stellen wir zwei Klassen von Werkzeugen vor, die bereits in der Entwicklungspraxis eingesetzt werden, die aber keine wesentliche methodische Unterstützung bieten. Zur methodischen Unterstützung des Entwurfs von Benutzerschnittstellen gibt es eine Reihe von Ansätzen aus dem Forschungsbereich der Industrie und wissenschaftlicher Einrichtungen. Wir werden einige typische Ansätze kurz skizzieren. Ein Kennzeichen dieser Ansätze ist im allgemeinen ihre mangelhafte oder überhaupt nicht vorhandene Einbindung in den gesamten Prozeß der Systementwicklung. Eine der Ausnahmen stellt die Zustandsdiagramm-Technik nach Wasserman dar, die zudem auch schon in einer umfassenden Entwicklungsumgebung auf dem Markt verfügbar ist (siehe Abschnitt 6.4).

6.1 Begriffe

Für den gesamten Themenbereich Benutzerschnittstellen haben sich bis jetzt weder in der deutsch- noch in der englischsprachigen Literatur konsistente und allgemein verwendbare Begriffsdefinitionen durchgesetzt. Wir werden daher auch für dieses Kapitel keine strengen Definitionen vorgeben, sondern nur notwendige Abgrenzungen zwischen einzelnen Begriffen darstellen.

Im folgenden soll unter dem Begriff *Benutzerschnittstelle* das Medium der Kommunikation bzw. Interaktion zwischen dem Benutzer und dem Anwendungssystem verstanden werden. Die eigentliche Kommunikation bzw. Interaktion findet in einem *Dialog* statt. Dieser Dialog ist der beobachtbare, beiderseitige Austausch von Symbolen und Aktionen zwischen Benutzer und Anwendungssystem.

Benutzerschnittstellen lassen sich unter zwei Blickwinkeln untersuchen:

- Wie stellt sich die Benutzerschnittstelle nach außen dar?

- Wie ist die Benutzerschnittstelle in das gesamte Anwendungssystem eingebunden?

Mit der ersten Fragestellung wird das Erscheinungsbild der Schnittstelle nach außen in den Mittelpunkt gestellt. Es werden also insbesondere Aspekte des Dialogs behandelt. Dazu gehören zum einen die Darstellung von Informationen für den Benutzer und zum anderen die Interaktionsmöglichkeiten zur Steuerung der Anwendung.

Die zweite Fragestellung zielt vor allem ab auf den Grad der Unabhängigkeit der Benutzerschnittstelle von der übrigen Anwendung. Hierfür existieren inzwischen eine Reihe von Architekturvorschlägen, die bisher jedoch nur in eingeschränktem Umfang realisiert wurden.

6.1.1 Dialogklassen

Auffälligstes Charakteristikum von Benutzerschnittstellen ist wohl zunächst ihr Erscheinungsbild, wie es sich dem Benutzer auf den Ein-/Ausgabeeinheiten seines Rechners präsentiert. Hierbei können wir weiter unterscheiden zwischen der Darstellung von Informationen als Ergebnis einer Aktion der eigentlichen Anwendung und den realisierten Interaktionstechniken, wobei sich diese beiden Aspekte im allgemeinen direkt gegenseitig beeinflussen und eng miteinander verzahnt sind.

In [Fis88] werden vier allgemein verbreitete Darstellungsklassen für Informationen unterschieden:

- Tabellen und Listen,

- Formulare,

- Textobjekte,

- graphische Objekte und Bilder.

Diese Darstellungsformen werden nicht nur eingesetzt, um Informationen für den Anwender zu visualisieren, sondern auch, um Eingaben von ihm für die Anwendung zu erhalten.

Neben diesen vier Klassen zur Darstellung von Informationen unterscheidet Fisher (vgl. [Fis88]) noch fünf Klassen von Darstellungen bzw. Metaphern, die für die Steuerung der Anwendung eingesetzt werden können:

- Kommandozeilen-Interpreter,

- Ganzseiten-Menüs,

- Pull-down-Menüs,

- Lotus-ähnliches Menüs,

- Funktions-/Steuer-Tasten.

Diese beiden Listen stellen kein vollständiges Verzeichnis heute verfügbarer Darstellungen oder Metaphern dar, es sollen damit nur die am weitesten verbreiteten Formen aufgezeigt werden.

Neben diesen „äußerlichen" Merkmalen lassen sich Dialoge anhand der realisierten Interaktionstechniken charakterisieren. In [HaH89] werden zwei Dialogklassen unterschieden:

- sequentieller Dialog,

- asynchroner Dialog.

Mit einem *sequentiellen Dialog* bewegt sich der Benutzer von einem Zustand der Anwendung zum nächsten. Einem solchen Zustand entspricht dann jeweils ein bestimmter Dialogteil. Von einem Dialogteil kann der Benutzer jeweils zu einem genau vorherbestimmbaren anderen Dialogteil gelangen. Dabei kann die Anwendung jeweils eine Aufgabe ausführen, wenn sie von einem Zustand in den nächsten übergeht. Die Interaktion eines Benutzers mit einer Anwendung, die über sequentiellen Dialog gesteuert wird, findet im allgemeinen nur über die Tastatur statt. Zusätzliche Eingabegeräte wie Maus, Lichtstift oder berührungssensitiver Bildschirm werden bei asynchronen Dialogformen benötigt.

Unter *asynchronen Dialog*formen fassen Hartson und Hix in [HaH89] zusammen:

- direkte Manipulation,

- Multi-thread-Dialog,

- ereignisgesteuerter Dialog,

- paralleler Dialog.

Diese Einteilung liefert keine disjunkten Dialogklassen, sondern gibt jeweils eine Blickrichtung an, unter der mögliche Dialoge betrachtet werden können. Das hervorstechende Merkmal der Dialoge dieser Klassen ist die *direkte Manipulation* von Objekten auf dem Bildschirm. Dazu steht meist ein Zeigeinstrument zur Verfügung, das auf Objekte deuten, sie anfassen und bewegen kann. Bei einem *Multi-thread-Dialog* kann der Benutzer zu einem beliebigen Zeitpunkt während des Dialogs aus mehreren unterschiedlichen Aufgabenpfaden einen auswählen. Werden bei der Betrachtung solcher Dialoge die ausführbaren Aktionen des Benutzers als Eingabeereignisse betrachtet, spricht man von *ereignisgesteuerten Dialogen. Parallele Dialoge* sind Multi-thread-Dialoge, bei denen mehrere der wählbaren Aufgabenpfade gleichzeitig ausgeführt werden. Im Gegensatz zu sequentiellen Dialogformen können jetzt mit einem bestimmten Bildschirminhalt die unterschiedlichsten ausführbaren Aufgaben verbunden sein. Die Reihenfolge der Ausführung ist hier nicht mehr starr vorgegeben und kann ohne übergeordnete Synchronisation erfolgen.

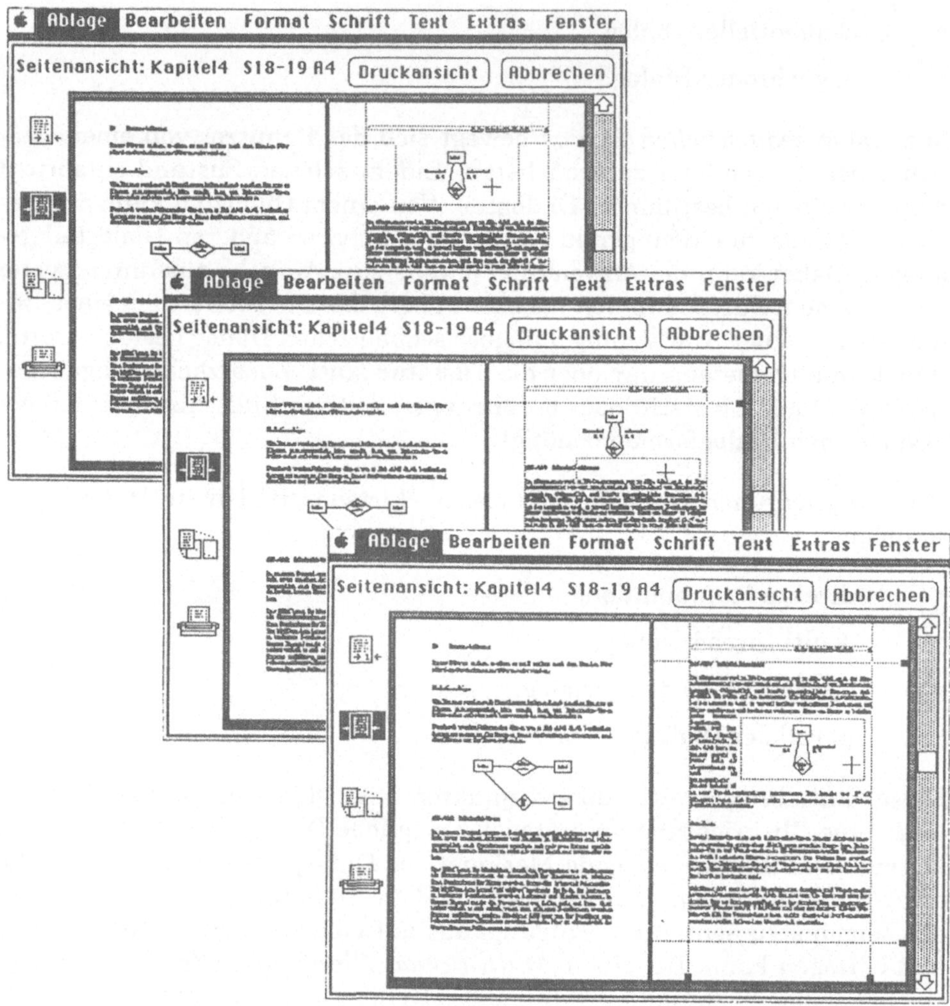

Abb. 6.1/1   Bildschirmabfolge einer direkten Manipulation

Populärster Vertreter dieser Dialogform ist wohl das Apple-Macintosh-System [Wil84]. Zuerst realisiert wurde sie im Xerox-Star-System (vgl. [JRV89]). Abbildung 6.1/1 zeigt als Beispiel eine Abfolge von Bildschirmdarstellungen, wie sie sich durch direkte Manipulation von Teilen eines Dokuments im Textverarbeitungsprogramm Microsoft Word 4.0 für Apple-Macintosh-Systeme ergeben. Außer dem gezeigten Versetzen von Dokumentteilen sind hier aber auch weitere Funktionen ausführbar. Über die Symbole am linken Rand etwa kann das Dokument bzw. der aktuell angezeigte Ausschnitt gedruckt werden, die Ränder des Dokuments lassen sich ändern, Seitenzahlen können im Dokument positioniert werden etc. Dabei muß zur Auswahl und Ausführung dieser Funktionen weder die gewählte Dokumentdarstellung noch irgendein Programmodus gewechselt werden. Funktionen für unterschiedliche Aufgaben stehen in beliebiger Reihenfolge zur Verfügung.

6.1.2   Dialogunabhängigkeit

Zunehmender Umfang und erhöhte Komplexität zu entwickelnder Anwendungen haben zu Überlegungen über eine Aufteilung der Anwendungen in logisch funktionale Teile geführt. Im Bereich der Datenverwaltung hat – insbesondere durch den vermehrten Einsatz von Datenbanksystemen – das Konzept der Datenunabhängigkeit (vgl. Abschnitt 4.1.1) weite Beachtung gefunden. Analoge Bestrebungen sind auch für Benutzerschnittstellen vorhanden.

Das Konzept der Dialogunabhängigkeit [EhH81] basiert auf einer formalen Definition der Kommunikation zwischen der Benutzerschnittstelle und dem funktionalen Kern der Anwendung.

Als Gründe bzw. Ziele für eine weitergehende Dialogunabhängigkeit werden im wesentlichen die folgenden Punkte angeführt:

- Arbeitsteilige Software-Produktion; größere Anwendungen werden meist von mehreren Personen zusammen entwickelt.

- Trennung der Struktur des Dialogs und des Verhaltens gegenüber dem Anwender von Anforderungen des funktionalen Kerns.

- Bereitstellung alternativer Dialoge für inhomogene Benutzergruppen mit unterschiedlichen Anforderungen.

- Entlastung des funktionalen Kerns.

* Für die Entwicklung von Benutzerschnittstellen hat sich eine iterative Vorgehensweise unter Verwendung von Prototyping-Techniken bewährt.

Nur durch die Realisierung einer möglichst weitgehenden Trennung der funktionalen Komponenten von denen der Benutzerschnittstelle kann Dialogunabhängigkeit erreicht werden. Um diese konsequente Auftrennung in Anwendungen zu ermöglichen wurden eine Reihe von Architekturvorschlägen erarbeitet. Diese Architekturvorschläge stellen strukturelle Modelle dar, die den Aufbau unabhängiger Benutzerschnittstellen und deren Integration in die Gesamtanwendung beschreiben. Ein in der Literatur häufig diskutiertes Modell ist das sogenannte *Seeheim-Modell* [Gre85a]. Abbildung 6.1/2 zeigt die Komponenten des Seeheim-Modells und deren Beziehungen.

Abb. 6.1/2   Seeheim-Modell für Benutzerschnittstellen

Die *Präsentationskomponente* realisiert die externe Präsentation der Benutzerschnittstelle. Sie ist für gerätespezifische Details und die Verbindung zwischen der internen Repräsentation des Dialogs und seiner sichtbaren Ausprägung verantwortlich. Die Struktur des Dialogs wird in der *Dialogsteuerung* festgelegt. Diese Komponente sorgt dafür, daß Ein- und Ausgaben jeweils an die für sie bestimmten Ziele gelangen.

Das *Modell der Anwendungsschnittstelle* ist die Sicht der Benutzerschnittstelle auf den funktionalen Kern der Anwendung und die Sicht des funktionalen Kerns auf die Benutzerschnittstelle. Mit diesem Modell wird die Semantik der Anwendung für die Benutzerschnittstelle definiert.

Ausgehend von diesem für eine Realisierung zu grob gegliederten Modell wurden Architekturen vorgeschlagen, die diesen ersten Vorschlag weiter verfeinerten, so daß zumindest eine prototypische Implementation möglich wurde (z.B. [BGK89]).

6.2   Werkzeugunterstützung

Die im vorhergehenden Abschnitt skizzierten allgemein strukturellen Überlegungen haben in den letzten Jahren zu einer Reihe von konkreten Entwicklungen geführt, die vor allem beim Entwurf und der Implementation von Benutzerschnittstellen Unterstützung bieten sollen. Dabei lassen sich zwei Klassen von Werkzeugen unterscheiden:

- User-interface toolkits (Benutzerschnittstellen-Werkzeugkasten)

- User-interface development systems (UIDS) oder User-interface management systems (UIMS) (Benutzerschnittstellen-Entwicklungssysteme bzw. Benutzerschnittstellen-Verwaltungssysteme).

Werkzeuge des ersten Typs lassen sich als Bibliotheken charakterisieren, die gewisse Grundelemente zum Aufbau von Benutzerschnittstellen bereitstellen. Die für die zweite Werkzeugklasse angeführten Begriffe werden im allgemeinen sehr uneinheitlich und widersprüchlich verwendet. Für die nachstehenden Ausführungen wollen wir uns an den Abgrenzungen aus [Mye89] bzw. [LVC89] orientieren. UIDS bzw. UIMS sind integrierte Werkzeugpakete, die die verschiedenen Aspekte der Entwicklung und der Anwendung von Benutzerschnittstellen berücksichtigen.

6.2.1   User-interface Toolkits

Mit der zunehmenden Verbreitung graphikfähiger Geräte und den dazu angebotenen Bibliotheken zur Realisierung von Graphikanwendungen wurden auch Hilfsmittel zum Aufbau von Benutzerschnittstellen in solchen Umgebungen angeboten. Hilfsmittel, die unter dem Begriff User-interface toolkit zusammengefaßt werden, bieten dem Entwickler eine Reihe von Konstrukten an, die er zum Aufbau von Benutzerschnittstellen einsetzen kann. Mit Hilfe dieser Konstrukte soll vor allem die Realisierung anspruchsvoller Dialogtechniken unterstützt werden.

Die aktuell angebotenen User-interface toolkits unterscheiden sich zunächst durch das Erscheinungsbild der mit ihnen entwickelten Benutzerschnittstellen. Um noch überschaubar und handhabbar zu bleiben, werden von den Toolkits nur bestimmte Darstellungsformen und Interaktionstechniken zur Verfügung gestellt.

Für die Entwicklung jedoch wesentlicher ist die Unterscheidung von User-interface toolkits nach der Form, wie die vorhandenen Konstrukte einzusetzen sind. So können sich Toolkits als Sammlung von Routinen darstellen, die in der Anwendung aufgerufen werden können. Ein Beispiel für eine solche Sammlung von Routinen ist das Toolkit für Microsoft-Windows.

Eine weitere Klasse von User-interface toolkits unterstützt einen objektorientierten Programmierstil. Hier werden dem Entwickler Hierarchien von Objektklassen angeboten, die – über den Mechanismus der Vererbung von Eigenschaften – aus einfachen Objekten komplexer strukturierte Objekte aufbauen. Die Kommunikation zwischen Benutzerschnittstelle und Anwendung erfolgt jetzt nicht über den Aufruf von Prozeduren mit Parameterangabe, sondern durch Übermitteln von Nachrichten an Objekte, die darauf in einer jeweils definierten Weise reagieren. Ein solcher Programmierstil kann auch schon beim Entwurf, wie in Kapitel 9 beschrieben, unterstützt werden. Beispiele für objektorientierte User-interface toolkits sind das X.11 Toolkit für das X-Window-System [McA88] und MacApp für Apple-Macintosh-Systeme [Sch86].

Außer den bisher angeführten Konzepten für User-interface toolkits existieren noch weitere Ansätze, die jedoch noch keine größere Verbreitung gefunden haben. Hierzu zählen etwa die Toolkits Grow [Bar86] und Coral [SzM88]. Bei diesen Toolkits können zwischen Objekten Beziehungen spezifiziert werden, die dann bei der Ausführung von Systemen überwacht werden. So ist es zum Beispiel möglich zu spezifizieren, daß ein Wert, der einem Objekt zugeordnet ist, Funktion eines Wertes eines anderen Objekts ist.

User-interface toolkits sind ein erster Schritt zur Unabhängigkeit der Benutzerschnittstelle von Geräten, Betriebssystemen und auch vom eigentlichen Anwendungskern. Sie ermöglichen jedoch keine vollständige Trennung des Codes, der die Benutzerschnittstelle realisiert, von dem der eigentlichen Anwendung.

Insbesondere bieten sie aber keine Unterstützung für die Spezifikation und den Entwurf von Benutzerschnittstellen, außer den Konstrukten auf dem Abstraktionsniveau allgemein verwendbarer Programmiersprachen.

6.2.2   User-interface Development Systems

Die in Abschnitt 6.1.2 dargestellten Überlegungen zur Dialogunabhängigkeit haben seit den sechziger Jahren zu einer Reihe von Konzepten und Systemen geführt, die unter dem Begriff User-interface development systems
bzw. User-interface management systems zusammengefaßt werden.

Wie oben schon angesprochen wurde, läßt sich zur Zeit noch keine einheitliche Begriffsverwendung im Bereich Benutzerschnittstellen erkennen. Der
Begriff User-interface management system wird teilweise als Oberbegriff
verwendet, unter dem alle Arten von Einrichtungen, Werkzeugen und Systemen zur Entwicklung und zur Ausführung von Benutzerschnittstellen
subsumiert sind.

Andere Autoren sehen User-interface management systems durch zwei
Punkte charakterisiert [LVC89]:

- Vollständige Trennung der Implementation der Benutzerschnittstelle von der Implementation des Anwendungskerns.

- Unterstützung bei der Spezifikation der Benutzerschnittstelle auf
  einer Ebene, die von Implementationsgesichtspunkten abstrahiert.

Der erste Punkt betrifft Aspekte, die vor allem für die Verwaltung, Steuerung und Kommunikation der Benutzerschnittstelle in bezug auf den Anwender wie auch in bezug auf den Anwendungskern relevant sind. Der
zweite Punkt unterstreicht dagegen die Notwendigkeit, Mechanismen und
Konzepte für die Spezifikation und den Entwurf der Benutzerschnittstelle
bereitzustellen. Wenn dieser zweite Punkt herausgestellt werden soll, wird
von User-interface development systems gesprochen (vgl. [Mye89]).

Ein User-interface development system sollte alle für die Spezifikation und
den Entwurf von Benutzerschnittstellen relevanten Aspekte berücksichtigen. Dazu zählen nicht nur die unterschiedlichen Darstellungsformen der
Schnittstelle nach außen und die unterschiedlichen Formen der Dialogsteuerung, wie sie in Abschnitt 6.1.1 skizziert wurden, sondern auch strukturelle Aspekte der Benutzerschnittstelle. Unter strukturellen Aspekten
sollen allgemeine Überlegungen zum Prozeß der Interaktion zwischen
Computer und Benutzer verstanden werden. Beispiele hierfür sind die
denkbaren Dialogobjekte (Prompts, Eingaben, Echos, Meldungen, Gültig-
keitsprüfungen) und deren Beziehungen untereinander.

Aspekte dieser Art werden in einigen Arbeiten aus der Forschung behandelt, konnten bisher aber erst ansatzweise realisiert werden, wobei sich auch diese Arbeiten im wesentlichen auf sequentielle Dialogformen beschränken und asynchrone Dialogformen nicht erfassen. In den heute verfügbaren UIDS ist meist ein strukturelles Modell des Dialogs implizit vorgegeben, so daß sich mit diesen Systemen auch nur Benutzerschnittstellen entwickeln lassen, die Charakteristika dieses Modells wiedergeben.

6.3   Sprachen

Zur Spezifikation von Benutzerschnittstellen bieten UIDS dem Entwickler verschiedene Beschreibungsmittel an. Die wichtigsten dieser Beschreibungsmittel lassen sich in fünf Klassen einteilen:

- kontextfreie Grammatiken,

- Zustandsdiagramme,

- ereignisbasierte Darstellungen,

- Spezifikation durch Bildschirmentwürfe,

- wissensbasierte Repräsentation.

6.3.1   Kontextfreie Grammatiken

Unter einer Grammatik soll hier ein Regelsystem verstanden werden, das angibt, wie komplexere Elemente schrittweise aus einfacheren Elementen zusammengesetzt werden. Eine Regel ist ein Ausdruck, auf dessen linker Seite ein komplexes Element steht und auf dessen rechter Seite angegeben ist, durch welche Konstrukte das Element der linken Seite ersetzt werden kann. Elemente, die nicht mehr durch andere ersetzt werden können, heißen Terminalsymbole. Bei kontextfreien Grammatiken dürfen Terminalsymbole nicht auf der linken Seite einer Regel auftauchen. Eine ausführliche Darstellung dieser Konzepte findet sich z.B. in [Har78].

Eine weitverbreitete Beschreibungsform für kontextfreie Grammatiken ist die Backus-Naur-Form (BNF; siehe Abschnitt 3.2.3; [Bac60, Sch81]). Sie wird vor allem zur Syntaxdefinition von Programmiersprachen eingesetzt. Es gab aber auch vor allem seit Beginn der siebziger Jahre eine Reihe von Ansätzen für Systeme, aus einer Beschreibung der Benutzerschnittstelle in

BNF eine ablauffähige Version zu erzeugen. Das bekannteste Beispiel dafür ist der Parsergenerator YACC [AhJ74], der in den meisten UNIX-Systemen verfügbar ist. YACC eignet sich jedoch nur zur Beschreibung von Kommandozeilen-orientierten Benutzerschnittstellen.

Im folgenden ist ein Ausschnitt einer Spezifikation für einen kleinen Tischrechner in YACC angegeben (Beispiel aus [Joh78]). Der Rechner hat 26 Register („a", ..., „z") und erlaubt die Eingabe arithmetischer Ausdrücke, die aus den Operatoren +, −, *, / und Zuweisung aufgebaut sind. Beginnt ein Ausdruck mit einer Zuweisung, wird der Wert nicht ausgegeben. Wie in der Programmiersprache C wird eine ganze Zahl, die mit 0 beginnt als Oktalwert interpretiert, ansonsten als Dezimalwert.

```
...
/*Regelteil*/
list    :    /*leer*/
        |    list stat '\n'
        |    list error '\n'
                {  yyerrok;}
        ;
stat    :    expr
                {  printf("%d\n",$1);}
        |    LETTER '=' expr
                {  regs[$1] = $3;}
        ;
expr    :    '(' expr ')'
                {  $$ = $2;}
        |    expr '+' expr
                {  $$ = $1 + $3;}
        |    expr '-' expr
                {  $$ = $1 - $3;}
        |    expr '*' expr
                {  $$ = $1 * $3;}
        |    expr '/' expr
                {  $$ = $1 / $3;}
        |    '-' expr
                {  $$ = - $2;}
        |    LETTER
                {  $$ = regs[$1];}
        |    number
        ;
number    :   DIGIT
                {  $$ = $1; base = ($1 == 0) ? 8 : 10;}
        |    number DIGIT
                {  $$ = base * $1 + $2;}
        ;
```

```
/*Programmteil*/
yylex() {    /*Routine zur lexikalischen Analyse*/
             /*liefert LETTER bei Eingabe eines
             /*Kleinbuchstabens, yylval = 0 bis 25*/
             /*liefert DIGIT bei Eingabe einer*/
             /*Ziffer, yylval = 0 bis 9*/
             /*alle anderen Zeichen werden*/
             /*unmittelbar zurückgeliefert*/

    int c;
    while((c = getchar()) == ' ') {/*ignor. Leerzeichen*/}
    if(islower(c)){
        yylval = c - 'a';
        return(LETTER);
    }
    if(isdigit(c)){
        yylval = c - '0';
        return(DIGIT);
    }
    return(c);
}
```

Durch die Erweiterung der Grammatiken um spezielle Konstrukte für die
Dialogsteuerung und graphische Darstellungen wird versucht, die Klasse
der beschreibbaren Benutzerschnittstellen zu erweitern. Ein Beispiel hierfür ist SYNGRAPH [OID83], das die Beschreibung einer Benutzerschnittstellen in einer formalen Grammatik in eine Beschreibung in der Programmiersprache Pascal umsetzt. SYNGRAPH ist speziell für Benutzerschnittstellen interaktiver Graphikanwendungen entwickelt worden.

6.3.2 Zustandsdiagramme

Zustandsdiagramme wurden bereits in Abschnitt 2.3 als ein Beschreibungsmittel für endliche Automaten eingeführt. Sie stellen neben den
Grammatiken eine weitere formale Darstellungstechnik für die Spezifikation und den Entwurf von Benutzerschnittstellen bereit. Zustandsdiagramme lassen sich vor allem dann einsetzen, wenn die zu entwerfende Benutzerschnittstelle als Abhandlung einer Sequenz von Eingabeereignissen
angesehen wird. In der einfachsten Form lassen sich damit Sequenzen von
Aktionen, die der Benutzer einer Anwendung ausführen kann, beschreiben.
In einem frühen Ansatz von Conway [Con63] werden die Aktionen den Zustandsübergängen zugeordnet, um anzuzeigen, was geschieht, wenn ein solcher Übergang vollzogen wird.

Ausgehend von diesen ersten Überlegungen wurden Zustandsdiagramme mit entsprechenden Erweiterungen der Konzepte für die Modellierung unterschiedlichster Aspekte von Benutzerschnittstellen eingesetzt. Ein Beispiel ist die Verwendung von erweiterten Zustandsnetzen zur Analyse von Strukturen natürlicher Sprachen [Woo70]. Zwei aktuelle Vertreter für Zustandsdiagramme werden in den Systemen State Diagram Specification Interpreter [Jac85] und Software through Pictures [Was85] unterstützt. Das erste System entstand als Forschungsprojekt am Naval Research Lab und ist nicht als Produkt erhältlich, während das System Software through Pictures seit einiger Zeit auf dem Markt verfügbar ist.

In Abschnitt 6.4 werden wir auf das System Software through Pictures, die dort vorgesehenen Beschreibungsmittel und methodischen Entwurfskonzepte für Benutzerschnittstellen eingehen.

6.3.3 Ereignisbasierte Darstellungen

Beschreibungsmittel, die dieser Gruppe zugeordnet werden, lassen sich vor allem zur Repräsentation asynchroner Dialogformen verwenden. Diese Beschreibungsmittel basieren auf dem Konzept der Eingabeereignisse (input events), d.h. Eingabeeinheiten (Tastatur, Maus etc.) erzeugen als Reaktion auf Benutzereingaben Ereignisse. Diese Ereignisse werden an sogenannte *Event handler* gesandt. Ein Event handler ist ein Prozeß, der jeweils gewisse Ereignistypen behandeln kann. Dieses Konzept ähnelt dem Methodenkonzept der objektorientierten Programmiersprache Smalltalk (vgl. [GoR83]). M. Green zeigt in [Gre86], daß die ereignisbasierte Darstellung im Vergleich zu Zustandsdiagrammen und kontextfreien Grammatiken das Beschreibungsmittel mit der mächtigsten Ausdrucksmöglichkeit ist.

Im folgenden geben wir ein kleines Beispiel an zum Vergleich der drei formalen Sprachen kontextfreie Grammatik, Zustandsdiagramm und Event handler. Beschrieben wird jeweils die Eingabe einer *Rubber band line* (in Anlehnung an [Gre86]): Auf einer Fläche wird ein Startpunkt markiert (z.B. durch Drücken eines Mausknopfs). Davon ausgehend wird eine Linie gezeichnet, die vom Startpunkt zur aktuellen Position des Cursors verläuft. Bei Bewegung des Cursors wird die Linie zur neuen Position nachgezogen, bis ein Endpunkt auf der Fläche markiert wird.

- Darstellung mit kontextfreier Grammatik erweitert um Aktionen, die vom Programm ausgeführt werden (in { } eingeschlossen).

```
Linie    → Knopf d1 Endpunkt
Endpunkt → Bewegung d2 Endpunkt | Knopf d3
d1 → {speichere ersten Punkt}
d2 → {zeichne Linie zur aktuellen Position}
d3 → {speichere zweiten Punkt}
```

- Darstellung als Zustandsdiagramm, wobei die Programmaktionen den Zuständen zugeordnet sind. Es ist auch eine Zuordnung der Aktionen zu den Zustandsübergängen, also den Pfeilen, möglich.

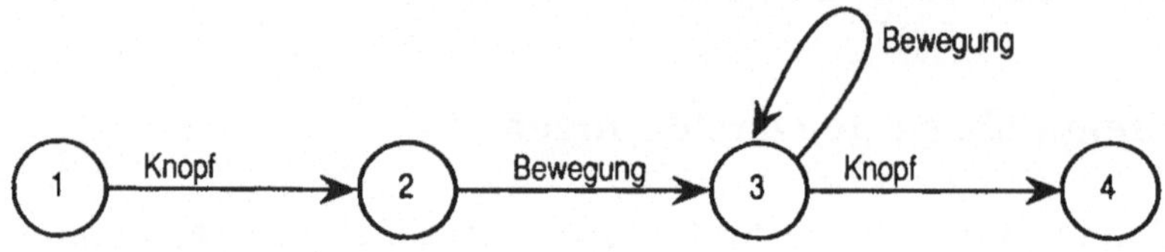

2: speichere ersten Punkt
3: zeichne Linie zur aktuellen Position
4: speichere zweiten Punkt

- Darstellung als Event handler.

```
EVENT HANDLER linie;

TOKEN
    knopf Knopf;        /*Abbildung der Tokens 'knopf'*/
    bewegung Bewegung;/*und 'bewegung' in die */
                        /*Events 'Knopf' und 'Bewegung'*/

VAR
    int state;
    punkt erster, letzter;

EVENT Knopf DO {
    IF state == 0 THEN
        erster = aktuelle position;
        state = 1;
    ELSE
        letzter = aktuelle position;
        deactivate (self);
    ENDIF;
};
```

```
EVENT Bewegung DO {
    IF state == 1 THEN
        zeichne linie von erster bis aktuelle position;
    ENDIF
};

INIT
    state = 0
END EVENT HANDLER linie;
```

Seit etwa Mitte der achtziger Jahre wurde der ereignisbasierte Ansatz in
einigen experimentellen UIDS realisiert. Zu Vertretern dieser Systeme zählen ALGAE [FlB87], Sassafras [Hil86] und das University of Alberta UIMS
[Gre85b]. Diese Systeme unterscheiden sich zum einen durch die Syntax
der für die Beschreibung der Event handler eingesetzten Sprachen. Zum
anderen unterscheiden sie sich durch die Mechanismen, die eine Umsetzung
der Beschreibung in eine ausführbare Benutzerschnittstelle unterstützen.

6.3.4 Spezifikation durch Bildschirmentwürfe

Beschreibungsmittel, die zu dieser Klasse gehören, sind keine formalen
Sprachen, wie die drei bisher vorgestellten Klassen. Es handelt sich vielmehr um graphische Werkzeuge, mit deren Hilfe die visuelle Repräsentation der Benutzerschnittstelle spezifiziert werden kann. Aus dieser graphischen Spezifikation werden dann die für die ausführbare Anwendung
notwendigen Elemente erzeugt. Im wesentlichen stellen sich diese Werkzeuge dem Designer als graphische Editoren dar. Mit diesen Editoren können aus einer Anzahl vordefinierter Elemente, wie z.B. Menüs, Schalt-
knöpfe, Rollbalken etc., die Benutzerschnittstellen aufgebaut werden. Außerdem lassen sich die Verbindungen zum eigentlichen Anwendungskern
spezifizieren.

Diese Werkzeuge erlauben nur die Realisierung einer eingeschränkten
Klasse von Interaktionstechniken. Ein weiterer Nachteil ist die im allgemeinen sehr enge Verbindung zur eigentlichen Anwendung, so daß das Ziel
der Dialogunabhängigkeit nur unvollständig erfüllt werden kann. Zwei experimentelle Systeme dieser Klasse sind der DialogEditor [Car87] und Pe-
ridot [Mye87]. Ein erstes kommerziell verfügbares Werkzeug war der Sme-
thers Barnes Prototyper für Apple-Macintosh-Systeme [Sme87]. Inzwischen
sind weitere Werkzeuge für Microsoft-Windows und Presentation Manager

unter OS/2 erhältlich (z.B. Dlgedit des Microsoft-Windows SDK, CASE:W oder CASE:PM).

Abbildung 6.3/1 zeigt einen Bildschirmausschnitts des Tools Dlgedit für Microsoft Windows-Anwendungen. In dem Beispiel der Abb. 6.3/1 wurde der Dialog zum Öffnen von Dateien entworfen. Das Tool erzeugt aus diesem Entwurf die für Windows-Anwendungen notwendigen Komponenten.

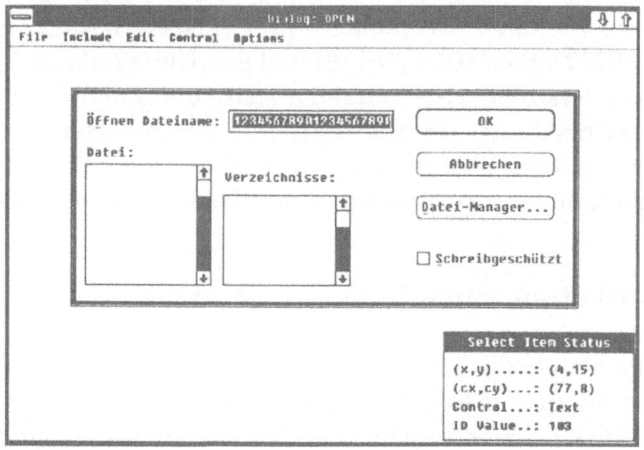

Abb. 6.3/1   Spezifikation eines Dialogs mit dem Tool Dlgedit

Weitere Werkzeuge, die in diesem Umfeld zu erwähnen sind, werden als Screen generator, Screen painter, Report generator oder Menu builder bezeichnet. Sie sind im allgemeinen Teil umfassenderer Entwicklungsumgebungen und sollen vor allem ein Prototyping der zu entwickelnden Anwendung unterstützen. Mit diesen Werkzeugen lassen sich Bildschirmanzeigen oder „Tafeln" (Panels) durch die Spezifikation von Anzeigefeldern oder „Masken" entwerfen. Den einzelnen Elementen eines Bildschirms, aber auch den Bildschirmen als Gesamtheit, können sowohl darstellerische Attribute als auch Verknüpfungen zu Informationen etwa aus der Datenmodellierung zugeordnet werden. Die so entworfenen Bildschirme können miteinander verbunden werden, so daß sich Szenarien für sequentielle Dialogfolgen über Menühierarchien aufbauen lassen. Neben der Einschränkung auf sequentielle Formen des Dialogs ist bei diesen Werkzeugen im allgemeinen auch die Darstellungsmöglichkeit der Daten auf Formulare und Listen beschränkt.

Beispiele für diese Art von Werkzeugen finden sich in IEF, im Visible Prototyper der Visible Analyst Workbench, in den Tools TELON und DesignAid sowie in BLUE/70 der Tool-Familie BLUES. Dabei handelt es sich zum Teil um eigenständige Werkzeuge, zum Teil aber auch nur um Funktionen innerhalb einer größeren Umgebung.

Abschließend soll noch darauf hingewiesen werden, daß auch eine Reihe von Viertgenerationssprachen Konstrukte anbieten, die zusammen mit den Fähigkeiten der Entwicklungsumgebungen dieser Sprachen eine vergleichbare Funktionalität für den Entwurf von Benutzerschnittstellen bieten.

6.3.5 Wissensbasierte Repräsentation

In jüngster Zeit gibt es einige Forschungsarbeiten, die versuchen, Ansätze und Konzepte aus dem Bereich wissensbasierte Systeme für die Spezifikation und Entwicklung von Benutzerschnittstellen anzuwenden. Dazu zählt z.B. das Projekt UIDE von Foley et al. (vgl. [FKK89]). Kern dieser Entwicklungsumgebung ist eine Wissensbasis, in der das Wissen über die zu entwickelnde Benutzerschnittstelle abgelegt wird. Dieses Wissen wird als Instanzen von sieben „Frames" oder „Schemata" repräsentiert. Es gibt Frames für:

- Aktionen,
- Parameter der Aktionen,
- Vorbedingungen,
- Nachbedingungen,
- Objekte,
- Attribute der Objekte,
- Attributtypen.

Zwischen den Frames gibt es Verbindungen, die die Beziehungen zueinander repräsentieren. Mit Hilfe dieses Beschreibungsmittels wird ein relativ hohes Abstraktionsniveau erreicht, das von Implementationsaspekten weitgehend unabhängig ist. Dadurch ist dieser Ansatz vor allem für die frühen Phasen der Softwareentwicklung interessant. Die Eignung für diese Phasen wird durch Transformationsmechanismen der Entwicklungsumgebung von UIDE unterstützt. Diese Mechanismen erlauben es, aus einer gegebenen Spezifikation alternative Spezifikationen mit geänderten Eigenschaften zu erzeugen. Zu solchen automatisch durchführbaren Änderungen zählen z.B. die Modifikation des Wirkungsbereichs gewisser Kommandos oder die Modifikation in der Kommandohierarchie (Generalisierungen, Spezialisierungen). Durch das Abstraktionsniveau der Beschreibungsmittel und die Unterstützung bei der Ausarbeitung alternativer Spezifikationen stellt das Projekt UIDE einen interessanten Ansatz dar, der für unterschiedliche Vorgehensmodelle einsetzbar wäre.

Weiterführende Literatur

[HaH89], [Hel88], [PrK90], [Shn87], [Thi90]

6.4   Zustandsdiagramme nach Wasserman

In Abschnitt 6.3 wurden Zustandsdiagramme als ein Beschreibungsmittel für den Entwurf von Benutzerschnittstellen kurz vorgestellt. In der Methode User Software Engineering (USE) werden sie eingesetzt, um den Entwurf der Benutzerschnittstelle in den Gesamtprozeß der Softwareentwicklung zu integrieren.

USE ist eine Methode für Spezifikation, Entwurf und Implementation interaktiver Informationssysteme. Der USE-Ansatz wird durch Tools unterstützt, die in die Entwicklungsumgebung Software through Pictures integriert sind. Die Komponenten eines interaktiven Informationssystems im Sinne dieser Methode sind eine Benutzerschnittstelle, eine Datenbank und eine Menge von Transaktionen. Die Transaktionen (Operationen, Funktionen) enthalten dabei größtenteils Zugriffe bzw. Modifikationen der Datenbank.

Die Zielsetzung von USE ist zum einen die Bereitstellung einer systematischen Software-Entwicklungsmethode. Darüber hinaus soll aber vor allem der Endbenutzer bereits frühzeitig am Entwicklungsprozeß beteiligt werden. Dieses zweite Ziel soll durch die Bereitstellung von Prototypen der zukünftigen Benutzerschnittstelle erreicht werden. Die Basis für die Prototyp-Erstellung bildet die Spezifikation der Benutzerschnittstelle mit Zustandsdiagrammen.

Zustandsdiagramme werden in der Entwicklungsumgebung Software through Pictures mit Hilfe eines *Transition Diagram Editors* interaktiv erfaßt. Um einen ausführbaren Prototyp der Benutzerschnittstelle zu erhalten, wird das Diagramm in eine Textform überführt, die als Rahmen für die vollständige Beschreibung benutzt wird. Diese vervollständigte Beschreibung kann dann von der Komponente RAPID/USE für Zwecke des Prototyping interpretativ ausgeführt werden. Schließlich kann auch eine übersetzte Version des endgültigen Systems erzeugt werden. Die Beschreibung der Benutzerschnittstelle besteht somit immer aus einer graphischen Darstellung im Zustandsdiagramm und zusätzlichen textlichen Informationen in einer Programmiersprachen-ähnlichen Notation.

Ein Zustandsdiagramm besteht aus einem oder mehreren Knoten, die über Kanten verbunden sind. In jedem Diagramm gibt es jeweils einen ausgezeichneten Start- und Endknoten. Die Knoten entsprechen Zuständen (states), mit denen Ausgabemeldungen verknüpft sein können. Diese Ausgaben werden im Textteil spezifiziert. Für jede Klasse möglicher Benutzereingaben, die aus einem Zustand resultieren können, ist jeweils ein Übergang (transition) vorgesehen. Übergänge werden durch Pfeile zwischen den Knoten dargestellt. Eingaben, die Bedingung für einen Übergang sind, werden an die Pfeile geschrieben. Mit einem Übergang kann eine Aktion verknüpft sein. Diese Aktionen werden durch kleine Quadrate mit der Beschriftung „CA" (call action) und einer zugeordneten ganzen Zahl als Referenz auf die textliche Spezifikation dargestellt.

Zur Verminderung der Komplexität der Diagramme sind verfeinernde Unterdiagramme als Strukturierungstechnik vorgesehen. Diese Unterdiagramme arbeiten in derselben Weise wie Unterprogramme: Übergänge im aktuellen Diagramm werden verzögert, bis das angesprochene Unterdiagramm abgearbeitet ist. Es können Unterdiagramme sowohl für Zustände als auch für Übergänge definiert werden. Bei Zuständen werden die Kreise durch Rechtecke mit den Namen der entsprechenden Unterdiagramme ersetzt (subconversation). Für Unterdiagramme, die einen Übergang verfeinern, wird der Name des Unterdiagramms in spitzen Klammern (< >) an den Pfeil geschrieben.

Üblicherweise müssen Benutzereingaben für nachfolgende Operationen gesichert werden. Hierzu ist die Möglichkeit zur Definition von Variablen vorgesehen. Diesen können Typen und Integritätsbedingungen zugewiesen werden. Weiterhin können Aktionen über Variablen Rückgabewerte liefern, die den nachfolgenden Dialogablauf bestimmen. Die Variablen für Ein- und Ausgaben werden an die Pfeile geschrieben. Um interaktive bildschirmbezogene Dialoge zu unterstützen wurden Cursor- und Screen-Management-Symbole eingeführt.

In Abb. 6.4/1 ist ein Zustandsdiagramm für eine einfache Funktionsauswahl zusammen mit einem Ausschnitt der zugehörigen Textbeschreibung dargestellt.

Vom Knoten Init aus, dem Eingangsknoten des Diagramms, wird automatisch der Zustandsübergang mit der Aktion 1 durchgeführt. Die automatische Ausführung wird durch das Zeichen + angezeigt. Vom Ergebnis der Aktion, die im Textteil beschrieben ist, hängt der weitere Verlauf des Zustandsübergangs ab. Im Fehlerfall wird in den Zustand Fehler übergegangen und nach Drücken einer beliebigen Taste (durch @ am Pfeil gekennzeichnet) das Diagramm über den Ausgangsknoten X verlassen. Im OK-Fall wird über den Knoten Start zum Knoten Auswahl verzweigt. Die den jeweiligen Knoten zugeordneten Bildschirmausgaben sind im Textteil spezifiziert. Durch das Drücken einer entsprechenden Funktionstaste (! und F1, F2 bzw. F3 an den Pfeilen) kann einer der Zustandsübergänge stattfinden. Für die Rechtecke mit den Beschriftungen Funktion1, Funktion2 und Funktion3 werden jeweils eigene Diagramme zur detaillierten Spezifikation des Zustands angegeben. Bei einem entsprechenden Zustandsübergang wird die Abarbeitung des aktuellen Diagramms unterbrochen, bis das verfeinernde Diagramm abgearbeitet ist. Nach Abarbeiten eines der drei Diagramme wird wieder automatisch zum Knoten Auswahl gesprungen. Wird die Taste F10 gedrückt, so wird die Aktion 2 ausgeführt und in den Zustand des Ausgangsknotens X übergegangen.

Mit Hilfe des Beschreibungsmittels der Zustandsdiagramme lassen sich in USE nur einfache, sequentiell strukturierte Benutzerschnittstellen spezifizieren. USE ist aber zur Zeit, neben dem Dialogue Management System (DMS; vgl. [HiH86]), die einzige umfassende Software-Entwicklungsmethode, die die Aspekte der Benutzerschnittstelle explizit berücksichtigt.

Weiterführende Literatur

[Was85]

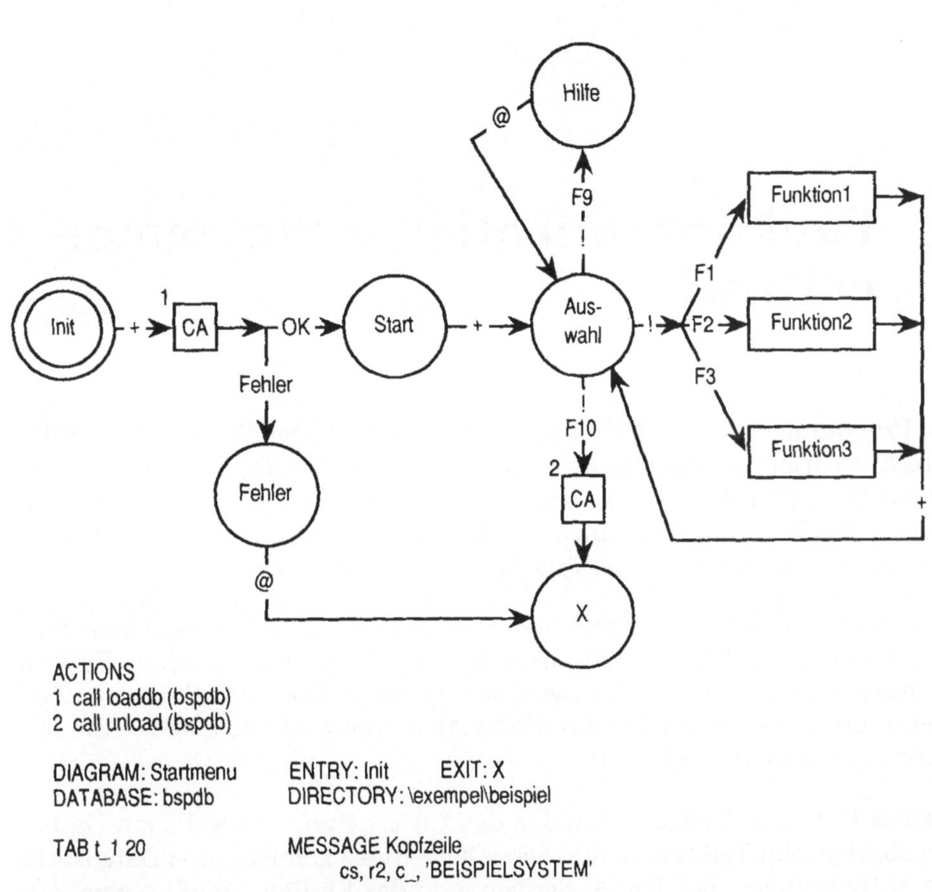

ACTIONS
1 call loaddb (bspdb)
2 call unload (bspdb)

DIAGRAM: Startmenu   ENTRY: Init   EXIT: X
DATABASE: bspdb   DIRECTORY: \exempel\beispiel

TAB t_1 20   MESSAGE Kopfzeile
                          cs, r2, c_, 'BEISPIELSYSTEM'

NODE Init   NODE Auswahl
                          tomark_A, ce
NODE Start   r+5, t_1, 'F1 — Funktion1',
    Kopfzeile, mark_A   r+2, t_1, 'F2 — Funktion2',
                          r+2, t_1, 'F3 — Funktion3',
NODE X   r+2, t_1, 'F9 — Hilfe',
    cs   r+2, t_1, 'F10 — Ende'

NODE Fehler
    cs, r10, c_, bell, rv, 'Datenbank kann nicht geöffnet werden', sv
    r$, c_, 'Weiter = irgendeine Taste drücken'

NODE Hilfe
    cs, r$-4, c0, 'Mit den Tasten F1 – F3 können die Funktionen 1,2,3
            gestartet werden',
    r$-3, c0, 'Für ausführliche Informationen zu einem Kommando, '
    r$-2, c0, 'drücken Sie im Auswahlmenu die Funktionstaste und dann F9',
    r$, c0, rv, 'Zurück zum Auswahlmenu = irgendeine Taste drücken'

Abb. 6.4/1   Zustandsdiagramm für eine Funktionsauswahl

7 Funktionsorientierter Programmentwurf

Der Programmentwurf ist ein wichtiger Teilschritt des System- und Software-Entwurfs, der allzuhäufig angesichts erdrückender Terminprobleme vernachlässigt wird. Die Folge sind Programmodule, die eine geringe Flexibilität aufweisen und somit insbesondere in puncto Wartbarkeit und Wiederverwendbarkeit erhebliche Qualitätsmängel zeigen.

Ausgangsbasis für den Programmentwurf sind die Anforderungsspezifikation, in der die fachlichen Anforderungen an das zu entwickelnde System beschrieben sind, sowie der Entwurf der Systemarchitektur. Für unser Beispielunternehmen seien für das Teilsystem Aktualisieren Kundendaten die folgenden Sachverhalte bekannt:

In einer Datei sei für jeden Kunden des Unternehmens jeweils ein Datensatz abgelegt. Im Teilsystem Aktualisieren Kundendaten können diese Datensätze interaktiv geändert werden. Außerdem wird das Einfügen und Löschen von Datensätzen unterstützt. Bei Bedarf kann eine aktuelle Liste der Kunden des Unternehmens gedruckt werden. Hierzu kann der Benutzer verschiedene Selektionskriterien auswählen; die Druckausgabe wird über vom Benutzer bestimmte Parameter gesteuert.

Ziel des Programmentwurfs ist es, zur Lösung des Problems geeignete Komponenten und Beziehungen zwischen diesen festzulegen. Im folgenden werden die wichtigsten Methoden und Sprachen behandelt, die in heute kommerziell verfügbaren Software-Entwicklungsumgebungen Verwendung finden. Es handelt sich dabei durchweg um Methoden und Sprachen, denen Konzepte der strukturierten Programmierung (siehe etwa [Dij76]) zugrunde liegen. Sie stellen deshalb im allgemeinen auch keine geeigneten Hilfsmittel für die Programmierung mit logischen (etwa Prolog [ClM84]) oder funktionalen (etwa LISP [WiH84]) Sprachen oder auch für die objektorientierte Programmierung (etwa mit Smalltalk [GoR83]) dar.

7.1   Composite/Structured Design

Eine der wohl bekanntesten Methoden für den Programmentwurf ist die auf
den Arbeiten von Yourdon, Constantine und Myers (siehe etwa [Mye78,
YoC79]) basierende Methode Composite/Structured Design (C/SD).

7.1.1   Modularisierung

C/SD unterstützt eine konsequente Top-down-Vorgehensweise beim Programmentwurf. Ein Programm besteht dabei aus (Programm-) Modulen, die
hierarchisch angeordnet werden. Unter einem *Modul* ist eine zusammengehörige Gruppe von Programmanweisungen zu verstehen, die unter einem
bestimmten Namen referenziert werden kann (z.B. Unterprogramme, Secti-
ons, Paragraphen in Cobol oder Prozeduren und Funktionen in Pascal).
Falls eine Referenzierung der Gruppe nicht möglich ist, spricht man von einem *Segment*.

Im Zusammenhang mit Modulen werden häufig drei Begriffe verwendet:
Funktion, Logik und Kontext eines Moduls (vgl. etwa [Mye78]). Mit der
Funktion eines Moduls bezeichnet man üblicherweise die Definition dessen,
was das Modul leistet. Die *Logik* des Moduls – mit anderen Worten der Algorithmus – beschreibt dann, wie das Modul diese Funktion erfüllt. Mathematisch kann die Funktion eines Moduls als Funktion der Modul-Logik
und der Funktionen aller unmittelbar hierarchisch untergeordneten – also
aufgerufenen – Module (Submodule) erklärt werden. Ein Modul kann an
verschiedenen Stellen eines Systems und eventuell auch zu unterschiedlichen Zwecken verwendet werden. Die Beschreibung einer bestimmten Verwendung eines Moduls bezeichnet man dann als *Kontext* des Moduls.

C/SD beschäftigt sich mit der zentralen Frage, wie ein zu entwickelndes
Programm geeignet in Module zerlegt werden kann und wie diese organisiert werden müssen, um ein gegebenes Problem zu lösen. Bei der Zerlegung sollte darauf geachtet werden, daß eng verknüpfte Teilprobleme auch
im selben Teilsystem realisiert werden und Module zur Lösung unabhängiger Teilprobleme auch im System nicht verknüpft sind. Die Module sollten
so organisiert werden, daß Teilsysteme nur Komponenten beinhalten, die
zur Lösung der entsprechenden Teilprobleme erforderlich sind. Weiterhin
ist die Einführung von Verknüpfungen zwischen Modulen zu vermeiden,
wenn die durch sie gelösten Teilprobleme ebenfalls nicht verknüpft sind. In
dieser Weise ist es möglich, Systeme zu entwerfen, deren Komponenten zu

jeder Zeit – also insbesondere auch während der Wartungsphase – entsprechenden Teilproblemen der Anwendung zugeordnet werden können.

7.1.2 Structure Charts

Als Beschreibungsmittel für den Programmentwurf mit C/SD werden Structure Charts (Strukturdiagramme) verwendet. Structure Charts werden von einer Vielzahl der heute kommerziell verfügbaren Software-Entwicklungsumgebungen unterstützt (z.B. Aides, Analyst/Designer Toolkit, Excelerator, Kanga-Tool/ADT, MacDesigner, PowerTools, ProKit*-Workbench, ProMod, Software through Pictures/SD, Teamwork/SD).

In der Literatur weisen die graphischen Symbole für die Erstellung von Structure Charts (siehe etwa [Mye78, YoC79, Pag80]) geringe Unterschiede auf. Wir werden im folgenden die Notation aus [YoC79] verwenden.

Module

Die grundlegenden Elemente in Structure Charts sind Module. Graphisch werden sie, wie in Abb. 7.1/1 a gezeigt, als Rechtecke dargestellt. Die Referenzierung eines Moduls erfolgt über seinen Namen, der in der linken oberen Ecke des Rechtecks eingetragen wird.

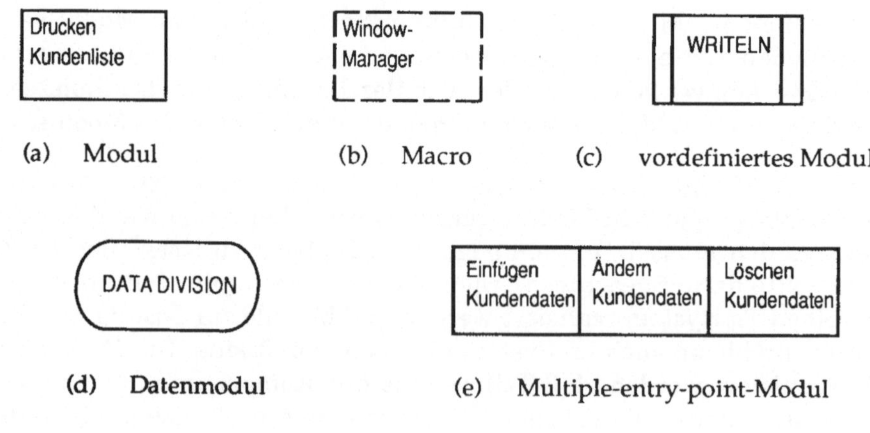

(a) Modul (b) Macro (c) vordefiniertes Modul

(d) Datenmodul (e) Multiple-entry-point-Modul

Abb. 7.1/1 Module

Das Rechteck kann zur Repräsentation beliebiger Module verwendet werden. Häufig ist es jedoch sinnvoll, in Structure Charts zwischen unterschiedlichen Modul-Typen zu unterscheiden. Abbildung 7.1/1 b zeigt ein *Macro* Window-Manager, ein Modul, das zur Übersetzungs-, Binde- oder Ausführungszeit im Programm eingefügt wird. Module, die bereits in implementierter Form vorliegen bzw. vom System in Bibliotheken zur Verfügung gestellt werden, werden wie in Abb. 7.1/1 c gezeigt dargestellt. Falls ein Modul keine prozeduralen Elemente, sondern nur Datenelemente enthält (z.B. die DATA DIVISION eines Cobol-Programms), kann dies wie in Abb. 7.1/1 d illustriert werden. In vielen Programmen bietet es sich an, unabhängige, separat aufzurufende Module in einem Modul zusammenzufassen, weil sie beispielsweise auf derselben Datenstruktur operieren oder eine ähnliche Funktionalität aufweisen. In Structure Charts wird ein solcher Zusammenhang als sogenanntes *Multiple-entry-point-Modul* dargestellt (siehe Abb. 7.1/1 e).

Verknüpfungen

In Structure Charts werden Module durch Pfeile verknüpft, die Modulaufrufe (call-statements) in Programmen repräsentieren. Die Pfeile zeigen vom aufrufenden auf das aufgerufene Modul (vgl. Abb. 7.1/2 a).

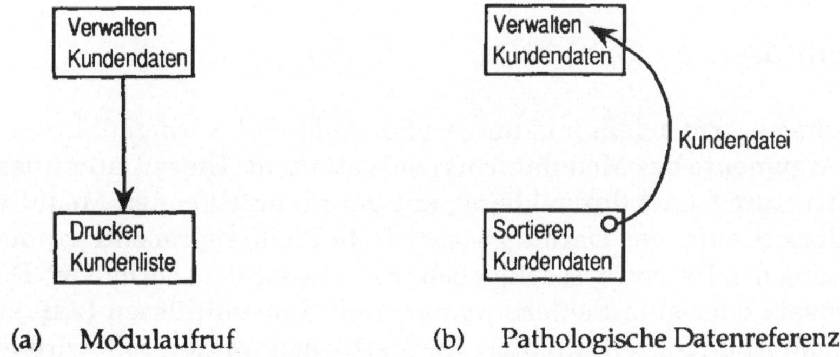

(a)   Modulaufruf   (b)   Pathologische Datenreferenz

Abb. 7.1/2   „Normale" und „pathologische" Verknüpfungen

Zur Beurteilung eines Programmentwurfs werden zwei Kenngrößen für Module verwendet: die Anzahl aufrufender Module *(fan-in)* und die Anzahl der aufgerufenen Module *(fan-out)*. Das Ziel eines guten Entwurfs sollte es sein, den Fan-in zu maximieren, d.h. solche Module zu entwerfen, die an vielen Stellen des Systems eingesetzt werden können. Natürlich darf dabei nicht das Ziel einer feinen Modularisierung verletzt werden. Dies bedeutet, daß bei einem guten Entwurf auf sogenannte „Super-Module" verzichtet wird, die mit einer Vielzahl von Parametern aufgerufen werden und eine Vielzahl logisch unterschiedlicher Funktionen erfüllen. Der Fan-out eines Moduls gibt Hinweise auf den Grad der Modularisierung des Systems. Bei einem hohen Fan-out, also einer großen Anzahl aufgerufener Module, empfiehlt es sich oft, eine weitere Zwischenebene im Structure Chart einzuführen. Dagegen liefert ein niedriger Fan-out einen Anhaltspunkt für eine weitere Zerlegung des Moduls.

Bislang wurden stets „normale" Modulverknüpfungen betrachtet, bei denen jeweils das gesamte Modul über seinen Namen referenziert wird. Davon sind die sogenannten *„pathologischen" Referenzen* zu unterscheiden, bei denen Elemente innerhalb der Grenzen eines Moduls referenziert werden. In Abb. 7.1/2 b ist als Beispiel eine pathologische Datenreferenz angegeben, bei der im Modul Sortieren Kundendaten mit der Kundendatei gearbeitet wird, die im Modul Verwalten Kundendaten deklariert ist. Ein anderes typisches Beispiel für eine pathologische Referenz ist ein unbedingter Sprung (GOTO-Anweisung) aus einem Modul zu einer Stelle innerhalb eines anderen Moduls. Zur Unterscheidung von normalen Modulverknüpfungen wird am Ausgangspunkt des Pfeils statt eines Kringels (siehe Abb. 7.1/2 b) für solche Kontrollreferenzen ein Punkt angegeben.

Datenflüsse

Zwischen aufrufendem und aufgerufenem Modul werden üblicherweise Daten (Argumente des Modulaufrufs) ausgetauscht. Diese Datenflüsse werden im Structure Chart durch kleine, mit der im aufrufenden Modul verwendeten Bezeichnung des Datums beschriftete Pfeile repräsentiert, die auch die Richtung des Datenflusses angeben. Falls zwischen „normalen" Daten- (z.B. Datensatz oder eine Fehlernummer) und Kontrollflüssen (z.B. ein Error-Flag, ein End-of-File-Indikator) unterschieden werden soll, wird ein zusätzliches Symbol verwendet – ein Punkt für Kontrollflüsse, ein Kringel für „normale" Datenflüsse –, das am Anfangspunkt des Pfeils eingezeichnet wird (siehe Abb. 7.1/3). Auf solche zusätzlichen Symbole wird verzichtet, wenn es sich um einen kombinierten Daten- und Kontrollfluß handelt oder die Unterscheidung nicht relevant ist.

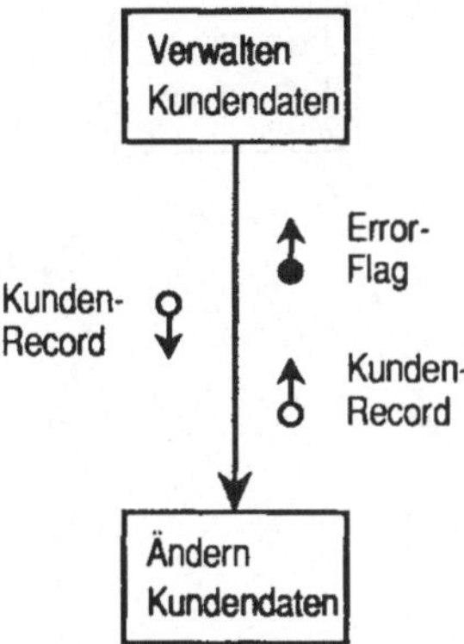

Abb. 7.1/3   Daten- und Kontrollflüsse

Für einen guten Entwurf sollte darauf geachtet werden, daß die erforderlichen Daten- und Kontrollflüsse möglichst gering gehalten werden, ohne auf eine feine Modularisierung zu verzichten.

Prozedurale Aspekte

Verknüpfungen zwischen Modulen werden von links nach rechts in der Reihenfolge angeordnet, in der die untergeordneten Module üblicherweise aufgerufen werden. Dies ist lediglich eine Konvention, nicht aber ein Grundprinzip der Diagrammtechnik. Weitere prozedurale Aspekte, wie die Iteration oder die Verzweigung, werden über zusätzliche graphische Elemente beschrieben. Das Beispiel aus Abb. 7.1/4 a zeigt die Einbettung der Lese- und Schreiboperation in einer Schleife. Eine Verzweigung, d.h. einen bedingten Aufruf von Modulen, zeigt das Beispiel aus Abb. 7.1/4 b. Abhängig von einer bestimmten Bedingung (hier etwa ein Transaktions-Code) wird entweder eine Einfüge-, eine Änderungs- oder eine Lösch-Operation ausgeführt. Damit läßt sich auch das in Abb. 7.1/4 c dargestellte rekursive Modul zur Berechnung der Fakultät[1] beschreiben.

---

1   Die Fakultät einer nicht-negativen ganzen Zahl n läßt sich rekursiv wie folgt berechnen: Fakultät (n) = $\begin{cases} 1 & n = 1 \\ n * \text{Fakultät (n-1)} & n > 1 \end{cases}$ für

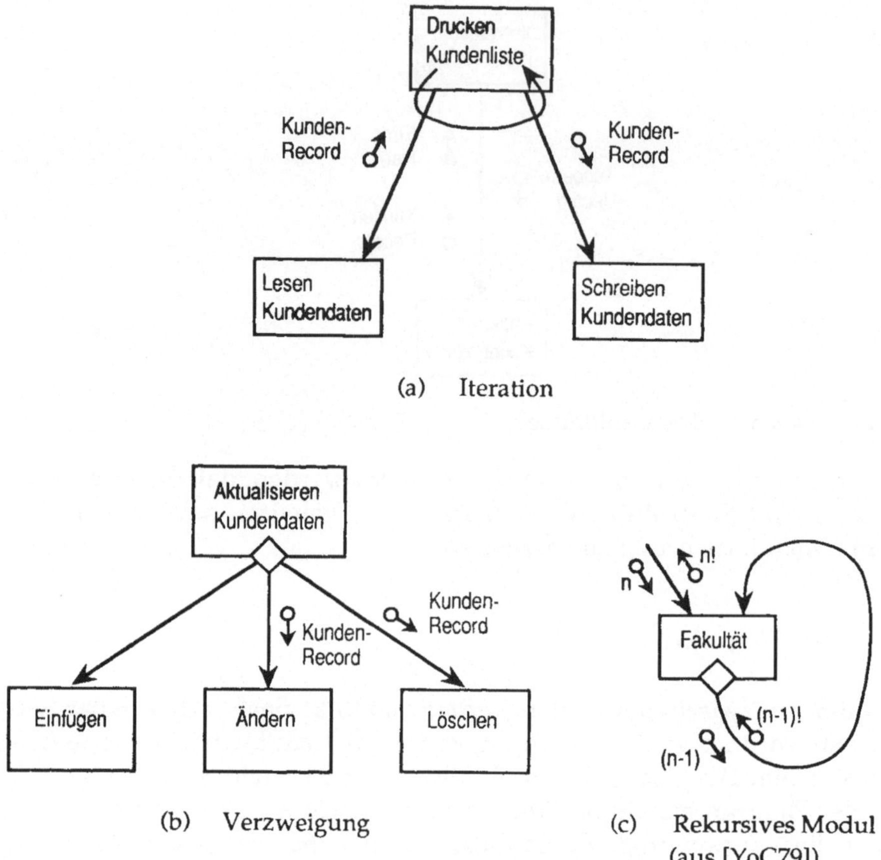

Abb. 7.1/4   Repräsentation prozeduraler Aspekte

Konnektoren

Die Verwendung von Konnektoren ist ein Mittel, die Lesbarkeit auch umfangreicher Structure Charts zu verbessern. Konnektoren dienen dazu, Verknüpfungspfeile über große Distanzen zu eliminieren (On-page-Konnektoren, repräsentiert durch Kreise) oder aber Teilbäume eines Structure Charts (im Beispiel aus Abb. 7.1/5 die Reorganisation der Kundendaten) auf zusätzliche Seiten der Dokumentation auszulagern (Off-page-Konnektoren).

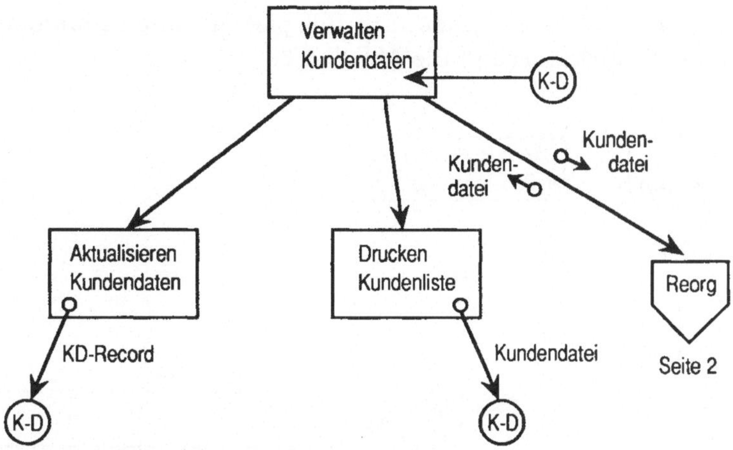

Abb. 7.1/5   Verwendung von Konnektoren

In der Abb. 7.1/5 ist ein häufig auftretender Fall für die Verwendung von On-page-Konnektoren dargestellt: die global definierte Kundendatei wird von mehreren aufgerufenen Modulen benutzt, so daß für jedes dieser Module eine pathologische Referenz in das aufrufende Modul Verwalten Kundendaten gezeichnet werden müßte.

Fußnoten

Der Übersichtlichkeit von Structure Charts dient auch die Verwendung von Fußnoten und zugehörigen Tabellen zur Beschreibung von Daten- und Kontrollflüssen. Hierzu werden an die Modulverknüpfungen Nummern geschrieben, denen jeweils eine Zeile in der zum Structure Chart gehörenden Fußnoten-Tabelle zugeordnet ist. Abbildung 7.1/6 zeigt ein Beispiel für die Verwendung von Fußnoten (siehe hierzu auch Abb. 7.1/3). Dabei ist zu beachten, daß Kontrollflüsse in der Tabelle durch Unterstreichung gekennzeichnet werden.

Kommentare

Beim Erstellen von Structure Charts empfiehlt es sich, für alle Komponenten sprechende Namen zu verwenden, um so den Programmentwurf möglichst transparent zu gestalten. Die Aussagekraft eines Diagramms kann darüber hinaus durch Kommentare verbessert werden, die für alle Komponenten angegeben werden können. Ein Beispiel für einen Kommentar zum Modul Verwalten Kundendaten zeigt die Abb. 7.1/6.

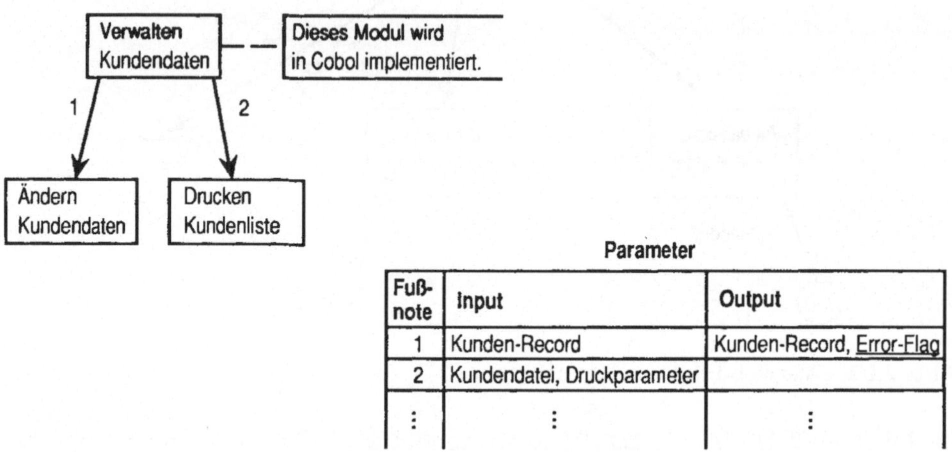

Fuß-note	Input	Output
1	Kunden-Record	Kunden-Record, Error-Flag
2	Kundendatei, Druckparameter	
⋮	⋮	⋮

Abb. 7.1/6   Verwendung von Fußnoten

7.1.3   Organisation modularer Systeme

Im folgenden wollen wir nun einige typische und für den Entwurf mit C/SD interessante Strukturen in Structure Charts betrachten.

Modul-Kategorien

Für Zwecke des Entwurfs ist es häufig notwendig, Module entsprechend ihrer Funktion verschiedenen Kategorien zuzuordnen. In der Abb. 7.1/7 sind Beispiele für Module aus vier Kategorien angegeben.

Eingabe-Module (afferent modules) rufen Module auf, die ihnen Daten übermitteln, die sie wiederum – gegebenenfalls in modifizierter Form – an übergeordnete Module weitergeben. Analog hierzu erhalten *Ausgabe-Module* (efferent modules) Daten aus übergeordneten Modulen und geben sie – wiederum gegebenenfalls in modifizierter Form – an Submodule weiter. *Transformations-Module* (transform modules) führen eine Transformation von Eingabe- in Ausgabedaten durch. Unter diese Kategorie fallen typischerweise die meisten Berechnungsfunktionen. Module, die vorrangig zur

Steuerung und Verwaltung untergeordneter Module verwendet werden, haben häufig das Aussehen aus Abb. 7.1/7 d. Man bezeichnet sie als *Koordinations-Module* (coordination modules).

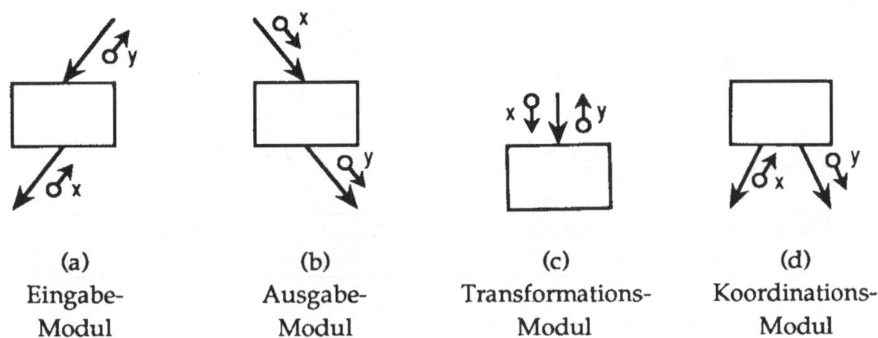

(a)
Eingabe-
Modul

(b)
Ausgabe-
Modul

(c)
Transformations-
Modul

(d)
Koordinations-
Modul

Abb. 7.1/7   Modul-Kategorien

Für Zwecke des Entwurfs ist auch eine Kategorisierung ganzer Teilsysteme bezüglich ihrer Organisation von Bedeutung. Die zwei wichtigsten Kategorien sind transformationszentrierte und transaktionszentrierte Systeme.

Transformationszentrierte Systeme

Transformationszentrierte Systeme sind dadurch gekennzeichnet, daß sie eine oder mehrere zentrale Transformationen relativ geordneter Eingabeflüsse in Ausgabeflüsse vornehmen. Solche Systeme basieren hauptsächlich auf der Verwendung von Eingabe- und Ausgabe-Modulen. Interessant ist dabei, sich ein entsprechendes Datenflußdiagramm vor Augen zu halten, das üblicherweise eine annähernd lineare Anordnung der Funktionen zeigen wird.

In Abb. 7.1/8 ist als Beispiel das transformationszentrierte System Drucken Kundenliste dargestellt. Ein Datenflußdiagramm mit den Modulen der untersten Hierarchieebene als Funktionen würde für dieses Beispiel eine vollkommen lineare Anordnung der Funktionen zeigen, d.h. die Funktionen liegen auf einem Datenpfad.

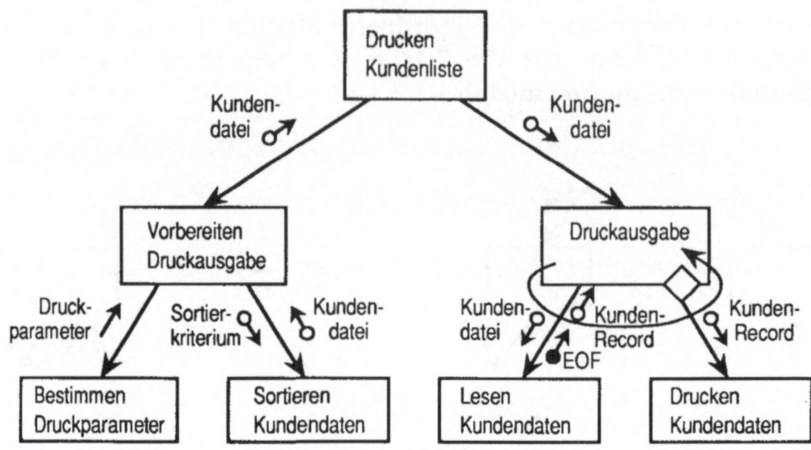

Abb. 7.1/8   Transformationszentriertes System

Transaktionszentrierte Systeme

Falls die Funktionen eines Systems keinem gemeinsamen Datenpfad folgen, spricht man von transaktionszentrierten Systemen. In Datenflußdiagrammen sind solche Systeme häufig schon daran erkennbar, daß Funktionen – die Transaktionszentren – Eingabeflüsse in mehrere verschiedene Ausgabeflüsse aufspalten. Dieser Kategorie sind wohl die meisten interaktiven Informationssysteme zuzuordnen.

Abbildung 7.1/9 zeigt als typisches Beispiel das transaktionszentrierte System Verwalten Kundendaten, bei dem zwei übergeordnete Module (Verwalten Kundendaten, Aktualisieren Kundendaten) die Steuerung der Ausführung verschiedener Transaktionen[1] auf dem gleichen Datenbestand übernehmen. Die Entscheidung zwischen einer der drei Transaktionen wird dabei in das Modul Aktualisieren Kundendaten verlagert.

---

1   Solche Transaktionen werden in [YoC79] als Aktionen bezeichnet, die mit der zentralen Transaktion Verwalten Kundendaten verknüpft sind. Daraus erklärt sich auch die Bezeichnung transaktionszentriertes System. Um Konfusionen mit dem in Kapitel 4 verwendeten Transaktionsbegriff zu vermeiden, wollen wir hier von der in [YoC79] eingeführten Begriffswelt abweichen.

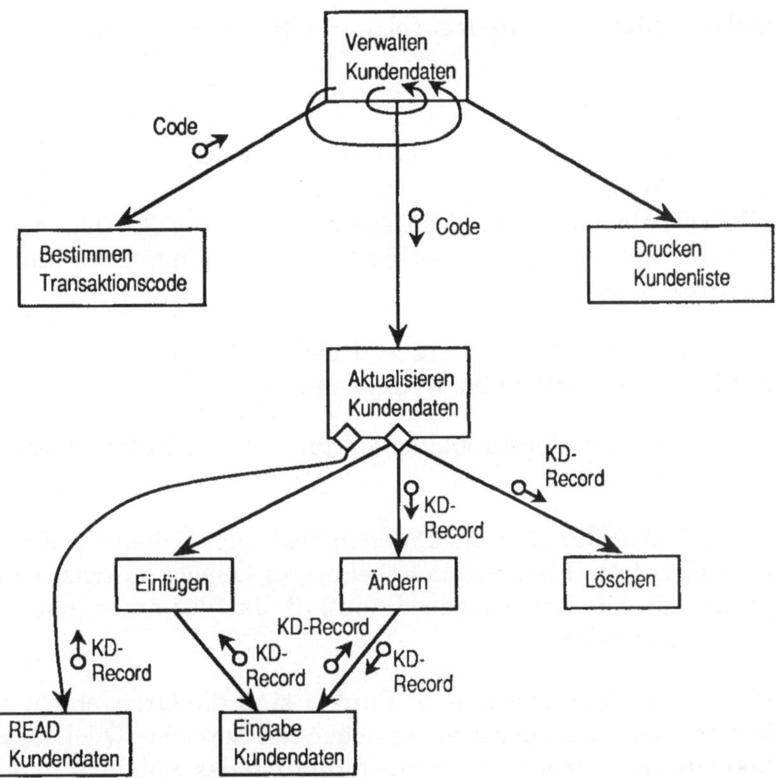

Abb. 7.1/9   Transaktionszentriertes System

7.1.4   Entwurf modularer Systeme

C/SD beruht auf einer Folge von Dekompositionen (siehe hierzu insbesondere [Mye78]), die in Abhängigkeit von der Organisation des jeweils zu entwerfenden Teilsystems durchgeführt werden. Die Dekompositionen werden so lange angewendet, bis eine ausreichend feine Modularisierung des gesamten Systems erreicht ist.

Um Aufschluß über die Organisation von Teilsystemen zu erhalten, bietet es sich an, für die vorausgehende Analyse Datenflußdiagramme zu verwenden (vgl. Kapitel 3), aus denen sich zumindest die Struktur der zu lösenden Probleme erkennen läßt.

Im folgenden wollen wir nun drei solche Dekompositionen (nach [Mye78]) angeben.

Quelle/Transformation/Senke-Dekomposition

Die Quelle/Transformation/Senke-Dekomposition (Q/T/S-Dekomposition) wird auf transformationszentrierte Systeme angewendet. Sie läßt sich in vier Teilschritte zerlegen:

(1)   Beschreibe die Struktur des zu lösenden Problems (gegebenenfalls mit Hilfe von Datenflußdiagrammen).

(2)   Identifiziere in der Problemstruktur den zentralen Eingabe- und Ausgabedatenfluß.

(3)   Ermittle den Punkt in der Problemstruktur, an dem der Eingabedatenfluß zuletzt als zusammengehöriges Objekt auftritt, sowie den Punkt, an dem der Ausgabedatenfluß als zusammengehöriges Objekt erzeugt wird.

(4)   Die in Schritt 3 bestimmten Punkte sind die Grenzen für die Dekomposition: jeder der drei entstehenden Bereiche (Quelle = Entstehung des Eingabeflusses, Transformation des Eingabe- in den Ausgabefluß, Senke = Entstehung des Ausgabeflusses) wird als Funktion interpretiert und dementsprechend als Modul im Structure Chart abgebildet.

Transaktions-Dekomposition

Für transaktionszentrierte Systeme weist die Problemstruktur eine nicht-lineare Form auf, so daß sich die Q/T/S-Dekomposition nicht anwenden läßt.

Man geht deshalb so vor, daß das gesamte System zunächst als ein Modul im Structure Chart abgebildet wird, das in zwei weitere Submodule zerlegt wird, deren Steuerung es übernimmt. Eines dieser Submodule übernimmt die Auswahl der auszuführenden Transaktion (im Beispiel der Abb. 7.1/9 das Modul Bestimmen Transaktionscode), das andere steuert die Anwendung der Transaktionen in Abhängigkeit von dieser Auswahl (im Beispiel das Modul

Aktualisieren Kundendaten). Die Transaktionen selbst werden im Structure Chart als Submodule dieses zweiten Moduls repräsentiert.

Funktionale Dekomposition

Die funktionale Dekomposition muß als Ergänzung der bisher beschriebenen Dekompositionen verstanden werden. Maßgebend für die Dekomposition sind hier ausschließlich funktionale Gesichtspunkte, wobei grundsätzlich zwei Fälle zu unterscheiden sind:

- Gemeinsame Teilfunktionen:
  Eine funktionale Dekomposition bietet sich dann an, wenn mehrere Module gleiche Teilfunktionen aufweisen. Diese Teilfunktionen werden dann als Submodule dieser Module im Structure Chart abgebildet.

- Funktionen in Datenkapseln:
  Datenkapseln (informational-strength modules; vgl. [Mye78]) werden dazu benutzt, Funktionen zusammenzufassen, die auf einer gemeinsamen Datenstruktur operieren. In Structure Charts werden sie üblicherweise als Multiple-entry-point-Module abgebildet, wobei jeder Entry-point eine spezielle Funktion auf der Datenstruktur repräsentiert.

Gehen wir nun davon aus, daß in einem Structure Chart zwei Datenkapseln für unterschiedliche Datenstrukturen gebildet werden sollen und daß ein Modul existiert, welches auf beiden Datenstrukturen arbeitet. Im Beispiel aus Abb. 7.1/10 sei dies das Modul Einfügen Kundendaten, das neben Einfügeoperationen auf der Kundendatei auch Einträge in eine Liste ausländischer Kunden vornimmt. Sollen nun für diese beiden Datenstrukturen Datenkapseln gebildet werden, müssen aus dem Modul Einfügen Kundendaten im Rahmen der funktionalen Dekomposition die Teilfunktionen, die auf den jeweiligen Datenstrukturen arbeiten, herausgelöst und durch Entry-points in den Datenkapseln repräsentiert werden. Im Beispiel entstehen so die Entry-points Einfügen Kunden-Record im Modul Kundendaten und Einfügen Listenelement im Modul Liste ausländischer Kunden.

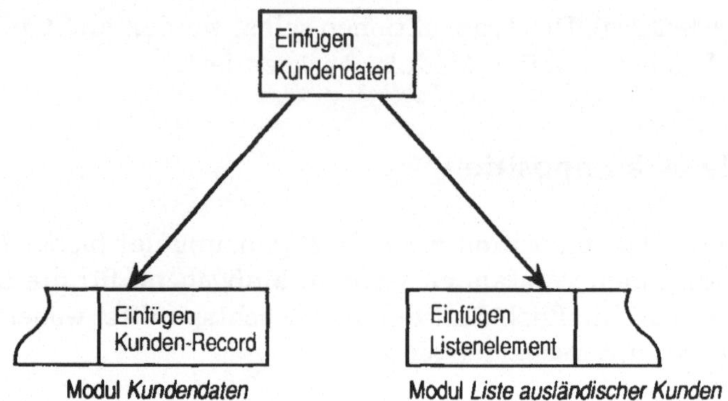

Abb. 7.1/10 Funktionale Dekomposition

Weiterführende Literatur

[Mye78], [Pag80], [YoC79]

7.2 Pseudo-Code

Nachdem wir im vorhergehenden Abschnitt mit Structure Charts eine Technik zur Beschreibung der Architektur von Programmodulen kennengelernt haben, wollen wir uns nun dem Detailentwurf von Programmodulen zuwenden. Die meisten der kommerziell verfügbaren Tools zur Unterstützung von Structure Charts sehen für den Detailentwurf die Verwendung von *Pseudo-Code* vor, aus dem dann ein weitgehend vollständiger Quellcode generiert wird.

Unter Pseudo-Code versteht man eine textuelle, programmiersprachen-ähnliche Beschreibung der Logik von Programmodulen. Pseudo-Codes werden häufig auch in Kombination mit Daten- bzw. Kontrollflußdiagramm-Techniken als sogenannte „mini-spec" verwendet, d.h. als semiformale Spezifikationen elementarer Transformations- oder Steuerprozesse (vgl. hierzu Kapitel 3).

In der Praxis erfreut sich die Verwendung von Pseudo-Code insbesondere zur Formulierung von Algorithmen großer Beliebtheit. Problematisch ist dabei die fehlende Standardisierung der Pseudo-Code-Technik: in Abhängigkeit vom Abstraktionsniveau reichen die Notationen von strukturierter Umgangssprache bis hin zu ausführbaren Anweisungen von Programmiersprachen.

Zur Formulierung eines Pseudo-Codes werden Kontrollstrukturen verwendet, wie sie aus der strukturierten Programmierung bekannt sind. Die Repräsentation der Strukturen erfolgt durch vordefinierte Schlüsselworte, die zumeist einer strukturierten Programmiersprache (zumeist Pascal oder Ada) entlehnt sind. In [MaM85b] finden sich jedoch auch Beispiele für Pseudo-Codes, die mit Konstrukten von Viertgenerationssprachen (dort IDEAL und RAMIS II; vgl. [Mar85, Mar86]) formuliert sind.

In der Praxis wird häufig so verfahren, daß das Programmodul zunächst auf einer relativ hohen Ebene unter Verwendung der erwähnten Kontrollstrukturen und umgangssprachlichen Formulierungen für Bedingungen und Anweisungen beschrieben wird. In einer *Top-down-Vorgehensweise* wird dieser Pseudo-Code schrittweise bis hin zum vollständigen Quellcode verfeinert, wobei die Anweisungen der höheren Ebene dann oft als Kommentare in den Pseudo-Code darunterliegender Ebenen übernommen werden.

Um die Transformation eines Pseudo-Codes in einen Quellcode der Zielsprache möglichst einfach zu gestalten, werden zur Formulierung des Pseudo-Codes zumeist bereits Konstrukte der Zielsprache verwendet. Dies birgt jedoch die Gefahr, daß der Programmentwurf zu stark von der Ausdrucksfähigkeit der Zielsprache geprägt ist, so daß eine spätere Re-Implementation in einer anderen Sprache nur sehr schwierig zu bewerkstelligen sein wird. Im folgenden wollen wir nun exemplarisch darstellen, wie Pseudo-Codes, angelehnt an die Programmiersprache Pascal, entwickelt werden können. Wir betrachten hierzu die gebräuchlichsten Kontrollstrukturen.

Sequenz

Unter einer Sequenz versteht man eine Folge von Anweisungen, die unmittelbar hintereinander ausgeführt werden. Im Pseudo-Code werden die Anweisungen einer Sequenz – gegebenenfalls eingeschlossen in Paare von Schlüsselwörtern (BEGIN...END oder DO...ENDWHILE, DO...ENDFOR; vgl. Iteration) – wie folgt angegeben:

```
Anweisung-1;
Anweisung-2;
   .
   .
   .
Anweisung-n;
```

Selektion

Bei der Selektion handelt es sich um eine Kontrollstruktur, die aufgrund
einer Bedingung entsprechende Anweisungen zur Ausführung auswählt.
Man unterscheidet dabei drei Arten von Selektionen, die im Pseudo-Code
wie folgt angegeben werden:

- Einseitige Selektion
```
IF Bedingung THEN
     Sequenz
ENDIF
```

- Zweiseitige Selektion
```
IF Bedingung THEN
     Sequenz-1
ELSE
     Sequenz-2
ENDIF
```

- Mehrfach-Selektion
```
CASE Ausdruck OF
     Wert-1:      Sequenz-1;
     Wert-n:      Sequenz-n;
     OTHERWISE    Sequenz-Ausnahme
ENDCASE
```

Iteration

Für die Iteration (Wiederholung) sind vier verschiedene Konstrukte vorgesehen:

- die abweisende Schleife,
  wenn die Wiederholungsbedingung zu Beginn der Schleife geprüft

werden soll – also der Fall eintreten kann, daß die Schleife überhaupt nicht durchlaufen wird;

- die nicht-abweisende Schleife,
  bei der eine Abbruchbedingung am Schleifenende geprüft wird; d.h.
  die Schleife wird stets mindestens einmal durchlaufen;

- eine Schleife, für die sich die Anzahl Iterationen vor Ausführung der
  Schleife berechnen läßt und

- eine Schleife, die die Ausführung einer Sequenz für alle Elemente
  einer Menge vorsieht.

Im Pseudo-Code werden diese Schleifen wie folgt formuliert:

- abweisende Schleife
  ```
  WHILE Wiederholungsbedingung DO
       Sequenz
  ENDWHILE
  ```

- nicht-abweisende Schleife
  ```
  REPEAT
       Sequenz
  UNTIL Abbruchbedingung
  ```

- Schleife mit fester Anzahl Wiederholungen
  ```
  FOR Index := Anfangswert TO Endwert DO
       Sequenz
  ENDFOR
  ```

- Wiederholung für alle Elemente einer Menge
  ```
  FOR EACH Element OF Menge DO
       Sequenz
  ENDFOR
  ```

Ausführen von Prozeduren und Funktionen

Die Ausführung einer Prozedur in einer Sequenz wird, wie in Pascal, einfach durch Angabe des Prozedurnamens mit in Klammern eingeschlossenen
aktuellen Parametern angegeben, also etwa

```
Prozedur (Parameter-1, ..., Parameter-n)
```

Soll einer Variablen der Wert einer Funktion zugewiesen werden, geschieht dies ebenfalls wie in Pascal:

```
Wert := Funktion (Parameter-1, ..., Parameter-n)
```

Abbruchanweisungen

Um einen Pseudo-Code nicht aufgrund von Ausnahmesituationen allzutief schachteln zu müssen, empfiehlt sich die Verwendung der Anweisungen EXIT und BREAK. Die Ausführung der Anweisung EXIT bewirkt das Verlassen der augenblicklich ausgeführten Prozedur, der Funktion oder des Programmoduls. BREAK wird zum Abbruch von Schleifen benutzt; die Ausführung wird dann mit der unmittelbar nach der Schleife angegebenen Anweisung fortgesetzt. Im Pseudo-Code sind diese Anweisungen üblicherweise mit einer Selektion verknüpft:

```
IF Ausnahmebedingung THEN
    Sequenz-'Behandlung der Ausnahmesituation';
    EXIT
ENDIF
```

Betrachten wir nun als Beispiel den Pseudo-Code des Steuermoduls Verwalten Kundendaten aus Abb. 7.1/9. In einem ersten Schritt könnte der Entwurf wie folgt aussehen:

```
PROCEDURE Verwalten Kundendaten;
BEGIN
    REPEAT
        Bestimmen Transaktionscode(Code);
        Transaktionsausführung(Code)
    UNTIL Code = Ende
END;
```

Bereits hier ist die Verknüpfung mit dem Structure Chart aus Abb. 7.1/9 zu erkennen: die Prozedur Bestimmen Transaktionscode entspricht einem Modul, das als Argument den Parameter Code an das Steuermodul übergibt.

Der angegebene Pseudo-Code kann nun wie folgt verfeinert werden:

```
PROCEDURE Verwalten Kundendaten;
BEGIN
    REPEAT
        Bestimmen Transaktionscode(Code);
        (* Transaktionsausführung(Code) *)
        IF Code <> Ende THEN
            WHILE NOT letzte Transaktion(Code) DO
                Aktualisieren Kundendaten(Code)
            ENDWHILE
        ELSE
            Drucken Kundenliste
        ENDIF (* Code <> Ende *)
    UNTIL Code = Ende
END;
```

Dieser Pseudo-Code dürfte für die nachfolgende Implementation ausreichend detailliert sein. Im Quellcode müßten nun zusätzlich Typ- und Vari-
ablendefinitionen, Initialisierungsanweisungen und gegebenenfalls Anweisungen zur Erkennung und Behandlung von Ausnahmesituationen berücksichtigt werden. Selbstverständlich können aber auch solche Dinge Bestandteil eines Pseudo-Codes sein, falls sie für den Entwurf als relevant erachtet werden. Im Gegensatz zur interaktiven Funktion letzte Transaktion, die erst in der Implementation berücksichtigt wird, werden die Prozeduren Bestimmen Transaktionscode, Aktualisieren Kundendaten
und Drucken Kundenliste separat entworfen und implementiert, da sie
Modulen des Structure Charts entsprechen.

Selbst dieses kleine Beispiel zeigt bereits, wie wichtig die übersichtliche Ge-
staltung eines Pseudo-Codes ist. Gebräuchliche Mittel hierzu sind die Ein-
rückung und Kennzeichnung der Schlüsselworte durch Großschreibung,
Unterstreichung oder Fettdruck. Zuweilen werden den Anweisungen aber
auch Nummern zugewiesen, die die jeweilige Schachtelungstiefe angeben.

Eine verbesserte Übersichtlichkeit des Programmentwurfs ist auch das Ziel
bei der Verwendung der von James Martin vorgeschlagenen Aktionsdiagramme (siehe [MaM85a, MaM89]), die von den Tools IEF und IEW unterstützt werden. Diese Diagramme ergänzen den Pseudo-Code durch eine
Reihe graphischer Symbole. Dies sind im wesentlichen Klammern zur Aggregation der Anweisungen eines Programmstücks oder einer Kontrollstruktur sowie Rechtecke zur Repräsentation von Prozeduren.

7.3   Struktogramme

Eine graphische Sprache für den Programmentwurf ist bereits seit Ende
der sechziger Jahre in Gebrauch und sogar genormt (DIN 66001): *Programmablaufpläne* oder *Flowcharts*. Diese Sprache hat sich etwa in der
Assembler-Programmierung oder in der normierten Programmierung (z.B.
mit RPG; vgl. [KuZ74, Pla83]) durchaus bewährt; für die strukturierte Programmierung ist sie jedoch gänzlich ungeeignet. Hierfür werden Sprachen
benötigt, die die Programmsteuerung auf die Kontrollstrukturen strukturierter Programmiersprachen beschränken und diese Kontrollstrukturen
auch transparent darstellen können. Eine solche graphische Sprache sind
Struktogramme nach I. Nassi und B. Shneiderman [NaS73].

Der Struktogramm-Technik liegt die Philosophie der strukturierten Programmierung zugrunde. Sie benötigt nur eine geringe Anzahl unterschiedlicher graphischer Symbole, die in einer programmiersprachen-ähnlichen Notation beschriftet werden. Ein Vorteil der Struktogramme liegt im Zwang
zur Modularisierung: da auf einer DIN-A4-Seite in der Regel nicht mehr als
15 – 20 Symbole angeordnet werden können und auch keine Off-Page-Konnektoren wie in Programmablaufplänen oder Structure Charts (vgl. Abschnitt 7.1.2) zur Verfügung stehen, muß der Entwerfer Programmodule in
logisch sinnvolle Abschnitte zerlegen, die dann abgeschlossenen Denkstrukturen entsprechen.

Im folgenden wollen wir nun die wichtigsten Symbole der Struktogramm-Technik[1] vorstellen. Wir orientieren uns hierzu wieder an den in der strukturierten Programmierung gebräuchlichen Kontrollstrukturen, die bereits
in Abschnitt 7.2 diskutiert wurden.

Sequenz

Ein Struktogramm ist aus Strukturblöcken aufgebaut, die hintereinander
angeordnet und hintereinander ausgeführt werden. Graphisch werden
Strukturblöcke wie in Abb. 7.3/1 dargestellt.

---

[1]   In der Literatur weichen die Symbole insbesondere bezüglich der Beschriftung voneinander ab. Wir verwenden hier eine Darstellung, die auf der Pascal-Notation aufbaut.

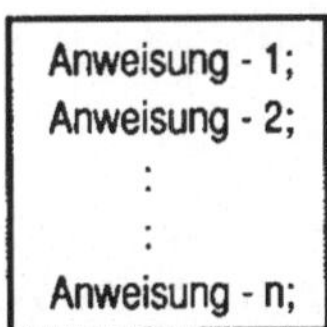

(a)   elementarer Strukturblock

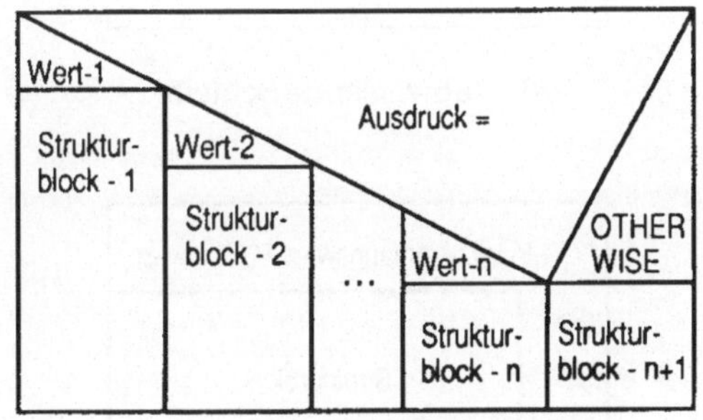

(b)   Aneinanderreihung elementarer Strukturblöcke

Abb. 7.3/1   Strukturblöcke

Abbildung 7.3/1 a zeigt einen elementaren Strukturblock, der nur Anweisungen enthält. Dies können Zuweisungen, Ein- und Ausgabeanweisungen, Prozeduraufrufe oder aber auch nur Kommentare sein. In Teil b ist dann eine Aneinanderreihung von Strukturblöcken dargestellt. Repräsentiert ein Strukturblock eine Prozedur oder Funktion, wird er mit einem entsprechenden Namen und gegebenenfalls einer Liste von Schnittstellen-Parametern beschriftet. Ein Beispiel hierfür zeigt die Abb. 7.3/6.

Selektion

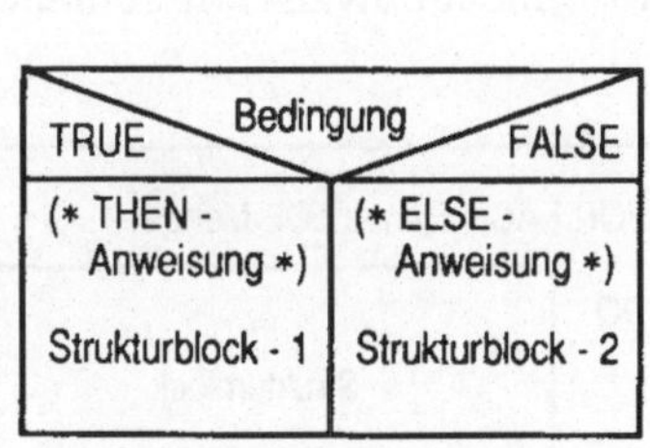

(a)   einfache Selektion

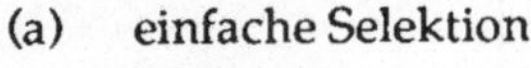

(b)   Mehrfach-Selektion

Abb. 7.3/2   Selektion

Bei der Selektion müssen wir die einfache und die Mehrfach-Selektion unterscheiden. Abbildung 7.3/2 a zeigt die Darstellung einer einfachen Selektion (IF-THEN-ELSE-Struktur): Ist die im oberen Teil angegebene Bedingung erfüllt, wird der links angegebene Strukturblock ausgeführt, im anderen Fall der rechte. Handelt es sich lediglich um eine einseitige Selektion, kann dieser rechte Strukturblock durch das Symbol „./." ersetzt werden (vgl. Abb. 7.3/5).

Bei der Mehrfach-Selektion, die einer CASE-Anweisung entspricht, kann der im oberen Bereich angegebene Ausdruck mehr als zwei Werte anneh-men. Die für die unterschiedlichen Fälle auszuführenden Strukturblöcke werden dann wieder unterhalb des entsprechenden Wertes angeordnet. Für vollständige Fallunterscheidungen kann dieses Konstrukt, wie in Abb. 7.3/2 b gezeigt, um einen sogenannten Ausnahmefall (OTHERWISE) ergänzt werden, der dann eintritt, wenn der Ausdruck keinen der angegebenen Werte annimmt.

Iteration

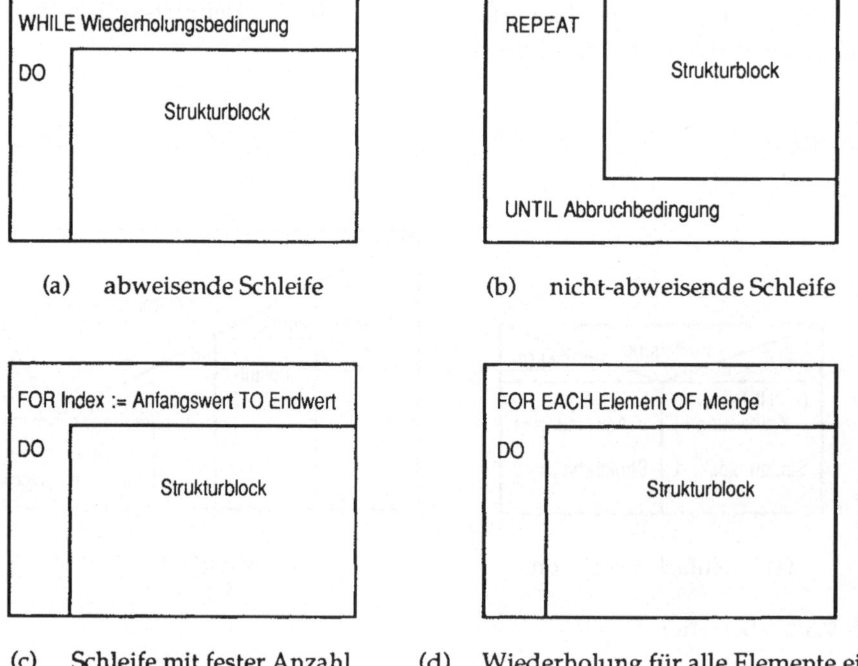

(a) abweisende Schleife

(b) nicht-abweisende Schleife

(c) Schleife mit fester Anzahl Wiederholungen

(d) Wiederholung für alle Elemente einer Menge

Abb. 7.3/3   Iteration

In Abb. 7.3/3 sind die verschiedenen Konstrukte zur Repräsentation der Iteration dargestellt. Zur graphischen Vereinfachung werden die Buchstaben der Schlüsselworte links neben den auszuführenden Strukturblöcken häufig auch vertikal angeordnet.

Ausführen von Prozeduren und Funktionen

Abbildung 7.3/4 zeigt einen Strukturblock, der zwei Anweisungen enthält: einen Prozeduraufruf und die Zuweisung des Werts einer an anderer Stelle (gegebenenfalls wiederum als Strukturblock) definierten Funktion. Sowohl für Prozeduren als auch Funktionen werden dabei jeweils die aktuellen Parameter angegeben.

```
Prozedur (Parameter-1,...,Parameter-n);
Wert := Funktion (Parameter-1,...,Parameter-m);
```

Abb. 7.3/4   Prozedur- und Funktionsaufrufe

Abbruchanweisungen

Wie bei der Verwendung von Pseudo-Code kann auch in Struktogrammen die Berücksichtigung von Ausnahmesituationen zu unhandlichen Entwürfen führen. Deshalb empfiehlt es sich auch hier, entgegen dem Gedanken der strukturierten Programmierung, zur Behandlung von Ausnahmesituationen die Sprunganweisungen EXIT und BREAK zu verwenden (siehe Abb. 7.3/5).

Bei der Verwendung von Struktogrammen zum Entwurf komplexer Programmodule hat sich, wie bei der Pseudo-Code-Technik, eine *Top-down-Vorgehensweise* bewährt, bei der Bestandteile eines Struktogramms zunächst nur mit Kommentaren beschriftet und anschließend schrittweise durch Strukturblöcke und Anweisungen verfeinert werden. Anhand des Beispiels aus Abb. 7.1/9 soll dieses Vorgehen nun skizziert werden (vgl. hierzu auch den Pseudo-Code aus Abschnitt 7.2).

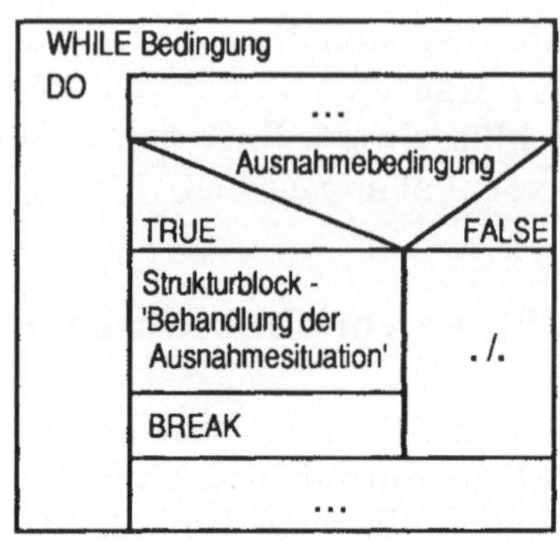

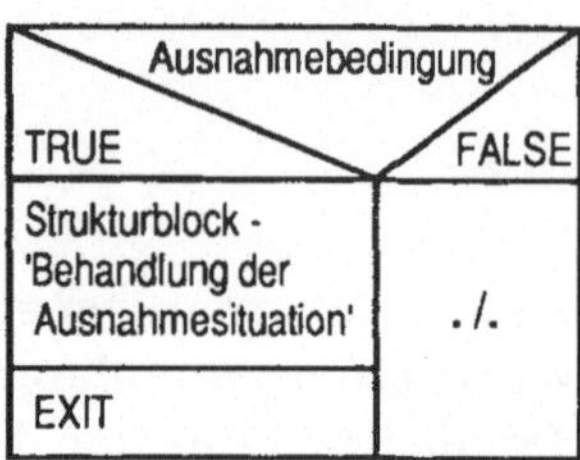

(a)   EXIT-Anweisung   (b)   BREAK-Anweisung

Abb. 7.3/5   Abbruchanweisungen

Die Abb. 7.3/6 zeigt den Struktogramm-Entwurf des Moduls Verwalten Kunden-daten auf zwei unterschiedlichen Abstraktionsniveaus. Für die entsprechend dem Structure Chart aus Abb. 7.1/9 erforderlich werdende weitere Verfeine-rung empfiehlt sich die Verwendung zusätzlicher Struktogramme. Bis zu welchem Detaillierungsgrad Struktogramme verwendet und wieviele Ver-feinerungsstufen beim Entwurf vorgesehen werden, kann nicht durch feste Regeln vorgegeben werden. Relevante Kriterien dafür sind die Komplexität des Programmoduls sowie die persönlichen Präferenzen des Entwerfers.

Ein weiteres wichtiges Kriterium ist aber, insbesondere für diese Technik, der Grad der Tool-Unterstützung. Struktogramme sind manuell recht schwierig zu erstellen und eigentlich kaum wartbar. Es gibt heute jedoch eine Reihe von Tools (z.B. BLUES, INNOVATOR/SP, X-TOOLS), die diese Technik unterstützen.

Die X-TOOLS etwa bieten eine umfassende „Programmierung in Strukto-grammen". Aus Struktogrammen kann ein vollständiger Quellcode für un-terschiedliche Zielsprachen generiert werden (u.a. C, Cobol, Fortran, Pas-cal). Die Tools sind so konzipiert, daß der Programmierer auch die gesamte Wartung der Programmodule über Struktogramme abwickeln kann.

Da Struktogramme lediglich als ein Hilfsmittel für den Detailentwurf, nicht aber für den Entwurf der Architektur von Programmodulen geeignet sind, empfiehlt es sich, sie in Verbindung z.B. mit Structure Charts (siehe Ab-schnitt 7.1.2) oder Dekompositionsdiagrammen (siehe Abschnitt 2.1) zu verwenden. Deshalb können auch die erwähnten X-TOOLS mittels des Tools

X-TRACT mit den im XL-Dictionary abgelegten Entwurfsobjekten der Entwicklungsumgebung Excelerator verknüpft werden. X-TRACT generiert aus den Entwurfsobjekten (u.a. Datenstrukturen, Daten- und Kontrollflußdiagramme, Zustandsdiagramme, Structure Charts) initiale Struktogramme, die dann mit den X-TOOLS weiterbearbeitet werden können.

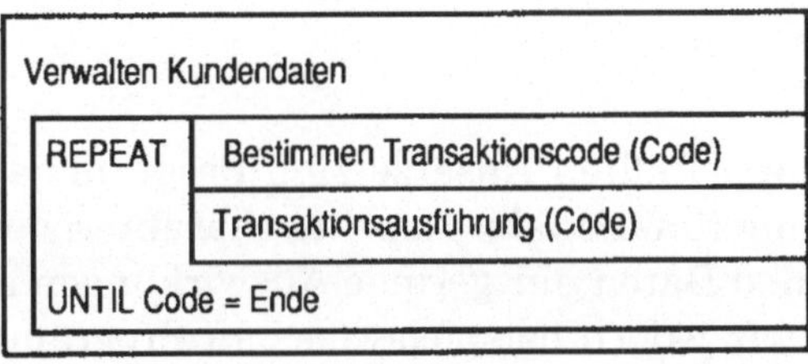

(a)   Grobentwurf

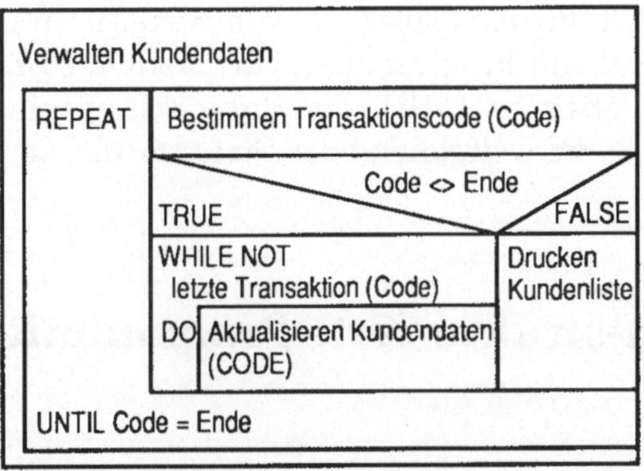

(b)   Detailentwurf

Abb. 7.3/6   Entwurf des Programmoduls Verwalten Kundendaten

Weiterführende Literatur

[NaS73]

8 Datenorientierter Programmentwurf

Die in Kapitel 7 vorgestellten Ansätze zum Programmentwurf sind durch eine starke Betonung funktionaler Aspekte charakterisiert. Dagegen haben die zu verarbeitenden Daten nur geringe Auswirkungen auf die Programmstruktur. Denken wir jedoch beispielsweise an Programme zur Erstellung von Listen, dann ist unmittelbar klar, daß die Struktur solcher Programme weitgehend durch die Struktur der Ein- und Ausgabedaten bestimmt wird.

Im folgenden werden mit der Jackson- und der Warnier/Orr-Methode zwei Methoden behandelt, die die logischen Datenstrukturen in den Vordergrund der Betrachtungen beim Programmentwurf stellen. Primäres Entwurfsziel ist dabei, analog etwa zu C/SD, die Entwicklung einer hierarchischen Programmstruktur, die weitgehend der Struktur des zu lösenden Problems entspricht.

8.1 Jackson-strukturierte Programmierung

8.1.1 Entwurfsidee

Die auf M.A. Jackson zurückgehende Methode JSP[1] (Jackson-strukturierte Programmierung) basiert auf einer datenorientierten Sichtweise von Programmen: ein serieller Eingabe-Datenstrom wird gelesen, wobei aus den Datensätzen ein serieller Ausgabe-Datenstrom erzeugt wird.

Als Beispiel wollen wir ein einfaches Listenerstellungs-Programm betrachten: In einer sequentiell organisierten Datei sei für jede Rechnung oder Gutschrift jeweils ein Datensatz abgelegt. Den Datenanfang bildet ein bestimmter Parametersatz, in dem u.a. der Zeitraum (im allgemeinen ein

---

[1] Herrn Klaus Kilberth danken wir für viele wertvolle Hinweise zum Thema JSP.

Monat) angegeben ist, für den die Datei Sätze enthält. Die Sätze sind nach Kunden- und Rechnungsnummern sortiert. Aus dieser Datei soll eine Liste erstellt werden, wie sie exemplarisch in Abb. 8.1/1 angegeben ist. Sie enthält neben den einzelnen Rechnungs- und Gutschriftssätzen für jeden Kunden eine Summenzeile sowie am Listenende eine Gesamtsumme. Relevante Kundenstammdaten werden einer relativ organisierten Kundendatei entnommen.

```
RECHNUNGSAUSGANG  01.12.1989 – 31.12.1989

K-Nr.   Name
        Anschrift

R-Nr.   Datum        Betrag
─ ─ ─ ─ ─ ─ ─ ─ ─ ─ ─ ─ ─ ─ ─ ─ ─ ─ ─ ─

0001    KonkuSoft  GmbH & Co. KG
        Waldhornstr. 27, D-7500 Karlsruhe 1

89345   01.12.1989   5.739,20
89437   11.12.1989   2.945,30
89549   13.12.1989   1.000,10  —

Summe   0001    KonkuSoft  GmbH & Co. KG
                        7.684,40


0002    Bankrupt  AG
        Kaiserstr. 1, D-7500 Karlsruhe 1

89344   01.12.1989   7.264,70
```

Abb. 8.1/1   Rechnungsausgangsliste

Programme bestehen nach JSP aus ausführbaren Anweisungen, die häufig unmittelbar mit den verarbeiteten Datenstrukturen verknüpft sind (z.B. Lesen Datensatz oder Schreiben Listenzeile). Andere Anweisungen sind dagegen mehr mit der zu lösenden Aufgabe verbunden (z.B. Addiere Rechnungsbetrag zur Gesamtsumme). Auch solche Anweisungen lassen sich jedoch mit einer Komponente der Datenstruktur in Beziehung setzen, wie in unserem Beispiel das Addieren der Rechnungssumme mit einem Datensatz der Eingabedatei.

Aus diesen Überlegungen heraus liegt es nahe, die Anweisungen eines Programms so in Komponenten zusammenzufassen, daß sich alle Anweisungen auf eine entsprechende Komponente der zu verarbeitenden Datenstruktur beziehen.

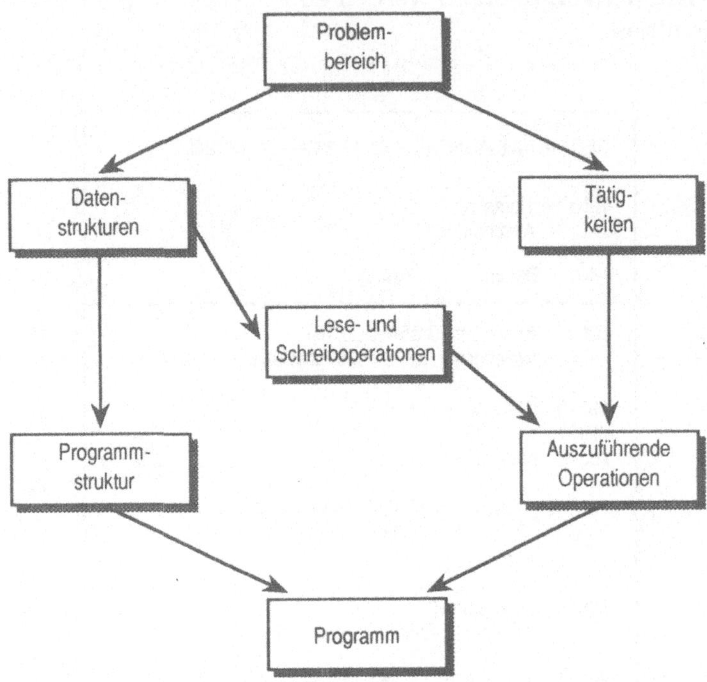

Abb. 8.1/2 Programmentwurf und Implementation nach M.A. Jackson (nach [Jac75])

Einen Überblick über die Vorgehensweise bei JSP gibt die Abb. 8.1/2. Für den Problembereich werden zunächst die relevanten Ein- und Ausgabedatenstrukturen sowie die zur Lösung des Problems erforderlichen Tätigkeiten bestimmt. Aus den Datenstrukturen werden dann die Programmstruktur und die Lese- und Schreiboperationen abgeleitet. Zusätzliche auszuführende Operationen ergeben sich aus den ermittelten Tätigkeiten. In einem anschließenden Schritt werden alle Operationen entsprechenden Komponenten der Programmstruktur zugewiesen, woraus sich dann das fertige Programm ergibt. Üblicherweise müssen für diese Zuweisungen einige neue Komponenten in die Programmstruktur eingefügt werden, wobei jedoch stets auf Kompatibilität mit den Datenstrukturen geachtet werden muß. Durch die beschriebene Vorgehensweise wird bei geeigneter Wahl der Entwurfssprachen ein Bruch zwischen Programmentwurf und Implementation verhindert und somit eine erhebliche Fehlerquelle beseitigt.

8.1.2 Jackson-Diagramme

Elementarer Bestandteil von JSP ist eine Notation zur einheitlichen Beschreibung von Programm- und Datenstrukturen. Es handelt sich dabei um eine Erweiterung von Dekompositionsdiagrammen um Kontrollstrukturen wie Sequenz, Selektion und Iteration.

Komponenten werden in den Diagrammen durch rechteckige Kästchen repräsentiert. Es kann sich dabei entweder um elementare oder zusammengesetzte Komponenten handeln. Zusammengesetzte Komponenten bestehen aus hierarchisch untergeordneten Komponenten, mit denen sie in der graphischen Darstellung über Kanten verknüpft sind. Welche Formen der Zusammensetzung dabei möglich sind, wird im folgenden erläutert:

Sequenz

Die Sequenz wird dann verwendet, wenn eine Komponente aus mindestens zwei geordneten Teilkomponenten besteht. Graphisch wird dies wie folgt dargestellt:

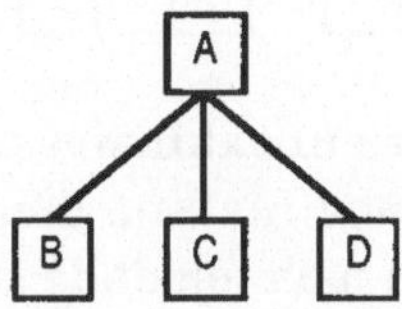

Im Unterschied zu allgemeinen Dekompositionsdiagrammen (vgl. Abschnitt 2.1.1) wird hier eine feste Reihenfolge für die untergeordneten Komponenten von links nach rechts vorgegeben.

Für die graphisch repräsentierten Programmstrukturen kann auch eine äquivalente verbale Notation angegeben werden, in die dann die elementaren Operationen eingefügt werden können. Diese verbale Notation wird in [Jac75] als *schematische Logik* bezeichnet. Für die oben angegebene Struktur ergibt sie sich wie folgt:

```
A   SEQ
    do  B;
    do  C;
    do  D;
A   END
```

Falls die Struktur nun weiter zerlegt wird, könnten in der schematischen
Logik die do-Anweisungen durch entsprechende Strukturblöcke ersetzt
werden. Elementare Komponenten werden üblicherweise unmittelbar durch
die Folge der zugehörigen Anweisungen repräsentiert, die entweder in einer
Pseudo-Code-ähnlichen Sprache oder bereits in der Syntax der für die Implementation vorgesehenen Programmiersprache angegeben werden. Durch
die Zuordnung dieser Anweisungen wird das Ersetzungsprinzip (siehe Abschnitt 2.1.1) verletzt.

Selektion

Die Selektion wird dann verwendet, wenn Teilkomponenten nur in Abhängigkeit einer Bedingung in der Struktur berücksichtigt werden sollen. Graphisch wird eine Selektion wie folgt dargestellt:

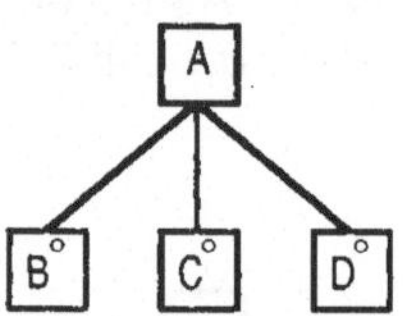

Das Symbol „o" steht dabei für ein exklusives Oder, d.h. nur eine der Teilkomponenten ist jeweils in einer Instanz dieser Struktur vorhanden. Für
die dargestellte Struktur ergibt sich folgende schematische Logik:

```
A   SELECT  Bedingung-1
    do  B;
A   OR  Bedingung-2
    do  C;
A   OR  Bedingung-3
    do  D;
A   END
```

Die Bedingungen werden entweder in Pseudo-Code oder bereits in Pro-
grammiersprachen-Syntax angegeben. Für JSP ist darauf zu achten, daß
alle Bedingungen explizit berücksichtigt werden, d.h. ein sogenannter

„OTHERWISE-Zweig", wie ihn die meisten strukturierten Programmiersprachen anbieten, ist in JSP nicht explizit vorgesehen. Hierdurch wird eine möglichst starke Transparenz des Entwurfs angestrebt.

Selbstverständlich ist es auch möglich, in einer Selektionsstruktur nur eine Teilkomponente anzugeben und diese damit als sogenannte optionale Komponente zu definieren. Die Jackson-Notation bietet außerdem eine spezielle Komponente an, die in Selektionen eingesetzt wird, bei denen für eine bestimmte Bedingung keine Teilkomponente zu berücksichtigen ist:

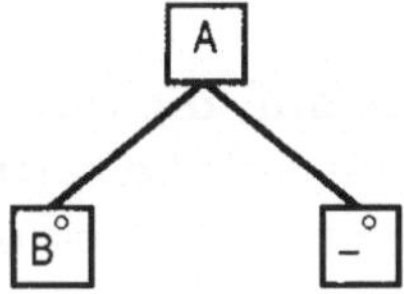

```
A   SELECT Bedingung-1
    do B;
A   SELECT Bedingung-2
    do nothing;
A   END
```

Iteration

Falls eine Teilkomponente in einer Komponente möglicherweise mehrfach auftreten kann, wird dies als Iterationsstruktur dargestellt:

```
A   ITER
    do B;
A   END
```

In der schematischen Logik werden im allgemeinen auch die Bedingungen für die Iteration angegeben. Hierfür sind zwei Formen gebräuchlich:

```
A   ITER UNTIL Bedingung          A   ITER WHILE Bedingung
    do B;                             do B;
A   END                           A   END
```

Es handelt sich dabei jeweils um abweisende Schleifen, die auch das nullmalige Berücksichtigen einer Teilkomponente mit einschließen, d.h. die Iterationsbedingung wird jeweils zu Beginn einer Schleife überprüft. Soll dieser Fall explizit ausgeschlossen werden, könnte dies wie folgt modelliert werden:

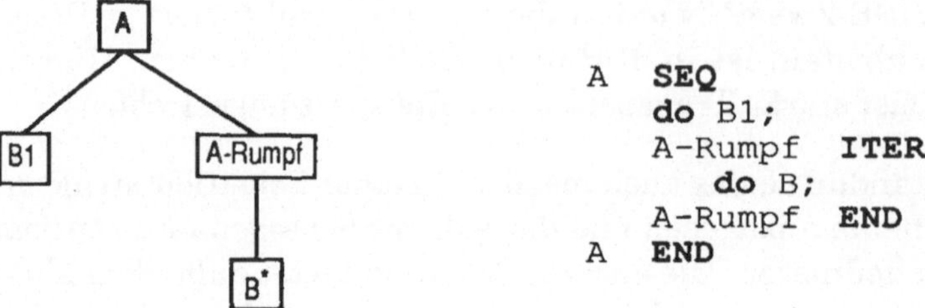

8.1.3 Entwurfsschritte

JSP baut unmittelbar auf der Top-down-Methode auf, die durch die verwendete Diagrammtechnik in geeigneter Weise unterstützt wird. Jackson empfiehlt in [Jac75], beim Top-down-Programmentwurf stets nur Baumstrukturen zu entwickeln, um so die Fehleranfälligkeit und den Aufwand beim Austesten der Programme zu reduzieren. Dies bedeutet, daß eine Komponente jeweils nur Teil einer einzigen übergeordneten Komponente, der Fan-in (vgl. Abschnitt 7.1.2) also nicht größer als Eins sein sollte. Eine Komponente wird dann jeweils nur in einem bestimmten Kontext ausgeführt.

Für allgemein anwendbare Komponenten empfiehlt es sich dagegen, den Fan-in zu maximieren. Der Entwurf dieser Komponenten sollte dann jedoch bottom-up erfolgen.

Die einzelnen Schritte der JSP-Methode, die bereits in Abschnitt 8.1.1 skizziert wurden, werden nun am Beispiel der Erstellung einer Rechnungsausgangsliste demonstriert.

(1)   Entwurf der relevanten Datenstrukturen

Im ersten Schritt werden die zur Lösung des Problems erforderlichen Datenstrukturen in Jackson-Diagrammen abgebildet. Für unser Beispiel sind dies zwei Eingabedateien, die Rechnungsausgangs- und die Kundendatei sowie eine Ausgabedatei, die Rechnungsausgangsliste. Ein solches Problem, für das mehr als eine Eingabedatei relevant ist, die nicht isoliert betrachtet werden können, wird in [Jac75] als *collating* oder *matching problem* bezeichnet.

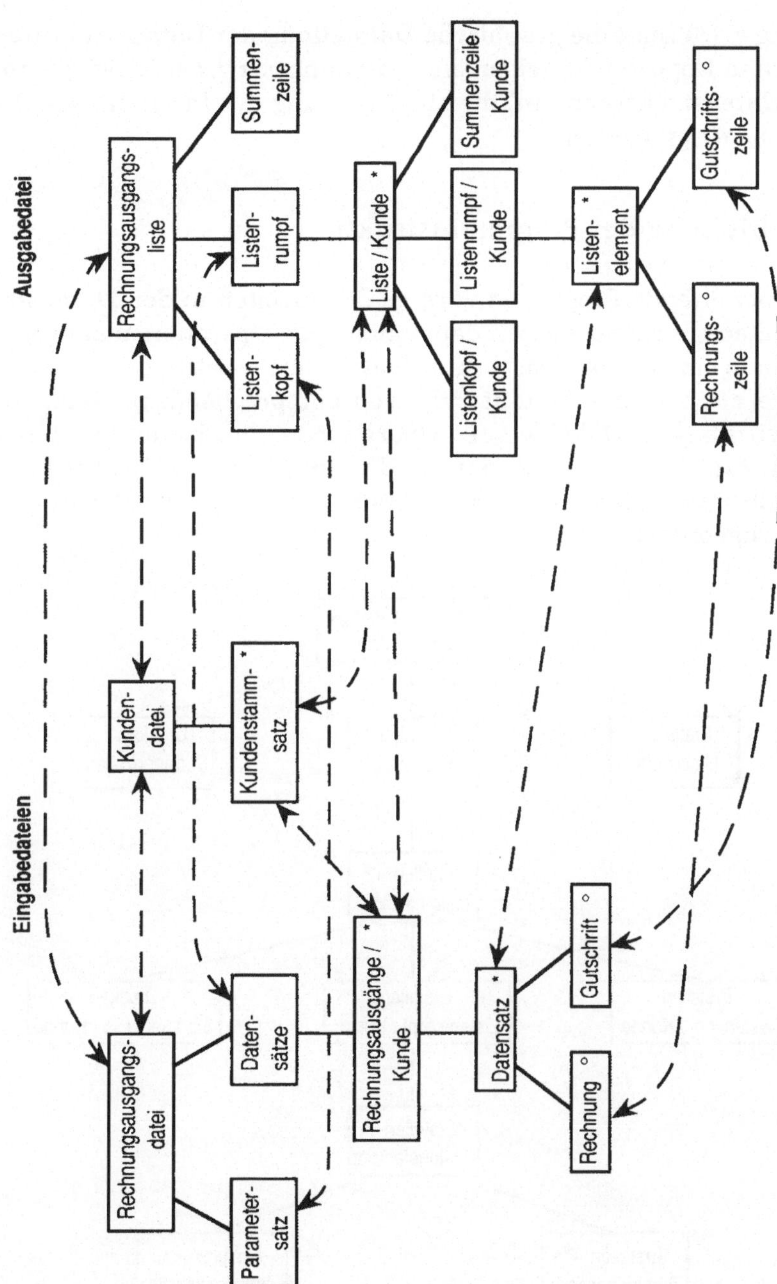

Abb. 8.1/3   Datenstrukturen für das Erstellen der Rechnungsausgangsliste

Abbildung 8.1/3 zeigt die graphische Darstellung der Datenstrukturen. Die gestrichelten Doppelpfeile zeigen die Beziehungen zwischen den Komponenten der Datenstrukturen auf, die zur Ableitung der Programmstruktur in Schritt 2 benötigt werden.

(2)   Ableitung der Programmstruktur

Das zu entwerfende Programm wird zu den meisten in den Datenstrukturen auftretenden Komponenten datenabhängige Operationen aufweisen. Es muß deshalb eine Programmstruktur konstruiert werden, die es ermöglicht, diese Operationen, den Datenstrukturen entsprechend, in Komponenten zusammenzufassen. Dabei werden Operationen, die sich auf Komponenten beziehen, die direkt zueinander in Beziehung gesetzt werden können (dargestellt durch die Pfeile), auch derselben Komponente der Programmstruktur zugeordnet.

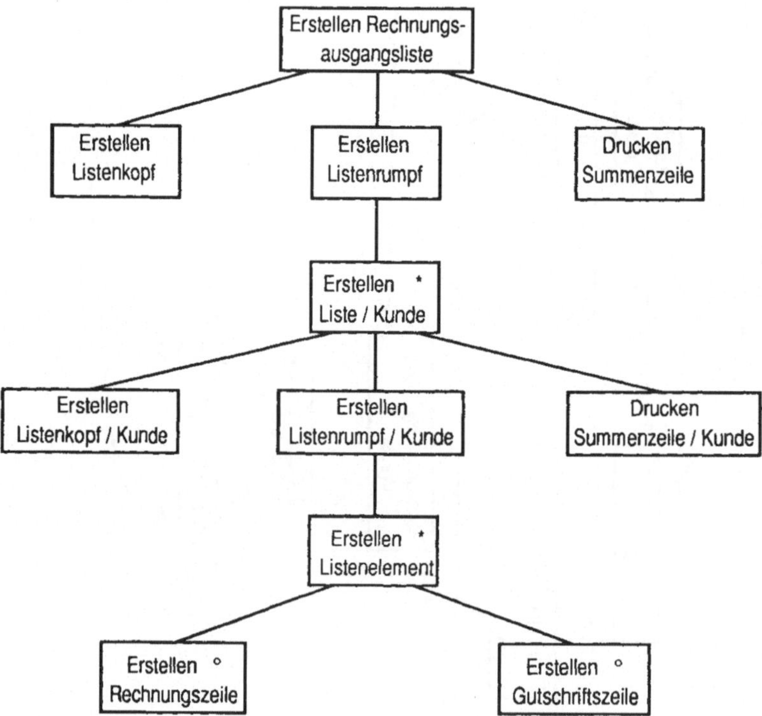

Abb. 8.1/4   Struktur des Programms Erstellen Rechnungsausgangsliste

Abbildung 8.1/4 zeigt die sich aus den in Abb. 8.1/3 dargestellten Datenstrukturen ergebende Programmstruktur. In diesem Beispiel werden etwa Operationen, die sich auf die Datenstruktur-Komponenten Rechnungsausgänge/Kunde, Kundenstammsatz und Liste/Kunde beziehen, in der Programmstruktur-Komponente Erstellen Liste/Kunde zusammengefaßt. Dagegen enthält z.B. die Komponente Erstellen Listenrumpf nur Operationen zur Teilkomponente Datensätze der Rechnungsausgangsdatei.

(3)   Zuordnung ausführbarer Operationen

Den Komponenten der Programmstruktur werden in Schritt 3 ausführbare Operationen zugeordnet. Es handelt sich dabei zum einen um Lese- und Schreiboperationen, die sich problemlos zuordnen lassen, da die Programmstruktur ja unmittelbar aus den Datenstrukturen abgeleitet wurde. Zum anderen werden jedoch auch Operationen benötigt, die sich lediglich aus den zur Problemlösung erforderlichen Tätigkeiten ableiten lassen. Um solche Operationen zuordnen zu können, muß die Programmstruktur im allgemeinen um zusätzliche Komponenten erweitert werden.

Für unser Beispiel könnte sich das Programm in schematischer Logik auszugsweise wie folgt ergeben, falls für die elementaren ausführbaren Operationen eine Pascal-ähnliche Syntax zugrunde gelegt wird:

```
Erstellen Rechnungsausgangsliste SEQ

    reset(Rechnungsausgangsdatei); (* Öffnen der
                                   Dateien *)
    reset(Kundendatei);
    rewrite(Rechnungsausgangsliste);
    Gesamtsumme := 0; (* Initialisieren Gesamtsumme *)

    Erstellen Listenkopf SEQ
       ...
    Erstellen Listenkopf END;

    read(Rechnungsausgangsdatei); (*  Lesen ersten
                                   Datensatz *)

    Erstellen Listenrumpf ITER UNTIL
                          eof(Rechnungsausgangsdatei)
       do Erstellen Liste/Kunde
    Erstellen Listenrumpf END;

    Drucken Summenzeile SEQ
       ...
    Drucken Summenzeile END;
```

```
close(Rechnungsausgangsdatei); (* Schließen der
                                   Dateien *)
close(Kundendatei);
close(Rechnungsausgangsliste)

Erstellen Rechnungsausgangsliste END;
```

Aus dieser schematischen Logik ist sofort ersichtlich, daß das erwähnte
Ersetzungsprinzip für Dekompositionsdiagramme nicht gilt: die Funktionalität der Komponente Erstellen Rechnungsausgangsliste z.B.
umfaßt nicht nur die Funktionalität ihrer drei Teilkomponenten, sondern
auch das Öffnen und Schließen der Dateien. Die Komponente Erstellen
Liste/Kunde ist in der schematischen Logik durch einen entsprechenden
Aufruf berücksichtigt. Die Komponente selbst könnte wie folgt angegeben
werden:

```
Erstellen Liste/Kunde SEQ

    aktueller Kunde := Rechnungsausgangsdatei^.Kd#;
    seek(Kundendatei, Kd#); (* Lesen Kundenstammsatz *)
    read(Kundendatei);
    Summe/Kunde := 0;(*Initialisieren Summe pro Kunde*)

    Erstellen Listenkopf/Kunde SEQ
        ...
    Erstellen Listenkopf/Kunde END;

    Erstellen Listenrumpf/Kunde ITER WHILE
            not eof(Rechnungsausgangsdatei) AND
            Rechnungausgangsdatei^.Kd# = aktueller Kunde

      Erstellen Listenelement SELECT
            Rechnungsausgangsdatei^.Satzart = 'RE'

      Erstellen Rechnungszeile SEQ
            Aufbereiten Listenelement(...);
            write(Rechnungsausgangsliste)
            Summe/Kunde := Summe/Kunde +
                    Rechnungsausgangsdatei^.Betrag;
            read(Rechnungsausgangsdatei)
      Erstellen Rechnungszeile END

      Erstellen Listenelement OR
            Rechnungsausgangsdatei^.Satzart = 'GU'

      Erstellen Gutschriftszeile SEQ
            Aufbereiten Listenelement(...);
            write(Rechnungsausgangsliste)
            Summe/Kunde := Summe/Kunde -
                    Rechnungsausgangsdatei^.Betrag;
            read(Rechnungsausgangsdatei)
```

```
    Erstellen Gutschriftszeile END
  Erstellen Listenelement END
Erstellen Listenrumpf/Kunde END;
Drucken Summenzeile/Kunde SEQ
  ...
Drucken Summenzeile/Kunde END;
  Gesamtsumme := Gesamtsumme + Summe/Kunde
Erstellen Liste/Kunde END;
```

In diesem Beispiel ist zu sehen, wie rein datenabhängige Operationen wie etwa read(Rechnungsausgangsdatei) und eher funktionsabhängige Operationen wie das Initialisieren oder Aufaddieren der Rechnungsbeträge in der schematischen Logik nebeneinander verwendet werden.

Die Komponente Erstellen Liste/Kunde weist eine recht übersichtliche Struktur auf, wie sie ja in der Entwurfsphase wünschenswert ist. Sie bietet jedoch auch Ansatzpunkte zur Optimierung durch Veränderung der Programmstruktur: die Selektion Erstellen Listenelement könnte etwa durch folgende Struktur ersetzt werden:

```
Erstellen Listenrumpf/Kunde ITER WHILE
      not eof(Rechnungsausgangsdatei) OR
      Rechnungsausgangsdatei^.Kd # = aktueller Kunde
  Erstellen Listenelement SEQ

    Aufbereiten Listenelement(...);
    write(Rechnungsausgangsliste);

    RE/GU SELECT Rechnungsausgangsdatei^.Satzart='RE'
      Summe/Kunde = Summe/Kunde +
                    Rechnungsausgangsdatei^.Betrag

    RE/GU OR Rechnungsausgangsdatei^.Satzart = 'GU'
      Summe/Kunde = Summe/Kunde -
                    Rechnungsausgangsdatei^.Betrag
    RE/GU END;

    read(Rechnungsausgangsdatei)
  Erstellen Listenelement END
Erstellen Listenrumpf/Kunde END;
```

Diese neue Struktur ist von ihrer Darstellung her zwar etwas kürzer und wird auch eine – wenn auch geringfügige – Effizienzsteigerung nach sich ziehen, sie ist aus Gründen der Klarheit des Entwurfs jedoch abzulehnen.

Es empfiehlt sich, Optimierungen, wenn überhaupt, erst möglichst spät durchzuführen.

8.1.4 Strukturkonflikte

Die Möglichkeit, unmittelbar Beziehungen zwischen Komponenten der Datenstrukturen herzustellen, ist grundlegend für die Jackson-strukturierte Programmierung, da nur so eine adäquate Programmstruktur entwickelt werden kann. Häufig wird jedoch der Fall auftreten, daß diese Zuordnung nicht möglich ist, also Konflikte (*structure clashes*) zwischen den verschiedenen Datenstrukturen vorliegen. JSP bietet zwei Techniken zur Behandlung von Strukturkonflikten an, die im folgenden erläutert werden: die Verwendung von Zwischendateien und die Programm-Inversion.

Als Beispiel dient ein Programm zum Ausdrucken von Strings variabler Länge: Die Strings seien in einer sequentiellen Datei abgelegt, wobei jeder String durch zwei $-Zeichen begrenzt ist. In einem Datensatz können mehrere Strings enthalten sein; ein String kann sich jedoch auch über mehrere Datensätze erstrecken. Die Eingabedatei sieht dann etwa wie folgt aus:

Die in Konflikt stehenden Ein- und Ausgabedatenstrukturen sind in Abb. 8.1/5 dargestellt. Beziehungen lassen sich nur zwischen Textdatei und Text sowie über die Komponente String-Zeichen erkennen.

Verwendung von Zwischendateien

Eine einfache Lösung des Strukturkonflikts liegt in der Verwendung zweier Programme, die über eine Zwischendatei verknüpft werden. Programm 1 liest die Eingabedatei und erzeugt daraus eine Zwischendatei, die in unse-

rem Beispiel Datensätze beinhaltet, die jeweils aus genau einem Zeichen
bestehen.

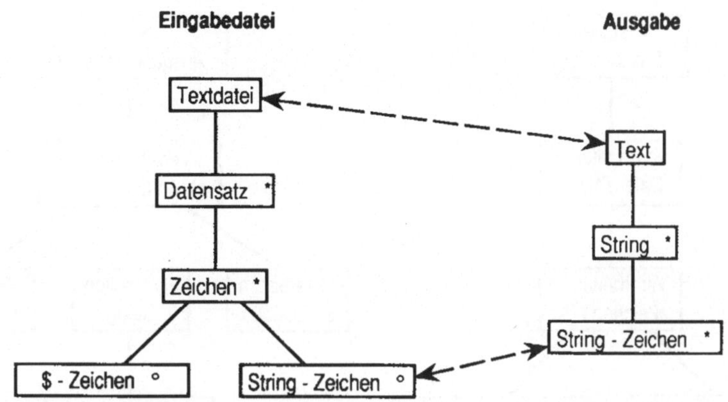

Abb. 8.1/5   Strukturkonflikt

Die Struktur der Zwischendatei als Ausgabedatenstruktur von Programm 1
zeigt Abb. 8.1/6 a.

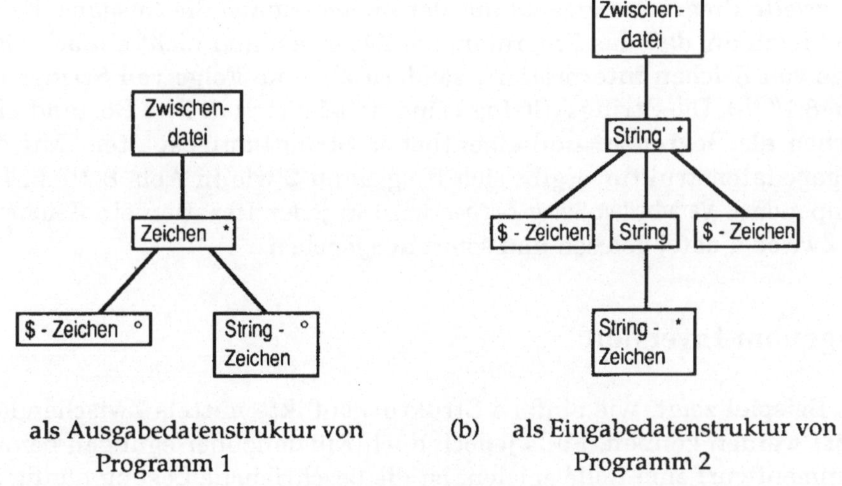

(a)   als Ausgabedatenstruktur von   (b)   als Eingabedatenstruktur von
        Programm 1   Programm 2

Abb. 8.1/6   Struktur der Zwischendatei zur Lösung des Strukturkonflikts

Dementsprechend läßt sich die Struktur dieses Programms wie in Abb. 8.1/7 angeben.

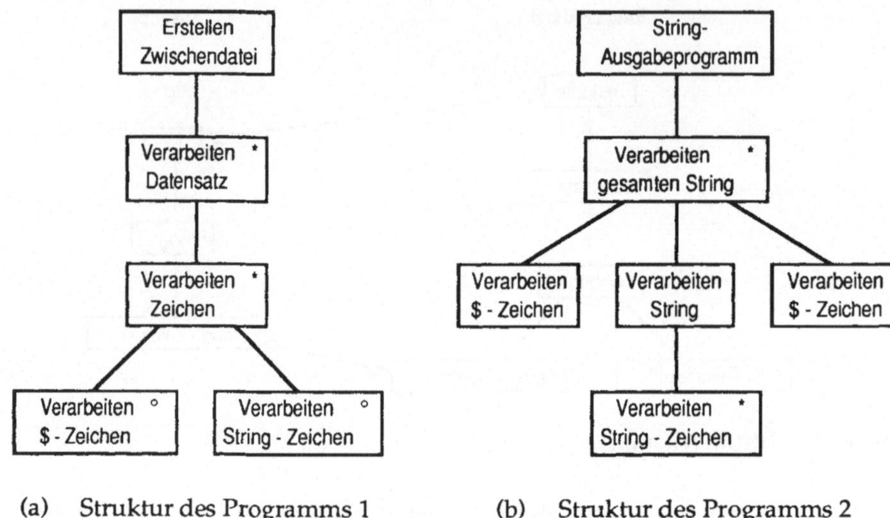

(a)   Struktur des Programms 1   (b)   Struktur des Programms 2

Abb. 8.1/7   Struktur der Programme zur Lösung des Strukturkonflikts

Das zweite Programm erzeugt aus der Zwischendatei die Ausgabe. Es bietet sich hierzu an, daß das Programm die Zwischendatei nicht einfach als eine Folge von Zeichen interpretiert, sondern als eine Folge von Strings (siehe Abb. 8.1/6 b). Die Strings (String') sind dabei gleich in ihre Bestandteile ($-Zeichen als Begrenzer und eigentlicher String) aufgespalten. Mit dieser Eingabedatenstruktur ergibt sich Programm 2 wie in Abb. 8.1/7 b. In der Komponente Verarbeiten String-Zeichen wird in jeder Iteration ein Zeichen aus der Zwischendatei gelesen und sofort ausgegeben.

Programm-Inversion

Das Beispiel zeigt, wie einfach Strukturkonflikte mittels Zwischendateien gelöst werden können. Falls jedoch auch Effizienzüberlegungen beim Programmentwurf eine Rolle spielen, ist die beschriebene Lösung häufig abzulehnen.

Betrachten wir nochmals unser Beispiel: Programm 1 liest die Eingabedatei sequentiell und erzeugt daraus die Zwischendatei, die vom Programm 2 wiederum sequentiell abgearbeitet wird. Falls nun eine Möglichkeit zur parallelen Ausführung der beiden Programme gegeben wäre, könnte, bei einem geeigneten Synchronisationsverfahren, die Zwischendatei auch durch einen Puffer ersetzt werden, der jeweils einen String aufzunehmen hätte. Programm 1 würde dann mit dem Beschreiben des Puffers jeweils solange warten, bis der Puffer durch Programm 2 geleert wurde. Entsprechend müßte Programm 2 warten, bis der Puffer durch Programm 1 gefüllt wurde.

Dieser Effekt kann jedoch auch ohne Pufferung und Multiprogramming durch direkte Verknüpfung der Programme[1] gelöst werden. Eine solche Technik ist die Programm-Inversion: eines der Programme wird bzgl. der Zwischendatei invertiert und dann vom anderen Programm direkt aufgerufen.

Programm 1 könnte etwa so kodiert werden, daß es im Programm 2 als Ersatz einer sonst notwendigen Prozedur zum Lesen eines Strings der Zwischendatei aufgerufen werden kann. Die Prozedur zur Ausgabe auf die Zwischendatei in Programm 1 wird dann durch eine RETURN-Anweisung ersetzt. Die Implementation der Funktion des ersten Programms hat sich durch seine Invertierung keineswegs grundlegend verändert. Lediglich seine Funktion hat sich in gewisser Weise umgekehrt, in unserem Beispiel etwa vom Erstellen der Zwischendatei in die Bereitstellung eines Strings.

Als Alternative hierzu könnte auch Programm 2 invertiert werden, um in Programm 1 anstelle der Prozedur zum Beschreiben der Zwischendatei aufgerufen zu werden.

Auf den ersten Blick erscheint die Programm-Inversion als eine überzeugende Lösung. Sie wird jedoch dann problematisch, wenn im zu invertierenden Programm Lese- bzw. Schreiboperationen auf die Zwischendatei an logisch verschiedenen Punkten im Programmablauf benutzt werden, d.h. beim Aufrufen des invertierten Programms müßte es gegebenenfalls möglich sein, an verschiedenen Stellen des Programms aufzusetzen. Dies ist

---

1   Unter einem Programm ist hier ganz allgemein ein Programmodul zu verstehen, und das kann natürlich auch lediglich ein Unterprogramm oder eine Prozedur sein.

jedoch prinzipiell nur bei Koroutinen[1] möglich. Da Koroutinen in den gängigen Programmiersprachen nicht zur Verfügung stehen, muß sich der Entwickler in solchen Fällen mit GOTO-Anweisungen behelfen, um zu den gewünschten Stellen im invertierten Programm zu verzweigen. Diese Implementationstechnik steht natürlich in Widerspruch zu den Zielen der strukturierten Programmierung, die ja durch JSP gerade erreicht werden sollten.

Weiterführende Literatur

[Jac75], [Jac83], [Kil91]

8.2 Programmentwurf nach Warnier und Orr

In diesem Abschnitt wollen wir mit der Warnier/Orr-Methode (WOM) eine weitere datenorientierte Programmentwurfsmethode vorstellen. Obgleich WOM einige Ähnlichkeiten zur Jackson-strukturierten Programmierung aufweist, lassen sich doch auch einige interessante Unterschiede herausarbeiten, die die Berücksichtigung von WOM in diesem Buch sinnvoll erscheinen lassen.

8.2.1 Entwurfsidee

Wie bei JSP wird auch bei WOM die Bedeutung der Datenstrukturen für die Programmstruktur betont. Im Unterschied zu JSP, wo die Programmstruktur auf der Grundlage aller Ein- und Ausgabedatenstrukturen entworfen wird, sind bei WOM allein die Ausgabedatenstrukturen Ausgangspunkt des Entwurfsprozesses. Zunächst wird in einer Top-down-Vorgehensweise eine vollständige hierarchische Struktur der Programmausgaben erstellt. Aus dieser Struktur werden dann die notwendigen Eingabedatenstrukturen und die Programmstruktur abgeleitet. Dieses Vorgehen kann deshalb auch

---

1   Koroutinen unterscheiden sich von Prozeduren dadurch, daß ihre Abarbeitung jederzeit unterbrochen werden kann und die Kontrolle an andere Programmeinheiten abgegeben wird. Bei Rückgabe der Kontrolle an die Koroutine wird mit ihrer Abarbeitung am letzten Unterbrechungspunkt fortgefahren.

als *ausgabeorientierter Entwurf* bezeichnet werden: aus der Programmausgabe folgt die Datenstruktur und diese wiederum bestimmt die Programmstruktur.

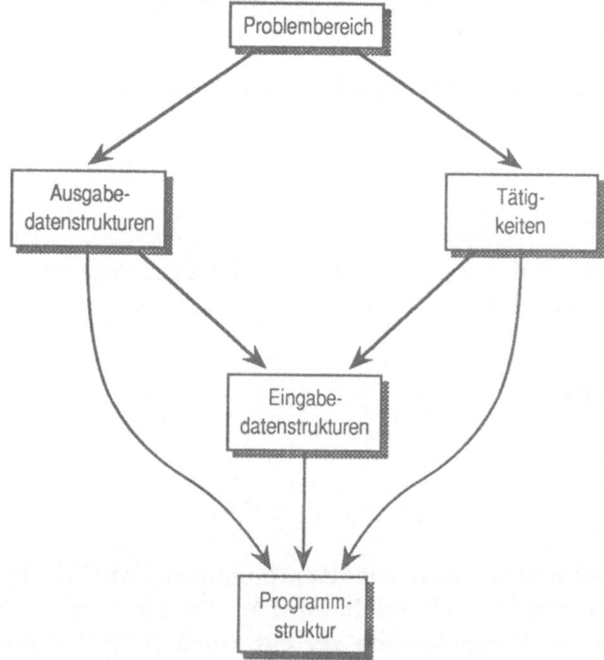

Abb. 8.2/1 Programmentwurf nach Warnier und Orr

Abbildung 8.2/1 zeigt vereinfacht die Vorgehensweise beim Entwurf nach Warnier und Orr. Die einzelnen Entwurfsschritte werden detaillierter in Abschnitt 8.2.3 behandelt.

8.2.2 Warnier/Orr-Diagramme

Für die Beschreibung von Daten- und Programmstrukturen werden im Rahmen von WOM Klammerdiagramme verwendet, eine spezielle Ausprägung von Dekompositionsdiagrammen. Gegenüber herkömmlichen Dekompositionsdiagrammen weisen sie einige Erweiterungen auf, im wesentlichen eine Notation zur Beschreibung von Kontrollstrukturen.

Sequenz

Mit einer Klammer werden Komponenten zusammengefaßt, die hierarchisch auf derselben Ebene angesiedelt sind. Bei einer vertikalen Anordnung der Komponenten in einer Klammer ist eine Reihenfolge von oben nach unten fest vorgegeben.

Eine Sequenz wird graphisch wie folgt dargestellt:

$$
A \left\{ \begin{array}{l} B \\ C \\ D \end{array} \right.
$$

Handelt es sich bei der Sequenz um eine Programmstruktur, werden die Teilkomponenten üblicherweise durch die Schlüsselworte BEGIN und END eingeschlossen, also etwa:

$$
A \left\{ \begin{array}{l} \textbf{BEGIN} \\ B \\ C \\ D \\ \textbf{END} \end{array} \right.
$$

Dabei ist zu beachten, daß die Komponenten BEGIN und END wie „normale" Komponenten behandelt werden, d.h. sie können gegebenenfalls auch weiter in Teilkomponenten zerlegt werden. Üblicherweise sind in einer BEGIN-Komponente Anweisungen wie die Initialisierung von Variablen oder das Öffnen von Dateien zusammengefaßt, während die END-Komponente Anweisungen für das Schließen von Dateien o.ä. enthält.

Selektion

Optionale Komponenten, also Komponenten, die nur in Abhängigkeit einer bestimmten Bedingung vorhanden sind, werden mit einer Beschriftung (0,1) versehen. Falls die Bedingung in der Fußnote angegeben ist, wird der Komponente eine am vorausgehenden Fragezeichen erkennbare Referenz zugeordnet.

Die Selektion zwischen mehreren Alternativen wird durch das Symbol „$\oplus$" für das exklusive Oder bzw. „+" für das inklusive Oder angegeben. Graphisch kann eine Selektion dann z.B. wie folgt dargestellt werden:

$$
A \left\{
\begin{array}{l}
B \\
(0,1) \quad ?1 \\
\oplus \\
C \\
(0,1) \quad ?2 \\
\oplus \\
D \\
(0,1) \quad ?3
\end{array}
\right.
$$

```
?1 Falls B-Bedingung erfüllt
?2 Falls C-Bedingung erfüllt
?3 Falls D-Bedingung erfüllt
```

Häufig wird im Zusammenhang mit der Selektion zwischen zwei Alternativen auch ein sogenannter Negations-Operator „¯" verwendet:

$$
A \left\{
\begin{array}{l}
B \\
(0,1) \\
\oplus \\
\overline{B} \\
(0,1)
\end{array}
\right.
$$

Iteration

Zur Beschreibung einer Iteration bietet die Warnier/Orr-Notation drei Möglichkeiten, die alle im folgenden Diagramm verwendet werden:

$$
A \left\{
\begin{array}{l}
B \\
(n) \\
C \\
(1,n) \\
D \\
(0,n)
\end{array}
\right.
$$

Die Teilkomponente B wird genau n-mal wiederholt, wobei n wahlweise eine Variable oder ein konstanter Wert sein kann. Die Angabe $(1,n)$ beschreibt eine nicht-abweisende Schleife, also eine REPEAT-UNTIL-Struktur. C wird ein- bis n-mal wiederholt. Eine abweisende Schleife wird mit $(0,n)$ angegeben. Sie entspricht einer DO-WHILE-Struktur.

Wird die Iteration für Datenstrukturen verwendet, können die Angaben in Klammern entsprechend den aus der Datenmodellierung bekannten Kardinalitäten (Min-Max-Notation; vgl. Abschnitt 4.3) interpretiert werden.

Wie bereits aus diesen abstrakten Beispielen erkennbar, weisen Warnier/Orr-Diagramme eine größere Ausdrucksmächtigkeit auf, als die in Abschnitt 8.1 behandelten Jackson-Diagramme. Dort ist ein Teil der Strukturinformation erst aus der schematischen Logik ersichtlich.

8.2.3 Entwurfsschritte

Das Entwurfsprozedere nach Warnier/Orr läßt sich in fünf Schritte zerlegen:

(1)   Entwurf der Ausgabedatenstruktur

(2)   Entwurf der Eingabedatenstruktur

(3)   Ereignisanalyse

(4)   Physischer Datenentwurf

(5)   Programmentwurf

Die methodischen Schritte werden nun anhand des bereits in Abschnitt 8.1 verwendeten Beispiels erläutert.

(1)   Entwurf der Ausgabedatenstruktur

Der Entwurf der Ausgabedatenstruktur erfolgt üblicherweise ausgehend von einer informalen Beschreibung des Problembereichs. Der Designer geht dabei im allgemeinen top-down vor. Die relevanten Ausgabe-Datenelemente werden hierarchisch angeordnet und die Strukturen mit Klammerdiagrammen exakt beschrieben. Der Designer verwendet dabei die gezeigten Strukturierungsmöglichkeiten: die Sequenz zur Verknüpfung logisch zusammenhängender Datenelemente, die Iteration, falls Datenelemente als Komponenten eines hierarchisch übergeordneten Elements möglicherweise mehrfach auftreten können, und die Selektion für alternative Teilkomponenten. Abbildung 8.2/2 zeigt die Struktur der Rechnungsausgangsliste, der Ausgabe des exemplarisch zu entwerfenden Programms. Die Struktur könnte selbstverständlich auch noch weiter detailliert werden.

Interessant ist, wie in diesem Beispiel die beiden Iterationen definiert sind: Der Listenrumpf besteht aus einer bestimmten Anzahl (K) von Teilkomponenten des Typs Liste/Kunde. K steht dabei für die Anzahl der Kunden des Unternehmens. Da es auch Kunden geben kann, die im betrachteten Zeitraum

weder eine Rechnung noch eine Gutschrift erhalten haben, muß für die
Komponente Listenelement auch die nullmalige Iteration berücksichtigt werden.

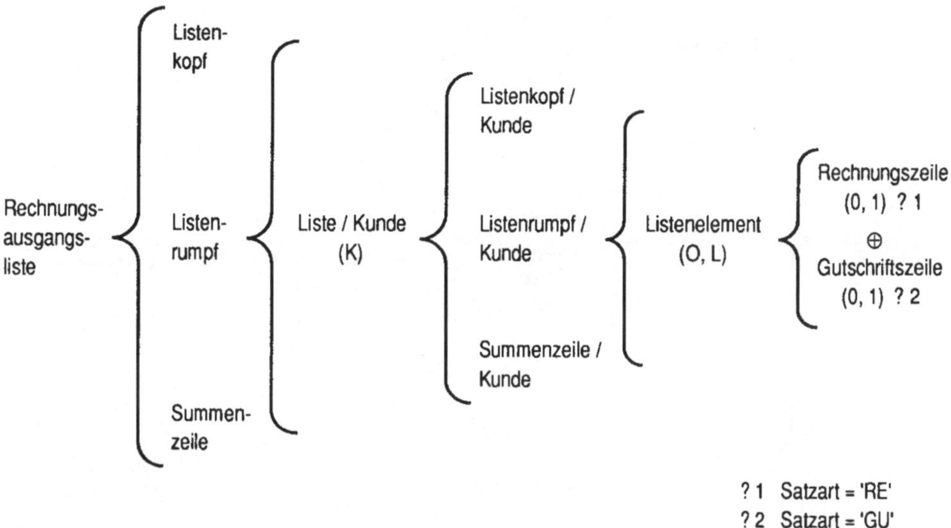

Abb. 8.2/2   Struktur der Rechnungsausgangsliste

(2)   Entwurf der Eingabedatenstruktur

Ausgehend von der Ausgabedatenstruktur und einer Grobbeschreibung der
im betrachteten Problembereich relevanten Tätigkeiten wird in Schritt 2
die Eingabedatenstruktur entworfen. Aus der Ausgabedatenstruktur werden alle Konstanten und zu berechnenden Datenelemente entfernt, da diese
ja erst während der Programmausführung entstehen und folglich nicht in
der Eingabedatenstruktur enthalten sein müssen.

In unserer Rechnungsausgangsliste werden keine Konstanten verwendet. Bei
den Summenzeilen handelt es sich jedoch um Daten, die erst während der
Programmausführung ermittelt werden, weshalb diese Komponenten nicht
in der Eingabedatenstruktur zu berücksichtigen sind.

Abbildung 8.2/3 zeigt die zur Rechnungsausgangsliste entworfene Eingabedatenstruktur. Um diese Struktur mit der in Abb. 8.1/4 dargestellten Struktur

vergleichbar zu machen, wurden die Komponentenbezeichnungen entsprechend geändert. Die Eingabedatenstruktur enthält hier neben den eigentlichen Rechnungsausgangsdaten auch die Kundenstammdaten.

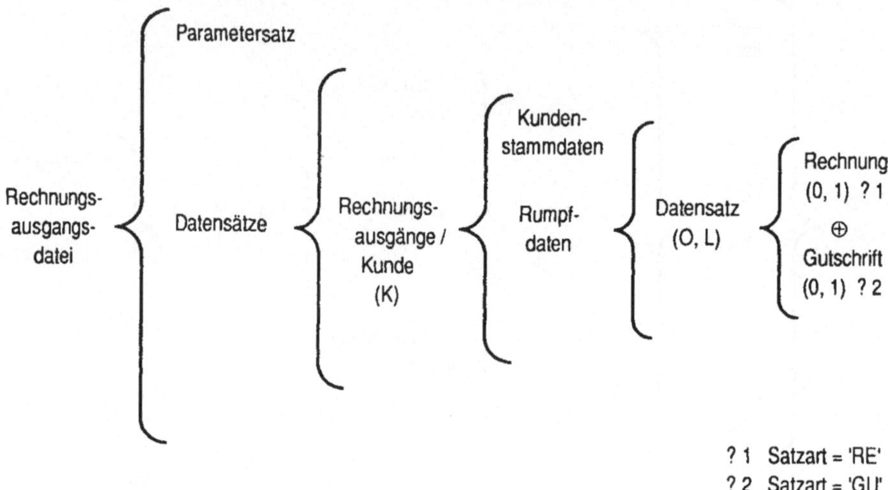

Abb. 8.2/3   Struktur der Rechnungsausgangsdatei

Beim Entwurf von Eingabedatenstrukturen muß im allgemeinen ein weiterer Gesichtspunkt beachtet werden: *versteckte Hierarchien*. Eine versteckte Hierarchie kann dann auftreten, wenn die Ausgabedatenstruktur unvollständig ist. In unserem Beispiel könnte es sich bei der Programmausgabe etwa nur um eine Liste von Rechnungen und Gutschriften für inländische Kunden handeln, obgleich das Unternehmen auch ausländische Kunden hat. In einer Rechnungsausgangsdatei müßten diese natürlich berücksichtigt sein, weshalb dort auch eine zusätzliche Hierarchieebene eingefügt werden müßte, wie sie etwa in Abb. 8.2/4 dargestellt ist.

Die entworfene Eingabedatenstruktur wird außerdem auf *Redundanzen* überprüft. Häufig wird der Fall auftreten, daß ein Datenelement in der Ausgabe mehrfach auftritt. In den Eingabedaten sollten diese Redundanzen natürlich vermieden werden. WOM sieht deshalb vor, daß in der Eingabedatenstruktur alle Redundanzen durch Streichen von Komponenten beseitigt werden, so daß schließlich jedes Datenelement höchstens einmal in der Struktur vorkommt.

Rechnungsausgänge / alle Kunden (GK) {

- Rechnungsausgänge / Kunde (K) { ...
- Rechnungsausgänge / ausländischer Kunde (AK) { ...

Abb. 8.2/4   Teilstruktur zur Berücksichtigung ausländischer Kunden

(3)   Ereignisanalyse

Im dritten Schritt werden die für den Problembereich relevanten externen Ereignisse bestimmt, die zu Änderungen von Datenelementen führen. Hierzu werden alle weiter zerlegten Komponenten der Datenstrukturen als Entities und die elementaren Komponenten als Attribute interpretiert. Die Ereignisanalyse wird für alle Entities durchgeführt. Es wird geprüft, welche Attribute sich ändern können und welche Ereignisse diese Änderungen hervorrufen. Häufig werden bei der Ereignisanalyse Fehler und Unvollständigkeiten in den Datenstrukturen aufgedeckt, die dann entsprechend beseitigt werden müssen. Hauptziel dieses Schritts ist jedoch die Festlegung der logischen Abläufe für die notwendigen Aktualisierungsoperationen.

Bei unserem Beispiel handelt es sich um ein reines Listenerstellungsprogramm, weshalb wir hierfür auf eine Ereignisanalyse verzichten können.

(4)   Physischer Datenentwurf

In Schritt 4 werden die physischen Eingabedateien entworfen. Ausgangsbasis ist die (logische) Eingabedatenstruktur, die für unser Beispiel in Abb. 8.2/3 angegeben ist. Es wird geprüft, ob alle Komponenten üblicherweise gemeinsam referenziert werden, was auch eine Zusammenfassung in einem Datensatz bzw. einer Datei nahelegen würde.

In unserem Beispiel ist dies nicht der Fall: die Datensätze, die sich auf Rechnungen und Gutschriften beziehen, werden für die Erstellung jeder

Detailzeile der Rechnungsausgangsliste benötigt, während die Kundenstammdaten jeweils nur am Anfang einer Gruppe von Rechnungen und Gutschriften für einen bestimmten Kunden benötigt werden. Die Kundenstammdaten werden deshalb in einer separaten Datei abgelegt. Auch der Parametersatz wird nicht für jede Detailzeile, sondern nur zur Erstellung des Listenkopfs benötigt. Für ihn wird jedoch keine neue Datei benötigt; er wird unter einer speziellen Satzart am Anfang der Rechnungsausgangsdatei abgespeichert.

Aufgrund solcher Überlegungen ergibt sich dann schrittweise die für das Programm benötigte physische Datenstruktur.

(5)   Programmentwurf

Im abschließenden Schritt wird die Programmstruktur entworfen. Sie entspricht weitgehend der Struktur der Ausgabedaten. Zusätzlich werden auf jeder Hierarchieebene die Komponenten einer Klammer in BEGIN- und END-Komponenten eingeschlossen, in denen die Initialisierungs- bzw. Abschlußanweisungen zusammengefaßt werden.

In diese Grobstruktur werden nun Verarbeitungsdetails übernommen. Der Entwickler geht dabei üblicherweise top-down vor. Innerhalb einer Klammer, d.h. auf einer Hierarchieebene, arbeitet er in umgekehrter Richtung des Programmablaufs, also im Diagramm von unten nach oben.

Abbildung 8.2/5 zeigt die Struktur des Beispielprogramms. Im Unterschied zum üblichen Vorgehen in WOM wurden die Komponentennamen aus der Ausgabedatenstruktur abgeändert, um die Struktur mit der nach Jackson entworfenen Struktur (siehe Abb. 8.1/4) vergleichbar zu machen. In die Klammern mußten jetzt noch die Anweisungen übernommen werden, die bei JSP in der schematischen Logik berücksichtigt sind (vgl. Abschnitt 8.1.3). Das Ergebnis dieses Entwurfsschrittes wird bei WOM als *logische Programmstruktur* bezeichnet.

Im letzten Teilschritt wird die logische Programmstruktur um Steueranweisungen und Dateiverwaltungs-Routinen ergänzt. Das Ergebnis ist der *physische Programmentwurf.* Im allgemeinen sind diese Anweisungen individuell auf die für die Implementation vorgesehene Programmiersprache zugeschnitten. Die Steueranweisungen werden deshalb auch nicht im Diagramm selbst, sondern über Fußnoten berücksichtigt.

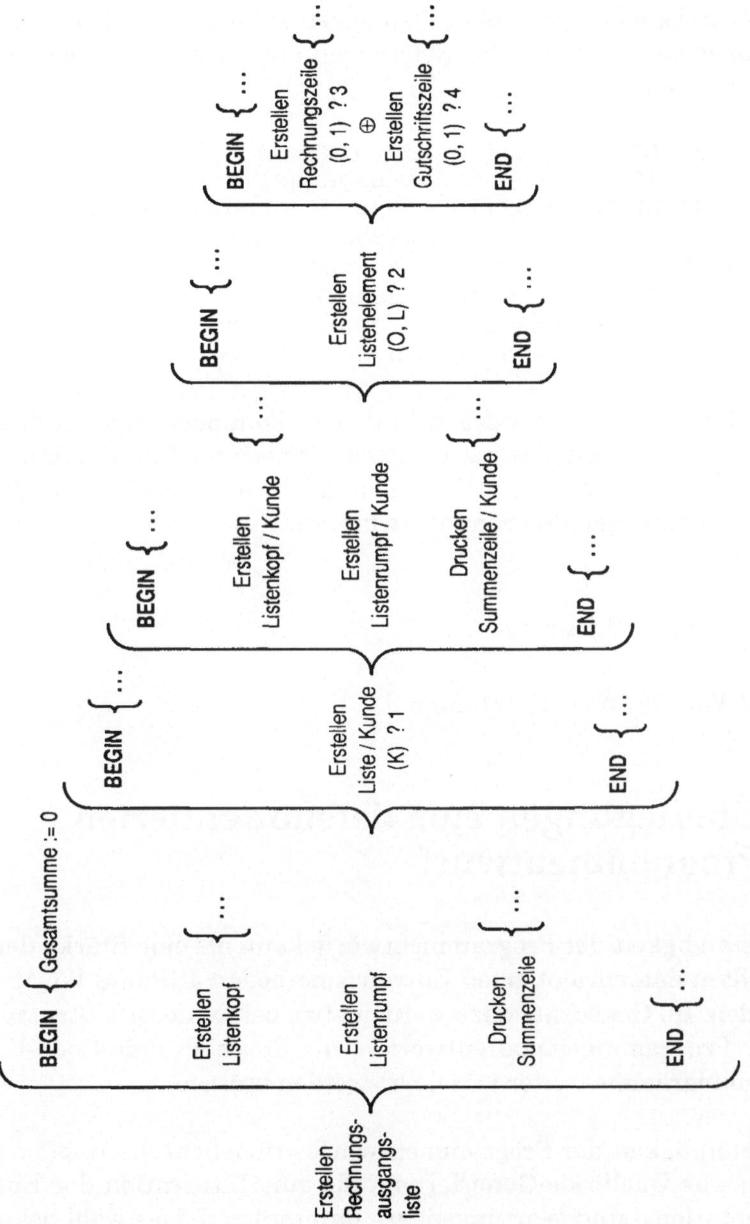

Abb. 8.2/5 Logische Struktur des Programms zur Erstellung einer Rechnungsausgangsliste

Für unser Beispielprogramm müßten folgende Steueranweisungen als Fußnoten angegeben werden (die Referenzen sind bereits im Diagramm der
Abb. 8.2/5 eingetragen):

```
?1 REPEAT Erstellen Liste/Kunde
   UNTIL EOF(Rechnungsausgangsliste)
?2 WHILE NOT EOF(Rechnungsausgangsdatei) AND
        Rechnungsausgangsdatei^.Kd# = aktueller Kunde
?3 IF Rechnungsausgangsdatei^.Satzart = 'RE'
   THEN Erstellen Rechnungszeile
?4 IF Rechnungsausgangsdatei^.Satzart = 'GU'
   THEN Erstellen Gutschriftszeile
```

Für die Dateiverwaltung werden in den Teilkomponenten BEGIN und END
der Komponente Erstellen Rechnungsausgangsliste noch die Dateieröffnungs-Rou-
tinen bzw. die Routinen zum Schließen der Dateien berücksichtigt. Damit
liegt ein vollständiger Programmentwurf vor.

Weiterführende Literatur

[Orr77], [War76], [War81], [MaM85b]

8.3   Überlegungen zum datenorientierten Programmentwurf

Die Vollständigkeit der Programmentwürfe kann als eine Stärke der beiden
vorgestellten datenorientierten Entwurfsmethoden JSP und WOM angesehen werden. Im Gegensatz dazu werden etwa bei Composite/Structured Design nur Programmgerippe entworfen, die durch Pseudo-Code-Elemente
oder Struktogramme weiter verfeinert werden müssen.

Die Vollständigkeit der Programmentwürfe ermöglicht die Implementation
von Tools zur Quellcode-Generierung, die eine Integration der Entwurfs-,
Implementations- und Wartungsphase unterstützen. Das wohl bekannteste
Tool für JSP, das JSP-Tool, stellt z.B. Code-Generatoren für C, Cobol, Pascal,
RPG, PL/1 und andere Sprachen zur Verfügung. Brackets ist ein Tool, das die

Warnier/Orr-Notation für Entwurf, Codierung und Wartung von Cobol-Programmen unterstützt.

In den zur Verfügung stehenden graphischen Entwurfssprachen, die zur einheitlichen Beschreibung von Programm- und Datenstrukturen verwendet werden können, ist wohl der größte Vorteil der datenorientierten Entwurfsmethoden zu sehen. Es gibt deshalb eine ganze Reihe von Tools, die sich zwar dieser Sprachen, aber nicht der Methoden bedienen (siehe hierzu Abschnitt 2.1.3). Dies zeigt sich auch bei der überwiegenden Zahl der Anwender von JSP oder WOM. Nachfolgend noch einige Bemerkungen zum datenorientierten Programmentwurf.

Batch-Orientierung

Sowohl JSP als auch WOM lag zunächst der Gedanke der Stapelverarbeitung zugrunde: Bei der Programmausführung werden eine oder mehrere Dateien vollständig gelesen oder erzeugt. Außerdem wird die Ablauflogik weitgehend durch die relevanten Datenstrukturen festgelegt. Die Methoden lassen sich auf solche Batch-Probleme zumeist recht gut anwenden.

Im Zusammenhang mit der Entwicklung von Dialogsystemen ist diese Vorstellung natürlich keineswegs problemadäquat. Bei JSP spricht man deshalb heute von der Verarbeitung *serieller Datenströme*. Darunter versteht man eine Menge von Daten mit eindeutiger logischer (zeitlicher) Reihenfolge der Datenelemente (vgl. [Kil91]). Dabei ist es dann etwa auch möglich, daß Elemente eines Eingabe-Datenstroms erst während der Verarbeitung erzeugt werden.

Programmunabhängige Datenstrukturen

Ein Ziel des datenorientierten Entwurfs ist die programmunabhängige Strukturierung der Datenbestände (vgl. Abschnitt 1.3.2). Bei der Anwendung der beiden vorgestellten Methoden besteht jedoch die Gefahr, gerade dieses Ziel zu verletzen.

Bei JSP etwa müssen die verschiedenen Datenstrukturen eine exakte Zuordnung von Komponenten ermöglichen. Ist dies nicht der Fall, werden zumeist Zwischendateien – also programmabhängige Datenstrukturen – eingeführt, um die Methode anwenden zu können. Bei WOM wird die Eingabedatenstruktur gar aus der Ausgabedatenstruktur abgeleitet. Stimmt diese nicht mit den im Unternehmen vorhandenen Datenstrukturen überein, wird die Entwicklung von Transformationsprogrammen vorgeschlagen, die im schlechtesten Fall sogar noch komplexer als das zu entwerfende Programm sein können.

9 Objektorientierter Entwurf

Mit den Methoden und Sprachen für den Programmentwurf, wie sie in den beiden vorangegangenen und dem folgenden Kapitel vorgestellt werden, stehen Hilfsmittel zur Modellierung eines Ausschnitts der realen Welt zur Verfügung. Diese Hilfsmittel und damit auch die mit ihnen entworfenen Modelle sind durch unterschiedliche Sichtweisen auf den Ausschnitt der realen Welt gekennzeichnet. Funktionsorientierte Ansätze gehen von einer den Ausschnitt bestimmenden Hauptfunktion aus, die schrittweise verfeinert wird. Den Funktionen dieser Menge werden erst in einem zweiten Schritt die notwendigen Daten zugeordnet. Dies bedeutet, daß die Struktur der Daten sich aus der Strukturierung der Funktionen ergibt. Die in Kapitel 8 vorgestellten datenorientierten Ansätze stellen die Struktur der Daten in den Vordergrund. Die Sichtweise auf den betrachteten Weltausschnitt bleibt jedoch auch hier an den Funktionen orientiert. In einem ersten Schritt sind die Datenstrukturen der Ein- und Ausgaben der zur Lösung eines Problems erforderlichen Tätigkeiten zu bestimmen. Mit beiden Ansätzen wird eine hierarchische Programmstruktur entwickelt.

Objektorientierte Ansätze bieten eine grundsätzlich andere Sichtweise an, die dann auch zu im allgemeinen nicht-hierarchischen Programmstrukturen führt. Hier stehen, wie bei den Ansätzen des vorhergehenden Kapitels, die Daten im Vordergrund. Die Daten werden aber jetzt nicht aus der Sicht von Ein- oder Ausgaben für Funktionen betrachtet, sondern als abgeschlossene Einheiten, für die gewisse Mengen von Diensten oder Operationen definiert werden.

9.1 Vorüberlegungen und Begriffe

Als Ausgangspunkt für die Entwicklung der Konzepte, die unter dem Begriff *Objektorientierung* zusammengefaßt werden, wird im allgemeinen der Entwurf der Programmiersprache Simula [BDM73] in den sechziger Jahren angegeben. Einen weiteren wesentlichen Schub erhielten objektorientierte Ansätze durch die Entwicklung des Smalltalk-Systems [GoR83], das sowohl eine Programmiersprache als auch eine komplette Programmierumgebung (eigentlich ein eigenständiges Betriebssystem) zur Verfügung stellt. In der Sprache Smalltalk sind eine Reihe von Konzepten verwirklicht, die als wesentlich für eine objektorientierte Programmiersprache erachtet werden. Damit ist schon angedeutet, daß „die" objektorientierte Programmiersprache nicht existiert. Bislang konnte noch keine Einigung darüber erzielt werden, was eine objektorientierte Programmiersprache mindestens leisten muß, um als solche bezeichnet werden zu können.

Die Problematik der Anwendung des Begriffs Objektorientierung beschränkt sich jedoch nicht nur auf Programmiersprachen. Im Bereich der Datenbanktechnik wird eine ähnliche Diskussion geführt (siehe dazu z.B. [ABD89]). Ein wesentlicher Grund für diese Diskussion dürfte darin liegen, daß Objektorientierung weniger die Bezeichnung eines formal fundierten theoretischen Gebäudes ist, als vielmehr ein Schlagwort mit einer großen Interpretationsbreite. Seit Ende der achtziger Jahre gibt es erste Versuche, eine Vereinheitlichung für die Verwendung des Begriffs Objektorientierung zu erreichen. Da diese Diskussion erst begonnen hat und ein mögliches Ergebnis noch nicht abzusehen ist, werden wir im folgenden zunächst einige Begriffe und Konzepte kurz vorstellen. Dabei werden wir uns an den Begriffen und Konzepten orientieren, wie sie für objektorientierte Programmiersprachen verwendet werden.

9.1.1 Objekt

Der zentrale Begriff dieses Kapitels ist das *Objekt*. Unter einem Objekt soll eine abgeschlossene Einheit verstanden werden, die intern lokale Daten besitzt. Diese Daten charakterisieren den Zustand des Objekts. Auf diese Daten können nur lokal für diese Einheit definierte Operationen angewandt werden. Die Ausführung dieser Operationen wird durch Ansprechen der Schnittstelle des Objekts ausgelöst. Die Schnittstelle ist die einzige Möglichkeit, mit dem Objekt in Kontakt zu treten. Das bedeutet, daß der interne Aufbau eines Objekts von seiner Umgebung nicht erkennbar ist. Diese Eigenschaft entspricht dem Prinzip des *Information hiding*, das aus der strukturierten Programmierung her bekannt ist.[1]

---

[1] Zur Einführung des Begriffs *Information hiding* durch D. Parnas siehe [Par72].

Um ein Objekt über seine Schnittstelle anzusprechen, muß es innerhalb des Systems identifizierbar sein. Das heißt, es muß für jedes Objekt ein eindeutiger Bezeichner existieren. Dieses Prinzip ist aus den imperativen Programmiersprachen bekannt, wo es über Variablennamen oder physikalische Speicheradressen realisiert wird.

Das Ansprechen von Objekten geschieht über den Austausch von Botschaften oder Nachrichten (message). Zunächst wird eine Objektklasse aufgefordert, ein neues Objekt zu erzeugen. An dieses Objekt können dann Botschaften gesandt werden. Als Reaktion auf diese Botschaften wendet das Objekt die ihm zugeordneten Operationen auf seine Datenstrukturen an. Dabei kann es wiederum selbst Botschaften an andere Objekte versenden. Auf diese Weise besteht der Ablauf eines objektorientierten Programms aus dem Austausch von Botschaften und den entsprechenden Reaktionen auf diese.

Die Verwendung von Objekten in der beschriebenen Form setzt zunächst eine entsprechende Definition von Objekten voraus. Als wesentliches Konzept zur Definition von Objekten steht die *Klassenbildung* zur Verfügung. Die Menge aller in einem System auftretenden Objekte wird in Klassen gleichartiger Objekte zusammengefaßt. Die Objekte einer Klasse besitzen die gleiche Struktur der Daten und die gleiche Menge an Operationen auf den Daten. Die konkreten Mechanismen, die das Konzept der Objektklassen unterstützen, unterscheiden sich in den verschiedenen objektorientierten Programmiersprachen.

Objekte hatten wir als abgeschlossene Einheiten charakterisiert, deren interner Aufbau nicht von außen zu erkennen ist. Um solche Objekte in einem System verwenden zu können, muß zum Zeitpunkt der Definition von Objektklassen die Schnittstelle der konkreten Objekte festgelegt werden. Ein Konzept zur vollständigen, präzisen und eindeutigen Beschreibung der Schnittstellen sind *abstrakte Datentypen*[1].

Die Spezifikation eines abstrakten Datentyps beschreibt eine Klasse von Datenstrukturen. Es wird dabei aber nicht angegeben, wie diese Datenstrukturen implementiert werden. Vielmehr werden alle auf diesen Datenstrukturen verfügbaren Operationen aufgeführt und die formalen Eigenschaften dieser Operationen beschrieben.

---

[1]   B. Liskov und S. Zilles führten den Begriff in [LiZ74] ein.

Abb. 9.1/1   Objektklasse mit möglichen Ausprägungen

Abbildung 9.1/1 zeigt eine Menge von konkreten Objekten vom Typ Auftrag.
Die Definition der Klasse[1] Auftrag zeigt, welche Daten den Zustand eines
Auftrags beschreiben und welche Operationen auf diesen Daten erlaubt
sind. Es wird nicht gezeigt, wie Daten oder Operationen implementiert
werden. Der Benutzer der Klasse weiß z.B. nicht, ob A# vom Typ INTEGER,

---

[1]   Die Form der Klassenbeschreibung erfolgt hier informal, ohne Bezug auf eine Notation
objektorientierter Programmiersprachen.

CARDINAL, STRING etc. ist. Er braucht diese Information auch nicht, da er nur über die definierten Operationen der Klasse auf A# zugreifen kann.

9.1.2 Vererbung

Im vorangegangenen Abschnitt haben wir gesehen, daß Klassen von Objekten als abgeschlossene Einheiten von Datenstrukturen und Operationen definiert werden. In den meisten zu realisierenden Anwendungen, die einen Ausschnitt der Realwelt abbilden, werden sich in unterschiedlichen Objektklassen gleiche oder ähnliche Eigenschaften erkennen lassen. In Abb. 9.1/1 ist die Beschreibung einer möglichen Objektklasse Auftrag angegeben. Die Beschreibung einer Objektklasse Rechnung wird sich in der Datenstruktur nur gering von der der Objektklasse Auftrag unterscheiden. Ebenso dürften die Operationen Auftrag anzeigen und Rechnung anzeigen weitgehend übereinstimmen. Die gemeinsame Verwendung von Eigenschaften bestimmter Datenstrukturen und Operationen wird durch das Konzept *Vererbung*[1] (inheritance) ermöglicht. Mit der Vererbung von Eigenschaften können Objektklassen als Erweiterungen und Spezialisierungen bereits vorhandener Objektklassen definiert werden.

Als Beispiel für den Einsatz der Vererbung betrachten wir zunächst wieder die Objektklasse Auftrag aus der Abb. 9.1/1. Wird nun noch eine Klasse Auslandsauftrag benötigt, die sich etwa durch die zusätzliche Angabe des Bestimmungslandes oder Informationen für die Zollabwicklung von der Klasse Auftrag unterscheidet, so wird diese neue Klasse als Nachfolger (Subklasse) der Elternklasse (Superklasse) Auftrag definiert. Bei der Definition der Klasse Auslandsauftrag müssen die Elternklasse angegeben und die abweichenden Datenstrukturen und Operationen vereinbart werden. Damit erhalten wir eine neue Objektklasse, die sich, bis auf die definierten Unterschiede, wie die ursprüngliche Klasse verhält.

Die Möglichkeit, Eigenschaften nicht nur von einer, sondern von mehreren bestehenden Objektklassen für die Definition einer neuen Klasse zu benutzen, wird mit *Mehrfachvererbung* (multiple inheritance),bezeichnet.

---

[1] Vergleiche dazu auch die Ausführungen zu Vererbungskonzepten bei der Datenmodellierung in Abschnitt 4.2.2.

Zur Unterstützung des hier skizzierten Konzepts der Vererbung werden eine Reihe von Techniken eingesetzt. Die wichtigsten dieser Techniken sollen hier kurz skizziert werden.

Overloading

Die Technik des *Overloading* (Mehrdeutigkeit, Überladen) wird unter anderem von den nicht objektorientierten Programmiersprachen Algol 68 und Ada unterstützt. Damit wird die Möglichkeit bezeichnet, einem Namen mehrere Bedeutungen zuzuordnen. Ein Beispiel für Overloading ist der Operator „+". Das Zeichen „+" (als verkürzte Form eines Namens) kann für das arithmetische Plus stehen, das die Summe zweier ganzer Zahlen liefert, es kann aber auch für die Verknüpfung zweier Zeichenketten zu einer verwendet werden. Der Aufruf eines mehrdeutigen Namens bedeutet immer die Zuordnung einer konkreten Implementation in Abhängigkeit vom Typ der betroffenen Operanden.

Generische Einheiten

Generische Einheiten (genericity, generic modules), wie sie etwa durch *Packages* (Pakete) in Ada realisiert werden können, erlauben die Verwendung von Typ-Parametern. Diese Einheiten sind selbst nicht direkt verwendbar bzw. ausführbar. Sie stellen vielmehr Muster oder Schablonen dar, aus denen durch Angabe von Typen Instanzen ausführbarer Programmeinheiten entstehen.

In unserem Beispielunternehmen sollen Listen für Rechnungen und Listen für Aufträge angelegt werden. In einer typfreien Programmiersprache würde dazu etwa eine Routine

```
Element in Liste einfügen (Element)
```

definiert. Der Typ des Parameters Element wäre nicht festgelegt, d.h. es könnten Listen aufgebaut werden, die sowohl Rechnungen als auch Aufträge beinhalteten. In einer Programmiersprache mit strenger Typbindung, wie z.B. Pascal, müßten je eine Routine

```
Rechnung in Liste einfügen (Element: Rechnung) und
Auftrag in Liste einfügen (Element: Auftrag)
```

definiert werden. Generische Einheiten bieten nun einen Mittelweg zwischen diesen beiden Extremen. Es genügt, eine generische Einheit

```
    Element in Liste einfügen (Element: T)
```

zu definieren. Dadurch wird sichergestellt, daß nur Elemente des Typs T in den jeweiligen Listen vorkommen. Was dieser Typ ist, kann später festgelegt werden. Dazu wird eine ausführbare Einheit instanziiert, z.B. in der Form:

```
        Rechnung in Liste einfügen
    ist neues
        Element in Liste einfügen (Element ⇒ Rechnung).
```

Polymorphismus (Vielgestaltigkeit)

Mit *Polymorphismus* wird die Fähigkeit bezeichnet, daß Programmeinheiten (z.B. Variablen) sich während der Ausführung des Programms auf Instanzen verschiedener Klassen beziehen können. Polymorphen Variablen können nacheinander Objekte unterschiedlicher Objektklassen zugewiesen werden. Mit dieser Technik läßt sich die Flexibilität des Vererbungskonzeptes sehr weitgehend ausnutzen. Durch die so gewonnene Freiheit lassen sich jedoch Fehler bei Zuweisungen nur schwer überwachen. Daher wird diese Technik von Programmiersprachen wie z.B. Eiffel in ihrer Verwendung teilweise eingeschränkt.

Überschreiben

Neue Objektklassen werden über die Vererbung aus schon bestehenden aufgebaut. Wenn diese neuen Klassen nicht nur Erweiterungen der übergeordneten Klassen sein sollen, können ursprüngliche Eigenschaften durch *Überschreiben* (overriding, redefinition) geändert werden. Diese geänderten Eigenschaften sind jedoch nur für die neuen Klassen und deren Subklassen – bis sie eventuell wieder überschrieben werden – gültig. Mit dieser Technik wird die ursprüngliche Struktur eines Programms nicht zerstört. Es werden nur speziellere Eigenschaften neuer Klassen eingeführt.

Zur Realisierung eines objektorientierten Systems – eines Programmiersystems, eines Datenbanksystems – werden in der Literatur noch weitere Techniken als notwendig erachtet. Mit den hier kurz skizzierten Konzepten und Techniken sollte nur ein Rahmen für die Beschreibung objektorientierter Ansätze des Programmentwurfs angeboten werden.

Weiterführende Literatur

[Boo91], [CoY90], [MeS88], [Mey88], [WEK90]

9.2   Programmentwurf mit Eiffel

Außer den Erweiterungen schon vor längerer Zeit eingeführter Programmiersprachen existieren nur wenige neu konzipierte, reine objektorientierte Programmiersprachen. Zu den bekanntesten Vertretern der erweiterten Sprachen zählen Objective-C [Cox86] und C++ [Str86] auf der Basis von C bzw. LOOPS [BoS82] und FLAVORS [Moo86] auf der Basis von LISP. Auch Simula [BDM73], das den Ausgangspunkt der Entwicklung auf dem Gebiet der Objektorientierung markiert, ist im wesentlichen eine Erweiterung von Algol60. Reine objektorientierte Programmiersprachen, die über ein experimentelles Stadium hinaus zu kommerziellen Produkten entwickelt wurden, sind Smalltalk [GoR83] und Eiffel [Mey88]. Beide Sprachen sind jeweils in Umgebungen integriert, die in ihrer Funktionalität weit über die *Editor-Compiler-Linker*-Umgebungen üblicher Programmiersprachen hinausgehen. Die Smalltalk-Umgebung (zur Beschreibung der Umgebung siehe [Gol85]) deckt eine Vielzahl von Aspekten ab, die bis dahin üblicherweise der Hardware und dem Betriebssystem zugeordnet wurden. Die so realisierten Funktionen stehen auch zum größten Teil für die Programmentwicklung zur Verfügung. Smalltalk-Anwendungen sind daher im wesentlichen Erweiterungen und Modifikationen der vorgegebenen Umgebung.

Unter dem Namen Eiffel wird eine Sprache angeboten, mit der die im ersten Abschnitt dieses Kapitels angeführten Konzepte der Objektorientierung realisiert werden. Hauptziel bei der Entwicklung der Sprache war ihre Verwendbarkeit auch für den *Programmentwurf*. Eiffel ist ebenfalls die Bezeichnung für eine *Entwicklungsumgebung*, die den Einsatz der Sprache unterstützt. Im Gegensatz zu Smalltalk übernimmt Eiffel jedoch keine Betriebssystem-Aufgaben, sondern stellt eine Umgebung integrierter Werkzeuge bereit.

9.2.1 Objektorientierte Systeme

Meyer arbeitet in [Mey88] vor allem den Unterschied zwischen der Architektur objektorientierter und funktional strukturierter Systeme heraus. Im Mittelpunkt der Überlegungen stehen dabei die Fragen „Wie lassen sich Systemkomponenten wiederverwenden?" (reusability; siehe Abschnitt 10.2) und „Wie lassen sich bestehende Anwendungen (oder Teile) erweitern oder ändern?" (extendibility). Funktional strukturierte Systeme sind durch die Betrachtung des Systems als eine große Hauptfunktion, die aus einer Hierarchie von Teilfunktionen aufgebaut ist, charakterisiert. Durch diese Sicht auf ein System sind die einzelnen Komponenten durch frühzeitig getroffene Architekturentscheidungen und ihre Einbindung in eine Verfeinerungshierarchie relativ starr und auf spezielle Anforderungen ausgerichtet.

Auch die durch die Beiträge von z.B. Yourdon und Constantine (siehe Abschnitt 7.1) entwickelten Techniken zur Verbesserung der Modularität von Systemen ändern nach Meyer nichts an der nur eingeschränkten Erweiterbarkeit und Wiederverwendung so entwickelter Module.

Der objektorientierte Ansatz bietet dagegen eine Sicht auf Systeme, bei der der Begriff des *Hauptprogramms* nicht vorkommt. Es gibt hier keinen Strukturierungsmechanismus auf einer höheren Ebene als den durch die Objektklasse gegebenen. Statt das System um ein Hauptprogramm herum aufzubauen, entwickelt man wiederverwendbare Komponenten – Objektklassen –, die zum eigentlichen System montiert werden.

9.2.2 Bestimmung der Objektklassen

Meyer charakterisiert den objektorientierten Entwurf mit dem Motto "Ask not first what the system does: Ask WHAT it does it to!" Dieses WAS, das das System dazu befähigt, die gewünschten Anforderungen zu erfüllen, sind die Objekte. Zunächst müssen also die relevanten Objekte bestimmt und beschrieben werden. Für diesen ersten Schritt gibt keine der zur Zeit vorliegenden objektorientierten Entwurfsmethoden unmittelbar umsetzbare Handlungsanweisungen vor. Für die Suche nach Klassen von Objekten mit gleichartigem Verhalten werden nur einige knappe Hinweise gegeben, die versuchen, die Erfahrung bei der Anwendung der Entwurfsmethode weiterzugeben.

Zunächst wird empfohlen, relevante externe Objekte zu bestimmen. Dabei lassen sich Klassen definieren, die das Verhalten von Objekten der abstrakten oder konkreten Realität – wovon das Programm ein Modell ist – beschreiben. Beispiele solcher Objekte können sein: Sensoren, Geräte, Angestellte, Bücher, Autoren usw. Damit erhält man im allgemeinen die bestimmenden Klassen des Systems direkt aus ihren externen Entsprechungen. Dies bezeichnet Meyer als eine Schlüsselidee des objektorientierten Entwurfs: Software-Konstruktion wird als *operationale Modellierung* verstanden und die Objektklassen der modellierten Welt werden als Grundlage für die Klassen des Software-Systems verwendet.

Für den Entwurf sollten nicht nur die externen Objektklassen betrachtet werden. Eine „gute" objektorientierte Entwicklungsumgebung muß auch eine Auswahl vordefinierter Klassen anbieten, die ein weites Abstraktionsspektrum abdecken. Eiffel bietet Bibliotheken mit Objektklassen wie z.B. Listen, Bäume, Keller, Files, Strings etc. an.

Nach mehrmaligem Einsatz der Methode wird eine wachsende Anzahl von Objektklassen vorliegen, die auch für neue Aufgaben wiederverwendet werden können. Um solche wiederverwendbaren Klassen zu erhalten, ist es jedoch im allgemeinen notwendig, die ja zunächst für eine spezielle Aufgabe entworfenen Klassen zu überarbeiten. Trotz dieser notwendigen Zusatzarbeit wird in der längerfristigen Betrachtung der Entwurf von Programmen so weniger aufwendig, als wenn jedesmal wieder alle Objektklassen neu zu definieren wären.

9.2.3 Beschreibung der Objektklassen

Auch bei der Beschreibung der Objekte steht wieder die Idee der Klasse im Vordergrund. Nicht individuelle Objekte einer realen oder abstrakten Welt sind zu beschreiben, sondern Klassen von Datenstrukturen und deren Verhalten. Eiffel stellt zur Beschreibung von Objektklassen Konzepte zur Verfügung, die denen abstrakter Datentypen entsprechen. Eine Klasse beschreibt eine *Implementation eines abstrakten Datentyps*. Klassen werden durch *Features* charakterisiert. Features umfassen Attribute und Routinen. Ein Attribut ist eine Komponente einer Klasse, die einem Feld in den Ausprägungen der Klasse entspricht. Routinen fassen zwei Arten von Operationen zusammen, die auf Ausprägungen von Objektklassen angewandt werden können: Prozeduren und Funktionen.

Als Beispiel ist im folgenden eine Objektklasse KONTO beschrieben:

```
class KONTO export
    öffnen, einzahlen, darf_abheben, abheben,
    kontostand, inhaber
feature
    kontostand: INTEGER;
    mindestkontostand: INTEGER is 1000;
    inhaber: STRING;

    öffnen (wer: STRING) is
        do
            inhaber := wer
        end;

    addieren (betrag: INTEGER) is
        do
            kontostand := kontostand + betrag
        end;

    einzahlen (betrag: INTEGER) is
        do
            addieren (betrag)
        end;

    abheben (betrag: INTEGER) is
        do
            addieren (- betrag)
        end;

    darf_abheben (betrag: INTEGER): BOOLEAN is
        do
            Result := (kontostand >= betrag +
                                mindestkontostand)
        end;

end
```

Die Beschreibung der Klasse KONTO besteht aus zwei Teilen. Im **export**-Teil wird aufgelistet, welche Elemente des **feature**-Teils nach außen zur Verfügung gestellt werden. Im Beispiel sind die Prozedur addieren und das Attribut mindestkontostand außerhalb der Definition der Klasse nicht verfügbar. Routinen unterscheiden sich von Attributen im **feature**-Teil durch die Verwendung der Schlüsselwörter **is...do...end**. Das Attribut mindestkontostand ist ein Konstanten-Attribut, erkennbar am Schlüsselwort **is**. Die ersten vier Routinen definieren Prozeduren, die letzte – darf_abheben – definiert eine Funktion, die einen Boolean-Wert liefert. Der Funktionswert wird über die vordefinierte Variable Result übergeben.

Um Objekte einer so definierten Klasse verwenden zu können, muß zunächst ein Entity als vom Typ der Klasse deklariert werden:

```
kon1: KONTO
```

Dieses Entity kann zur Ausführungszeit des Programms auf ein Objekt verweisen. Dieses Objekt muß eine Ausprägung der Klasse KONTO sein. Objekte werden durch folgende Instruktion erzeugt:

```
kon1.Create
```

Create ist ein vordefiniertes Feature zur Erzeugung neuer Objekte. Durch dieses Feature wird auch ein definierter Anfangszustand für das neue Objekt gewährleistet, indem den Komponenten des Objekts Anfangswerte zugewiesen werden (z.B. Attributen vom Typ INTEGER der Wert „0"). Nachdem nun kon1 auf ein konkretes Objekt verweist, können die für die Klasse definierten und exportierten Features – Attribute und Routinen – verwendet werden:

```
kon1.öffnen ('Meyer');
kon1.einzahlen (15250);
if kon1.darf_abheben (8000) then
    kon1.abheben (8000)
end;
print (kon1.kontostand);
```

Um Objektklassen wirklich als Implementation abstrakter Datentypen verwenden zu können, müssen nicht nur die verfügbaren Operationen, sondern auch die formalen Eigenschaften dieser Operationen angebbar sein. Eigenschaften, die Objektklassen zu erfüllen haben, können in Eiffel durch *Assertions* ausgedrückt werden. Dies kann auf drei Arten geschehen:

- Für Routinen können Bedingungen angegeben werden, die vor jedem Aufruf der Routine erfüllt sein müssen. Solche Pre-Conditions werden durch das Schlüsselwort *require* gekennzeichnet.

- Post-Conditions geben Bedingungen an, die nach Abarbeitung der Routine erfüllt sein müssen. Sie werden durch das Schlüsselwort *ensure* gekennzeichnet.

- Es können Bedingungen angegeben werden, die Objekte einer Klasse jederzeit erfüllen müssen. Klasseninvarianten schränken die möglichen Zustände der Objekte nach ihrer Erzeugung bzw. Aus-

führung von Routinen ein. Sie werden durch das Schlüsselwort
invariant gekennzeichnet.

Als Beispiel modifizieren wir die Objektklasse KONTO:

```
class KONTO export
...
feature
   kontostand
      ...

   öffnen (wer: STRING) is
      ...

   einzahlen (betrag: INTEGER) is
      require
         betrag >= 0
      do
         addieren (betrag)
      ensure
         kontostand = old kontostand + betrag
      end;
   abheben (betrag: INTEGER) is
      require
         betrag >= 0;
         betrag <= kontostand - mindestkontostand
      do
         addieren (- betrag)
      ensure
         kontostand = old kontostand - betrag
      end;

   darf_abheben
      ...

   Create (anfangsstand: INTEGER) is
      require
         anfangsstand >= mindestkontostand
      do
         kontostand := anfangsstand
      end
invariant
   kontostand >= mindestkontostand

end
```

Für die beiden Routinen einzahlen und abheben sind jeweils Pre- und
Post-Conditions eingeführt worden. Neu hinzugekommen ist eine Routine
Create. Damit werden die Initialisierungen, die die vom System vorge-
gebenen Create-Routine durchführt, erweitert. Mit der Definition der

Klasseninvariante wird sichergestellt, daß das Attribut kontostand zu jedem Zeitpunkt größer oder gleich dem mindestkontostand ist. Die Formulierung von Bedingungen, die Aktionen bzw. Zustände von Objekten betreffen, erfordert auch Mechanismen zur Behandlung von Verstößen gegen diese Bedingungen. Ein Verstoß gegen eine definierte Bedingung führt zu einem *Ausnahmezustand* (exception). Weitere Gründe für einen Ausnahmezustand können aber auch ein fehlgeschlagener Aufruf einer Routine oder der Eintritt von Hardware- oder Betriebssystem-Fehlern sein. Solche Ausnahmesituationen können in Eiffel durch ein spezielles *Exception handling* berücksichtigt werden.

Eine *Rescue-Klausel* ist eine Anweisungssequenz, die nur bei Eintritt einer Ausnahmesituation ausgeführt wird; die Ausführung des Routinerumpfes wird abgebrochen.

```
routine is
   require
      ...
   do
      routinerumpf
   ensure
      ...
   rescue
      rescue-Klausel
   end
```

Eine Rescue-Klausel kann durch eine Anweisung *retry* beendet werden. Damit kann der abgebrochene Routinerumpf, nachdem durch die Rescue-Anweisungen wieder ein zulässiger Zustand hergestellt wurde, noch einmal abgearbeitet werden.

Während der Laufzeit eines Eiffel-Programms können die definierten Bedingungen vom System überwacht werden. Zusammen mit den Möglichkeiten des Exception handling wird sowohl ein Mechanismus zum Debugging als auch ein Mechanismus zur Verringerung der Fehleranfälligkeit bereitgestellt.

Aber auch für den Entwurf bieten diese Konzepte einige sinnvolle Hilfestellungen. Für jede Routine lassen sich jetzt die exakten Anforderungen und für Klassen deren Eigenschaften festlegen. Damit wird ein Ansatz ermöglicht, den Meyer „programming by contract", also vertraglich geregeltes Programmieren nennt. Insbesondere die Definitionen von Pre- und Post-Conditions lassen sich als Vertrag betrachten, der für eine Routine und deren Anwender bindend ist. Der Anwender ist für die Einhaltung der Pre-

Condition, die Routine für die Einhaltung der Post-Condition verantwortlich. Die Angabe von *Assertions* für Objektklassen erlaubt eine implementationsunabhängige Sicht auf diese Klassen. Um eine Klasse verwenden zu können, genügt es, die exportierten Features und die vereinbarten Pre-, Post-Conditions und Invarianten zu kennen. Unterstützt wird dies durch das Eiffel-Tool *short*, das aus der Implementation einer Klasse eine Dokumentation in der beschriebenen Form erzeugt.

9.2.4 Klassenbeziehungen: Wiederverwendung und Erweiterung von Eigenschaften

Im einführenden Abschnitt dieses Kapitels wurde gezeigt, daß ein wesentliches Kennzeichen der Objektorientierung der Aufbau von Beziehungen zwischen Objektklassen ist. Mit den verschiedenen Mechanismen, die das Konzept der Vererbung von Eigenschaften unterstützen, wird die Wiederverwendbarkeit und Erweiterbarkeit bereits definierter Einheiten ermöglicht.

In Eiffel werden die so entstehenden Beziehungen zwischen Objektklassen in zwei Gruppen eingeteilt: *Vererbungsbeziehungen* (inheritance) und *Verwendungsbeziehungen* (client relation).

Verwendungsbeziehungen sind kein exklusives Merkmal objektorientierter Systeme, sondern treten insbesondere auch bei funktional und modular aufgebauten Systemen auf. Im Zusammenhang mit Eiffel wird von Verwendungsbeziehung gesprochen, wenn zur Deklaration eines Entities einer Klasse auf die Definition einer anderen Klasse verwiesen wird. Seien z.B. die beiden Klassendefinitionen gegeben:

```
class PERSON feature
    vorname, nachname: STRING;
    adresse: ANSCHRIFT
end

class AUFTRAG feature
    auftragsnummer: INTEGER;
    auftragsrumpf: RUMPF;
    kunde: PERSON
end
```

In diesem Beispiel ist die Klasse AUFTRAG *Client* (Kunde) des *Suppliers* (Lieferanten) PERSON. Solche Beziehungen können auch zyklisch, insbesondere auch selbstbezüglich (rekursiv), vereinbart werden.

In Abschnitt 9.1.2 wurde die Technik der *generischen Einheiten* als ein Mittel vorgestellt, das die Ziele Wiederverwendbarkeit und Erweiterbarkeit fördert. In Eiffel ist die Verwendung generischer Klassen vorgesehen. Es können so Klassen mit *generischen Parametern*, die Typen repräsentieren, definiert werden. Zum Beispiel ist in der Bibliothek von Eiffel die generische Klasse ARRAY definiert:

```
class ARRAY[T] export
    lower, size, upper, entry, enter
feature
    .
    .
    .
end
```

Diese Klasse beschreibt eindimensionale Arrays für beliebige Elementtypen. Um diese Klasse tatsächlich benutzen zu können, muß für den formalen generischen Parameter T ein aktueller generischer Parameter angegeben werden. Dies kann etwa durch folgende Deklarationen geschehen:

```
intarr: ARRAY [INTEGER];
persarr: ARRAY [PERSON];
```

In [Mey88] zeigt Meyer, daß generische Klassen über das Vererbungskonzept von Eiffel simuliert werden können. In vielen Fällen sind generische Klassen jedoch das geeignetere Ausdrucksmittel, insbesondere da zusammen mit der Typbindung in Eiffel größere Fehlersicherheit schon zum Übersetzungszeitpunkt erreicht wird. Die, gegenüber generischen Klassen, größere Flexibilität und Ausdrucksmächtigkeit bietet die Vererbung von Eigenschaften.

Eiffel ermöglicht *Mehrfachvererbung*, so daß für die Definition einer neuen Klasse auf mehrere schon existierende Klassen zurückgegriffen werden kann. Beispielsweise läßt sich eine Objektklasse Rechnungsablage definieren, die auf die Eigenschaften der bereits definierten Klassen Rechnung und Ablage aufbaut. Zusätzlich zu den Eigenschaften dieser beiden Klassen lassen sich für die neue Klasse spezielle Eigenschaften definieren.

```
class RECHNUNGSABLAGE export
   ...
   inherit
      RECHNUNG;
      ABLAGE
   feature
      ... Hier können jetzt spezifische Eigenschaften
      der Klasse RECHNUNGSABLAGE definiert werden ...
   end
```

Das Vererbungskonzept von Eiffel unterstützt auch die Möglichkeit des *Überschreibens* (overriding, redefinition) geerbter Eigenschaften. Diese Neudefinition einer Eigenschaft unter altem Namen gilt dann für die Klasse, in der die Definition erfolgt, und alle Klassen, die Eigenschaften dieser Klasse erben.

Bei Mehrfachvererbung kann es in einer erbenden Klasse zu Namenskonflikten kommen. Wenn in den in der *Inherit-Klausel* angegebenen Klassen Eigenschaften mit jeweils gleichen Namen definiert sind, müssen diese Namen für die neue Klasse umbenannt werden. Dazu ist innerhalb der Inherit-Klausel die Unterklausel *rename* vorgesehen.

9.2.5 Deferred Classes

Mit dem Vererbungskonzept von Eiffel wird das Überschreiben geerbter Eigenschaften ermöglicht. Insbesondere für den Entwurf größerer Systeme mit einer Vielzahl von Objektklassen und entsprechend komplexer Vererbungsbeziehungen ist ein Mechanismus hilfreich, der diese Neudefinition erzwingen kann. Dieser Mechanismus, der das Vererbungskonzept vor allem für Entwurfszwecke erweitert, wird in Eiffel *Deferred class* genannt. Deferred classes (deferred: verschoben, zurückgestellt) sind Klassen mit mindestens einer nicht vollständig implementierten Routine, einer Deferred routine. Eine als deferred deklarierte Routine ist eine Spezifikation, aber nicht die Implementation der Routine. Eine Deferred routine unterscheidet sich von einer sonst üblichen Routine durch Ersetzung des Rumpfes – dem mit *do* eingeleiteten Teil – durch das Schlüsselwort *deferred*. Alle anderen Teile einer Routine bleiben erhalten.

Insbesondere können Pre- und Post-Conditions zur Spezifikation der Semantik der Routine angegeben werden. Die tatsächliche Implementation erfolgt dann in Objektklassen, die die Eigenschaften der Deferred class durch Angabe in der Inherit-Klausel erben. Dieses Hinausschieben der Implementation, bis sie in einer untergeordneten Klasse erfolgt, erlaubt es, Hierarchien von Objektklassen mit einem abgestuften Abstraktionsniveau aufzubauen.

Im folgenden ist ein Beispiel für eine Deferred class gegeben.

```
deferred class KFZ export
    gebühr_bezahlt, gültige_TÜV_plakette, prüfen, ...

feature
    gebühr_bezahlt (datum: DATE): BOOLEAN is
        ...
        end;

    gültige_TÜV_plakette (datum: DATE): BOOLEAN is
        ...
        end;

    prüfen (datum: DATE) is
        require
            gebühr_bezahlt (datum)
        deferred
        ensure
            gültige_TÜV_plakette (datum)
        end;
end
```

Für die Vergabe von TÜV-Plaketten sind unterschiedliche Prüfverfahren je nach Art des KFZs durchzuführen. Die genaue Vorgehensweise hierfür wird in untergeordneten Klassen, die die Eigenschaften der Klasse KFZ erben, definiert. Untergeordnete Klassen könnten z.B. PKW und LKW sein. Aber auch die Klasse PKW könnte wieder als Deferred class vereinbart werden, die die Unterklassen Diesel-PKW und Otto-PKW erhält.

Eine Deferred class beschreibt so nicht eine einzelne Implementation eines abstrakten Datentyps, sondern mehrere mögliche Implementationen. Für eine Deferred class kann keine Ausprägung erzeugt werden. Die Anwendung der Routine Create ist z.B. auf die Klasse KFZ nicht zulässig. Erst auf untergeordnete Klassen, die keine Deferred routinen mehr enthalten, läßt sie sich anwenden.

9.2.6 Ausführbarer Programmentwurf

Ziel der vorgestellten Methoden und Sprachen für den Programmentwurf war die Beschreibung der relevanten Aspekte eines Systems auf einer Abstraktionsstufe, die von reinen Implementationsüberlegungen absieht. Zwischen Entwurf und Implementation existiert dabei im allgemeinen eine Lücke, die durch einen expliziten Transformationsschritt überwunden werden muß. Objektorientierte Programmiersprachen, und hierbei insbesondere Eiffel mit seinen speziellen Mechanismen, wie die zur Spezifikation von Bedingungen oder Deferred classes, verwischen die strikte Trennung zwischen Implementation und Entwurf. Jetzt ist es möglich, in der Programmiersprache Aspekte auf einem Abstraktionsniveau darzustellen, das bisher speziellen Methoden und Sprachen für den Programmentwurf vorbehalten war. Damit entfällt die Transformation als mögliche Fehlerquelle.

Die für den Entwurf typische Abstraktion von Implementationsaspekten wird, wie oben gezeigt, mit Deferred classes erreicht. Die formale und implementationsunabhängige Spezifikation funktionaler Eigenschaften von Modulen wird nur von wenigen Entwurfssprachen konsequent unterstützt. Die Spezifikation von Pre- und Post-Conditions bzw. Invarianten und die dazugehörigen Möglichkeiten des Exception handlings erweitern die Ausdrucksmächtigkeit des Entwurfs. Gleichzeitig ist dieser Entwurf jederzeit ausführbar (siehe hierzu auch Abschnitt 10.4).

Der Anspruch von Eiffel, sowohl Programmier- als auch Entwurfssprache zu sein, wird durch die von der Umgebung angebotenen Tools unterstrichen. Mit dem Tool *good* (Graphics for Object-Oriented Design) können Systemstrukturen graphisch dokumentiert und auch bearbeitet werden. Dabei werden Objektklassen als Kreise mit ihrem Namen als Beschriftung dargestellt. Vererbungsbeziehungen werden über einfache Pfeile, Verwendungsbeziehungen über Doppelpfeile repräsentiert. Abbildung 9.2/1 zeigt eine Systemstruktur, wie sie von good geliefert wird.

In der graphischen Repräsentation können aber auch neue Klassen eingefügt und Vererbungs- bzw. Verwendungsbeziehungen angegeben werden. Aus dieser Darstellung kann dann eine initiale textuelle Beschreibung der Klasse generiert werden.

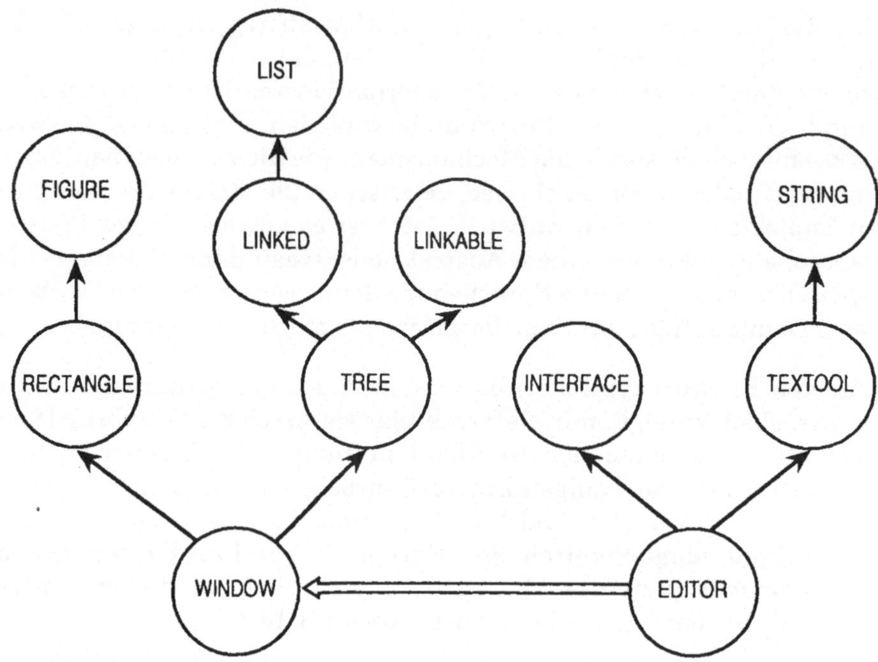

Abb. 9.2/1 Graphische Repräsentation einer Systemstruktur (nach [Mey89])

Ein weiteres Tool ist das bereits erwähnte *short*, das Klassendefinitionen auf das von außen zugängliche Interface verkürzt. Mit dem Tool *flat* lassen sich für eine Klasse alle Vererbungsbeziehungen auflösen. Alle von übergeordneten Klassen geerbten Eigenschaften werden unter Berücksichtigung eventueller Umbenennungen oder Neudefinitionen in die Klasse eingefügt, so als wären sie hier definiert worden. Für die Implementation werden Werkzeuge wie Editor, Compiler und ein komfortables Konfigurations-Management geboten. Portabilität für Eiffel-Anwendung wird durch die Generierung von C-Code erreicht. Da auch jeweils eine Kopie des Laufzeitsystems in C verfügbar ist, können Eiffel-Anwendungen auch in Zielumgebungen ohne das Eiffel-System eingesetzt werden.

Weiterführende Literatur

[Mey88]

9.3 Objektorientierter strukturierter Entwurf

Aus der Überlegung heraus, daß Methoden und Sprachen des strukturierten Entwurfs seit Jahren in der Ausbildung und der Praxis etabliert sind, wird in jüngster Zeit versucht, diese mit Konzepten des objektorientierten Entwurfs zu verbinden (siehe z.B. [War89, Con89]). Ausgangspunkt für diese Entwicklung waren Arbeiten von Buhr und Booch ([Buh84, Boo81, Boo86, Boo91]), die besser angepaßte Hilfsmittel als die des strukturierten Entwurfs für Ada-Entwickler vorschlugen. Darauf aufbauend wurden weitere Entwurfsmethoden ausgearbeitet, die vor allem innerhalb großer Organisationen eingesetzt werden. Dazu zählen *GOOD*[1] (General Object-Oriented Software Development) des NASA Goddard Space Flight Center, *HOOD* (Hierarchical Object-Oriented Design) [Tem91] der European Space Agency und *MOOD* (Multiple-view Object-Oriented Design methodology), das den Programmentwurf auf der Basis einer Spezifikation nach Ward/Mellor (siehe Abschnitt 5.2.2) unterstützt.

Der im folgenden vorgestellte Ansatz zum objektorientierten strukturierten Entwurf (Object-Oriented Structured Design – OOSD [WPM90]) ist ebenfalls in der Reihe der hier skizzierten Entwicklung zu sehen. Als Toolunterstützung für diesen Ansatz wird eine Erweiterung der Entwicklungsumgebung Software through Pictures angeboten.

Das Beschreibungsmittel für den Programmentwurf mit OOSD ist weitgehend durch Structure Charts (Strukturdiagramme; siehe Abschnitt 7.1.2) geprägt. Diese Diagrammtechnik wird um Notationen für die von Ada unterstützten Konzepte *Package* und *Task* erweitert. Des weiteren können *Klassenhierarchien* und *Vererbungsprinzipien* dargestellt werden. Außerdem wird die Beschreibung *asynchroner*, nicht sequentiell angeordneter Prozesse unterstützt.

9.3.1 Klassendefinition

Klassen von Objekte sind, wie wir zu Beginn dieses Kapitels sahen, die grundlegenden Elemente des objektorientierten Entwurfs. Die Definition

---

[1] Dieses Tool ist nicht mit dem im vorangegangenen Abschnitt vorgestellten Eiffel-Tool good zu verwechseln.

einer Objektklasse entsprach der Definition eines abstrakten Datentyps. In
OOSD wird diese Definition wie in Abb. 9.3/1 gezeigt durchgeführt.

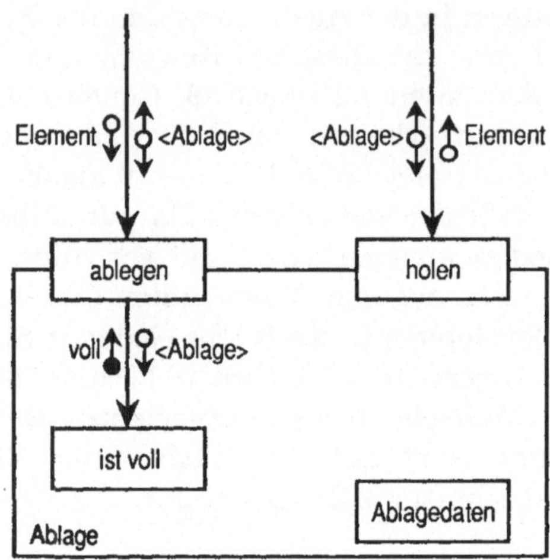

Abb. 9.3/1   Definition einer Objektklasse

Die Objekte der Klasse Ablage sollen beliebige, aber für das jeweilige Objekt
festgelegte Elemente, etwa Rechnungen oder Aufträge aufnehmen.

Eine Objektklasse wird in OOSD als Rechteck dargestellt. Die von außen
zugänglichen Operationen werden als kleinere Rechtecke an beliebigen
Kanten des großen Rechtecks überlappend angeordnet. Operationen, die
nicht über die Schnittstelle nach außen angeboten werden sollen, sind vollständig im Inneren der Klasse anzuordnen. Die Operation ist voll wird von
ablegen benutzt, kann aber nicht von außerhalb direkt aufgerufen werden.
Für die Parameterübergabe (Daten- und Kontrollflüsse) wird die für Structure Charts übliche Notation verwendet. Die beiden Operationen benötigen
bzw. liefern nicht nur jeweils ein Element – etwa eine Rechnung oder einen
Auftrag –, sondern auch ein Objekt der Klasse Ablage. Dies wird durch die
Beschriftung <Ablage> angezeigt. Die interne Struktur der Daten eines Objekts der Klasse Ablage ist nach außen nicht sichtbar. Dies wird durch die
Lage des Symbols für Ablagedaten verdeutlicht. Für die interne Datenstruktur wird das Symbol des Datenmoduls der Structure Charts verwendet.

9.3.2 Behandlung von Ausnahmesituationen

Durch den Aufruf von Operationen einer Objektklasse können Bedingungen eintreten, die gewisse Reaktionen des Aufrufers erfordern. Dazu wird in OOSD eine spezielle Notation wie in Abb. 9.3/2 gezeigt angeboten.

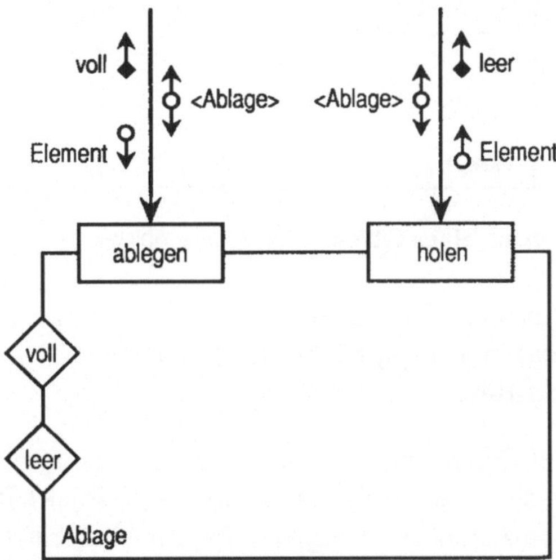

Abb. 9.3/2 Notation für Exception handling

Wenn die Ablage nur eine bestimmte Anzahl Elemente aufnehmen kann, muß beim Versuch, diese Grenze zu überschreiten, eine entsprechende Reaktion erfolgen. Durch die überlappend angeordneten Rhomben wird die Sichtbarkeit dieser Ausnahmesituation nach außen verdeutlicht. Ausnahmeparameter werden ebenfalls mit Rhomben gekennzeichnet.

9.3.3 Instanziierung von Objekten

Mit den bisher beschriebenen Diagrammtechniken lassen sich Objektklassen definieren. Um mit konkreten Objekten dieser Klassen arbeiten zu können, müssen Instanzen der Klassen erzeugt werden. Instanzen werden auf Anforderung von außen – etwa durch Objekte einer anderen Klasse – gebildet. Die Benutzung einer Klasse setzt deren Sichtbarkeit voraus. Sichtbarkeit wird in OOSD durch einen dicken Verbindungspfeil dargestellt.

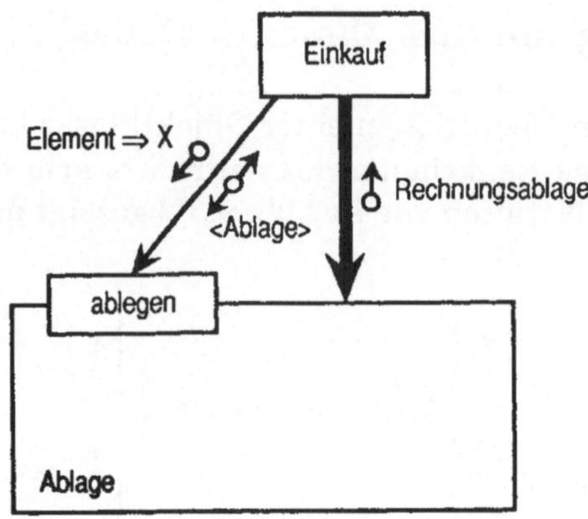

Abb. 9.3/3   Instanziierung eines Objekts der Klasse Ablage

Sichtbarkeitsbeziehungen sind für die spätere Implementation wichtig, falls die verwendete Programmiersprache die getrennte Übersetzung von Programmeinheiten erlaubt.

In Abb. 9.3/3 benutzt das Modul (dies könnte auch eine andere Objektklasse sein) Einkauf die Klasse Ablage und instanziiert ein Objekt Rechnungsablage der Klasse Ablage. Der Parameter <Ablage> zeigt an, daß Einkauf alle möglichen Objekte der Klasse Ablage benutzen kann. Hier kann jetzt die Operation ablegen für die Ablage Rechnungsablage angewendet werden.

Die Beschriftung Element ⇒ X zeigt die Ersetzung des formalen Parameters Element durch einen aktuellen Parameter X an. Zur zeichnerischen Vereinfachung können in einem Diagramm nicht benötigte Elemente – z.B. die Operation holen in Abb. 9.3/3 – weggelassen werden.

9.3.4 Vererbung

Mit OOSD läßt sich die einfache und mehrfache Vererbung von Eigenschaften abbilden. Vererbung von Eigenschaften bedeutet dabei Vererbung der Operationen einer Klasse. Die untergeordnete Klasse erbt alle Operationen der übergeordneten. Zusätzlich können neue Operationen definiert werden. Geerbte Operationen können aber auch neu definiert werden und stehen der untergeordneten Klasse unter dem alten Namen zur Verfügung.

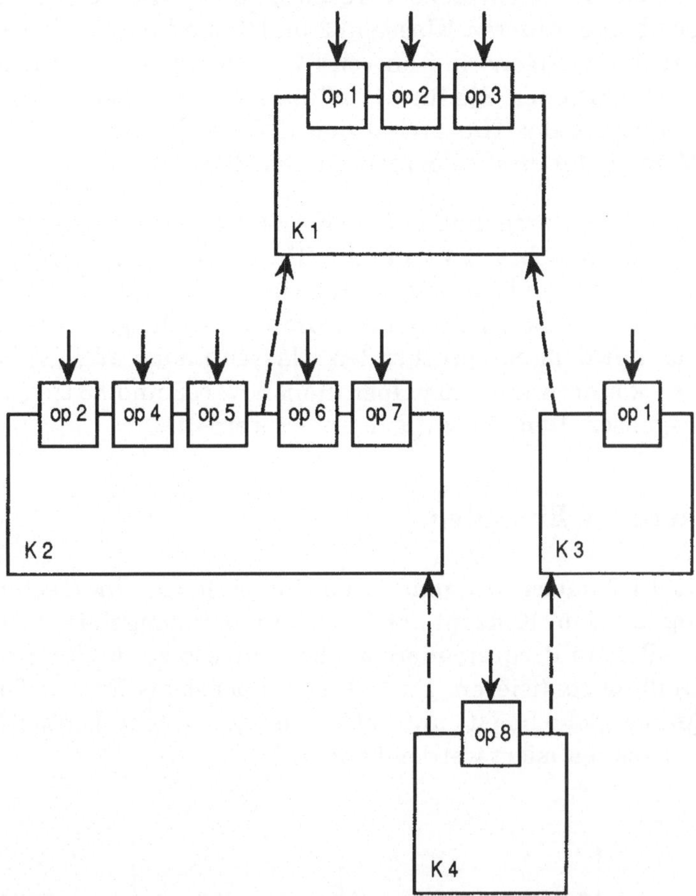

Abb. 9.3/4   Vererbungshierarchie von Objektklassen

Abbildung 9.3/4 zeigt eine Hierarchie von Objektklassen. Durch die gestrichelten Pfeile wird angezeigt, von wem die Objektklasse Eigenschaften erbt. K2 erbt von K1, K1 ist also die übergeordnete Klasse. Für die untergeordnete Klasse K2 stehen zunächst die Operationen op1, op2, op3 von K1 zur Verfügung. Durch die Angabe von op2 an der Klasse K2 wird angedeutet, daß diese Operation hier neu definiert wird. op1 für K1 bleibt jedoch unverändert. Der Klasse K2 stehen also die Operationen op1, op3 wie für K1 definiert, op2 mit der geänderten Definition und op4, ..., op7 als neue Operationen zur Verfügung. Die Klasse K3 definiert nur die Operation op1 neu, übernimmt op2 und op3 von K1 und führt keine neuen, zusätzlichen Definitionen ein.

K4 ist ein Beispiel für mehrfache Vererbung: diese Klasse erbt alle Eigenschaften der übergeordneten Klassen K2 und K3 und damit über diese Zwischenstufe auch die Eigenschaften von K1. Es werden an die Klasse K4 jedoch nur die Operationen wie für K1 definiert vererbt, wenn diese nicht auf einer Zwischenstufe der Hierarchie neu definiert wurden. K4 erhält also immer die Version der direkt übergeordneten Hierarchiestufe.

Bei mehrfacher Vererbung muß auf die Eindeutigkeit von Operationsnamen geachtet werden. In Abb. 9.3/4 kann die Klasse K4 z.B. die Operationen op1 bzw. op2 von K2 oder von K3 erben, wo für sie jeweils eine andere Definition vorliegt. Um solche Unklarheiten aufzulösen, kann die gewünschte Version der Operation mit dem entsprechenden Klassennamen angegeben werden. Der Klasse K4 könnten etwa die Operationen K2.op2 und K3.op1 zugeordnet und so die Eigenschaften eindeutig definiert werden.

9.3.5 Generische Einheiten

In Abschnitt 9.1.2 hatten wir generische Einheiten als eine Technik im Zusammenhang mit dem Konzept der Vererbung kennengelernt. Diese Technik wird vor allem in Programmiersprachen eingesetzt, die Vererbung nicht in vollem Umfang realisieren. Da OOSD zunächst als Entwurfsmittel für Ada-Programme gedacht ist, unterstützt es generische Einheiten, die in Ada als Packages realisiert werden können.

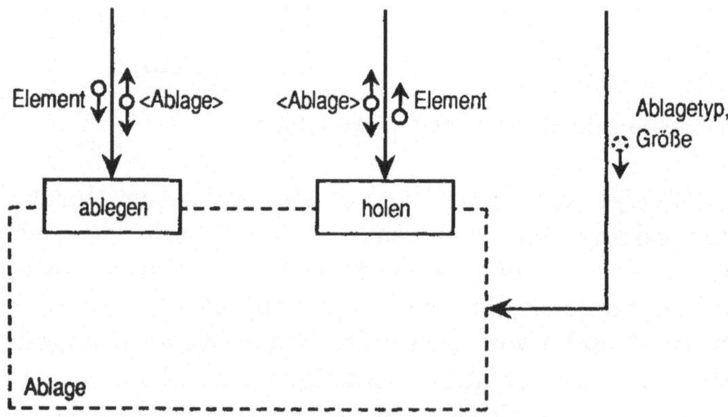

Abb. 9.3/5   Definition einer generischen Einheit

In Abb. 9.3/5 wird die Ablage aus Abb. 9.3/1 jetzt als generische Einheit definiert. Die generische Einheit wird als gestricheltes Rechteck dargestellt. Damit soll verdeutlicht werden, daß die generische Einheit nicht selbst einsetzbar ist, sondern eine Schablone für die Generierung ausführbarer Programmeinheiten ist. Dazu ist die Ersetzung der angegebenen formalen generischen Parameter Ablagetyp und Größe durch aktuelle Parameter notwendig.

Abbildung 9.3/6 zeigt die Definition einer ausführbaren Programmeinheit als Instanz einer generischen Einheit. Hier wird wie bei der Instanziierung von Objekten der Sichtbarkeitspfeil eingesetzt.

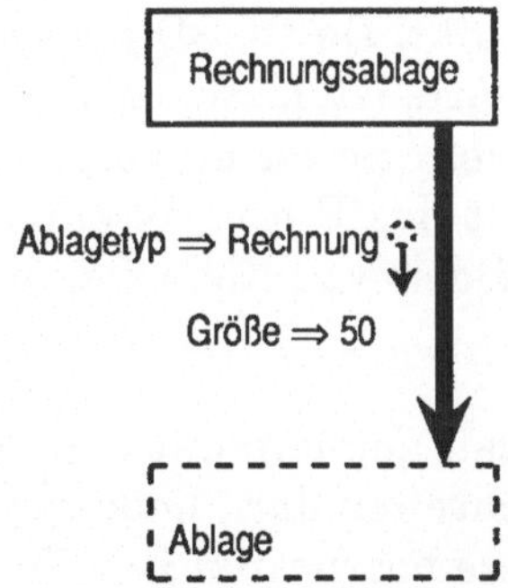

Abb. 9.3/6   Definition einer ausführbaren Programmeinheit

Die beiden formalen Parameter werden durch die Werte Rechnung und 50 ersetzt. Für die so definierte Rechnungsablage können nun Objekte instanziiert werden, die jeweils maximal 50 Elemente des Typs Rechnung aufnehmen. Dazu stehen die beiden Operationen ablegen und holen zur Verfügung.

9.3.6 Weitere Notationen

Da OOSD primär für den Programmentwurf in Ada-Umgebungen konzipiert wurde, existieren einige weitere Notationen, die sich speziell auf die Gegebenheiten von Ada beziehen. Zu diesen zählt etwa die Darstellung von *Monitoren* (zum Konzept der Monitore vgl. [Hoa74]), die durch *Tasks* in Ada realisierbar sind. Des weiteren kann zwischen *externen Interrupts* oder *Ereignissen* als Trigger für die Auslösung von Operationen und den üblichen Modul-Aufrufen unterschieden werden. Schließlich wird auch die eingeschränkte Fähigkeit von Ada, das Objektkonzept umzusetzen, berücksichtigt. So kann z.B. der Mechanismus des *Typ-Exports* eines Packages dargestellt werden.

Durch die Möglichkeit, für jedes Symbol Beschriftungen anzubringen, können weitere für die jeweilige Implementationssprache relevanten Aspekte berücksichtigt werden.

9.3.7 Entwurf objektorientierter Systeme

Wasserman et al. betonen in [WPM90] ausdrücklich, daß mit OOSD keine spezielle Methode oder Entwurfsstrategie verfolgt wird. OOSD soll eine graphische Notation anbieten, die sich in einem großen Spektrum von Entwurfsmethoden anwenden läßt. Da OOSD jedoch im wesentlichen eine Erweiterung der Structure Charts ist, lassen sich Analogien auch zur Methode Structured Design herstellen. So ist es vorstellbar, daß auch bei OOSD Maßgrößen für die Qualität des Entwurfs eingeführt werden, wie sie bei Structured Design auf der Basis von Kohäsion und Bindung existieren (vgl. dazu z.B. [Mye78]).

Entsprechend der Regel, daß der Fan-out (siehe 7.1.2) eines Moduls eine gewisse Größe nicht überschreiten darf, ließe sich festlegen, daß die Anzahl der Operationen einer Klasse beschränkt ist. Wird diese Grenze überschritten, ist zu überprüfen, ob die Klasse nicht besser unter einer übergeordneten in mehrere Unterklassen aufzuteilen wäre.

Vorschläge für objektorientierte Entwurfsmethoden werden in naher Zukunft sicher entwickelt werden, wenn weitere Erfahrungen beim Einsatz objektorientierter Konzepte vorliegen.

Weiterführende Literatur

[WPM90]

10 Alternative Ansätze zur Software-Entwicklung

10.1 Motivation

Die betriebliche Software-Entwicklung ist heute noch stark von frühen Phasenmodellen (vgl. Abschnitt 1.4) beeinflußt, die den Entwicklungsprozeß als eine Folge aufeinanderfolgender, weitgehend in sich abgeschlossener Entwicklungsphasen definieren. Deren großer Vorteil liegt im vergleichsweise einfachen Projektmanagement, was sie natürlich insbesondere bei konservativen Projektmanagern beliebt macht. Obgleich den in diesem Buch behandelten Methoden häufig ein ähnlich starres Vorgehen zugrunde liegt, beginnen sie erst langsam, sich in der betrieblichen Praxis zu etablieren.

Die Gründe hierfür sind vielfältig, und ihre ausführliche Diskussion würde sicher den Rahmen dieses Buches sprengen. Es erscheint uns jedoch wichtig, zwei Gründe anzuführen, die den Ausgangspunkt für die in den folgenden Abschnitten behandelten Ansätze bilden.

Halten wir uns zunächst vor Augen, in welcher Zeit die heute gängigen Methoden entstanden sind: In der betrieblichen Datenverarbeitung herrschte die batch-orientierte Dateiverarbeitung vor. Als Hardware standen Zentralrechner zur Verfügung, die im Closed-shop-Betrieb gefahren wurden. Dagegen ist das heutige Umfeld der Software-Entwicklung durch komplexe Dialoganwendungen, leistungsfähige Datenbanksysteme und zunehmend durch dezentrale Hardware-Konfigurationen geprägt. Dieses Umfeld erfordert neue Entwicklungsmethoden oder zumindest eine geeignete Evolution der verfügbaren Methoden.

Ein weiteres Problem ergibt sich aus den im Laufe der Zeit erwachsenen Arbeitsweisen der Software-Entwickler, die zur besseren Akzeptanz eines

Entwicklungswerkzeugs in den zugrundeliegenden Methoden berücksichtigt sein sollten.

Im folgenden wollen wir nun Ansätze zur Software-Entwicklung behandeln, die unter anderem aus solchen Überlegungen heraus entstanden sind. Von zweien dieser Ansätze, nämlich der Software-Wiederverwendung und dem Prototyping, geht jedoch eine Gefahr aus, auf die an dieser Stelle hingewiesen werden muß: Allzuoft werden die bezeichnenden Begriffe heute als Alibi für „chaotische" Software-Entwicklung benutzt, die in der Literatur auch mit „dirty development" bezeichnet werden. Es wird häufig übersehen, daß ein effizienter Einsatz von Software-Wiederverwendung und Prototyping nur unter Beachtung einer Vielzahl von Verhaltensregeln möglich ist, und daß diese Ansätze ganz erhebliche Anforderungen an die Qualifikation, Sorgfalt und Disziplin der Entwickler stellen.

10.2 Software-Wiederverwendung

Die systematische Wiederverwendung von Software-Komponenten birgt ein beachtliches Potential für Produktivitätssteigerungen im Entwicklungsprozeß. Nach einer Schätzung von Lanergan und Grasso (siehe [LaG84]), die auf der Untersuchung von mehr als 5000 Programmen der Raythean's Missile Systems Division beruht, sind durchschnittlich 60% des Programm-Codes redundant und könnten somit standardisiert und mehrfachverwendet werden. Jones schätzt in [Jon84] sogar, daß nur etwa 15% des Codes tatsächlich neu sind und folglich die restlichen 85% einen Ansatzpunkt zur Standardisierung und Wiederverwendung bieten.

Neben einer Produktivitätssteigerung erwartet man von der Software-Wiederverwendung aber auch eine höhere Qualität der entwickelten Produkte, da sie ja auf bewährten und mehrfach ausgetesteten Komponenten aufbauen.

10.2.1 Arten der Wiederverwendung

Die Software-Wiederverwendung wird in der Literatur nach unterschiedlichen Kriterien klassifiziert. Zunächst ist es sinnvoll, zwischen der *Wiederverwendung von Programmen als Ganzem* und der *Wiederverwendung von*

Programmteilen zu unterscheiden, da hierfür auch jeweils unterschiedliche Techniken angewendet werden müssen (siehe Abschnitt 10.2.2).

Ein weiteres Klassifizierungsmerkmal ist der Zeitpunkt der Entscheidung über die Wiederverwendung einer Komponente. Bei der *nicht-geplanten Wiederverwendung* erfolgt die Entscheidung erst nach Fertigstellung der Komponente, während bei der *geplanten Wiederverwendung* bereits vor oder während der Entwicklung der Komponente eine Wiederverwendung geplant ist.

In der Praxis ist zumeist noch die nicht-geplante Wiederverwendung vorherrschend. Dabei kann das der Software-Wiederverwendung innewohnende Potential zur Produktivitätssteigerung leider allzuhäufig nicht voll ausgeschöpft werden. Nachteilig wirken sich vor allem ein schlechter Programmierstil, aber auch der individuelle Zuschnitt der Komponenten auf die jeweilige spezielle Anwendung aus.

Auf lange Sicht effizienter ist es, wiederverwendbare Komponenten bereits so zu konzipieren, daß sie für eine große Klasse von Anwendungen eingesetzt werden können. Das Problem dabei ist, daß bereits zu einem frühen Zeitpunkt abgeschätzt werden muß, welche Komponenten potentielle Kandidaten für die Wiederverwendung sind und in welcher Weise diese Wiederverwendung voraussichtlich erfolgen wird. Dies erfordert eine gehörige Portion Erfahrung und Fingerspitzengefühl des Entwicklers. Wenn man sich dann vor Augen hält, daß der Aufwand für die Entwicklung einer zur Wiederverwendung geeigneten Komponente ungefähr doppelt so hoch wie bei einer herkömmlichen Komponente ist, ist unmittelbar klar, daß Planungsfehler zu empfindlichen Produktivitätseinbußen führen können.

Bisher wurde implizit zumeist von der Wiederverwendung von Programm-Code gesprochen. Die Wiederverwendung sollte sich im allgemeinen jedoch nicht nur darauf beschränken. Objekte der Wiederverwendung könnten etwa sein:

- Programm-Code,

- Datenbanken,

- Testfälle,

- Entwurfsdokumente,

- Anforderungsspezifikationen,

- Dokumentation aller Art,

- Prototypen (vgl. Abschnitt 10.3),

- Projektpläne und

- Know-how.

Generell läßt sich sagen, daß neben der nicht-geplanten Wiederverwendung von Programm-Code heute vor allem die Wiederverwendung von Erfahrung und Wissen – also des Know-hows – aus früheren Projekten anzutreffen ist.

10.2.2 Techniken

Im folgenden wollen wir nun einige Techniken für die geplante Wiederverwendung von Software-Komponenten behandeln. Endres unterscheidet in [End88] nach Art und Umfang der wiederverwendeten Komponenten vier Techniken:

- Programm-Portierung,

- Programm-Adaptierung,

- Schablonen-Technik und

- Baustein-Technik.

Die ersten beiden Techniken beziehen sich jeweils auf ganze Programme, die anderen beiden Techniken nur auf Programmteile. Für alle Komponenten stellt sich jedoch das Problem, sie in geeigneter Weise zu beschreiben und zu verwalten, so daß sie leicht wiedergefunden und auf ihre Brauchbarkeit für eine neue Aufgabenstellung hin geprüft werden können. Zentrales Werkzeug hierfür ist ein Dictionary, wie es etwa von ORACLE (CASE*Dictionary) oder der Software AG (PREDICT) angeboten wird.

Im folgenden werden die einzelnen Techniken in Anlehnung an [End88] beschrieben:

Programm-Portierung

Mit der Portabilität eines Programms wird die Eigenschaft bezeichnet, es in unterschiedlichen Soft- und Hardware-Umgebungen einsetzen zu können.

Die Technik der Programm-Portierung umfaßt somit alle Tätigkeiten zur
Verfügbarmachung eines Programms in einer neuen Laufzeitumgebung.

Ein zur Wiederverwendung vorgesehenes Programm sollte so gestaltet sein,
daß die Portierung mit möglichst geringem Aufwand durchgeführt werden
kann. Hierzu empfiehlt es sich, eine weit verbreitete höhere Programmiersprache zu verwenden und soweit wie möglich auf systemspezifische Konstrukte zu verzichten. Falls solche Konstrukte nicht zu vermeiden sind,
sollten sie an speziell gekennzeichneten Stellen im Quellcode zusammengefaßt werden.

Das folgende Programmstück in MS-Pascal etwa würde bei der Portierung
sicherlich Probleme bereiten, da systemabhängige Konstrukte (Zeigertyp
ADSMEM, Speicherzuordnungsfunktion GETMQQ, Speicherrückgabeprozedur
DISMQQ) an unterschiedlichen Stellen des Quellcodes angeordnet sind:

```
      . . .
   VAR p: ADSMEM; (* Zeigervariable *)
      . . .
   BEGIN
         . . .
      p := GETMQQ(groesse); (*   Zuordnung von
         . . .                   'groesse' Bytes *)
      DISMQQ(p)
   END;
```

Besser wäre es, die systemabhängigen Konstrukte zur Speicherverwaltung
in einer eigenen Programmkomponente zusammenzufassen und im eigentlichen Anwendungsprogramm nur Elemente dieser Komponente zu referenzieren:

```
   UNIT Speicherverwaltung
      . . .
      TYPE adresse = ADSMEM;
         . . .
      FUNCTION GetMemory (groesse: WORD): adresse;
         VAR p: adresse;
         BEGIN
            . . .
            p := GETMQQ(groesse);
            . . .
            GetMemory := p
         END;
```

```
PROCEDURE DisMemory (zeiger: adresse);
    ...
    BEGIN
        ...
        DISMQQ(zeiger);
        ...
    END;
    ...

(* Anwendungsprogramm *)
    ...
    VAR p: adresse;
    ...
    BEGIN
        ...
        p := GetMemory(groesse);
        ...
        DisMemory(p)
    END.
```

Diese zweite Lösung ist aufwendiger. Zweifellos wird sie sich aber schon bei der ersten Portierung bezahlt machen.

In unserem Beispiel wurden MS-Pascal-spezifische Speicherverwaltungskonstrukte in einer separaten Komponente zusammengefaßt. Bei der Erstellung portabler Software empfiehlt sich eine solche Abkapselung generell für alle Konstrukte, die auf Software-Bausteinen basieren, die nicht dem Sprachstandard entsprechen.

Programm-Adaptierung

Mit Programm-Adaptierung bezeichnet man die Anpassung eines Programms an eine neue Aufgabenstellung. Im Unterschied zur Portierung sind hier stets Änderungen des Quellcodes vorzunehmen. Von entscheidender Bedeutung für eine effiziente Adaptierung ist es, daß das Programm bereits bei seiner erstmaligen Erstellung auf spätere Adaptierungen hin ausgelegt wird. Dies ist eine schwierige Aufgabe, die höchste Anforderungen an die fachliche Qualifikation des Entwicklers stellt. Wichtig sind vor allem auch fundierte Kenntnisse über das relevante Anwendungsgebiet.

Eine Maßnahme zur Förderung der Adaptierbarkeit ist die Zusammenfassung oder Kennzeichnung von voraussichtlich gemeinsam zu ändernden Programmfragmenten. Vorteilhaft kann auch die Erweiterung von Parameterlisten für Funktionen und Prozeduren sein, wie das folgende Beispiel verdeutlicht: `GetRecord` sei eine Funktion, die einen Datensatz aus einer gegebenen Datei liest und als Parameterwert übergibt. Die Funktion könnte wie folgt aussehen:

```
FUNCTION GetRecord ( f: filetype;
                           rec: recordtype): INTEGER;

    BEGIN
        GET(f);
        IF f.ERRS = 0 THEN
            rec := f^;
        GetRecord := f.ERRS
    END;
```

Die Funktion impliziert, daß die Datei `f` stets sequentiell gelesen wird, wie es für die ursprüngliche Anwendung des Programms ja auch sinnvoll sein kann. Läßt sich jedoch absehen, daß für eine andere Anwendung mit dieser Funktion auch ein direkter Dateizugriff ermöglicht werden muß, sollte dies bereits im voraus durch zwei zusätzliche Parameter `mode` und `recno` berücksichtigt werden:

```
FUNCTION GetRecord ( f: filetype;
                         rec: recordtype;
                         mode: FILEMODES;
                         recno: INTEGER): INTEGER;

    BEGIN
        IF mode = sequential THEN
            BEGIN
                GET(f);
            END;
        IF f.ERRS = 0 THEN
            rec := f^;
        GetRecord := f.ERRS
    END;
```

In der ersten IF-Anweisung könnte nun bei der Adaptierung folgende Anweisungsfolge in einfacher Weise als ELSE-Zweig eingefügt werden:

```
ELSE (* mode = direct *)
    BEGIN
        SEEK(f, recno);
        IF f.ERRS = 0 THEN
            GET(f)
    END;
```

Programm-Portierung und -Adaptierung lassen aufgrund der Größe der wiederverwendeten Komponenten einen erheblichen Produktivitätsgewinn erwarten. Andererseits muß gesehen werden, daß mit zunehmender Größe einer Komponente im allgemeinen auch die Häufigkeit der Wiederverwendung abnimmt.

Schablonen-Technik

Die Schablonen-Technik wird zumeist nicht auf vollständige Programme, sondern auf Programmkomponenten angewendet. Diese liegen nicht in fertig kompilierbarem Quellcode, sondern lediglich als Gerippe *(reusable pattern)* vor, das dann bei der Wiederverwendung komplettiert und durch zusätzliche Instruktionen ergänzt wird. Voraussetzung für eine effiziente Anwendung der Schablonen-Technik ist, daß die in der Schablone abgebildete Programmlogik weitgehend unverändert bleibt.

Betrachten wir als Beispiel eine Schablone, die zu einem Programmstück fortentwickelt werden kann, mit dem eine Eingabe sequentiell abgearbeitet wird:

```
        (* Schablone 'Verarbeiten einer sequentiellen
                                    Eingabedatei'
        Parameter:
            &rectype     ...   Typ der zu bearbeitenden
                                            Datensätze
            &filename    ...   externer Dateiname
        Instruktionsblöcke:
            &&procrec    ...   Verarbeiten eines gelesenen
                                            Datensatzes *)
    VAR    rec: &rectype;
           f: FILE OF &rectype;
    BEGIN
        (* Öffnen der Eingabedatei &filename *)
        ASSIGN(f, '&filename');
        RESET(f);

        (* Lesen und Verarbeiten der Eingabesätze *)
        READLN(f, rec);
        WHILE NOT EOF(f) DO
            BEGIN
                &&procrec;
                READLN(f, rec)
            END;

        CLOSE(f);
    (* Ende der Schablone *)
```

Zur Unterstützung der Schablonen-Technik eignet sich ein Editor, mit dem die mit „&" bzw. „&&" gekennzeichneten Verweise ersetzt werden können. Wünschenswert wäre dabei, daß der Editor die Schablone erkennt und die Ersetzungen unmittelbar auf ihre Korrektheit überprüfen kann.

Baustein-Technik

Unter einem Baustein *(reusable building block)* ist eine Komponente zu verstehen, die eine (relativ) stabile interne Struktur aufweist und bei ihrer Wiederverwendung im allgemeinen unverändert übernommen wird. Üblich ist lediglich eine Parametrierung des Bausteins. Abhängig von seiner Beschaffenheit – er kann entweder als Quellcode-Fragment, als Objektmodul oder als direkt ausführbare Komponente vorliegen – erfolgt die Verwendung des Bausteins entweder zur Übersetzungs-, Binde-, Lade- oder Ausführungszeit des Anwendungsprogramms.

Da Bausteine möglichst unverändert wiederverwendet werden sollen, ist die Qualität ihrer Implementation von entscheidender Bedeutung. Sehr gut eignen sich hierfür objektorientierte Sprachen, wie sie in Kapitel 9 vorgestellt wurden.

In der Praxis gewinnt die Baustein-Technik zunehmend an Bedeutung: Insbesondere für die Graphikprogrammierung oder die Entwicklung ergonomischer Benutzeroberflächen kann heute auf standardisierte Baustein-Bibliotheken nicht mehr verzichtet werden. Die Komponenten werden zumeist zur Übersetzungs- oder Bindezeit im Anwendungsprogramm integriert. Eine interessante Möglichkeit zur Kombination von Bausteinen zur Ausführungszeit bietet das Betriebssystem UNIX: mit dem sogenannten Pipe-Mechanismus werden Prozesse als Bausteine derart verknüpft, daß der Standard-Ausgabestrom des ersten Prozesses als Standard-Eingabestrom des zweiten Prozesses fungiert.

Abschließend soll als Beispiel ein Baustein betrachtet werden, mit dem die Elemente eines indizierten Feldes modifiziert und in eine sequentielle Datei ausgegeben werden sollen. Im Gegensatz zu der häufig geübten Praxis, daß Bausteine unabhängig von einer konkreten Anwendung, sozusagen „auf Vorrat" entwickelt werden, sei unser Baustein im Rahmen eines Listenausgabeprogramms entstanden. Ein entsprechendes Quellcode-Fragment (hier eine Pascal-Prozedur) könnte dann wie folgt aussehen:

```
PROCEDURE Feldausgabe;

   BEGIN
      FOR i := 1 TO 10 DO
         BEGIN
            Modifiziere;
            WRITELN('PRN', a[i])
         END
   END;
```

Es ist sofort offensichtlich, daß ein solcher Baustein zur Wiederverwendung
denkbar ungeeignet ist: Die Prozedur ist lediglich zur Druckausgabe geeignet (Gerätename 'PRN'). Außerdem wird ausschließlich mit globalen
Variablen gearbeitet, so daß auch die Schnittstellen der Prozedur nicht klar
erkenntlich sind. Problematisch ist auch, daß die Prozedur nicht abgeschlos-
sen ist, da in der Schleife eine Prozedur Modifiziere aufgerufen wird, die
nicht innerhalb der Baustein-Grenzen definiert ist. Zur Wiederverwendung
geeigneter wäre die folgende Version des Bausteins, wobei eine Deklaration
des Typs feldtyp als ARRAY [1..maxelement] OF INTEGER und eine Kon-
stantendeklaration für maxelement in der Umgebung des Bausteins vorausgesetzt wird:

```
PROCEDURE Feldausgabe (out: Ausgabedatei; a: feldtyp);

   PROCEDURE Modifiziere (VAR element: INTEGER);
      BEGIN
         element := element DIV 10
      END;

   VAR i: INTEGER; (* Laufindex *)

   BEGIN
      FOR i := 1 TO maxelement DO
         BEGIN
            Modifiziere(a[i]);
            WRITELN(out, a[i])
         END
   END;
```

10.2.3 Wiederverwendung im Software-Life-Cycle

Im vorherigen Abschnitt wurden vier verschiedene Techniken zur Wiederverwendung erläutert. Dabei beschränkten wir uns der Einfachheit halber
auf die Wiederverwendung im Rahmen der Implementation von Software-
Produkten. Wesentlich höhere Produktivitätssteigerungen sind jedoch dann

zu erwarten, wenn die Wiederverwendung bereits in früheren Phasen des Software-Life-Cycle erfolgt, also System- und Software-Entwürfe oder Anforderungsspezifikationen wiederverwendet werden. Die beschriebenen Techniken lassen sich auch auf solche Komponenten übertragen. Generell läßt sich feststellen, daß eine Wiederverwendung um so produktiver ist, je früher sie einsetzt, daß die Wahrscheinlichkeit der Wiederverwendbarkeit dementsprechend aber abnimmt.

Welche Auswirkungen hat nun die Wiederverwendung auf den Software-Life-Cycle? Betrachten wir hierzu die Entwicklung eines Software-Produkts, die sich gerade in der Phase Software-Entwurf befindet. Für die ermittelten Anforderungen wurden in einer Top-down-Vorgehensweise bereits die in Abb. 10.2/1 dargestellten Entwurfskomponenten erstellt. Die Entwurfskomponenten könnten dabei etwa mit Structure Charts oder mit Pseudo-Code formuliert sein.

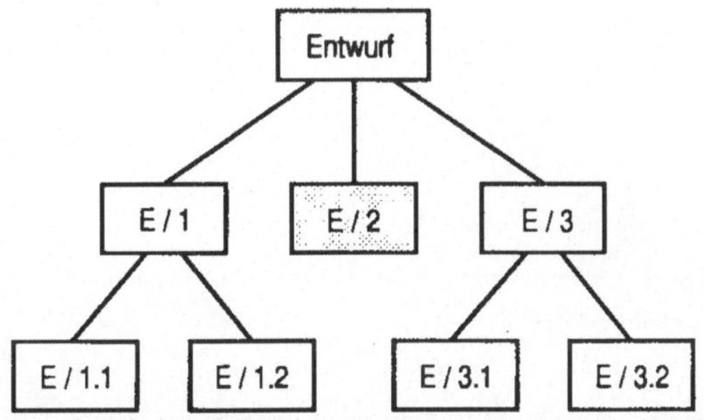

Abb. 10.2/1 Software-Entwurf/Version 1

Gehen wir nun davon aus, daß in einer Bibliothek eine Menge wiederverwendbarer Entwurfskomponenten abgelegt sei. Zu jeder dieser Komponenten existiert dann üblicherweise auch eine entsprechende Implementation. Der Aufbau der Bibliothek könnte wie in Abb. 10.2/2 gezeigt sein.

Anstatt die Entwurfskomponente E/2 aus Abb. 10.2/1 weiter top-down zu zerlegen, versuchen wir, in der Bibliothek eine geeignete wiederverwendbare Komponente zu finden, die die Komponente E/2 ersetzen könnte. Diese Suche kann sich in der Praxis recht schwierig gestalten, insbesondere wenn für die wiederverwendbaren Komponenten nicht dieselbe Entwurfssprache verwendet wurde wie für die Entwurfskomponenten der neuen Anwendung. Im allgemeinen ist die Suche nach exakt passenden Komponenten recht aufwendig und liefert auch häufig negative Ergebnisse. Besser ist es, die Suchkriterien etwas weiter zu fassen und eine Klasse potentiell passender Komponenten zu ermitteln, davon eine geeignete auszuwählen und bei Bedarf an die konkrete Anwendung anzupassen (vgl. [Elz89]).

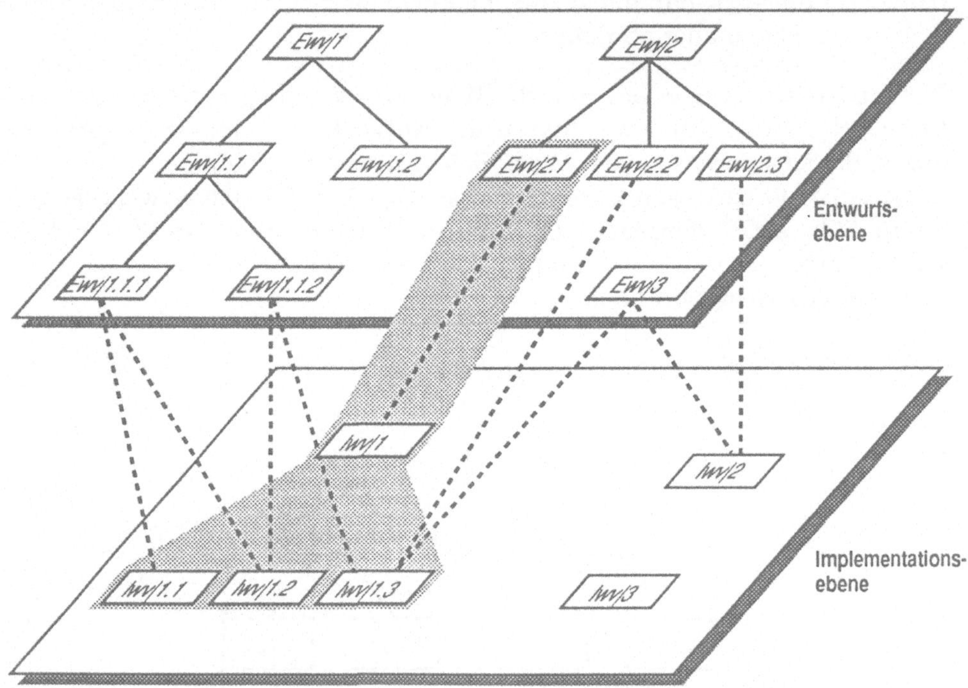

Abb. 10.2/2 Aufbau der Bibliothek wiederverwendbarer Komponenten

Gehen wir nun davon aus, daß wir in unserem Beispiel die Komponente E/2 durch die Bibliothekskomponente Ewv/2.1 ersetzen können (siehe Abb. 10.2/3). Damit liegt aber auch schon ein Teil der Implementation vor, der mit aus der Bibliothek übernommen werden kann. Möglicherweise ist dieser schon so umfangreich, daß er bereits als eine Art Pilotsystem (vgl. Abschnitt 10.3) installiert und eingesetzt werden kann.

Was geschieht aber, wenn wir tatsächlich keine exakt passende Komponente zur Wiederverwendung finden, jedoch eine Komponente, die mit vertretbarem Aufwand angepaßt werden kann? In diesem Fall können wir entweder eine neue Variante dieser wiederverwendbaren Komponente erstellen oder versuchen, diese so allgemein zu formulieren, daß sie sowohl in

unserer neuen Anwendung eingesetzt werden kann als auch in den bereits
früher entwickelten Anwendungen. Diese zweite Möglichkeit ist häufig die
elegantere, erfordert jedoch im allgemeinen auch eine Anpassung aller Anwendungen, die die geänderte Komponente ebenfalls verwenden.

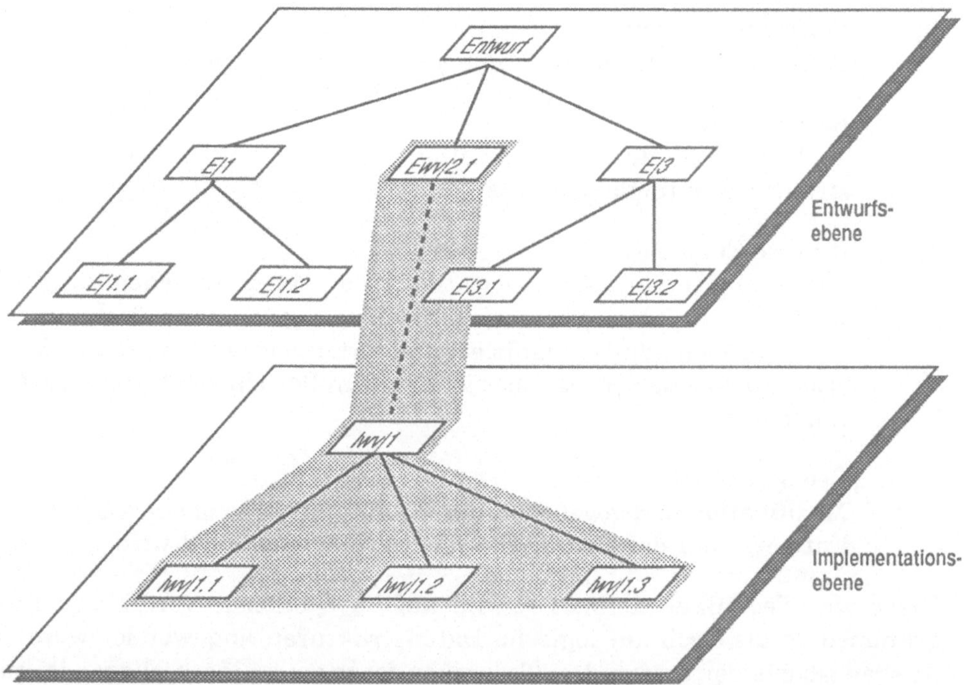

Abb. 10.2/3 Software-Entwurf und Implementation/Version 2

Die beschriebene Vorgehensweise zur Software-Wiederverwendung wider-
spricht sicher einer strikten Top-down-Vorgehensweise. Sie führt häufig zu
einem Jo-Jo-Verfahren (vgl. Abschnitt 1.3.1), da sich durch die Wiederverwendung einer Komponente möglicherweise Änderungen an anderen Komponenten der neuen Anwendung ergeben, die dann in einer Bottom-up-Vorgehensweise an die neu eingefügte Komponente angepaßt werden.

10.2.4 Reverse Engineering

Im Zusammenhang mit der Software-Wiederverwendung muß eine Technik
angesprochen werden, die immer mehr in den Blickpunkt des Interesses

rückt, da man sich von ihr erhebliche Produktivitätssteigerungen verspricht: Reverse Engineering. Wie häufig in der Informatik existiert auch
für den Begriff Reverse Engineering keine eindeutige Definition. Wir wollen
ihn (in Anlehnung an [MaM89]) als Oberbegriff für folgende vier Techniken
verwenden:

- Redocumentation:
  Tool-unterstützte Nachdokumentation der Implementation.

- Restructuring:
  Tool-unterstützte Transformation einer unstrukturierten in eine
  strukturierte Implementation.

- Reverse Engineering[1]:
  Umsetzung einer Implementation in einen entsprechenden Software-Entwurf. Der Entwurf wird mittels geeigneter Tools analysiert, gegebenenfalls modifiziert und fortentwickelt. Auf dieser Basis
  erfolgt die Generierung einer in struktureller Hinsicht verbesserten
  Implementation.

- Reengineering:
  Modifikation und gegebenenfalls Weiterentwicklung eines Software-
  Entwurfs, der dann zur Code-Generierung verwendet wird.

Diese vier Techniken können sowohl auf im Quellcode verfügbare Programmodule als auch auf logische Datenstrukturen angewendet werden.
Ausgangsbasis der ersten drei Techniken ist jeweils eine vorliegende Implementation, während beim Reengineering bereits ein Software-Entwurf
vorausgesetzt wird. Gemeinsam ist all diesen Techniken jedoch, daß zu ihrer Anwendung geeignete Software-Werkzeuge zur Verfügung stehen müssen.

Am Markt werden heute bereits eine Reihe von Reverse Engineering Tools
angeboten. Sie werden im allgemeinen im Verbund mit anderen Tools zum
Software-Entwurf, zur Dokumentation und Programmcode- bzw. Daten-
bank-Generierung eingesetzt. Als Beispiele können die Reverse Engineering
Tools Re/Source der GEI und RE-SPEC bzw. RE-DOC der GPP angeführt werden.
Re/Source übersetzt Quellcodes in eine Pseudo-Code-Notation, die zum Soft-

---

1   *Reverse Engineering* ist sowohl als Oberbegriff wie auch zur Umschreibung der unter
     diesem Punkt genannten Aktivitäten gebräuchlich.

ware-Entwurf im Rahmen der Entwicklungsumgebung ProMod verwendet wird. Die Programme können dann mit den entsprechenden ProMod-Tools modifiziert, überprüft und anschließend mit Hilfe des Tools Pro/Source wieder in Quellcode übersetzt werden.

Die GPP stellt mit RE-DOC ein Tool zur Verfügung, mit dem aus Programmodulen verschiedene, hauptsächlich graphische Dokumente erzeugt werden können. RE-SPEC generiert aus Programmodulen Entwurfsspezifikationen, wie sie im Rahmen der Entwicklungsumgebung EPOS der GPP verwendet werden, so daß auch hier, wie bei ProMod, eine Weiterverarbeitung möglich ist.

Primäres Ziel des Reverse Engineering ist die Sanierung von „Alt-Anwendungen" mittels der in modernen Software-Entwicklungsumgebungen vorhandenen Entwurfshilfsmittel. Reverse Engineering Tools können jedoch auch im Rahmen der Software-Wiederverwendung wertvolle Dienste leisten, indem sie Implementationen auf ein höheres Niveau transformieren, so daß sie wesentlich früher im Entwicklungsprozeß wiederverwendet werden können. Die Vorteile, die sich daraus ergeben, wurden bereits im vorangehenden Abschnitt diskutiert.

Weiterführende Literatur

[BiP84], [Bör89], [End88], [McC89]

10.3 Prototyping

10.3.1 Einführung

Konventionelle Life-Cycle-Methoden werden vor allem wegen ihrer fehlenden Möglichkeiten zur Einbeziehung des Endbenutzers im Entwicklungsprozeß kritisiert. Die anfallenden Entwicklungsdokumente sind häufig zu stark auf die Bedürfnisse des Systementwicklers zugeschnitten und bilden somit keine geeignete Grundlage für eine intensive Kommunikation zwischen Systementwickler und Endbenutzer, die insbesondere in neuen Anwendungsgebieten immer mehr zum Schlüssel für den erfolgreichen Projektabschluß wird. Die Folge sind allzuoft unbrauchbare oder fehlerhafte Systeme oder die fehlende Akzeptanz bei Inbetriebnahme des Systems.

Die Probleme werden in einem Artikel von D. D. McCracken und M. A. Jackson treffend beschrieben (siehe [McJ81]): "What we understand to be the conventional life cycle approach might be compared with a supermarket at which the customer is forced to provide a complete order to a stock clerk at the door to the store, with no opportunity to roam the aisles – comparing prices, remembering items not on his list, or getting a headache and changing his mind about what to have for dinner."

In Software-Entwicklungsprojekten empfiehlt sich eine Endbenutzerbeteiligung insbesondere in den frühen Phasen, in denen Analyse- und Entwurfsentscheidungen zu treffen sind, die ein fundiertes Fachwissen im relevanten Anwendungsgebiet erfordern. Welche Möglichkeiten bestehen nun, die zur Entscheidungsfindung relevanten Systemaspekte in einer auch für den Endbenutzer geeigneten Form zu präsentieren? Eine Möglichkeit wäre, alle Entwicklungsdokumente in einer für den Endbenutzer leicht verständlichen Sprache zu erstellen. Formale Sprachen, die ja erhebliche Vorteile in bezug auf interne Analysen aufweisen, wären in diesem Fall abzulehnen. Selbst leicht verständliche Entwicklungsdokumente implizieren aber nicht eine korrekte Vorstellung über das zukünftige Software-Produkt, die zur Vemeidung von Mißverständnissen im Rahmen der Endbenutzer/Entwickler-Kommunikation unerläßlich ist. Eine andere Möglichkeit besteht darin, die entscheidungsrelevanten Aspekte und die Konsequenzen von Analyse- und Entwurfsentscheidungen anhand eines ausführbaren Systems zu veranschaulichen. Ein solches System wird im allgemeinen als Prototyp bezeichnet.

Anders ausgedrückt versteht man unter dem *Prototyp eines Software-Produkts* eine frühe ausführbare Version des Produkts, die bereits die relevanten grundlegenden Merkmale des späteren betriebsfertigen Produkts aufweist. Mit *Prototyping* bezeichnen wir eine Folge von – üblicherweise mehrfach auszuführenden – Arbeitsschritten, die die Entwicklung sowie die Überprüfung und Bewertung von Prototypen zum Gegenstand haben.

Im Gegensatz zu konventionellen Life-Cycle-Methoden beschäftigt sich Prototyping mit der Entwicklung eines Arbeitsprodukts – nämlich des Prototyps –, während bei Life-Cycle-Methoden mehrere Arbeitsprodukte aneinandergereiht werden, die letztlich zum Endprodukt – dem ausführbaren System – führen (vgl. [Rid84]). Beim Prototyping werden Validierungs- und

Verifikationsschritte nicht nur zu bestimmten vordefinierten Zeitpunkten durchgeführt, also nach Abschluß von Entwicklungsphasen, sondern sie sind integraler Bestandteil des Entwicklungsprozesses selbst. Dies verspricht in bezug auf die Benutzeranforderungen qualitativ hochwertigere Software-Produkte.

Von entscheidender Bedeutung für ein effektives Prototyping ist die Verfügbarkeit rechnergestützter Werkzeuge, die eine schnelle und wirtschaftliche Entwicklung und Überprüfung von Prototypen ermöglichen. In diesem Zusammenhang wird auch häufig der Begriff *Rapid Prototyping* gebraucht.

Prototyping erfreut sich in der Praxis großer Beliebtheit, da diesem Ansatz Gedanken zugrunde liegen, wie sie jedem erfahrenen Systementwickler bewußt sind. Floyd umschreibt sie in [Flo84] wie folgt:

- "You only know how to build the system when you have built it – and then it is often too late."

- "When developing software for your own needs, you often build version by version; while working with the tool, you get good ideas for the facilities it should provide to suit the job in hand."

Aus diesen Überlegungen heraus ist Prototyping der ideale Ansatz, um zum einen mit den technischen Möglichkeiten eines Produkts vertraut zu werden, wie dies vor allem für den Endbenutzer interessant ist, und zum anderen auch Erfahrungen im relevanten Anwendungsbereich zu sammeln, so daß sich der Systementwickler das für eine effektive Kommunikation im Entwicklungsprojekt erforderliche Fachwissen aneignen kann.

In den frühen achtziger Jahren wurde Prototyping von vielen Autoren als das „Allheilmittel" zur Überwindung der bereits legendären Software-Krise gesehen. Diese Hoffnung konnte sich in den meisten Fällen nicht erfüllen, da Prototyping in der praktischen Anwendung eine Reihe von Problemen aufwirft, die sich mit zunehmender Projektgröße verschärfen. Besonders kritisch wirkt sich Prototyping auf das Projektmanagement aus: ohne klar definierte Meilensteine führt Prototyping häufig zu unzähligen Iterationen, die die Projektsteuerung und -überwachung erheblich erschweren. Zu beachten sind auch Interessenkonflikte zwischen verschiedenen involvierten Benutzergruppen oder zwischen Management und Endbenutzer, die zwar auch in konventionell durchgeführten Projekten zu Problemen führen werden, bei Prototyping-Projekten jedoch rasch zum Scheitern führen können (vgl. [Ken84]). Darüber hinaus besteht die Gefahr, daß das auf der Basis von Anforderungen eines unerfahrenen Benutzers entwickelte System nicht den Anforderungen eines fortgeschrittenen Benutzers genügt und deshalb abgelehnt wird.

Für den Projektmanager folgt aus diesen Überlegungen die schwierige Aufgabe, Prototyping in einen organisatorischen Rahmen einzubetten, der zur Vermeidung bzw. Lösung der behandelten Probleme beiträgt. In der Praxis wird Prototyping deshalb heute zumeist in Verbindung mit Life-Cycle-Methoden eingesetzt, wie dies bereits in [Flo84, Rid84] angeregt wird.

10.3.2 Prototyping-Zyklus

Charakteristisch für Prototyping ist die zyklische Anordnung der einzelnen Arbeitsschritte. Unabhängig vom konkreten Prototyping-Ansatz lassen sich vier Arbeitsschritte identifizieren, die im folgenden näher erläutert werden (siehe Abb. 10.3/1).

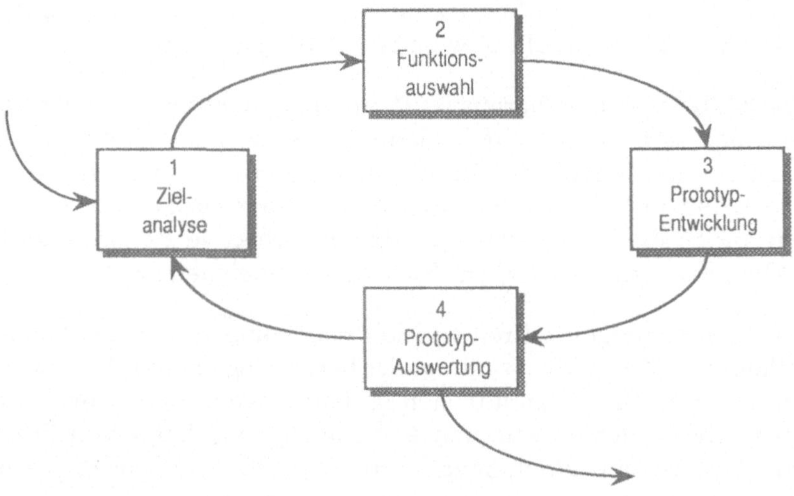

Abb. 10.3/1 Prototyping-Zyklus

Zielanalyse

In der Zielanalyse legen die Projektbeteiligten gemeinsam die Ziele fest, die im nächsten Prototyping-Zyklus erreicht werden sollen. Im einzelnen wird bestimmt, welche Aspekte im Prototyp abgebildet werden müssen, für welche Arbeitsabläufe er eingesetzt werden soll und was aus seiner Entwicklung und Anwendung als Lerneffekt erwartet wird. Es empfiehlt sich, die Ergebnisse der Zielanalyse zu dokumentieren, um nach Ablauf des Zyklus die Zielerfüllung überprüfen zu können.

Funktionsauswahl

Um das Prototyping möglichst effizient zu gestalten, sollten im Prototyp nur solche Funktionen berücksichtigt werden, die für die Erreichung der vorgegebenen Ziele relevant sind. Dabei ist es auch wichtig zu entscheiden, wie detailliert eine ausgewählte Funktion realisiert werden sollte.

In diesem Zusammenhang werden häufig die Begriffe vertikales, horizontales und diagonales Prototyping gebraucht (siehe etwa [Flo84, HeI88]). Beim *vertikalen Prototyping* werden einige Funktionen des zu entwickelnden Systems bereits weitgehend vollständig implementiert. Dies ist dann interessant, wenn im Zusammenhang mit diesen Funktionen bereits Detailfragen geklärt werden sollen, wie z.B. ob ein bestimmter rekursiver Algorithmus auf einer bestimmten Hardware überhaupt realisierbar ist.

Im Rahmen eines *horizontalen Prototyping* werden Prototypen entwickelt, die bereits alle Funktionen des späteren Anwendungssystems beinhalten, jedoch in einer stark vereinfachten Form. Dies kann z.B. erreicht werden, indem die verarbeitbaren Datenmengen begrenzt werden, Teile der Funktionen simuliert werden oder aber die Funktionalität nur für ausgewählte Aufgabenstellungen gewährleistet ist.

Falls mit Prototypen gearbeitet wird, die im Sinne eines horizontalen Prototyping alle Funktionen umfassen, jedoch nur einige in weitgehend vollständiger Form, spricht man von *diagonalem Prototyping*. Dies wird häufig angewendet, wenn die Implementation der im Sinne des vertikalen Prototyping entwickelten Funktionen auch Rückschlüsse auf nicht vollständig implementierte Funktionen erlaubt. Als Beispiel können wir eine einfache Anwendung zur Abfrage von Datenbeständen betrachten. Die Anwendung soll vier verschiedene Suchfunktionen enthalten, die jeweils eine Menge von Datensätzen bestimmen, die ein vorgegebenes Suchkriterium erfüllen. Der Prototyp könnte in einem solchen Fall ein Menü bereitstellen, in dem alle vier Funktionen referenziert werden können. Es würde jedoch nur eine dieser Funktionen vollständig implementiert, da ihr Ablauf unmittelbar auch Rückschlüsse auf den Ablauf der übrigen drei Funktionen ermöglicht.

Prototyp-Entwicklung

Von entscheidender Bedeutung für den Erfolg eines Prototyping-Ansatzes ist ein möglichst geringer Zeit- und Kostenaufwand für die Prototyp-Entwicklung. Dies wird zum einen durch eine geeignete Funktionsauswahl in Schritt 2 des Zyklus erreicht, zum anderen durch den Einsatz leistungsfähiger Prototyping-Tools, aber auch durch eine Vernachlässigung von Qualitätsanforderungen, die für das spätere Anwendungssystem natürlich zwingend sind.

An dieser Stelle muß auf eine Gefahr des Prototyping hingewiesen werden: Ist die Qualität der zur Verfügung gestellten Prototypen zu hoch, verführt dies den Endbenutzer leicht dazu, den Prototyp bereits als fertiges Anwendungssystem zu sehen, obgleich dieser noch erhebliche Schwächen aufweisen kann, die vielleicht erst bei seiner Wartung problematisch werden. Dem Entwickler wird es in einem solchen Fall schwerfallen, den bis zur Verfügbarkeit des fertigen Systems noch anfallenden Zeit- und Kostenaufwand zu rechtfertigen. Andererseits stoßen Prototypen, die eine zu geringe Qualität aufweisen, rasch auf Ablehnung, die sich bis auf das endgültige System übertragen kann und nicht selten zu erheblichen Akzeptanzschwierigkeiten führt. Der Entwickler sollte deshalb ein mittleres Qualitätsniveau anstreben und dafür Sorge tragen, daß sich alle Projektbeteiligten über den Zweck des Prototyps im jeweiligen Zyklus im klaren sind. Hierzu kann auch auf das als Ergebnis der Zielanalyse entstandene Dokument zurückgegriffen werden.

Prototyp-Auswertung

Für die Prototyp-Auswertung sollte der größte Zeitbedarf eingeplant werden. Der Arbeitsschritt wird von allen Projektbeteiligten gemeinsam bzw. in interdisziplinär besetzten Gruppen durchgeführt. Sowohl Entwickler als auch Endbenutzer arbeiten mit dem verfügbaren Prototyp und lernen dabei die für sie jeweils relevanten Aspekte des Systems kennen.

Dem Endbenutzer werden bei der Arbeit mit dem Prototyp inkonsistente oder unvollständige Anforderungen plastisch vor Augen geführt. Er wird daraufhin Vorschläge zur Modifikation, Verbesserung oder Verfeinerung des Prototyps machen, die vom Entwickler zunächst dokumentiert und anschließend in geeigneter Weise im Prototyp des nächsten Zyklus bzw. im fertigen System berücksichtigt werden müssen.

Die Prototyp-Auswertung sollte von einer intensiven Kommunikation zwischen Endbenutzer und Entwickler begleitet sein. Aufgabe des Entwicklers ist es, dem Endbenutzer eine möglichst fundierte Beurteilung des Prototyps zu „entlocken", die auch durch subjektive Eindrücke geprägt sein soll. Daraus ist schon zu ersehen, daß der Erfolg eines Prototyping-Projekts zu einem großen Teil von der Kommunikationsfähigkeit aller Projektbeteiligten abhängt. Gegebenenfalls sollten in diesem Arbeitsschritt zur Unterstützung Beobachtungs-, Interview- und Fragebogentechniken eingesetzt werden, wie sie aus der Systemanalyse bekannt sind (siehe etwa [LST83; KeK88]).

Zum Abschluß dieses Arbeitsschritts muß entschieden werden, ob ein weiterer Prototyping-Zyklus initiiert wird, ob der vorliegende Prototyp verworfen oder weiterentwickelt wird bzw. ob mit einer anderen Entwicklungsphase eines zugrundeliegenden Life-Cycle-Modells fortgefahren wird.

10.3.3 Prototyping-Ansätze

Im vorangegangenen Abschnitt wurde der Prototyping-Zyklus recht allgemein abgehandelt. Insbesondere wurde wenig darüber ausgesagt, welche Ziele konkret beim Prototyping erfüllt werden sollten. Dies hängt stark vom jeweils gewählten Prototyping-Ansatz ab. Im folgenden werden in Anlehnung an [Flo84] drei grundlegende Ansätze vorgestellt, die sich vor allem in bezug auf die Ziele des Prototyping unterscheiden:

- exploratives Prototyping
- experimentelles Prototyping
- evolutionäres Prototyping

Exploratives Prototyping

Primäre Zielsetzung beim explorativen Prototyping ist die Klärung fachlicher Anforderungen. Es werden die Kommunikationsprobleme angegangen,

die sich daraus ergeben, daß der Systementwickler oft nur unzureichende
Kenntnisse im relevanten Anwendungsgebiet besitzt und der Endbenutzer
keine klaren Vorstellungen von der Leistungsfähigkeit des Computers und
darauf ablauffähiger Software-Systeme hat. In [Keu82] wird diese Art des
Prototyping auch als *Rapid Specification Prototyping* bezeichnet.

Bei den Prototypen handelt es sich hier im allgemeinen um sogenannte
Throw-away-Prototypen, die möglichst schnell und wirtschaftlich erstellt
und nach Abschluß des jeweiligen Prototyping-Zyklus wieder verworfen
werden.

Es ist daher nicht entscheidend, daß die Prototyp-Entwicklung in der
Zielumgebung des späteren Anwendungssystems erfolgt. Sie sollte vielmehr
in einer Umgebung erfolgen, die die bestmögliche Infrastruktur für eine effiziente Prototyp-Entwicklung bietet.

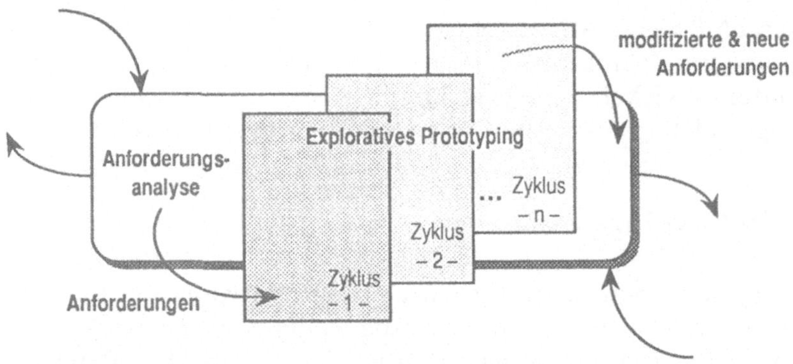

Abb. 10.3/2 Exploratives Prototyping im Life-Cycle-Modell

Beim explorativen Prototyping ist es durchaus üblich, in einem Zyklus nicht
nur einen Prototyp zu entwickeln, sondern mehrere verschiedene, anhand
derer alternative Lösungsmöglichkeiten aufgezeigt werden können. Exploratives Prototyping läßt sich in idealer Weise mit konventionellen Life-Cycle-Modellen verknüpfen. Die Prototyping-Zyklen überlagern dann die
Phase Anforderungsanalyse (siehe Abb. 10.3/2). Ausgangspunkt eines Zyklus ist jeweils eine Menge von Anforderungen, die auf Konsistenz, fachliche Korrektheit und Vollständigkeit geprüft werden sollen. Als Ergebnis
des Prototyping fließen in die Anforderungsanalyse gegebenenfalls geän-

derte Anforderungen ein, aber auch neue Anforderungen, die sich durch die Arbeit mit den Prototypen ergeben.

Experimentelles Prototyping

Die Zielsetzung des experimentellen Prototyping ist der Nachweis der Tauglichkeit vorgeschlagener Problemlösungen, bevor in eine umfangreiche Implementation investiert wird. Die Aspekte, die hiermit überprüft werden, können recht unterschiedlich sein: Qualität der Benutzerschnittstelle, Performance des Systems oder Realisierbarkeit einer Lösung aufgrund der verfügbaren Ressourcen.

Das experimentelle Prototyping setzt immer auf einer bereits vorhandenen Anforderungsspezifikation oder einem Software-Entwurf auf. Ein Prototyp kann dann als Erweiterung oder auch als Verfeinerung der Spezifikation bzw. des Entwurfs verstanden werden.

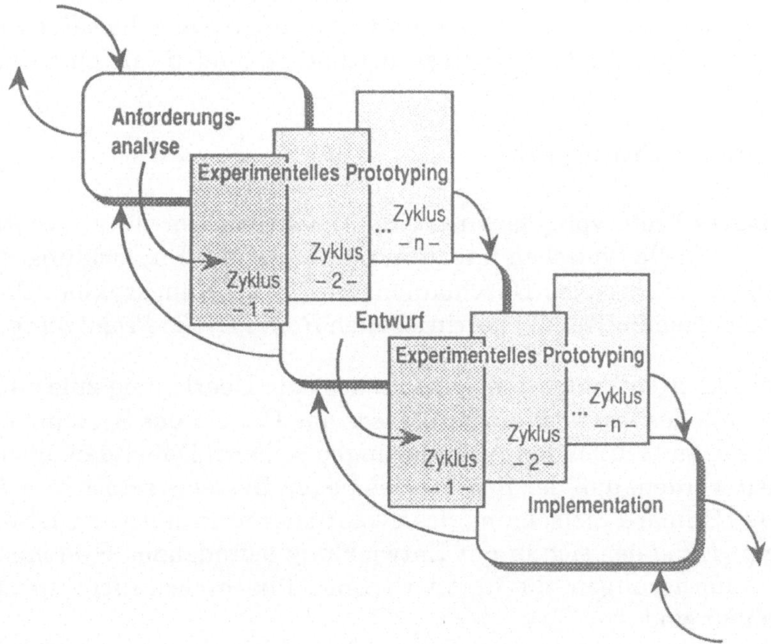

Abb. 10.3/3 Experimentelles Prototyping im Life-Cycle-Modell

Möglichkeiten der Einbindung des experimentellen Prototyping in ein Life-Cycle-Modell zeigt die Abb. 10.3/3. Prototyping erfüllt dabei jeweils zwei verschiedene Aufgaben: Zum einen ist es Teil der Validierungs- bzw. Verifikationsschritte zur Überprüfung der Phasenergebnisse. Diese Überprüfung erfolgt jedoch mit Prototyping üblicherweise nicht erst als abschließender Arbeitsschritt einer Phase, sondern bereits ausgehend von einer initialen Version der Phasenergebnisse. Als zweite Aufgabe unterstützt experimentelles Prototyping auch den Phasenübergang, indem durch die Arbeit mit den Prototypen bereits erste Anhaltspunkte für die nachfolgende Entwicklungsphase gegeben werden.

Wie beim explorativen Prototyping muß auch beim experimentellen Prototyping die Prototyp-Entwicklungsumgebung nicht zwangsläufig der Zielumgebung des Anwendungssystems entsprechen. Insbesondere in der Anforderungsanalysephase wird häufig auch mit Throw-away-Prototypen gearbeitet werden. Spätestens in der Entwurfsphase werden mit Prototyping jedoch Probleme angegangen, die eine Verfügbarkeit der Prototypen in der Zielumgebung voraussetzen. Dies kann etwa dann der Fall sein, wenn Performance-Gesichtspunkte in den Vordergrund treten. In Abhängigkeit von dem beim Prototyping erreichten Qualitätsniveau bildet der Prototyp dann eventuell unmittelbar die Basis der nachfolgenden Implementation.

Evolutionäres Prototyping

Evolutionäres Prototyping bewirkt eine Abkehr von der für konventionelle Life-Cycle-Modelle typischen linearen Anordnung der Entwicklungsschritte hin zu einem sukzessiven Durchlaufen von Entwicklungszyklen. Dies entspricht etwa dem in [Keu82] beschriebenen *Rapid Cyclic Prototyping*.

Dem evolutionären Prototyping-Ansatz liegt die Überlegung zugrunde, daß sich im Laufe des Entwicklungsprozesses das Umfeld des Systems und damit auch die zu erfüllenden Anforderungen ändern. Dabei darf auch nicht übersehen werden, daß der Einsatz des neuen Systems selbst sein Umfeld beeinflußt. Primäre Zielsetzung des evolutionären Prototyping ist die laufende Anpassung des sich in der Entwicklung befindenden Systems an geänderte Anforderungen, die in einer frühen Phase noch nicht zuverlässig vorhersehbar sind.

Ein Software-Produkt kann dann als Folge von Versionen gesehen werden, wobei jede Version überprüft werden und als Prototyp seines Nachfolgers fungieren kann. Voraussetzung dieses Prototyping-Ansatzes ist eine volle Integration der Prototyp-Entwicklungsumgebung in die Zielumgebung des Anwendungssystems.

Floyd umschreibt diese Vorgehensweise in [Flo84] auch mit dem Begriff *Versioning*. Üblicherweise wird unter Versioning jedoch eine Vorgehensweise verstanden, die von der Durchführung her dem evolutionären Prototyping recht ähnlich ist, der jedoch eine grundlegend andere Vorstellung zugrunde liegt: Ein Prototyp wird im Rahmen eines Entwicklungszyklus erstellt, wobei seine Lebensdauer als sehr kurz veranschlagt wird. Wiederholte Änderungen des Prototyps bzw. Neuentwicklungen werden bewußt vorgenommen. Die Änderungen des Systems beim Versioning beginnen dagegen üblicherweise erst in der Wartungsphase – einer Phase, die beim evolutionären Ansatz entfällt, da sie einfach weiteren Entwicklungszyklen entspricht – und ergeben sich aus Problemen, die beim Praxiseinsatz auftreten. Der evolutionäre Ansatz dient dazu, diese Probleme bereits in möglichst frühen Entwicklungszyklen zu erkennen und entsprechend zu berücksichtigen.

Floyd unterscheidet zwei Ausprägungen des evolutionären Ansatzes:

- inkrementelle Systementwicklung und

- evolutionäre Systementwicklung.

Inkrementelle Systementwicklung

Die inkrementelle Systementwicklung läßt sich in konventionellen Life-Cycle-Modellen als spezielle Vorgehensweise bei der Durchführung der Phasen Implementation und Systemtest einbinden. Die Systementwicklung erfolgt durch schrittweise Erweiterung der Implementation, wobei alle unvollständigen Systemversionen jeweils als Prototypen interpretiert werden.

Evolutionäre Systementwicklung

Im Rahmen einer evolutionären Systementwicklung wird der gesamte Entwicklungsprozeß als eine Folge von Entwurf/Implementation/Evaluations-Zyklen gesehen. Dieser Prozeß weist eine erheblich stärkere Dynamik auf und läßt sich deshalb nur äußerst schwer überwachen und steuern. Er ist in keiner Weise mit dem konventionellen Life-Cycle-Modell vereinbar.

Die evolutionäre Systementwicklung stellt erhebliche Anforderungen an alle Projektbeteiligten: Der Entwickler muß stets bereit sein, das vorliegende System zu ändern, zu erweitern oder gar zu verwerfen, um neuen fachlichen Anforderungen gerecht zu werden. Andererseits muß sich der Endbenutzer einem fortwährenden (Um-)Lernprozeß unterziehen und sich immer wieder auf neue Systemversionen einstellen, was insbesondere dem EDV-unerfahrenen Benutzer oft schwer fallen wird.

10.3.4 Techniken zur Unterstützung des Prototyping

In diesem Abschnitt werden die wichtigsten Techniken zur Unterstützung des Prototyping vorgestellt. Die meisten sind nicht speziell für das Prototyping konzipiert, sondern können auch im Rahmen anderer Vorgehensweisen zur Software-Entwicklung eingesetzt werden. Die Techniken lassen sich in fünf Kategorien unterteilen:

- Software-Wiederverwendung

- User-Interface Development Systems und Toolkits

- Datenbankorientierte Anwendungsentwicklungssysteme

- Very High-Level Languages

- Operationale Spezifikationssprachen und Transformationssysteme

Software-Wiederverwendung

Die Software-Wiederverwendung wurde ausführlich in Abschnitt 10.2 behandelt. Sie eignet sich hervorragend zur Unterstützung des Prototyping (siehe [HoM84]). Aus fertig implementierten Programmodulen, die in Bibliotheken zur Verfügung stehen, können erste Versionen des zu entwikkelnden Software-Produkts erstellt werden, die als Prototypen einsetzbar sind. In dieser Weise läßt sich vor allem experimentelles und evolutionäres Prototyping unterstützen.

User-Interface Development Systems und Toolkits

Prototyping in der Praxis umfaßt häufig nur das Prototyping der Benutzerschnittstelle einer Anwendung, wobei jedoch die unterschiedlichsten Zielsetzungen zugrunde gelegt werden. Hierfür werden oftmals Techniken eingesetzt, die auch in der Entwurfs- und Implementationsphase Verwendung finden. In Kapitel 6 dieses Buches wurden einige dieser Techniken vorgestellt. Es handelt sich dabei um Toolkits, die Bibliotheken mit Programmodulen zur Realisierung ergonomischer Benutzerschnittstellen bereitstellen, die aus Anwendungsprogrammen aufgerufen werden können. Wir haben es hier also mit einer spezielle Form der Software-Wiederverwendung zu tun. Es werden aber auch umfassende Entwicklungssysteme angeboten, die den Entwickler bei der Realisierung und Verwaltung von Benutzerschnittstellen unterstützten. In diese Gruppe gehört auch RAPID/USE (siehe Abschnitt 6.4), eines der wohl bekanntesten Prototyping-Tools.

Datenbankorientierte Anwendungsentwicklungssysteme

Für Informationssysteme wird die konventionelle Programmentwicklung zunehmend abgelöst durch den Einsatz datenbankorientierter Anwendungsentwicklungssysteme (siehe [Mar85, Mar86]). Basis dieser Systeme bildet im allgemeinen ein relationales Datenbanksystem, das zur Verwaltung der Anwendungsdatenbestände eingesetzt werden soll.

Das Entwicklungssystem umfaßt interaktive Tools zur Definition von Datenbankschemata (Relationen), Masken, Reports und manchmal auch von Datenbank-Prozeduren. Für den Zugriff auf die Datenbestände stehen Query-Sprachen zur Verfügung, mit denen Abfragen und Updates individuell formuliert werden können. Die Ergebnisse können über vordefinierte Masken und Reports ausgegeben werden. Zur Anwendungsentwicklung werden außerdem Möglichkeiten zur Verknüpfung von Elementen der Query-Sprache mit gängigen prozeduralen Programmiersprachen angeboten. Häufig wird jedoch auch die Query-Sprache selbst um Konzepte erweitert, die die ausschließliche Verwendung der Datenbanksprache zur Anwendungsentwicklung erlauben.

Datenbankorientierte Anwendungsentwicklungssysteme sind in dem für sie vorgesehenen Anwendungsgebiet hervorragend zum Prototyping geeignet (siehe etwa [ZaM83, MöS84, Hes87]). Mit ihnen lassen sich in kürzester Zeit ablauffähige Datenbankanwendungen erstellen, die zur Ausführungszeit um in der Query-Sprache formulierte Ad-hoc-Abfragen erweitert werden können. In dieser Weise unterstützen die Systeme sowohl exploratives, experimentelles als auch evolutionäres Prototyping.

Datenbankorientierte Anwendungsentwicklungssysteme haben in den vergangenen Jahren einen ganz erheblichen Verbreitungsgrad erreicht. Dies führte dazu, daß die gängigen Systeme in eine Vielzahl von Hard- und Software-Umgebungen portiert wurden. Systeme wie etwa ORACLE stehen heute sowohl in Mainframe-, Mini- als auch in Personal-Computer-Umgebungen zur Verfügung. Dies hat den Vorteil, daß das Prototyping durchaus in einer anderen als der Zielumgebung durchgeführt werden kann, die Prototypen jedoch mit nur geringem Aufwand in die Zielumgebung portiert und dort zum fertigen Anwendungssystem fortentwickelt werden können.

Die Mächtigkeit einer Query-Sprache (hier SQL-ORACLE) soll nun abschließend anhand eines Beispiels aus [FKU89] demonstriert werden. In einer Relation (Tabelle) seien für alle Leistungen, die ein Unternehmen im Rahmen von Kundenaufträgen erbracht hat, jeweils Einträge enthalten:

LEISTUNG	LFD#	A#	DATUM	TEXT	EINHEIT	ANZAHL	SATZ
	1	111	20-May-88	Schulungsmaterial	Seite	45	75
	2	111	21-May-88	Kopien/ Folien	Seite	30	10
	3	112	15-Jan-86	Systemanalyse	Tag	10	1.200
	4	112	07-Feb-86	Datenbankentwurf	Tag	8	1.200
	5	112	13-Mar-86	Programmentwurf	Tag	10	1.200
	6	113	13-Dec-87	Programmentwurf	Tag	35	1.400
	7	109	01-May-86	Schulung	Festpreis	1	1.500
	...	...	...	...	...	...	...

Aus dieser Tabelle seien die Auftragswerte aller Aufträge zu bestimmen, für die 1986 jeweils die letzte Leistung erbracht wurde. Eine entsprechende Query könnte wie folgt lauten:

```
SELECT    A#, SUM(ANZAHL * SATZ) UMSATZ, COUNT(A#)
     FROM LEISTUNG
     GROUP BY A#
     HAVING MAX (DATUM) LIKE '%86'
```

Die Auswertung der Query würde folgende Tabelle liefern:

A#	UMSATZ	COUNT(A#)
109	1.500	1
112	33.600	3

Wieviel aufwendiger wäre wohl die Formulierung dieser Abfrage in einer prozeduralen Programmiersprache wie etwa Cobol gewesen?

Very High-Level Languages

Als Very High-Level Languages (VHLL) werden Sprachen bezeichnet, die es dem Programmierer erlauben, sich mehr auf die Problemdarstellung in der Sprache zu konzentrieren als auf die Programmierung des Lösungswegs (siehe hierzu [Bud86]). Dies macht die Sprachen für exploratives und evoluntionäres Prototyping attraktiv.

VHLL sollen kompakte Sprachen mit informalem Semantikmodell, wenig expliziter Ablaufsteuerung und mächtigen Datentypen sein. Jede dieser Sprachen hat einen spezifischen Einsatzschwerpunkt, keine ist universell. So können im Bereich der kommerziellen Datenverarbeitung die als Teil datenbankorientierter Anwendungsentwicklungssysteme bereitgestellten Sprachen (häufig Viertgenerationssprachen genannt) durchaus als VHLL bezeichnet werden, für den technisch-wissenschaftlichen Bereich gilt dies sicher nicht.

D. Kolb beschreibt in [Kol85] den Einsatz der LISP-Programmierumgebung INTERLISP-D als Werkzeug zum Rapid Prototyping. Die funktionale Sprache LISP (für eine Einführung siehe z.B. [WiH84]) erfüllt alle Anforderungen einer VHLL: leicht verständliches Semantikmodell (λ-Kalkül), implizite Ablaufsteuerung durch Rekursion, Verwendung von Listen als Datenstrukturen mit großer Ausdrucksmächtigkeit. Kompaktheit wird insbesondere dort erreicht, wo Anwendungssysteme mit Hilfe mathematischer Funktionen beschrieben sind.

Ein typisches Beispiel, bei dem sich eine Problemlösung elegant mit LISP formulieren läßt, findet sich in [WiH84]: Es ist eine Prozedur QUADRATIC mit drei Parametern A, B und C zu implementieren, die eine Liste mit den beiden Lösungen der quadratischen Gleichung $ax^2 + bx + c = 0$ liefert. Unter Verwendung der bekannten Formel

$$x_{1/2} = \frac{-b \pm \sqrt{b^2 - 4ac}}{2a}$$

läßt sich die Prozedur in LISP wie folgt formulieren:

```
(DEFUN QUADRATIC (A B C)
   (LIST (/ (+ (-B)
            (SQRT (- (* B B) (* 4.0 A C))))
          (+ A A))
         (/ (- (-B)
            (SQRT (- (* B B) (* 4.0 A C))))
          (+ A A))))
```

Für die Logiksprache Prolog (für eine Einführung siehe z.B. [ClM84]) ergibt sich ein ähnliches Einsatzgebiet wie für LISP. Als Semantikmodell liegt bei Prolog die Horn-Logik zugrunde, implizite Ablaufsteuerung ist durch Rekursion und Backtracking realisiert. Als ausdrucksstarke Datenstrukturen stehen Terme als verzweigte Tupel und Listenstrukturen zur Verfügung. Die Verwendung von Prolog zum Rapid Prototyping wird z.B. in [VeB84, Lee85, Tav85] beschrieben.

Die Eignung der Sprache Prolog zur Formulierung kompakter Programme soll anhand eines Beispiels aus [ClM84] demonstriert werden. Es seien Prädikate zur Realisierung von Mengenoperationen zu implementieren. Besonders schwierig würde sich in einer prozeduralen Programmiersprache wohl die Implementation der Schnittmengen-Bildung darstellen.

In Prolog kann dieses Problem mit Hilfe des folgenden rekursiven Prädikats gelöst werden:

```
intersection ([],X,[]).

intersection ([X|R],Y,[X|Z]) :-
   member (X,Y),
   !,
   intersection (R,Y,Z).

intersection ([X|R],Y,Z) :- intersection (R,Y,Z).
```

Das Prädikat member läßt sich, ebenfalls rekursiv, wie folgt implementieren:

```
member (X,[X|_]).

member (X,[_|Y]) :- member (X,Y).
```

Eine Klasse von VHLL, die sich besonders für die evolutionäre Systementwicklung eignen, sind objektorientierte Sprachen. Da wir uns mit diesen Sprachen bereits in Kapitel 9 beschäftigt haben, können wir an dieser Stelle auf eine Beschreibung verzichten.

Operationale Spezifikationssprachen und Transformationssysteme

Bei der Anwendung der bis jetzt vorgestellten Prototyping-Techniken treten im allgemeinen Konsistenzprobleme zwischen Prototyp und zugrundeliegender Spezifikation auf. Der Entwickler hat bei der Implementation des Prototyps und bei allen Änderungen dafür Sorge zu tragen, daß der Prototyp die zugehörige Spezifikation erfüllt. Dies wirft in der Praxis, insbesondere in frühen Entwicklungsphasen, in denen die Prototypen häufigen Änderungen unterliegen, ganz erhebliche Probleme auf, die allzuoft zur Ablehnung des Prototyping-Ansatzes führen.

Eine Alternative bietet der sogenannte operationale Ansatz zur Software-Entwicklung (vgl. [Zav84]), bei dem zur Spezifikation fachlicher Anforderungen Sprachen verwendet werden, die eine operationale Semantik aufweisen. Für solche Sprachen lassen sich Interpreter und Compiler implementieren, die in idealer Weise auch zum Prototyping eingesetzt werden können. Beispiele für die Anwendung dieser Techniken sind die Prototyping-Tools EPROS (siehe [HeI88]) und INCOME/PROFIT (siehe [SOL87, NSS88, Sch89]).

Der operationale Ansatz zur Software-Entwicklung bedeutet eine vollständige Abkehr von konventionellen Life-Cycle-Modellen. Bis dato ist er noch in keinem kommerziell verfügbaren Entwicklungswerkzeug konsequent verwirklicht. Gleichwohl wird er in der Zukunft stark an Bedeutung gewinnen.

Weiterführende Literatur

[ACM82], [Agr86], [Ala84], [BKM84], [Flo84], [HeI88], [IEE89], [Von90]

10.4 Operationale Spezifikationssprachen und Transformationssysteme

10.4.1 Problematik konventioneller Software-Entwicklung

In diesem Kapitel haben wir bereits zwei wichtige Problembereiche angesprochen, die sich aus der Anwendung konventioneller Ansätze zur Software-Entwicklung ergeben: Einbindung bereits vorhandener Software-Komponenten und Benutzerbeteiligung am Entwicklungsprozeß. Mit Software-Wiederverwendung und Prototyping werden Techniken beschrieben, die sich mit konventionellen Ansätzen verknüpfen lassen und so zu einem produktiveren Entwicklungsprozeß und qualitativ hochwertigeren Software-Produkten führen.

In diesem Abschnitt wollen wir nun einen weiteren Problembereich ansprechen, der aus der für konventionelle Life-Cycle-Modelle charakteristischen strikten Abgrenzung zwischen Spezifikations- und Implementationsphase resultiert. Bei der fachlichen Spezifikation werden Aspekte der späteren Implementation bewußt vernachlässigt. Häufig wird es jedoch so sein, daß Implementationsaspekte sehr wohl auch die fachlichen Anforderungen beeinflussen (vgl. [SwB82]). Als typisches Beispiel können wir Anforderungen anführen, die zeitliche Aspekte betreffen. So sei für ein Real-Time-System für ein bestimmtes externes Ereignis eine maximale Antwortzeit vorgegeben, die sich in der für die Implementation zur Verfügung stehenden Zielumgebung nicht realisieren läßt. Wir können in einem solchen Fall natürlich nicht einfach die Anforderung vernachlässigen, sondern wir müssen gegebenenfalls umfangreiche Modifikationen der gesamten Spezifikation vornehmen, so daß eine entsprechende Implementation möglich wird.

Die Abbildung der Spezifikation in eine dazu passende Implementation erweist sich in der Praxis als einer der schwierigsten Arbeitsschritte (vgl. [BCG83, Bal85]). Sie ist durch ein hohes Maß manueller Tätigkeiten gekennzeichnet, die sich üblicherweise in keiner Dokumentation nachvollziehen lassen. Genau das ist jedoch für einen effizienten Wartungsprozeß unerläßlich.

Im Rahmen der Wartung sieht sich der Entwickler mit einem weiteren Problem konfrontiert, das ebenfalls an dieser Stelle angesprochen werden muß. Wer kennt sie nicht die Schwierigkeiten, in einem mehrfach optimierten

Quellcode Änderungen oder Erweiterungen durchführen zu müssen? Sicher kann in der Praxis auf Optimierungen nicht verzichtet werden, sie erschweren das Verständnis und die Wartbarkeit des Quellcodes jedoch erheblich. Das Ziel müßte sein, eine Möglichkeit zur Wartung von Software-Produkten auf einer höheren Ebene, nämlich der Spezifikationsebene, zu schaffen.

10.4.2 Operationale Spezifikationssprachen

Operationale Ansätze zur Software-Entwicklung (vgl. [Zav84]) scheinen in besonderem Maße zur Lösung der im vorigen Abschnitt angesprochenen Probleme geeignet. Sie sind eng mit Begriffen wie automatische Programmierung, transformative Implementation und ausführbare Spezifikation verbunden.

Operationale Ansätze basieren auf der Verwendung operationaler Sprachen zur Anforderungsspezifikation. Darunter sind formale Sprachen zu verstehen, die eine *operationale Semantik* aufweisen und somit in einen endlichen Automaten (vgl. Abschnitt 2.3) mit Zustandsmenge, Input-Menge, Zustandsübergangsfunktion, Ausgangs- und Endzuständen abgebildet werden können. Beispiele sind PAISLey [Zav82], GIST [BGW82], RSL [Smo81] und Petri-Netze (siehe Abschnitt 5.3).

Aufgrund des formalen Charakters dieser Sprachen sind im allgemeinen eine Vielzahl interner Analysen der Spezifikation möglich, mit denen z.B. Inkonsistenzen und Redundanzen aufgedeckt werden können. Außerdem lassen sich auch Tools zur direkten Ausführung der Spezifikation (siehe Abschnitt 10.4.3) und zur transformativen Implementation (siehe Abschnitt 10.4.4) realisieren. All diese Vorteile müssen jedoch durch eine häufig recht unhandliche Formalisierung der Anforderungsspezifikation erkauft werden. Darin liegt auch der Grund, weshalb sich operationale Ansätze in der Praxis bislang noch nicht durchsetzen konnten. Balzer umschreibt diesen Problembereich mit dem Begriff *Spezifikationsakquisition* (siehe [Bal85]). In einer verbesserten Unterstützung der Spezifikationsakquisition liegt der Schlüssel für die Durchsetzung operationaler Ansätze in der Praxis.

Als Beispiel bietet sich hier die INCOME-Methode an (siehe [NSS88, LNO89]), die auf der Verwendung von Petri-Netzen zur Anforderungsspezifikation aufbaut. INCOME unterstützt die Spezifikationsakquisition durch einen schrittweisen Formalisierungsprozeß, wobei nicht nur die verwendeten Spezifikationssprachen, sondern darüber hinaus auch die Formalisierungsschritte Bestandteil der Methode sind. INCOME sieht zunächst eine informale textuelle Beschreibung relevanter Anforderungen vor. Darauf aufbauend wird eine Objektflußdiagramm-Hierarchie entworfen (siehe Abschnitt 3.4), deren Elementen (Funktionen, Objektflüssen) in einem Glossar textuelle Beschreibungen zugewiesen werden. Diesen liegen im allgemeinen Textfragmente der informalen Spezifikation zugrunde. Abbildung 10.4/1 zeigt exemplarisch einen Ausschnitt einer Objektflußdiagramm-Hierarchie für ein Lagerverwaltungssystem.

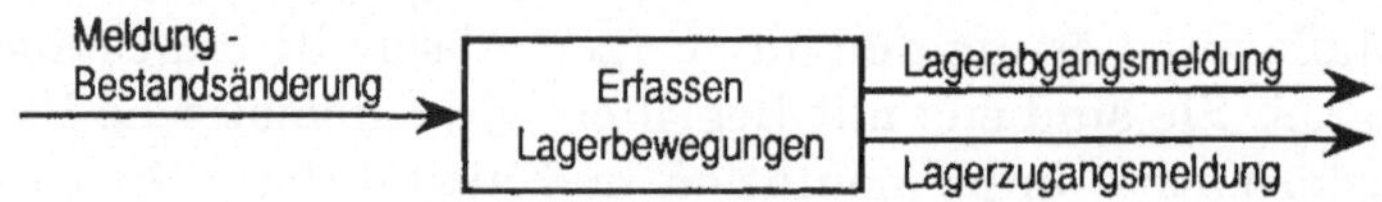

Glossar

FUNKTION Erfassen Lagerbewegungen
   Aufgrund einer Meldung über eine Lagerbestandsänderung wird eine
   Lagerabgangsmeldung erstellt, falls die Änderungsmeldung eine negative
   Menge aufweist. Handelt es sich um eine positive Mengenangabe, wird eine
   Lagerzugangsmeldung erstellt.

OBJEKTFLUSS Lagerabgangsmeldung
   ...

OBJEKTFLUSS Lagerzugangsmeldung
   ...

OBJEKTFLUSS Meldung - Bestandsänderung
   ...

Abb. 10.4/1 Semi-formale Anforderungsspezifikation mit INCOME

In den textuellen Beschreibungen sind im allgemeinen Informationen enthalten, die sich nicht in der Objektflußdiagramm-Hierarchie abbilden lassen. So auch in unserem Beispiel: Die Graphik beschreibt nur, daß eine Funktion existieren muß, die aus einer Meldung über Bestandsänderungen Lagerzu- und -abgangsmeldungen erstellt. Es ist aber nicht abzulesen, daß nur jeweils eine der Meldungen erstellt wird, die Ausgangsflüsse also durch ein exklusives Oder verknüpft sind. In weiteren Formalisierungsschritten werden aus der semi-formalen Spezifikation zunächst Kanal/Instanz-Netze und dann Stelle/Transitions-Netze erzeugt (zu Petri-Netzen siehe Abschnitt

5.3). Abbildung 10.4/2 zeigt den Ausschnitt eines Stelle/Transitions-Netzes für unser Beispiel.

Im Stelle/Transitions-Netz ist nun die XOR-Verknüpfung zwischen den Ausgangsflüssen berücksichtigt. Hierzu mußte die Funktion Erfassen Lagerbewegungen in zwei Transitionen zerlegt werden, die in einem Verzweigungskonflikt bzgl. der Marken in Stelle p1 stehen. Im Glossar ist jedoch die Bedingung zur Lösung des Konflikts bereits angegeben: die Transitionen sollten in Abhängigkeit der in der Meldung Bestandsänderung angegebenen Menge geschaltet werden. Um auch diese Information abbilden zu können, muß das Stelle/Transitions-Netz in einem weiteren Formalisierungsschritt in ein Prädikat/Transitions-Netz abgebildet werden. Dieser Schritt bedarf intensiver Unterstützung, da nicht vorausgesetzt werden kann, daß die Sprache zur Formulierung der Transitionsbeschriftungen (hier Prolog) allen Entwicklern geläufig ist. Zusätzliche Schwierigkeiten ergeben sich bei der Arbeit mit komplexen Objektstrukturen, die eine gefährliche Quelle für Inkonsistenzen darstellen können.

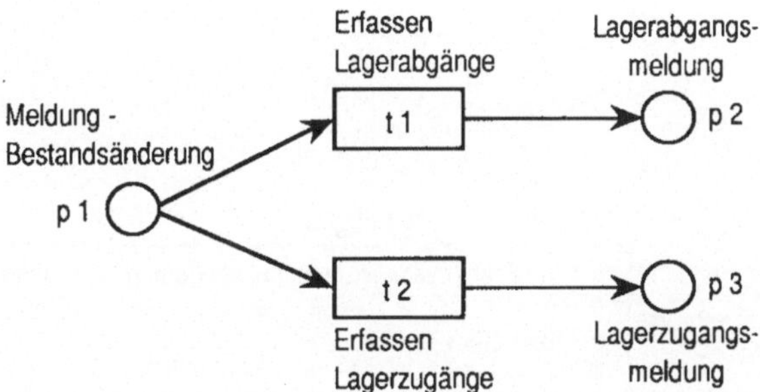

Abb. 10.4/2 Stelle/Transitions-Netz

Abbildung 10.4/3 illustriert die von INCOME unterstützte Vorgehensweise zur Transitionsbeschriftung. Die Strukturen der konsumierten und erzeugten Objekte werden in einer geeigneten Notation (hier SHO) dargestellt (siehe Abb. 10.4/3 a). Anschließend werden zunächst die Vorbedingungen formuliert. Dies können, wie in unserem Beispiel, Vergleiche von Komponenten mit Konstanten (Menge > 0) sein, aber etwa auch Vergleiche zwischen Teilstrukturen verschiedener konsumierter Objekte.

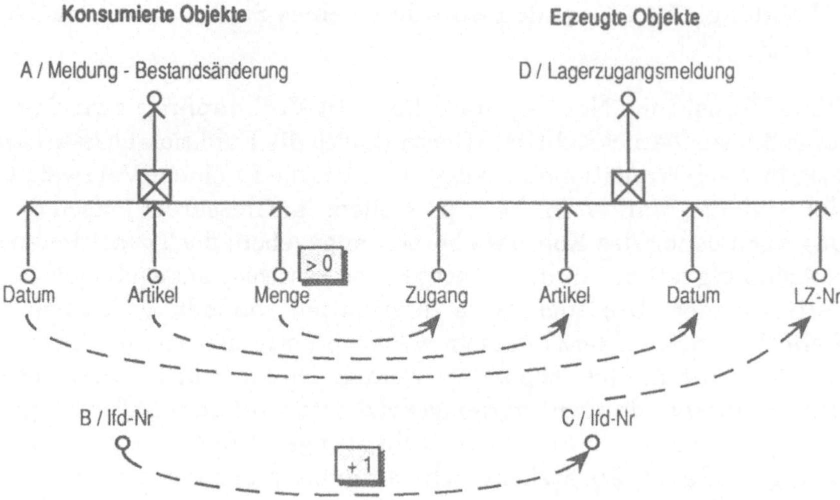

(a)   Zuordnung von Eingabe- und Ausgabestrukturen

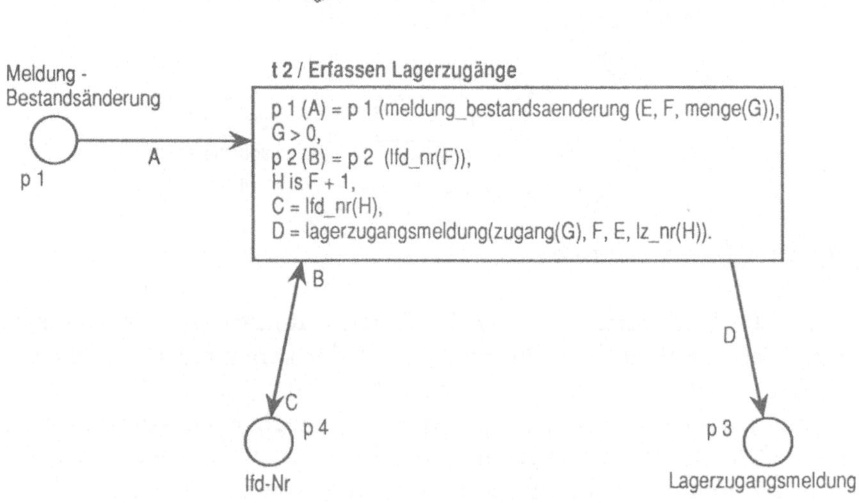

(b)   Ausschnitt des Prädikat/Transitions-Netzes

Abb. 10.4/3 Beschriftung von Prädikat/Transitions-Netzen

Zur Formulierung der Nachbedingungen werden Teilstrukturen konsumierter und erzeugter Objekte bzw. auch erzeugter Objekte untereinander verknüpft, was einer Werteübertragung entspricht. Die Verknüpfungen sind in Abb. 10.4/3 a an den gestrichelten Pfeilen erkennbar. Interessant sind vor allem die Verknüpfungen mit dem Objekttyp lfd-Nr, der erst im Pr/T-Netz berücksichtigt wird. Die konsumierte laufende Nummer (Variable B) wird vor der Übertragung in die Variable C gleichen Typs zunächst um Eins erhöht. Die neue laufende Nummer wird dann zusätzlich als Lagerzugangsnummer (LZ-Nr) in die Lagerzugangsmeldung übernommen. Aus den in dieser Weise gesammelten Informationen läßt sich dann die in Abb. 10.4/3 b angegebene Transitionsformel automatisch generieren.

Die praktische Erfahrung mit der INCOME-Methode hat gezeigt, daß sich ein schrittweiser Formalisierungsprozeß äußerst positiv auf die Akzeptanz bei den Entwicklern auswirkt. Er läßt sich jedoch nur dann effizient durchführen, wenn er in geeigneter Weise durch leistungsfähige Tools unterstützt wird.

10.4.3 Spezifikationsinterpreter

Die bisher angesprochenen Möglichkeiten zur Spezifikationsakquisition sprechen vor allem den Entwickler an. Es ist jedoch entscheidend, daß im Rahmen der Validierung der Spezifikation auch die fachliche Korrektheit und Vollständigkeit überprüft werden kann. Wie wir bereits zu Beginn des Kapitels festgestellt haben, ist hierfür die Mitwirkung des Endbenutzers wünschenswert. Diese wird am besten durch die Bereitstellung einer frühen ausführbaren Version, eines Prototyps, des zu entwickelnden Systems erreicht.

Für operationale Spezifikationssprachen lassen sich, aufgrund ihrer operationalen Semantik, Spezifikationsinterpreter implementieren, die die direkte Ausführung von Spezifikationen ermöglichen. Gemäß der Definition in Abschnitt 10.3.1 entspricht eine operationale Spezifikation zusammen mit einem darauf anwendbaren Interpreter dann gerade einem Prototyp. Dieser zeigt das gesamte funktionale Verhalten des zukünftigen Systems auf, wie es durch die aktuelle Spezifikation vorgegeben wird. Die Art und Weise, wie das Verhalten erzeugt wird oder welche Medien zur Illustration des Verhaltens verwendet werden, werden dabei im allgemeinen von den Gegebenheiten der geplanten Zielumgebung abweichen. In der Praxis wird diese Form des Prototyping deshalb häufig auch mit dem Begriff *Simulation* umschrieben.

Spezifikationsinterpreter bieten den Vorteil, daß nach Änderungen der Spezifikation unmittelbar wieder ein neuer aktueller Prototyp zur Verfügung steht, ohne daß hierfür aufwendige Implementationsarbeiten erforderlich wären. Spezifikationsinterpreter sind deshalb in besonderem Maße zur Unterstützung explorativer Prototyping-Ansätze geeignet. Sie beeinflussen jedoch auch die Arbeitsweise des Entwicklers, indem sie eine inkrementelle Vorgehensweise bei der Spezifikationsakquisition fördern: Der Entwickler erweitert die Spezifikation jeweils nur um wenige Anforderungen, die er dann sofort mit Hilfe des Spezifikationsinterpreters im Zusammenhang validiert. Falls eine Unstimmigkeit entdeckt wird, kann er diese einfach lokalisieren und beseitigen.

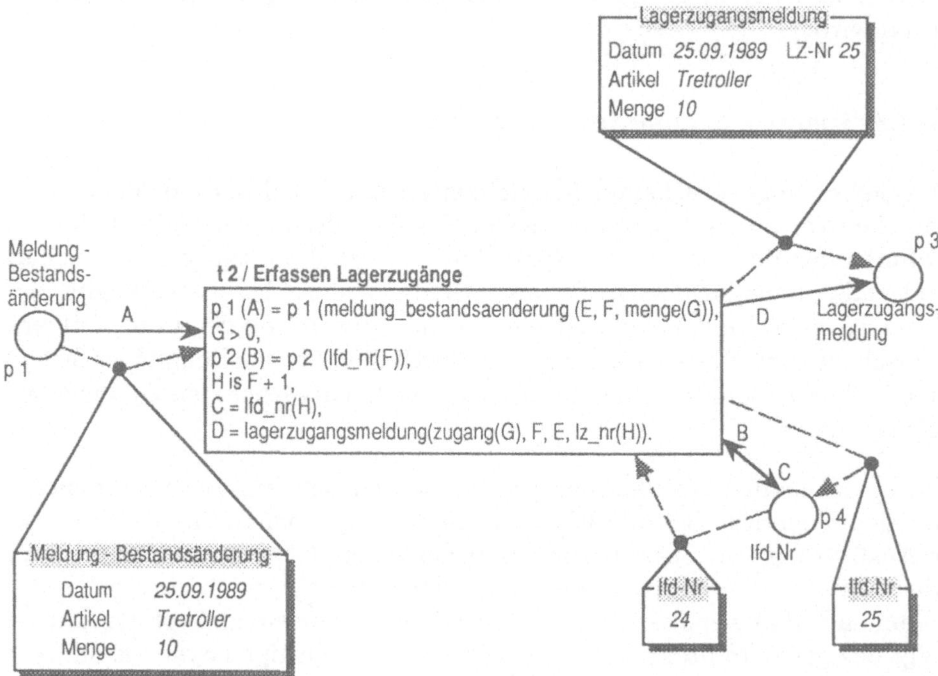

Abb. 10.4/4 Direkte Ausführung eines Pr/T-Netzes mit INCOME/PROFIT

Betrachten wir nun exemplarisch die direkte Ausführung eines Pr/T-Netzes, wie sie das Tool INCOME/PROFIT (siehe [Sch89]) unterstützt. Entschei-

dend für die Akzeptanz eines Spezifikationsinterpreters ist seine Benutzer-
oberfläche, also die Art und Weise, wie die Spezifikation präsentiert wird.
INCOME/PROFIT zeigt stets die zum aktuellen Zeitpunkt relevanten Ausschnitte des interpretierten Pr/T-Netzes. Außerdem stehen eine Vielzahl
von Informationen über den Zustand des Netzes zur Verfügung (aktivierte
Transitionen, Konfliktsituationen usw.). Eine Besonderheit ist, daß alle im
Netz befindlichen Marken (Objekte) in einer Formulardarstellung angezeigt
werden können, die insbesondere den Bedürfnissen des Endbenutzers ent-
gegenkommt. Auch alle spezifizierten interaktiven Operationen werden
über Formulare abgewickelt. In Abb. 10.4/4 ist ein Bildschirmausschnitt
skizziert, wie ihn INCOME/PROFIT während der Ausführung des Pr/T-Netzes
aus Abb. 10.4/3 zeigen könnte.

In der Praxis findet sich eine Reihe weiterer Tools, die ebenfalls die direkte
Ausführung von Petri-Netzen ermöglichen. Die bekanntesten sind De-
sign/CPN, NET und PACE. Sie sind jedoch vorrangig als General-Purpose-
Tools für die Simulation komplexer Systeme konzipiert. Für den Einsatz im
Rahmen operationaler Software-Entwicklungsansätze erscheinen sie dage-
gen wenig geeignet.

Symbolische Ausführung

Spezifikationsinterpreter behandeln Spezifikationen wie Programme, für
deren Ablauf Eingabedaten bereitgestellt werden müssen. Dies wären etwa
für ein Petri-Netz die Ausgangsmarkierungen. Insbesondere für Pr/T-Netze
ist die Menge möglicher Eingaben offensichtlich aber so groß, daß nur die
Abläufe einiger ausgewählter Ausgangsmarkierungen getestet werden können.

Hier kann eine Technik Abhilfe schaffen, die als *symbolische Ausführung*
bezeichnet wird (siehe [CSB82, NiV86]). Anstelle ganz konkreter Eingaben
werden nur symbolische Eingaben getätigt, d.h. in einem Pr/T-Netz werden
in den Prädikaten nicht Objekte mit fest vorgegebenen Komponenten abgelegt, sondern nur unvollständig spezifizierte Objekte, die dann jeweils eine
ganze Klasse möglicher Objekte repräsentieren. Für unser Beispiel könnte
im Prädikat Meldung-Bestandsänderung als symbolische Eingabe etwa nur ein
Objekt

```
meldung_bestandsaenderung (datum(_),
            artikel('Tretroller'), menge(_))
```

abgelegt werden. Dieses Objekt repräsentiert die Klasse aller Objekte vom Typ Meldung-Bestandsänderung, die sich auf den Artikel Tretroller beziehen. Die Klasse kann durch folgende Klauseln auf alle Bestandsänderungen um mehr als fünf Mengeneinheiten eingeschränkt werden:

```
meldung_bestandsaenderung (datum(_),
                artikel('Tretroller'), menge(M)),
M > 5.
```

Im allgemeinen müssen die als Eingabe vorgegebenen Klassen im Verlauf der symbolischen Ausführung mehrfach eingeschränkt werden, um konkrete Aussagen über mögliche Endzustände zu erlauben.

In unserem Beispiel wäre die Auswertung der Transitionsformel (siehe Abb. 10.4/3) für die Klasse aller Bestandsänderungen für Tretroller nur möglich, wenn die Klasse durch Bestimmung einer positiven Menge (etwa 5) weiter eingeschränkt würde. Die Auswertung würde dann eine Klasse von Lagerzugangsmeldungen liefern, die wie folgt beschrieben ist:

```
lagerzugangsmeldung (zugang(5), artikel('Tretroller'),
                datum(_), lz_nr(25)).
```

10.4.4 Transformationssysteme

In den vorangegangenen Abschnitten haben wir eine Reihe von Vorzügen bei der Verwendung operationaler Spezifikationssprachen gesehen. Was bleibt, ist das Problem, die Anforderungsspezifikation in eine Form zu transformieren, die mit ausreichender Performance direkt in der geplanten Zielumgebung ablauffähig ist.

Bei konventionellen Ansätzen findet im allgemeinen ein Bruch zwischen Anforderungsspezifikation und Entwurf statt: für die in einer deklarativen Art und Weise spezifizierten Anforderungen lassen sich nur schwer adäquate Entwurfskonzepte finden. Dieser Bruch ist eine gefährliche Quelle für Inkonsistenzen, die sich auch durch ausgefeilte Verifikationsverfahren in der Entwurfsphase nicht erkennen lassen. Unproblematisch läuft dagegen die Abbildung des Software-Entwurfs in eine Implementation ab, da die Entwurfsmethoden schon sehr stark auf die Gegebenheiten der späteren Implementation zugeschnitten sind. Für diese Aufgaben existieren auch eine Vielzahl leistungsfähiger Tools: Datenbank-Generatoren, die Entity-Relationship-Diagramme in relationale Datenbankschemata transformie-

ren, oder Programm-Generatoren, die Pseudo-Code, Struktogramme oder
Structure Charts in kompilierbaren Quellcode umsetzen, sind heute State-
of-the-Art moderner Software-Entwicklungsumgebungen. Dagegen wird der
Übergang zwischen Spezifikation und Entwurf im allgemeinen nur durch
Matrizeneditoren unterstützt, die eine Zuordnung zwischen Entwurfs- und
Spezifikationsaspekten ermöglichen.

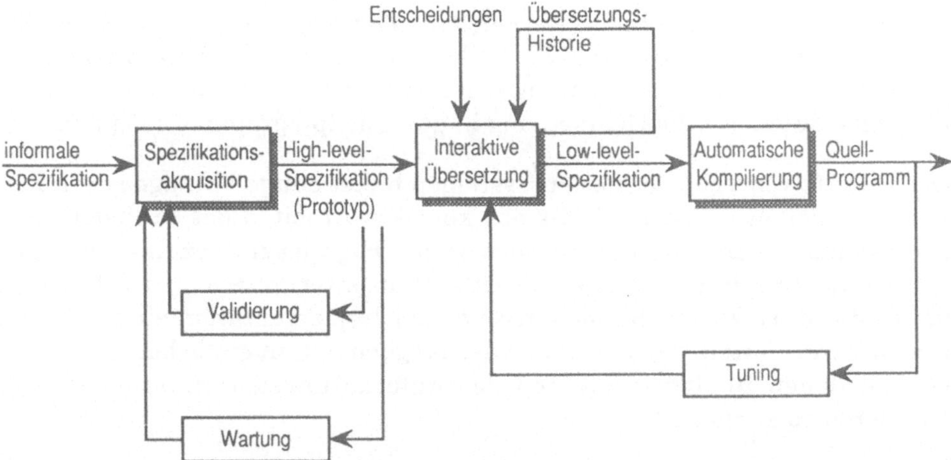

Abb. 10.4/5 Operationaler Ansatz zur Software-Entwicklung (aus [Bal85])

Eine erfolgversprechende Alternative stellen Transformationssysteme dar,
die eine evolutionäre Entwurfs- und Implementationsstrategie unterstützen. Als einfachste Form eines Transformationssystems können wir uns
einen Compiler vorstellen, der eine Quelle – hier die operationale Spezifikation – automatisch in ein ausführbares Programm übersetzt. Als Eingriff
des Entwicklers ist lediglich die Übergabe von Parametern beim Aufruf des
Compilers erforderlich. Eine automatische Kompilierung setzt jedoch voraus, daß für die Spezifikation genau *eine* adäquate Implementation existiert
und daß alle relevanten Entwurfsentscheidungen, wie Auswahl von Algorithmen, Daten- und Kontrollstrukturen, bereits getroffen und in der Spezifikation dokumentiert sind. Für operationale Anforderungsspezifikationen
gilt dies im allgemeinen nicht. Sie befinden sich auf einem so hohen Abstraktionsniveau, daß für ihre Implementation eine ganze Klasse möglicher
Lösungen existiert. Außerdem wird bei der Anforderungsspezifikation ganz
bewußt noch von Implementationsaspekten abstrahiert, so daß zur Umset-

zung in eine Implementation noch eine Vielzahl von Entwurfsentscheidungen zu treffen sind.

Transformationssysteme unterstützen deshalb zumeist einen zweiphasigen Transformationsprozeß (siehe Abb. 10.4/5). Die High-level-Spezifikation, deren Konstrukte auf die Beschreibung von Anforderungen ausgelegt sind, wird zunächst in einem interaktiven Prozeß in eine Low-level-Spezifikation transformiert, die sich bereits an den Gegebenheiten der späteren Implementation ausrichtet, d.h. für verschiedene Zielumgebungen können durchaus unterschiedliche Low-level-Spezifikationen notwendig sein. Die Low-level-Spezifikationen müssen in einer Form vorliegen, die in einer zweiten Phase die automatische Übersetzung in das Quellprogramm ermöglicht.

Der Einsatz von Transformationssystemen bietet einige Vorzüge gegenüber konventionellen Ansätzen: Falls das korrekte Arbeiten des Transformationssystems sichergestellt ist, genügt es, die High-level-Spezifikation – gegebenenfalls auch mittels eines Spezifikationsinterpreters – zu validieren, um so die Korrektheit der sich ergebenden Implementation zu erreichen. Ein weiterer Vorteil ergibt sich aus der Möglichkeit, in einfacher Weise mit verschiedenen Implementationen der Anforderungsspezifikation experimentieren zu können.

In bezug auf die automatische Kompilierung liefern Transformationssysteme keine neuen Konzepte, weshalb wir uns an dieser Stelle vor allem der interaktiven Übersetzung zuwenden wollen.

Interaktive Übersetzung

Die interaktive Übersetzung ist durch einen stark evolutionären Charakter geprägt. Ausgehend von der High-level-Spezifikation werden in jedem Transformationszyklus Spezifikationskonstrukte durch Konstrukte ersetzt, die auf einem tieferen Abstraktionsniveau angesiedelt sind, also näher an der Implementation liegen. Im allgemeinen ist in jedem Zyklus auch eine Reorganisation der Spezifikation erforderlich.

Wie umfangreich die in einem Zyklus durchgeführten Ersetzungen jeweils sind, kann weitgehend vom Entwickler selbst bestimmt werden. Es empfiehlt sich jedoch auch hier – wie bei konventionellen Ansätzen zur Implementation – eine inkrementelle Vorgehensweise, d.h. in jedem Zyklus wird jeweils nur ein Spezifikationskonstrukt oder eine klar überschaubare

Menge von Konstrukten ersetzt, so daß die Ursachen auftretender Fehler oder Unzulänglichkeiten unmittelbar aufgedeckt werden können.

Ziel der interaktiven Übersetzung ist die Überbrückung der Lücke zwischen High- und Low-level-Spezifikation. Der Aufwand hängt dabei natürlich von der Effektivität der Rechnerunterstützung ab. Entscheidend ist jedoch, wie einfach eine Zuordnung von High-level- zu Low-level-Konstrukten ist. Ist sie direkt möglich, oder ist eine Vielzahl von Zwischenschritten erforderlich? Viele Transformationssysteme setzen deshalb auf Spezifikationssprachen auf, die sowohl problem- als auch implementationsorientierte Konstrukte zur Verfügung stellen. Dies erhöht zwar die Komplexität der Sprachkonzepte, der Entwickler muß sich dafür aber nur mit einer einzigen Spezifikationssprache auseinandersetzen.

Die Problematik zeigt sich etwa bei dem von Bruno et al. beschriebenen operationalen Ansatz (siehe [BrE86, BrM86]). Als operationale Spezifikationssprache werden PROT-Netze verwendet, eine Erweiterung der Petri-Netze um zusätzliche Beschriftungen und eine spezielle Semantik, die sich an den Erfordernissen im Bereich Prozeßautomatisierung ausrichtet. Der Ansatz sieht eine Transformation von PROT-Netzen sowohl in Ada-Programmstrukturen [BrM86] als auch in Produktionssysteme vor [BrE86], die in der Sprache OPS5 (für eine Einführung siehe [BFK85]) realisiert werden. OPS5 weist als regelbasierte Sprache einen deklarativen Charakter auf und ermöglicht es, PROT-Netze direkt als Low-level-Spezifikation zu verwenden, so daß die Transformation vollständig automatisiert werden kann. Dagegen müssen zur Transformation nach Ada zusätzliche Low-level-Konstrukte – sogenannte Prozeßbäume – eingeführt werden, die die Transformation natürlich aufwendiger gestalten.

Übersetzungs-Historie

Entscheidend für die Leistungsfähigkeit eines Transformationssystems sind die Möglichkeiten, die das System zur automatischen Protokollierung des Transformationsprozesses bietet. In der Übersetzungs-Historie (häufig formal development; siehe etwa [Bal85]) wird der gesamte Transformationsprozeß, insbesondere die interaktiven Eingriffe des Entwicklers dokumentiert.

Dies ist ein entscheidender Vorteil gegenüber konventionellen Ansätzen, bei denen eine solche Dokumentation, die vor allem in der Wartungsphase außerordentliche Wichtigkeit erlangt, üblicherweise fehlt. Wie oft müssen nur aufgrund des Fehlens einer solchen Dokumentation Entwurfsentscheidungen in jedem Wartungszyklus wiederholt durchdacht werden, oder wie oft werden auch immer wieder dieselben Fehler gemacht? Hier kann eine automatisch geführte Übersetzungs-Historie Abhilfe schaffen.

Ein leistungsfähiges Transformationssystem sollte diese Historie nicht nur als reine Dokumentationshilfe einsetzen. Vielmehr sollte auf der Basis der Übersetzungs-Historie eine automatische Rekonstruktion (replay; vgl. [Bal85]) des gesamten Transformationsprozesses möglich sein. Dies ist besonders für Wartungszwecke interessant. Bei konventionellen Ansätzen erfolgt die Wartung üblicherweise unmittelbar im Quellprogramm. Die Änderungen werden dabei jedoch allzuoft nicht in den Entwurfsdokumenten nachvollzogen, was natürlich rasch zu deren Unbrauchbarkeit führt.

Transformationssysteme bieten die Möglichkeit, Wartungsarbeiten ausschließlich in der Anforderungsspezifikation durchzuführen, falls sie aufgrund geänderter oder neuer Anforderungen erforderlich werden, oder aber in der Übersetzungs-Historie, falls es sich lediglich um geänderte Entwurfsentscheidungen handelt. Eine aktualisierte Implementation wird dann einfach durch eine wiederholte Abarbeitung der nun gegebenenfalls geänderten Übersetzungs-Historie erstellt. Eingriffe des Entwicklers sind im Rahmen dieses Prozesses nur in Zusammenhang mit den durch die Wartungsarbeiten betroffenen Spezifikationskonstrukten erforderlich.

Weiterführende Literatur

[Agr86], [Bal85], [BCG83], [PaS83], [Zav84]

11 Konzeption und Durchsetzung von CASE-Strategien

Mit dem vorliegenden Buch sollte dem Leser ein umfassender Einblick in die methodischen Grundlagen moderner Software-Entwicklungswerkzeuge vermittelt werden. Aufbauend auf einer Reihe elementarer Konzepte wurden Methoden zur Analyse und Spezifikation funktionaler Anforderungen, zur Datenmodellierung und zur Modellierung dynamischer Aspekte behandelt. Außerdem beschäftigten wir uns mit dem Programmentwurf und dem Entwurf von Benutzerschnittstellen. Der Inhalt wurde durch Ausführungen über neuere Ansätze zur Software-Entwicklung abgerundet, die heute bereits intensiv diskutiert, jedoch erst unzureichend durch Tools unterstützt werden.

Ziel dieses Buches war es jedoch nicht, bestimmte Tools zu bewerten oder dem Anwender gar die Auswahl eines für seine Bedürfnisse geeigneten Tools abzunehmen. Wir sind der Meinung, daß eine solche Auswahl nur das Ergebnis einer sorgfältigen Analyse des für die Software-Entwicklung relevanten Umfeldes im Unternehmen sein kann, wobei nicht nur rein technische, sondern auch ökonomische und soziale Aspekte zu berücksichtigen sind.

11.1 Konzeption einer CASE-Strategie

Bereits die Frage nach *dem* geeigneten Tool, die allzuoft am Anfang der Überlegungen zur Einführung von CASE im Unternehmen steht, deutet auf eine Fehlentwicklung hin. Häufig tendiert man in der Praxis dazu, das Tool in den Mittelpunkt der Überlegungen zu CASE zu stellen: Auf eine strategische Planung des Einsatzes der CASE-Technologien wird im allgemeinen verzichtet. Statt dessen begnügt man sich mit einem mehr oder weniger sorgfältigen Produktvergleich, bei dem die individuellen Gegebenheiten des

Unternehmens nur unzureichend Berücksichtigung finden. Im Vordergrund stehen Aspekte wie die Benutzerschnittstelle oder der Preis der Tools.

Wir plädieren dagegen für eine *strategische Planung* des Einsatzes von CASE, bei der nicht die Tools, sondern das Vorgehensmodell und die Methoden im Vordergrund stehen. Wir versprechen uns davon eine langfristige Sicherung der Investitionen in CASE, bei denen der Anschaffungspreis der CASE-Tools wohl einen vergleichsweise unbedeutenden Posten darstellt. Im folgenden werden Schritte zur Konzeption einer CASE-Strategie beschrieben:

Zielanalyse

Ausgangspunkt der Konzeption einer CASE-Strategie sind die Ziele, die durch den Einsatz von CASE erreicht werden sollen. Über die Ziele muß zwischen allen involvierten Gruppen – Management, Entwickler, Fachabteilungen – ein Konsens erreicht werden, um so spätere Akzeptanzschwierigkeiten von vornherein vermeiden zu helfen.

Definition des Vorgehensmodells

Grundlegendes Mittel zur Erreichung der vorgegebenen Ziele wird immer ein Vorgehensmodell sein, das individuell auf die Gegebenheiten des Unternehmens abgestimmt ist. Die Definition dieses Vorgehensmodells muß das Ergebnis einer sorgfältigen Analyse sein, in deren Rahmen das bisherige Vorgehensmodell – sei es explizit definiert oder auch nur im Laufe der Zeit gewachsen – auf seine Stark- und Schwachstellen untersucht wird. Wir halten es für wenig sinnvoll, wenn der Einsatz moderner CASE-Technologien zu einer vollständigen Abkehr von bisher erfolgreich praktizierten Vorgehensweisen führt.

Im allgemeinen empfiehlt es sich, für ein Unternehmen nur einen Rahmen für Vorgehensmodelle zu schaffen, innerhalb dem dann für bestimmte Projektklassen und involvierte Projektmitarbeiter konkrete Vorgehensmodelle ausgebildet werden: Für ein Entwicklungsprojekt in der Finanzbuchhaltung muß der Schwerpunkt der Anforderungsanalyse bestimmt auf anderen Aspekten liegen, als etwa bei der Entwicklung eines Prozeßautomatisierungssystems. In ähnlicher Weise sind auch z.B. die DV-Kenntnisse involvierter Mitarbeiter aus der Fachabteilung ein Kriterium für den Aufwand, der für den Einsatz von Prototyping-Techniken angesetzt wird. Gleichwohl empfehlen sich allgemeingültige Projektmanagement- oder Dokumentationsrichtlinien oder auch die unternehmensweite Verwendung bestimmter Basis-Tools. Dies sind Aspekte, die in einem unternehmensweiten Vorgehensmodell keinesfalls fehlen dürfen.

Auswahl der Methoden

Für die einzelnen Aktivitäten des Vorgehensmodells bzw. der Vorgehensmodelle werden nun geeignete Methoden ausgewählt. Wichtig ist, darauf zu achten, daß sich die ausgewählten Methoden im Rahmen des Vorgehensmodells kombinieren lassen. Da dies nicht immer problemlos sein wird, empfiehlt es sich, die Definition des Vorgehensmodells und die Methodenauswahl in einem zyklischen Prozeß durchzuführen.

Die Methodenauswahl ist der zentrale Punkt bei der Konzeption einer CASE-Strategie: Die Ersetzung eines Tools zum Structured Design durch ein anderes SD-Tool dürfte dem Software-Entwickler kaum Probleme bereiten – bestenfalls bei der Wiederverwendung alter Entwürfe –, der Umstieg von SD zum datenorientierten oder gar zum objektorientierten Entwurf dürfte dagegen einen sehr hohen Schulungsaufwand und im allgemeinen auch sehr große Akzeptanzschwierigkeiten nach sich ziehen.

Tool-Auswahl

Die vorgegebenen Methoden und die bereits im Unternehmen vorhandene Entwicklungs-Infrastruktur (Hardware, Betriebssysteme, Datenbanksysteme, Programmiersprachen, andere Software Tools) definieren nun ganz konkrete Anforderungen an die zu beschaffenden CASE-Tools. Möglicherweise kam man in den vorhergehenden Schritten aber auch zu der Erkenntnis, daß auf die Beschaffung neuer Tools vollständig verzichtet werden kann.

Im Unterschied zu früheren Jahren ist die Entwicklungs-Infrastruktur heute häufigen Änderungen unterworfen, so daß sich natürlich auch die technischen Anforderungen an die CASE-Tools ändern und diese gegebenenfalls sogar ersetzt werden müssen. Die hierdurch möglichen Schwierigkeiten können durch die Betonung methodischer Aspekte im Rahmen der CASE-Strategie weitgehend vermieden werden.

Beim Vergleich verschiedener Software-Entwicklungswerkzeuge kommt heute dem *Integrationsaspekt* eine wichtige Bedeutung zu. Inwieweit lassen sich die im Rahmen eines Vorgehensmodells eingesetzten Tools zu einer integrierten Entwicklungsumgebung verknüpfen? Eine Möglichkeit besteht darin, nur Tools einer bestimmten Produktfamilie einzusetzen. Daraus folgt natürlich eine enge Bindung an einen bestimmten Hersteller, die wiederum andere Nachteile mit sich bringt. Eine Erweiterung einer solchen Umgebung um Tools anderer Hersteller ist dann im allgemeinen nicht möglich.

Eine zweite und langfristig wohl erfolgversprechendere Lösung ist der Einsatz eines Repository als Basis der Entwicklungsumgebung. In diesem Repository werden alle für Entwicklung, Betrieb und Wartung relevanten Objekte zentral verwaltet.[1] Die Funktionen des Repository sind dabei vielfältig: Sie reichen vom Konfigurations-Management, der Sicherung der Integrität der Entwicklungsobjekte bis hin zur Zugriffskontrolle. Eine der wichtigsten Aufgaben des Repository besteht jedoch in der Integration der eingesetzten Tools. Das Repository unterstützt dabei eine *indirekte Tool-Kommunikation*, d.h. die Tools können gegenseitig Objekte austauschen, indem sie sie im zentralen Repository ablegen.

Leider stehen bislang nur eine begrenzte Anzahl leistungsfähiger Tools zur Verfügung, die für die Verwaltung ihrer Objekte ein gängiges Repository nutzen. Zumeist handelt es sich nur um Tools des Repository-Herstellers selbst. Einige Repositories ermöglichen jedoch eine Erweiterung ihrer Struktur, so daß in einfacher Weise auch Schnittstellen zu Tools von Fremdherstellern implementiert werden können. Für die Zukunft ist zu erwarten, daß immer mehr Tool-Hersteller ihre Produkte mit Schnittstellen zu den gängigen Repositories ausstatten werden.

---

[1] Dies schließt nicht aus, daß das Repository auch als verteiltes System implementiert sein kann.

11.2 Einführung und Einsatz

„Ein CASE-Konzept ist nur so gut wie die Einführungs- und Einsatzstrategie." Zu dieser wichtigen Erkenntnis ist man in den letzten Jahren in vielen Unternehmen gelangt. Im Rahmen eines CASE-Konzepts sollte die Einführung und der Einsatz von Vorgehensmodellen, Methoden und Tools sorgfältig geplant und vorbereitet werden. Es besteht sonst die Gefahr, daß eine CASE-Strategie aufgrund von Akzeptanzproblemen wieder verworfen werden muß.

Schulung

Wesentlicher Bestandteil einer Einführungs- und Einsatzstrategie sind Schulungsmaßnahmen, die bereits zu Beginn der Konzeptionsphase einsetzen sollten. Fach- und Führungskräfte sollten entsprechend ihrer Qualifikation auf ihre Aufgaben im Rahmen der Konzeption und beim späteren Einsatz der CASE-Technologien vorbereitet werden. Entgegen früherer Meinungen ist es auch wichtig, dem Management die Möglichkeiten und Gefahren der neuen Technologien aufzuzeigen, um so von vornherein eine realistische Einschätzung der zu erwartenden Verbesserungen, aber auch der möglichen Schwierigkeiten zu fördern.

Pilotprojekte

Ein bewährtes Mittel zur Einführung von CASE-Technologien ist die Durchführung eines oder mehrerer Pilotprojekte, mit denen die Anwendung auf konkrete Entwicklungsvorhaben getestet wird. Dem Pilotprojekt sollte eine klar definierte Zielvorgabe zugrunde liegen, anhand derer die Projektergebnisse überprüft werden können. Hierzu müssen die Erfahrungen bei der Projektdurchführung sorgfältig dokumentiert, auf umfangreichere Projekte projiziert und anschließend analysiert werden. Daraus lassen sich Verbesserungsvorschläge für Vorgehensmodelle, Methoden und Tools ableiten; gegebenenfalls müssen Komponenten auch geändert oder gänzlich verworfen werden, oder die Zielvorgabe erweist sich als unrealistisch und muß entsprechend korrigiert werden.

11.3 Resümee

Die Ausführungen dieses abschließenden Kapitels könnten vielleicht den Eindruck erwecken, daß CASE-Technologien heute noch nicht einen Stand erreicht hätten, der ihren Einsatz rechtfertigen würde. Einige Leser werden vielleicht auch vor dem (zugegebenermaßen) nicht geringen Aufwand zur Einführung von CASE zurückschrecken.

All diese Bedenken sind zwar verständlich, sie sollten jedoch niemanden davon abhalten, sich bereits heute intensiv mit CASE zu beschäftigen, denn: „Wer zu spät kommt, den bestraft das Leben!"[1]

---

[1]   Die Urheberschaft für dieses Zitat wird dem letzten Präsidenten der ehemaligen СССР М. С. Горбачев zugesprochen.

Produkte

Aides
>Produkt der Hughes Aircraft Company, Fullerton, CA, USA

Analyst/Designer Toolkit
>Produkt der Yourdon Inc., New York, NY, USA

AUTO-MATE PLUS
>Produkt der Learmonth & Burchett Management Systems Plc, London, GB

BLUES
>Produkt der Interprogram B.V., Diemen, NL

BOIE
>Produkt der PSI – Gesellschaft für Prozeßsteuerungs- und Informationssysteme mbH, Berlin

Brackets
>Produkt der Optima Inc., Topeka, KS, USA (vormals Ken Orr & Associates)

case/4/0
>Produkt der microTOOL GmbH, Berlin

CASE*Designer
>Produkt der ORACLE Corp., Belmont, CA, USA

CASE*Dictionary
>Produkt der ORACLE Corp., Belmont, CA, USA

CASE:PM
>Produkt der CASEWORKS Inc., Atlanta, GA, USA

CASE:W
>Produkt der CASEWORKS Inc., Atlanta, GA, USA

DATAMANAGER
>Produkt der MANAGER SOFTWARE PRODUCTS GmbH, Pinneberg

Deft
>Produkt der DEFT Inc., Rexdale, Ontario, CDN

DesignAid
>   Produkt der Nastec Corp., Southfield, MI, USA

Design/CPN
>   Produkt der Meta Software Corp., Cambridge, MA, USA

Design/IDEF
>   Produkt der Meta Software Corp., Cambridge, MA, USA

Eiffel
>   Produkt der Interactive Software Engineering Inc., Goleta, CA, USA

EPOS
>   Produkt der GPP – Gesellschaft für Prozeßrechnerprogrammierung
>   mbH, Oberhaching

ER-Designer
>   Produkt der Chen & Associates Inc., Baton Rouge, LA, USA

Excelerator
>   Produkt der Index Technology Corp., Cambridge, MA, USA

IEW (Information Engineering Workbench)
>   Produkt der KnowledgeWare Inc., Atlanta, GA, USA

IEF (Information Engineering Facility)
>   Produkt der James Martin Associates Ltd., Ashford, GB

INCOME
>   Produkt der PROMATIS Informatik GmbH & Co. KG,
>   Straubenhardt

INNOVATOR
>   Produkt der MID GmbH, Nürnberg

ISYET
>   Produkt der INTEGRATA AG, Tübingen

JSP-Tool
>   Produkt der Michael Jackson Ltd., London, GB

KangaTool
>   Produkt des Institute for Information Industry, Taipei, Taiwan

Libelle
>   Produkt der mbp Software & Systems GmbH, Dortmund

MacAnalyst
>   Produkt der Excel Software, Marshalltown, IA, USA

MacBubbles
>   Produkt der StarSys Inc., Silver Spring, MD, USA

MacDesigner
    Produkt der Excel Software, Marshalltown, IA, USA

Microsoft-Pascal (MS-Pascal)
    Produkt der Microsoft Corporation, Redmond, WA, USA

Microsoft-Windows SDK (Software Development Kit)
    Produkt der Microsoft Corporation, Redmond, WA, USA

NET
    Produkt der PSI – Gesellschaft für Prozeßsteuerungs- und
    Informationssysteme mbH, Berlin

PACE
    Produkt der GPP – Gesellschaft für Prozeßrechnerprogrammierung
    mbH, Oberhaching

PowerTools
    Produkt der Iconix Software Engineering, Santa Monica, CA, USA

PRADOS/PNET
    Produkt der SCS Informationstechnik GmbH, Hamburg

PREDICT
    Produkt der Software AG, Darmstadt

PREDICT/CASE
    Produkt der Software AG, Darmstadt

ProKit*-Workbench
    Produkt der McDonnell Douglas Professional Services Company,
    St. Louis, MO, USA

ProMod
    Produkt der GEI – Gesellschaft für Elektronische Informations-
    verarbeitung mbH, Aachen

Pro/Source
    Produkt der GEI – Gesellschaft für Elektronische Informations-
    verarbeitung mbH, Aachen

RAPID/USE
    Produkt der Interactive Development Environments Inc., San
    Francisco, CA, USA

RE-DOC
    Produkt der GPP – Gesellschaft für Prozeßrechnerprogrammierung
    mbH, Oberhaching

Re/Source
>   Produkt der GEI – Gesellschaft für Elektronische Informations-
>   verarbeitung mbH, Aachen

RE-SPEC
>   Produkt der GPP – Gesellschaft für Prozeßrechnerprogrammierung
>   mbH, Oberhaching

SADT
>   Produkt der SofTech Inc., Waltham, MA, USA

SIGRAPH-SET
>   Produkt der Siemens AG, Geschäftsgebiet Rechner-
>   Standardanwendungen, Nürnberg

Software through Pictures
>   Produkt der Interactive Development Environments Inc., San
>   Francisco, CA, USA

SPECIF-X
>   Produkt des Institut de Genie Logiciel (IGL), Paris, F

Speedbuilder
>   Produkt der Michael Jackson Ltd., London, GB

Teamwork
>   Produkt der Cadre Technologies Inc., Providence, RI, USA

TELON
>   Produkt der Pansophic Systems Inc., Oak Brook, IL, USA

TurboCASE
>   Produkt der StructSoft Inc., Bellevue, WA, USA

USE.IT (User System Evaluation and Integration Tool)
>   Produkt der Higher Order Software Inc., Cambridge, MA, USA

Visible Analyst Workbench
>   Produkt der Visible Systems Corp., Waltham, MA, USA

X-TOOLS
>   Produkt der AiD GmbH, Nürnberg

X-TRACT
>   Produkt der AiD GmbH, Nürnberg

Literatur

[ABD89]   M. Atkinson, F. Bancilhon, D. DeWitt, K. Dittrich, D. Maier und S. Zdonik: The object-oriented database system manifesto. In *Proc. of the 1th Int. Conf. on Deductive and Object-Oriented Databases (DOOD)* (Kyoto, Japan), 1989.

[ACM82]   ACM SIGSOFT: Special Issue on Rapid Prototyping, ACM SIGSOFT Softw. Eng. Notes 7, 5 (Dec. 1982).

[Agr86]   W.W. Agresti: *New Paradigms for Software Development.* IEEE Computer Society Press, Washington D.C., 1986.

[AhJ74]   A.V. Aho und S.C. Johnson: LR parsing. *ACM Computing Surveys 6*, 2 (June 1974), 99-124.

[Ala84]   M. Alavi: An assessment of the prototyping approach to information systems development. *Comm. ACM 27*, 6 (June 1984), 556-563.

[ANA83]   ANSI und AJPO: Military Standard: Ada Programming Language. ANSI/MIL-STD-1815A-1983, 1983.

[ANS75]   ANSI/X3/SPARC Study Group on Data Base Management Systems: Interim Report 75-02-08. *FDT (Bulletin of ACM-SIGMOD) 7*, 2 (1975).

[ARS89]   V. Ashok, J. Ramanathan, S. Sarkar und V. Venugopal: Process modelling in software environments. *ACM SIGSOFT Softw. Eng. Notes 14*, 4 (June 1989), 39-42.

[Bac60]   J.W. Backus: The syntax and semantics of the proposed international algebraic language of the Zürich ACM-GAMM conference. In *Proc. Int. Conf. on Information Processing (Paris, France, June)*, R. Oldenbourg Verlag, München, 1960, pp. 125-132.

[Bal82]   H. Balzert: *Die Entwicklung von Software-Systemen.* Bibliographisches Institut, Mannheim, Wien, Zürich, 1982.

[Bal85]   R. Balzer: A 15 year perspective on automatic programming. *IEEE Trans. Softw. Eng. 11*, 11 (Nov. 1985), 1257-1268.

[Bar86]   P.S. Barth: An object-oriented approach to graphical interfaces. *ACM Trans. Graphics 5*, 2 (Apr. 1986), 142-172.

[Bau90]   B. Baumgarten: *Petri-Netze. Grundlagen und Anwendungen.* Bibliographisches Institut, Mannheim, Wien, Zürich, 1990.

[BCG83]   R. Balzer, T.E. Cheatham und C. Green: Software technology in the 1990's. *Computer 16*, 11 (Nov. 1983), 39-45.

[BDM73]   G. Birtwistle, O.-J. Dahl, B. Myrhang und K. Nygaard: *Simula Begin.* Studentliteratur (Lund) and Auerbach Pub., New York, NY, 1973.

[BeB76]   T. Bell und D. Bixler: A flow oriented requirements statement language. In *Proc. Symposium on Computer Software Engineering* Polytechnic Press, New York, 1976, pp. 109-122.

[BeF86]   E. Best und C. Fernández: Notations and terminology on Petri net theory. *Petri Net Newsletter 23*, (Apr. 1986), 21-46.

[BFK85]   L. Brownston, R. Farrell, E. Kant und N. Martin: *Programming Expert Systems in OPS5 – An Introduction to Rule-Based Programming.* Addison-Wesley Publ. Comp., Reading, Mass., 1985.

[BGK89]   J. Burgstaller, J. Grollmann und F. Kaspner: A user interface management system for rapid prototyping and generation of dialog. In *Designing and Using Human-Computer Interfaces and Knowledge Based Systems. Advances in Human Factors/Ergonomics, Vol. 12B*, G. Salvendy und M.J. Smith, Eds. Elsevier Science Publishers B.V., Amsterdam, New York, 1989.

[BGW82]   R.M. Balzer, N.M. Goldman und D.S. Wile: Operational specification as the basis for rapid prototyping *ACM SIGSOFT Softw. Eng. Notes 7*, 5 (Dec. 1982), 3-16.

[BiP84]   T.J. Biggerstaff und A.J. Perlis, Eds.: Special issue on reusability in programming. *IEEE Trans. Softw. Eng. 10*, 5 (Sep. 1984), 473-612.

[BKM84]   R. Budde, K. Kuhlenkamp, L. Mathiassen und H. Züllighoven, Eds.: *Approaches to Prototyping*. Springer-Verlag, Berlin, Heidelberg, 1984.

[BLN86]   C. Batini, M. Lenzerini und S.B. Navathe: A comparative analysis of methodologies for database schema integration. *ACM Computing Surveys 18*, 4 (Dec. 1986), 323-364.

[BMW84]   A. Borgida, J. Mylopoulos und H.K.T. Wong: Generalization/ specialization as a basis for software specification. In *On Conceptual Modelling. Perspectives from Artifical Intelligence, Databases, and Programming Languages*, M.L. Brodie, J. Mylopoulos und J.W. Schmidt, Eds. Springer-Verlag, New York, 1984.

[Boe75]   B.W. Boehm: The high cost of software. In *Practical Strategies for Developing Large Software Systems*, E. Horowitz, Ed. Addison-Wesley Publ. Comp., Reading, Mass., 1975.

[Boe76]   B.W. Boehm: Software engineering. *IEEE Trans. Comp. 25*, 12 (Dec. 1976), 1226-1241.

[Boe81]   B.W. Boehm: *Software Engineering Economics*. Prentice-Hall, Englewood Cliffs, NJ, 1981.

[Boe88]   B.W. Boehm: A spiral model of software development and enhancement. *Computer 21*, 5 (May 1988), 61-72.

[Bör89]   J. Börstler: Wiederverwendbarkeit und Softwareentwicklung – Probleme, Lösungsansätze und Bibliographie. *Softwaretechnik-Trends, Mitteilungen der GI-Fachgruppe Software-Engineering 9*, 2 (Sep. 1989), 62-76.

[Boo67]   T.L. Booth: *Sequential Machines and Automata Theory*. John Wiley & Sons, New York, 1976.

[Boo81]   G. Booch: Describing software design in Ada. *ACM SIGPLAN Notices 16*, 9 (Sep. 1981).

[Boo86]   G. Booch: Object-oriented development. *IEEE Trans. Softw. Eng. 12*, 2 (Feb. 1986), 211-221.

[Boo91]   G. Booch: *Object Oriented Design with Applications*. The Benjamin/Cummings Publishing Company, Inc., Redwood City, CA, 1991.

[BoS82]   D.G. Bobrow und M.J. Stefik: *LOOPS: An Object-Oriented Programming System for Interlisp*. Xerox PARC, 1982.

[BrE86]   G. Bruno und A. Elia: Operational specification of process control systems: execution of PROT nets using OPS5. In *Information Processing 86*, H.-J. Kugler, Ed. Elsevier Science Publishers B.V., Amsterdam, New York, 1986.

[BrM86]   G. Bruno und G. Marchetto: Process-translatable Petri nets for the rapid prototyping of process control systems. *IEEE Trans. Softw. Eng. 12*, 2 (Feb. 1986), 346-357.

[Bro84]   M.L. Brodie: On the development of data models. In *On Conceptual Modelling. Perspectives from Artifical Intelligence, Databases, and Programming Languages*, M.L. Brodie, J. Mylopoulos und J.W. Schmidt, Eds. Springer-Verlag, New York, 1984.

[Bro87]   F.P. Brooks, jr.: No silver bullet – Essence and accidents of software engineering. *Computer 20*, 4 (Apr. 1987), 10-19.

[BrR84]   M.L. Brodie und D. Ridjanovic: On the design and specification of database transactions. In *On Conceptual Modelling. Perspectives from Artifical Intelligence, Databases, and Programming Languages*, M.L. Brodie, J. Mylopoulos und J.W. Schmidt, Eds. Springer-Verlag, New York, 1984.

[Bud86]   R. Budde: *Very High Level Languages (VHLL) und Prototypenbau*. Arbeitspapier GI-Fachgruppe 4.3.1, Universität Stuttgart, 1986.

[Buh84]   R.J.A. Buhr: *System Design with Ada*. Prentice-Hall, Englewood Cliffs, NJ, 1984.

[Car87]   L. Cardelli: Building user interfaces by direct manipulation. Tech Report 22, Digital Equipment Corp. Systems Research Center, 1987.

[Che76]   P.P. Chen: The entity-relationship model – Toward a unified view of data. *ACM Trans. Database Syst. 1*, 1 (Mar. 1976), 9-36.

[ClM84]   W.F. Clocksin und C.S. Mellish: *Programming in Prolog*. Springer-Verlag, Berlin, Heidelberg, 1984.

[Con63]   M.E. Conway: Design of a separable transition-diagram compiler. *Comm. ACM 6*, 7 (July 1963).

[Con86]   B. Convent: Unsolvable problems related to the view integration approach. In *Proc. Int. Conf. on Database Theory (Rome, Italy,*

Sep. 1986), LNCS 243, G. Ausiello und P. Atzeni, Eds. Springer-Verlag, 1986.

[Con89] L.L Constantine: Object-oriented and structured methods: towards integration. *American Programmer 2*, 7/8 (Aug. 1989).

[Cox86] B.J. Cox: *Object-Oriented Programming: An Evolutionary Approach*. Addison-Wesley Publ. Comp., Reading, Mass., 1986.

[CoY90] P. Coad und E. Yourdan: *Object-Oriented Analysis*. Prentice-Hall, Englewood Cliffs, NJ, 1990.

[CSB82] D. Cohen, W. Swartout und R. Balzer: Using symbolic execution to characterize behavior. *ACM SIGSOFT Softw. Eng. Notes 7*, 5 (Dec. 1982), 25-32.

[Dat87] C.J. Date: *A Guide to the SQL Standard*. Addison-Wesley Publ. Comp., Reading, Mass., 1987.

[Dav88] A.M. Davis: A comparison of techniques for the specification of external system behavior. *Comm. ACM 31*, 9 (Sep. 1988), 1098-1115.

[DeM79] T. DeMarco: *Structured Analysis and System Specification*. Prentice-Hall, Englewood Cliffs, NJ, 1979.

[Dij76] E.W. Dijkstra: *A Discipline of Programming*. Prentice-Hall, Englewood Cliffs, NJ, 1976.

[EhH81] R.W. Ehrich und H.R. Hartson: DMS – An environment for dialogue management. *Proc. of COMPCON81* (Washington, D.C., Sep.). IEEE Computer Society Press, 1981.

[Elb73] W. Elben: *Entscheidungstabellentechnik – Logik, Methodik und Programmierung*. Walter de Gruyter, Berlin, New York, 1973.

[Elz89] P. Elzer: Wiederverwendung von Softwareentwürfen in der industriellen Automatisierungstechnik. *Softwaretechnik-Trends, Mitteilungen der GI-Fachgruppe Software-Engineering 9*, 2 (Sep. 1989), 77-82.

[End88] A. Endres: Software-Wiederverwendung: Ziele, Wege und Erfahrungen. *Informatik-Spektrum 11*, 2 (Apr. 1988), 85-95.

[Fis88] A.S. Fisher: *CASE: Using Software Development Tools*. John Wiley & Sons, Inc., New York, 1988.

[FKK89]   J. Foley, W.C. Kim, S. Kovačević, K. Murray: Defining interfaces at a high level of abstraction. *IEEE Software 6*, 1 (Jan. 1989), 25-32.

[FKU89]   H. Finkenzeller, U. Kracke und M. Unterstein: *Systematischer Einsatz von SQL-ORACLE*. Addison-Wesley (Deutschland) GmbH, Bonn, 1989.

[FlB87]   M.A. Flecchia und R.D. Bergeron: Specifying complex dialogs in ALGAE. In *Proc. of the ACM CHI + GI'87 Conference (Toronto, Canada)*, ACM New York, 1987.

[Flo84]   C. Floyd: A systematic look at prototyping. In *Approaches to Prototyping*, R. Budde, K. Kuhlenkamp, L. Mathiassen und H. Züllighoven, Eds. Springer-Verlag, Berlin, Heidelberg, 1984.

[GaS79]   C. Gane und T. Sarson: *Structured Systems Analysis: Tools and Techniques*. Prentice-Hall, Englewood Cliffs, NJ, 1979.

[Gen87]   H.J. Genrich: Predicate/transition nets. In *Petri Nets: Central Models and Their Properties. Advances in Petri Nets 1986, Part I. LNCS 254*, W. Brauer, W. Reisig und G. Rozenberg, Hrsg. Springer-Verlag, Berlin, Heidelberg, 1987.

[Gol85]   A. Goldberg: *Smalltalk-80: The Interactive Programming Environment*. Addison-Wesley Publ. Comp., Reading, Mass., 1985.

[GoR83]   A. Goldberg und D. Robson: *Smalltalk-80: The Language and its Implementation*. Addison-Wesley Publ. Comp., Reading, Mass., 1983.

[Gre85a]   M. Green: Report on dialogue specification tools. In *User Interface Management Systems*, G.E. Pfaff, Ed. Springer-Verlag, Berlin, Heidelberg, 1985.

[Gre85b]   M. Green: The University of Alberta user interface management system. In *Proc. of SIGGRAPH 85 12th Annual. Conference (San Fransisco, CA)*, Acm New York, 1985.

[Gre86]   M. Green: A survey of three dialogue models. *ACM Trans. Graphics 5*, 3 (July 1986), 244-275.

[Hac81]   R. Hackler: An AXES specification of a radar. In *Proc. 14th Hawaii Int. Conference on System Sciences, Vol. 1 (Honolulu, Hawaii)*, Western Periodicals Company, 1981.

[HaH89]   H.R. Hartson und D. Hix: Human-computer interface development: concepts and systems for its management. *ACM Computing Surveys 21*, 1 (Mar. 1989), 5-92.

[HaP88]   D.J. Hatley und I.A. Pirbhai: *Strategies for Real-Time System Specification*. Dorset House Publ. Co., New York, 1988.

[Har78]   M.A. Harrison: *Introduction to Formal Language Theory*. Addison-Wesley Publ. Comp., Reading, Mass., 1978.

[HeI88]   S. Hekmatpour und D. Ince: *Software Prototyping, Formal Methods and VDM*. Addison-Wesley Publ. Comp., Wokingham, England, 1988.

[Hel88]   M. Helander, Ed.: *Handbook of Human-Computer Interaction*. North-Holland, Amsterdam, 1988.

[HeR86]   C.A. Heuser und G. Richter: On the relationship between conceptual schema and integrity constraints on databases. In *Database Semantics (DS-1)*, T.B. Steel, jr. und R. Meersman, Eds. Elsevier Science Publishers B.V., Amsterdam, New York, 1985.

[Hes87]   W. Hesse: Eine Prototyp-Entwicklung auf der Basis eines relationalen DBMS. In *Informationsbedarfsermittlung und -analyse für den Entwurf von Informationssystemen. Fachtagung EMISA, Linz, Juli 1987. Informatik-Fachbericht 143*, R.R. Wagner, R. Traunmüller und H.C. Mayr, Hrsg. Springer-Verlag, Berlin, Heidelberg, 1987.

[Heu88]   K. Heuer: Die Rolle von Dictionary-Systemen in Software-Produktionsumgebungen. In *Anleitung zu einer praxisorientierten Software-Entwicklungsumgebung, Band 1*, H. Österle, Hrsg. AIT-Verlag, Hallbergmoos, 1988.

[HHK77]   M. Hammer, W.G. Howe, V.J. Kruskal und I. Wladowsky: A very high level programming language for data processing applications. *Comm. ACM 20*, 11 (Nov. 1977), 832-840.

[HiH86]   D. Hix und H.R. Hartson: An interactive environment for dialogue development: its design, use, and evaluation. In *Proc. of the ACM CHI'86 Conference on Human Factors in Computing Systems (Boston, MA)*, ACM New York, 1987.

[Hil86]   R.D. Hill: Supporting concurrency, communication, and synchronization in human-computer interaction − the Sassafras UIMS. *ACM Trans. Graphics 5*, 3 (July 1986), 179-210.

[Hoa74]   C.A.R. Hoare: Monitors: an operating system structuring concept. *Comm. ACM 17*, 10 (Oct. 1974), 549-557.

[HoM84]   E. Horowitz und J.B. Munson: An expansive view of reusable software. *IEEE Trans. Softw. Eng. 10*, 5 (Sep. 1984), 477-487.

[HOS85]   Higher Order Software Inc.: *Building Systems with USE.IT*. USE.IT Publication Series, Cambridge, Mass., 1985.

[HoU79]   J. Hopcroft und J. Ullman: *Introduction to Automata Theory, Languages and Computation*. Addison-Wesley Publ. Comp., Reading, Mass., 1979.

[HuK87]   R. Hull und R. King: Semantic database modelling: survey, applications, and research issues. *ACM Computing Surveys 19*, 3 (Sep. 1987), 201-260.

[IBM74]   IBM Corp.: *HIPO: A Design Aid and Documentation Technique*. IBM GC20-185D, White Plains, N.Y., 1974.

[IEE89]   IEEE: *Computer 22*, 5 (May 1989).

[ISO82]   J.J. Griethuysen, Ed.: *Concepts and Terminology for the Conceptual Schema and the Information Base*, Report of the ISO/TC97/SC5/WG3, Publ. No. ISO/TC97/SC5-N695, 1982.

[Jac75]   M.A. Jackson: *Principles of Program Design*. Academic Press, London, UK, 1975.

[Jac83]   M.A. Jackson: *System Development*. Prentice-Hall, Englewood Cliffs, NJ, 1983.

[Jac85]   R.J.K. Jacob: An executable specification technique for describing human-computer interaction. In *Advances in Human-Computer Interaction, Vol. 1*, H.R. Hartson, Ed. Ablex, Norwood, NJ, 1985.

[Jen87]   K. Jensen: Coloured petri nets. In *Petri Nets: Central Models and Their Properties. Advances in Petri Nets 1986, Part I. LNCS 254*, W. Brauer, W. Reisig und G. Rozenberg, Hrsg. Springer-Verlag, Berlin, Heidelberg, 1987.

[Joh78]   S.C. Johnson: Yacc: Yet Another Compiler-Compiler. Comp. Sci. Tech. Rep., Bell Laboratories, Murray Hill, NJ, 1978.

[Jon84]   T.C. Jones: Reusability in programming: A survey of the state of the art. *IEEE Trans. Softw. Eng. 10*, 5 (Sep. 1984), 488-494.

[JRV89]   J. Johnson, T.L. Roberts, W. Verplank, D.C. Smith, C.H Irby, M. Beard, K. Mackey: The Xerox Star: A retrospective. *Computer 22*, 9 (Sep. 1989), 11-29.

[Kat76]   H. Katzan, jr.: *Systems Design and Documentation – An Introduction to the HIPO Method*. Van Nostrand Reinhold Company, New York, 1976.

[KeK88]   K.E. Kendall und J.E. Kendall: *Systems Analysis and Design*. Prentice-Hall, Englewood Cliffs, NJ, 1988.

[Ken84]   F. Kensing: Property determination by prototyping. In *Approaches to Prototyping*, R. Budde, K. Kuhlenkamp, L. Mathiassen und H. Züllighoven, Eds. Springer-Verlag, Berlin, Heidelberg, 1984.

[Keu82]   H.E. Keus: Prototyping: a more reasonable approach to system development. *ACM SIGSOFT Softw. Eng. Notes 7*, 5 (Dec. 1982), 94-95.

[Kil91]   K. Kilberth: *JSP – Einführung in die Methode des Jackson Structured Programming*. Friedr. Vieweg & Sohn Verlagsges. mbH, Braunschweig, 1991.

[KiM84]   R. King und D. McLeod: A unified model and methodology for conceptual database design. In *On Conceptual Modelling. Perspectives from Artifical Intelligence, Databases, and Programming Languages*, M.L. Brodie, J. Mylopoulos und J.W. Schmidt, Eds. Springer-Verlag, New York, 1984.

[KKS79]   R. Kimm, W. Koch, W. Simonsmeier und F. Tontsch: *Einführung in Software Engineering*. Walter de Gruyter, Berlin, New York, 1979.

[KöQ88]   R. König und L. Quäck: *Petri-Netze in der Steuerungstechnik*. R. Oldenbourg Verlag, München, Wien, 1988.

[Kol85]   D. Kolb: INTERLISP-D: Ein Werkzeug für Rapid Prototyping. In *Arbeitsplatzrechner in der Unternehmung, Berichte des German Chapter of the ACM 23*, H.G. Klopcic, R. Marty und E.H. Rothauser, Hrsg. B.G. Teubner, Stuttgart, 1985.

[KPM85]   H. Kerner, R. Pitrik, H. Motschnig und W. Trattnig: EDDA-S, eine graphische, strukturierte Datenflußsprache für den Software-Entwurf. In *GI / OCG / ÖGI-Jahrestagung. Wien, September 1985. Informatik-Fachbericht 108*, H.R. Hansen, Hrsg. Springer-Verlag, Berlin, Heidelberg, 1985.

[KuZ74]   M. Kushner und C. Zucker: *RPG: Language and Techniques.* John Wiley & Sons, New York, London, Sydney, Toronto, 1974.

[LaG84]   R.G. Lanergan und C.A. Grasso: Software engineering with reusable designs and code. *IEEE Trans. Softw. Eng. 10*, 5 (Sep. 1984), 498-501.

[LaS84]   G. Lausen und W. Stucky: From functional flowcharts to data abstraction hierarchies – a systematic view modelling approach. In *Proc. 17th Int. Hawaii Conference on System Science, Vol. 1*, 1984.

[Lau87]   G. Lausen: *Grundlagen einer netzorientierten Vorgehensweise für den konzeptuellen Datenbankentwurf.* Institut für Angewandte Informatik und Formale Beschreibungsverfahren, Forschungsbericht 179, Univ. Karlsruhe, 1987.

[Lee85]   S. Lee: On executable models for rule-based prototyping. *Proc. 8th Int. Conf. on Software Engineering* (London, UK, Aug. 28-30). IEEE Computer Society Press, 1985, pp. 210-215.

[LeP82]   B.W. Leong-Hong und B.K. Plagman: *Data Dictionary / Directory Systems.* John Wiley & Sons, New York, 1982.

[LiZ74]   B. Liskov and S. Zilles: Programming with abstract data types. *ACM SIGPLAN Notices 9*, 4 (Apr. 1974), 50-59.

[LNO89]   G. Lausen, T. Németh, A. Oberweis, F. Schönthaler und W. Stucky: The INCOME Approach for Conceptual Modelling and Prototyping of Information Systems. In *Proc. of the 1st Nordic Conference on Advanced Systems Engineering CASE '89* (Stockholm, Sweden, May 9-11), 1989.

[LST83]   P.C. Lockemann, A. Schreiner, H. Trauboth und M. Klopprogge: *Systemanalyse.* Springer-Verlag, Berlin, Heidelberg, New York, 1983.

[LVC89]   M.A. Linton, J.M. Vlissides und P.R. Calder: Composing user interfaces with InterViews. *IEEE Computer 22*, 2 (Feb. 1989), 8-22.

[MaL86]   J.A. Martin und J. Leben: *Fourth-Generation Languages, Volume II: Representative 4GLs*. Prentice-Hall, Englewood Cliffs, NJ, 1986.

[MaM85a] J.A. Martin und C. McClure: *Diagramming Techniques for Analysts and Programmers*. Prentice-Hall, Englewood Cliffs, NJ, 1985.

[MaM85b] J.A. Martin und C. McClure: *Structured Techniques for Computing*. Prentice-Hall, Englewood Cliffs, NJ, 1985.

[MaM89]   J.A. Martin und C. McClure: *Action Diagrams: Clearly Structured Specifications, Programs, and Procedures, 2nd Edition*. Prentice-Hall, Englewood Cliffs, NJ, 1989.

[Mar84]   J.A. Martin: *An Information Systems Manifesto*. Prentice-Hall, Englewood Cliffs, NJ, 1984.

[Mar85]   J.A. Martin: *Fourth-Generation Languages, Volume I: Principles*. Prentice-Hall, Englewood Cliffs, NJ, 1985.

[Mar86]   J.A. Martin: *Fourth-Generation Languages, Volume II – III*. Prentice-Hall, Englewood Cliffs, NJ, 1986.

[Mar89]   J.A. Martin: *Information Engineering: A Trilogy*. Prentice-Hall, Englewood Cliffs, NJ, 1989.

[McA88]   J. McCormack und P. Asente: An Overview of the X Toolkit. In *Proc. ACM SIGGRAPH Symp. User Interface Software* (Banff, Alberta, Canada, Oct.). ACM, New York, 1988, pp. 46-55.

[McC89]   C. McClure: *CASE is Software Automation*. Prentice-Hall, Englewood Cliffs, NJ, 1989.

[McJ81]   D.D. McCracken und M.A. Jackson: A minority dissenting position. In *Systems Analysis and Design – A Foundation for the 1980's*, W.W. Cotterman et al., Eds. Elsevier Science Publishers B.V., Amsterdam, New York, 1981.

[MeS88]   S.J. Mellor und S. Shlaer: *Object-Oriented System Analysis*. Prentice-Hall, Englewood Cliffs, NJ, 1988.

[Mey88]   B. Meyer: *Object-Oriented Software Construction*. Prentice-Hall, Englewood Cliffs, NJ, 1988.

[Mey89]   B. Meyer: From structured programming to object-oriented design: the road to Eiffel. *Structured Programming 10*, 1(Jan. 1989), 19-39.

[Mil56]   G.A. Miller: The magical number seven, plus or minus two: some limits on our capacity for processing information. *Psychol. Rev. 63*, (Mar. 1956), 81-97.

[MöS84]   M. Mönckemeyer und T. Spitta: Concept and experiences of prototyping in a software-engineering-environment with NATURAL. In *Approaches to Prototyping*, R. Budde, K. Kuhlenkamp, L. Mathiassen und H. Züllighoven, Eds. Springer-Verlag, Berlin, Heidelberg, 1984.

[Moo86]   D.A. Moon: Object-oriented programming with Flavors. *ACM SIGPLAN Notices 21*, 11 (Nov. 1986).

[Mor82]   B. Moret: Decision trees and diagrams. *ACM Computing Surveys 14*, 4 (Dec. 1982), 593-623.

[Mye78]   G.J. Myers: *Composite / Structured Design*. Van Nostrand Reinhold Company, New York, 1978.

[Mye79]   G.J. Myers: *The Art of Software Testing*. John Wiley & Sons, New York, 1979.

[Mye87]   B.A. Myers: Creating interaction techniques by demonstration. *IEEE Computer Graphics and Applications*, (Sep. 1987), 51-60.

[Mye89]   B.A. Myers: User-interface tools: Introduction and survey. *IEEE Software 6*, 1 (Jan. 1989), 15-23.

[NaS73]   I. Nassi und B. Shneiderman: Flowchart techniques for structured programming. *ACM SIGPLAN Notices 8*, 8 (Aug. 1973), 12-26.

[NiV86]   S. Niehuis und F. Victor: *Modellierung und Simulation von Pr / T-Netzen in Prolog*. Arbeitspapiere der GMD 231, Gesellschaft für Mathematik und Datenverarbeitung mbH, St. Augustin, 1986.

[NSM87]   T. Németh, F. Schönthaler, H. Müller und W. Stucky: INCOME: Von der funktionalen Anforderungsspezifikation zur Prototypdatenbank − Ein methodischer Ansatz. In *Proc. der GI-Fachtagung Requirements Engineering RE'87 (St. Augustin, 20. − 22.*

Mai), GMD-Studien Nr. 121. Gesellschaft für Mathematik und Datenverarbeitung mbH, St. Augustin, 1987.

[NSS88]   T. Németh, F. Schönthaler und W. Stucky: Das experimentelle Entwicklungssystem INCOME. In *Anleitung zu einer praxisorientierten Software-Entwicklungsumgebung, Band 2*, T. Gutzwiller und H. Österle, Hrsg. AIT-Verlag, Hallbergmoos, 1988.

[Obe89]   A. Oberweis: Integritätsbewahrendes Prototyping von verteilten Systemen. In *GI – 19. Jahrestagung I. Computergestützter Arbeitsplatz. München, Oktober 1989. Informatik-Fachbericht 222*, M. Paul, Hrsg. Springer-Verlag, Berlin, Heidelberg, 1989.

[Obe90]   A. Oberweis: *Zeitstrukturen für Informationssysteme*. Dissertation, Univ. Mannheim, 1990.

[ObL88]   A. Oberweis und G. Lausen: On the representation of temporal knowledge in office systems. *Proc. of the IFIP TC8/WG8.1 Working Conf. on Temporal Aspects in Information Systems (TAIS '87)* (Nice/Sophia-Antipolis, France). C. Rolland, M. Leonard und F. Bodard, Eds., North-Holland, Amsterdam, 1988.

[OlD83]   D.R. Olsen und E.P. Dempsey: SYNGRAPH: a graphic user interface generator. *ACM Comput. Graph. 17*, 3 (July 1983), 43-50.

[Orr77]   K. Orr: *Structured Systems Development*. Yourdon Press, New York, 1977.

[Pag80]   M. Page-Jones: *The Practical Guide to Structured System Design*. Yourdon Press, Prentice-Hall, Englewood Cliffs, NJ, 1980.

[Par72]   D. Parnas: On the criteria to be used in decomposing systems into modules. *Comm. ACM 15*, 12 (Dec. 1972), 1053-1058.

[PaS83]   H. Partsch und R. Steinbrüggen: Program transformation systems. *Computing Surveys 15*, 3 (Sep. 1983), 199-236.

[PeM88]   J. Peckham und F. Maryanski: Semantic data models. *ACM Computing Surveys 20*, 3 (Sep. 1988), 153-189.

[Per81]   J. Perl: *Graphentheorie: Grundlagen und Anwendungen*. Akademische Verlagsgesellschaft, Wiesbaden, 1981.

[Per89]   D.E. Perry: Conclusions of the 4th international software process workshop. *ACM SIGSOFT Softw. Eng. Notes 14*, 4 (June 1989), 33-36.

[Pet62]   C.A. Petri: *Kommunikation mit Automaten*. Dissertation, Univ. Bonn, 1962.

[Pet81]   J.L. Peterson: *Petri Net Theory and the Modeling of Systems*. Prentice-Hall, Englewood Cliffs, NJ, 1981.

[Pla83]   G. Platz: *Methoden der Software-Entwicklung: Lehr- und Arbeitsbuch zur rationellen Programmentwicklung*. Carl Hanser Verlag, München, Wien, 1983.

[PrK90]   J. Preece und L. Keller: *Human Computer Interaction*. Prentice-Hall, Englewood Cliffs, NJ, 1990.

[Rei85]   W. Reisig: *Systementwurf mit Netzen*. Springer-Verlag, Berlin, Heidelberg, 1985.

[Rei86]   W. Reisig: *Petrinetze: Eine Einführung*. Springer-Verlag, Berlin, Heidelberg, 1986.

[Rei87]   W. Reisig: Place/transition systems. In *Petri Nets: Central Models and Their Properties. Advances in Petri Nets 1986, Part I. LNCS 254*, W. Brauer, W. Reisig und G. Rozenberg, Hrsg. Springer-Verlag, Berlin, Heidelberg, 1987.

[Ric83]   G. Richter: Netzmodelle für die Bürokommunikation, Teil 1. *Informatik-Spektrum 6*, 4 (Dez. 1983), 210-220.

[Ric84]   G. Richter: Netzmodelle für die Bürokommunikation, Teil 2. *Informatik-Spektrum 7*, 1 (Feb. 1984), 28-40.

[Ric85]   G. Richter: Clocks and their use for time modeling. *Proc. of the IFIP TC8.1 Working Conf. on Theoretical and Formal Aspects in Information Systems (TFAIS '85)*. North-Holland, Amsterdam, 1985.

[RiD82]   G. Richter und R. Durchholz: IML-inscribed high-level petri nets. In *Information Systems Design Methodologies: A Comparative Review*, T.W. Olle, H.G. Sol und A.A. Verrijn-Stuart, Eds. North-Holland Publ. Comp., Amsterdam, New York, Oxford, 1982.

[Rid84]   W.E. Riddle: Advancing the state of the art in software system prototyping. In *Approaches to Prototyping*, R. Budde, K. Kuhlenkamp, L. Mathiassen und H. Züllighoven, Eds. Springer-Verlag, Berlin, Heidelberg, 1984.

[Roe90]   W.H. Roetzheim: *Structured Design Using HIPO-II*. Prentice-Hall, Englewood Cliffs, NJ, 1990.

[Ros77]   D.T. Ross: Structured analysis (SA): a language for communicating ideas. *IEEE Trans. Softw. Eng. 3*, 1 (Jan. 1977), 16-34.

[RoS77]   D.T. Ross und K.E. Schoman: Structured analysis for requirements definition. *IEEE Trans. Softw. Eng. 3*, 1 (Jan. 1977), 6-15.

[RoS82]   A. Rockstrom und R. Saracco: SDL-CCITT specification and description language. *IEEE Trans. Commun. 30*, 6 (June 1982), 1310-1318.

[Roy70]   W.W. Royce: Managing the development of large software systems: concepts and techniques. *Proceedings, WESCON* (Aug. 1970).

[Sch81]   H.J. Schneider: *Problemorientierte Programmiersprachen*. B.G. Teubner, Stuttgart, 1981.

[Sch83]   U. Schiel: An abstract introduction to the temporal-hierarchic data model (THM). *Proc. 9th Int. Conf. on Very Large Data Bases*. (Florenz, Italien). 1983, pp. 322-330.

[Sch85]   E. Schnieder: *Prozeßinformatik*. Friedr. Vieweg & Sohn Verlagsgesellschaft, Braunschweig, 1985.

[Sch86]   K.J. Schmucker: MacApp: An application framework. *BYTE 11*, 8 (Aug. 1986), 189-193.

[Sch87]   M. Schrefl: A comparative analysis of view integration methodologies. In *Informationsbedarfsermittlung und -analyse für den Entwurf von Informationssystemen. Fachtagung EMISA, Linz, Juli 1987. Informatik-Fachbericht 143*, R.R. Wagner, R. Traunmüller und H.C. Mayr, Hrsg. Springer-Verlag, Berlin, Heidelberg, 1987.

[Sch89]   F. Schönthaler: *Rapid Prototyping zur Unterstützung des konzeptuellen Entwurfs von Informationssystemen*. Dissertation, Univ. Karlsruhe, 1989.

[ScS83]   G. Schlageter und W. Stucky: *Datenbanksysteme: Konzepte und Modelle, 2. Auflage*. B.G. Teubner, Stuttgart, 1983.

[Sen84]   J.A. Senn: *Analysis and Design of Information Systems*. McGraw-Hill Book Comp., New York, 1984.

[Shn87]   B. Shneiderman: *Designing the User Interface. Strategies for Effective Human-Computer Interaction*. Addison-Wesley Publ. Comp., Reading, Mass., 1987.

[Sho83]   M.L. Shooman: *Software Engineering – Design, Reliability, and Management*. McGraw-Hill International Book Comp., Tokyo, 1983.

[Sme87]   SmethersBarnes, Prototyper Manual, Portland, Ore., 1987.

[Smo81]   S.W. Smoliar: Operational requirements accomodation in distributed system design. *IEEE Trans. Softw. Eng. 7*, 6 (Nov. 1981), 531-537.

[SmO90]   D.B. Smith und P. Oman: Software tools in context. *IEEE Software 7*, 3 (May 1990), 14-19.

[SmS77a]   J.M. Smith und D.C.P. Smith: Database abstractions: aggregation. *Comm. ACM 20*, 6 (June 1977), 405-413.

[SmS77b]   J.M. Smith und D.C.P. Smith: Database abstractions: aggregation and generalization. *ACM Trans. Database Syst. 2*, 2 (June 1977), 105-133.

[SNS89]   W. Stucky, T. Németh und F. Schönthaler: INCOME – Methoden und Werkzeuge zur betrieblichen Anwendungsentwicklung. In *Interaktive betriebswirtschaftliche Informations- und Steuerungssysteme*, K. Kurbel, P. Mertens und A.-W. Scheer, Hrsg. Walter de Gruyter, Berlin, New York, 1989.

[SOL87]   F. Schönthaler, A. Oberweis, G. Lausen und W. Stucky: Prototyping zur Unterstützung des konzeptuellen Entwurfs interaktiver Informationssysteme. In *Informationsbedarfsermittlung und -analyse für den Entwurf von Informationssystemen. Fachtagung EMISA, Linz, Juli 1987. Informatik-Fachbericht 143*, R.R. Wagner, R. Traunmüller und H.C. Mayr, Hrsg. Springer-Verlag, Berlin, Heidelberg, 1987.

[Som89]   I. Sommerville: *Software Engineering, 3rd Edition*. Addison-Wesley Publ. Comp., Wokingham, England, 1989.

[Str86]   B. Stroustroup: *The C++ Programming Language*. Addison-Wesley Publ. Comp., Reading, Mass., 1986.

[Stu87]   R. Studer: *Konzepte für eine verteilte wissensbasierte Software-produktionsumgebung. Informatik-Fachbericht 132*. Springer-Verlag, Berlin, Heidelberg, 1987.

[SuS78]   J.A. Sutton und R.H. Sprague: *A Study of Display Generation and Management in Interactive Business Applications*. IBM Research Report, RJ2392, 1978.

[SwB82]   W. Swartout und R. Balzer: On the inevitable intertwining of specification and implementation. *Comm. ACM 25*, 7 (July 1982), 438-440.

[SzM88]   P. Szekely und B. Myers: A user-interface toolkit based on graphical objects and constraints. *ACM SIGPLAN Notices. 23*, 11 (Nov. 1988), 36-45.

[Tav85]   R.D. Tavendale: A technique for prototyping directly from a specification. *Proc. 8th Int. Conf. on Software Engineering* (London, UK, Aug. 28-30). IEEE Computer Society Press, 1985, pp. 224-229.

[Tem91]   T. Tempelmeier: Eine kritische Bewertung der Software-Entwurfsmethode HOOD. In *Proc. Prozeßrechensysteme (Berlin, Germany, Feb. 1991), IFB 269*, G. Hommel, Ed. Springer-Verlag, Berlin, Heidelberg, 1991.

[Thi87]   P.S. Thiagarajan: Elementary net systems. In *Petri Nets: Central Models and Their Properties. Advances in Petri Nets 1986, Part I. LNCS 254*, W. Brauer, W. Reisig und G. Rozenberg, Hrsg. Springer-Verlag, Berlin, Heidelberg, 1987.

[Thi90]   H. Thimbley: *User Interface Design*. Addison-Wesley Publ. Comp., Reading, Mass., 1990.

[TsL82]   D.C. Tsichritzis und F.H. Lochovsky: *Data Models*. Prentice-Hall, Englewood Cliffs, NJ, 1982.

[TsP87]   T.H. Tse und L. Pong: Towards a formal foundation for DeMarco data flow diagrams. *The Computer Journal 32*, 1 (1987), 1-12.

[VeB84]   R. Venken und M. Bruynooghe: Prolog as a language for prototyping of information systems. In *Approaches to Prototyping*, R. Budde, K. Kuhlenkamp, L. Mathiassen und H. Züllighoven, Eds. Springer-Verlag, Berlin, Heidelberg, 1984.

[Vet87]   M. Vetter: *Aufbau betrieblicher Informationssysteme mittels konzeptioneller Datenmodellierung*. B.G. Teubner, Stuttgart, 1987.

[Vet88]   M. Vetter: *Strategie der Anwendungssoftware-Entwicklung: Planung, Prinzipien, Konzepte*. B.G. Teubner, Stuttgart, 1988.

[VeV82]   G.M.A. Verheijen und J. van Bekkum: NIAM: An information analysis method. In *Information Systems Design Methodologies: A Comparative Review*, T.W. Olle, H.G. Sol und A.A. Verrijn-Stuart, Eds. North-Holland Publ. Comp., Amsterdam, New York, Oxford, 1982.

[Von90]   R. Vonk: *Prototyping – The effective use of CASE technology*. Prentice-Hall, Englewood Cliffs, NJ, 1990.

[Vos87]   K. Voss: Nets in databases. In *Petri Nets: Applications and Relationships to Other Models of Concurrency. Advances in Petri Nets 1986, Part II. LNCS 255*, W. Brauer, W. Reisig und G. Rozenberg, Hrsg. Springer-Verlag, Berlin, Heidelberg, 1987.

[WaM85]   P.T. Ward und S.J. Mellor: *Structured Development for Real-Time Systems, Vol. 1 – 2*. Yourdon Press, Prentice-Hall, Englewood Cliffs, NJ, 1985.

[WaM86]   P.T. Ward und S.J. Mellor: *Structured Development for Real-Time Systems, Vol. 3*. Yourdon Press, Prentice-Hall, Englewood Cliffs, NJ, 1986.

[War76]   J.D. Warnier: *Logical Construction of Programs*. Van Nostrand Reinhold Company, New York, 1976.

[War81]   J.D. Warnier: *Logical Construction of Systems*. Van Nostrand Reinhold Company, New York, 1981.

[War86]   P.T. Ward: The transformation schema: an extension of the data flow diagram to represent control and timing. *IEEE Trans. Softw. Eng. 12*, 2 (Feb. 1986), 198-210.

[War89]   P.T. Ward: How to integrate object orientation with structured analysis and design. *IEEE Software 6*, 2 (Mar. 1989), 74-82.

[Was85]   A.I. Wasserman: Extending state transition diagrams for the specification of human-computer interaction. *IEEE Trans. Softw. Eng. 11,* 8 (Aug. 1985), 699-713.

[WEK90]   A. Winblad, S. Edward und D. King: *Object-Oriented Programming.* Addison-Wesley Publ. Comp., Reading, Mass., 1990.

[WiH84]   P.H. Winston und B.K.P. Horn: *LISP.* Addison-Wesley Publ. Comp., Reading, Mass., 1984.

[Wil84]   G. Williams: The Apple Macintosh computer. *BYTE 9,* 2 (Feb. 1984), 30-54.

[WMP75]   A. van Wijngaarden, B.J. Mailloux, J.E.L. Peck, C.H.A. Koster, M. Sintzoff, C.H. Lindsey, L.G.L.T. Meertens und R.G. Fisker: Revised report on the algorithmic language Algol68. *Acta Informatica 5,* (1975), 1-236.

[Woo70]   W.A. Woods: Transition network grammars for natural language analysis. *Comm. ACM 13,* (1970), 591-606.

[WPM90]   A.I. Wasserman, P.A. Pircher, R.J. Muller: The object-oriented structured design notation for software design representation. *IEEE Computer 23,* 3 (Mar. 1990), 50-63.

[YBC88]   S.B. Yadav, R.R. Bravoco, A.T. Chatfield und T.M. Rajkumar: Comparison of analysis techniques for information requirement determination. *Comm. ACM 31,* 9 (Sep. 1988), 1090-1097.

[YoC79]   E. Yourdon und L.L. Constantine: *Structured Design: Fundamentals of a Discipline of Computer Program and Systems Design.* Prentice-Hall, Englewood Cliffs, NJ, 1979.

[ZaM83]   P.C. Zajonc und K.J. McGowan: Proto-cycling: a new method for application development using fourth generation languages. In *Proc. SOFTFAIR Conf. on Software Development Tools, Techniques, and Alternatives* (Arlington, Va., July 25-28). IEEE Computer Society Press, 1983.

[Zav82]   P. Zave: An operational approach to requirements specification for embedded systems. *IEEE Trans. Softw. Eng. 8,* 3 (May 1982), 250-269.

[Zav84]   P. Zave: The operational versus the conventional approach to software development. *Comm. ACM 27,* 2 (Feb. 1984), 104-118.

Verzeichnis der Abbildungen

3   Methoden und Sprachen für die Strukturierte Analyse

4   Datenmodellierung

5   Spezifikation des Systemverhaltens

6   Entwurf von Benutzerschnittstellen

7   Funktionsorientierter Programmentwurf

8   Datenorientierter Programmentwurf

9   Objektorientierter Entwurf

10   Alternative Ansätze zur Software-Entwicklung

Register

Frühauf/Ludewig/
Sandmayr
Software-Prüfung
– eine Fibel

Software, die groß genug ist, um praktisch
nützlich zu sein, enthält unvermeidlich Fehler,
deren Wirkungen ärgerlich bis kostspielig,
in manchen Fällen sogar tödlich sind.
Prüfungen haben den Zweck, möglichst viele
Fehler oder Fehlerquellen möglichst früh
anzuzeigen, so daß sie behoben und die
negativen Folgen vermieden oder vermindert
werden können. In der Praxis werden dabei
allerdings oft selbst elementare Regeln
mißachtet.
Dieses Buch vermittelt die wichtigsten
Grundsätze der Software-Prüfung. Dabei
werden zwei Ansätze besonders gründlich
behandelt, die Prüfung durch eine mehr oder
weniger systematische Inspektion (»Review«)
und die Prüfung durch maschinelle Ausführung (»Test«). Andere Verfahren und Werkzeuge werden im Überblick vorgestellt. Dazu
gehört auch eine Erörterung der Besonder-
heiten, die beim Test objektorientierter,
funktionaler und logischer Programme zu
beachten sind. Ein weiteres Kapitel
behandelt organisatorische Aspekte der
Software-Prüfung. Die kommentierten
Literaturangaben am Schluß des Buches
schaffen den Zugang zu spezielleren Artikeln
und Fachbüchern.
Das Buch richtet sich an alle, die als
Entwickler, Kunden oder Vorgesetzte mit der
Prüfung und Qualitätssicherung von Software befaßt sind. Wie der Titel sagt, streben
die Autoren keine wissenschaftliche
Vollständigkeit an; ihr Ziel ist es vielmehr,

Von Dipl.-Inf.
Karol Frühauf,
INFOGEM AG
Baden/Schweiz,
Prof. Dr. **Jochen Ludewig,**
Universität Stuttgart,
Dr. **Helmut Sandmayr,**
INFOGEM AG
Baden/Schweiz

1991. 184 Seiten
mit zahlreichen Graphiken
16,2 x 22,9 cm.
Kart. DM 30,–.
ISBN 3-519-02154-4

Koprod. Verlag der
Fachvereine Zürich –
B. G. Teubner Stuttgart

Preisänderungen vorbehalten.

wenige, aber praktikable
Möglichkeiten zu zeigen, wie
man wirklich vorgehen kann
– und nach dem Stand der
Technik verfahren *sollte.*
Das elementare Wissen
dazu ist mit dieser Fibel in
leicht anwendbarer Form
zusammengefaßt.

B. G. Teubner Stuttgart